Σ BEST
シグマベスト

合格(うか)る計算
数学 Ⅰ・A・Ⅱ・B

広瀬 和之 著

文英堂

こんなにある!! 計算力向上のメリット

授業中

授業内容の理解

計算が上手で早い○○君:
その場でサクサク理解できるから能率アップ．

計算が苦手で遅い□□君:
帰ってからゆっくり復習しようと思ってたら，結局眠くなり何もできず．

自宅学習で

定理・公式の扱い

○○君:
定理なんて秒単位でササッと導く．証明過程の"流れ"とともに記憶されるから忘れないし，根本原理・定義に触れる機会が格段に増す．

□□君:
証明に何分もかかるから億劫．プロセスなんか無視して丸暗記．忘れたら公式集カンニング．いつまでたっても知識がバラバラな"点"でしかない．

各分野に出会う頻度

○○君（短いサイクル！）:
単純計算問題を頻繁にサクッと繰り返せる．どの分野からも長期間遠ざかることがなくなり，記憶に定着する．

□□君（あなた誰でしたっけ？！）:
ほんのチョットの計算練習ですら億劫なので，いくつかの分野とはつい疎遠に．

2 : 素数

長大な解答の復習

計算を含めた全工程を自分の手で書き切ることができる．これによって頭の中に数学思考回路が形成されていく．

計算までやってたら時間がかかって大変なので，方針だけ理解したらあとは解説読んでわかったつもり．すべてが"つもり"で終わる．

試験場で

問題解法の選択

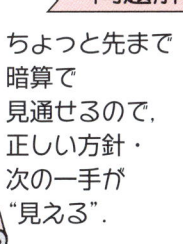

ちょっと先まで暗算で見通せるので，正しい方針・次の一手が"見える"．

とにかく闇雲にやってみてから方針違いに気付き，直し直して消しカスだらけ．

解答時間の見積もり

方針が立った問題は，どの位の時間でどの程度のところまで解けるか目途が立つ．

方針は立ったんだけど，もたもた解いてるうちに時間切れ！

ゴール

実り豊かな美しい数学の世界へようこそ！

付け焼刃で点取るだけの苦痛で無味乾燥な受験勉強

計算法向上のメリット	2
はじめに	4
構成と記号	5
Q&A	7
もくじ	14

はじめに

この本は，**受験**生および**受験**を意識し始めた高２生が，（中間・期末試験ではなく）受験＆大学以降に向けて計算法を**進化**させていくための問題集です．毎日 20 分．本書で計算練習を積み重ねれば，日々学校・予備校で学ぶ内容に関する習得の速さ，深さが格段に変わります．

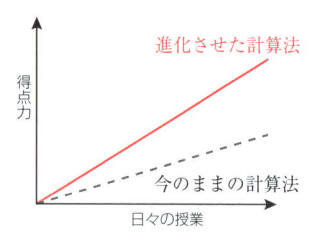

たとえば あなたは $\sum_{k=1}^{n}(3k-2)$ をどのようにして計算しますか？もしや

$$\sum_{k=1}^{n}(3k-2) = 3\sum_{k=1}^{n}k - \sum_{k=1}^{n}2$$
$$= 3\cdot\frac{1}{2}n(n+1) - 2n = \frac{1}{2}n\{3(n+1)-4\} = \frac{1}{2}n(3n-1). \quad \cdots ⓐ$$

なんてやってませんか？だとすれば，**あなたは損をしています**．
数の並びそのものを考えれば，この和は
$$1+4+7+\cdots+(3n-2)$$
という等差数列の和ですから
$$\frac{1+(3n-2)}{2}\cdot n = \frac{1}{2}n(3n-1) \quad \cdots ⓑ$$
と一気に求めちゃえば済む話ですね．

　ⓐとⓑの違いはほんのちっぽけなことでしょう．しかし，その「ほんのちっぽけな違い」の積み重ねが，大きな得点力の違いになって現れたり，あるいはたった１つの「ちっぽけなこと」で，入試問題１問丸ごと解けるか・解けないかが決まったりしているというのが，長い年月に渡り受験生相手に数学を教え，何万枚という模試の答案を見てきた体験を通しての実感です．「計算すらままならない」生徒から，それこそ「医学部目指してバリバリ」の人まで，実に多くの学生が**へたな計算法のために取れるはずの点を取り損ねています**．そうした人を救済するため

実戦問題と計算練習 ▶▶▶

東大を目指して難問にチャレンジしている僕に，計算練習なんて意味ないですよね．

まったく逆です．レベルの高い問題になればなるほど，解答過程は複雑化・重層化します．このような長大な解答を，その全体像を把握して仕上げるためには，個々のプロセスにおける基本計算をスマートに行えることが必須です！

すでに入試問題がけっこう解けます．計算練習だけのこの本は不要でしょ．

それが間違い．「はじめに」に書いた通り，かなりハイレベルな勉強をしているのに計算がへたな人がたくさんいます．そんな人なら，本書は軽〜くこなせるはず．それだけで更なる得点アップが期待できます．

地味な計算練習より，入試頻出解法パターンを暗記する方が効率的では？

「入試頻出問題の解き方」がたくさん載っている本を読むと，自分でも解けそうな気がするものですが，実際に自分の手で解こうとしてみると，必ず「計算力」という壁が立ちはだかります．

この本だけで入試問題が解けるようになりますか？

いいえ．入試問題は，計算だけで解けるわけではなく，もっと複雑で重層構造になっていることが多いですから，本書だけで試験に受かるわけではありません．でも，計算が速く的確にできると，問題解法を習得する能力も格段にアップします．

「計算」は，実戦的な問題の中で練習すればよいのでは？

最終目標は実戦問題の中でしっかり計算できることですが，複雑な問題を解く中では計算法にまで気を回す余裕などないのが現実．単純問題の中で正しい計算法を身に付けましょう．

この本で練習すれば，すぐに模試の偏差値が上がりますか？

いいえ．本書のような"基礎練習"は，それが身に付いて初めて効果が現れるので，どうしてもそれまで時間がかかります．でも，本書で勉強した分野の授業が，以前よりスラスラ頭に入ってくる…程度の効果なら，すぐに現れるかも．

8 → 2^3

Q&A　本書の紹介編

本書の概要 ▶▶▶

― 一言で言うと，どんな本ですか．

― 大学受験を目指す人が，学校などで一度は学んだ分野について，計算法を進化させて行くための問題集です．既習であることを前提に，高校数学全範囲を効率よく再構成してあります．

― 対象学年は？

― 受験生，および受験を意識し始めた高2生（中高一貫校の場合は高1生も）です．

― 対象レベルは？

― 教科書の基本事項が半分以上はわかっていることを想定しています．まるでチンプンカンプンという人向けの本ではありません．レベルの上限はありません．東大や医学部志望の人にも役立つ内容が満載です．

― どの辺までが既習であればこの本が使えますか．

― 数学Ⅰ・Aと数学Ⅱの「方程式・式と証明」は完全に既習前提．あとは，各章毎に当該分野を学んでいれば概ね大丈夫です．

― ただの計算練習なら，どんな問題集でやってもいっしょですよね．

― 本書は，次の4つのことを考えて問題を厳選してあります．「計算の仕方の良し悪しがわかりやすいもの」「ミスを犯す原因をはらんでいるもの」「その計算過程が実際の入試問題でよく用いられるもの」そして「計算の仕方を通して数学の基本を伝えられるもの」です．

7：素数

■記号類

やや重／重	ボリュームがあり，時間がかかる ITEM を明示．類題 を 2 回に分けてやるとか，今回は偶数番だけやって次 ITEM に進むとかやりくり．
★	時間がないときやその ITEM の内容をサッと概観したい場合，例題 とともに優先してやって欲しい類題．
理系	(数学Ⅲまで学ぶ)理系生向けの内容(上位大学志望の文系生も)
↑	ハイレベルな内容・問題．余力のある人向け(無理しないでね)．
数学記号	「∴」：ゆえに 「∵」：なぜならば 「i.e.」：すなわち 「□」：証明終わり

■各種番号

❶	基本確認 における公式番号	(1)	例題 の番号
①	解説 で用いる式の番号	[1]	類題 の番号

■解法の優劣(おすすめな順に，次の 4 段階があります)

😊 正しい方法 → 😐 いまいちな方法 → 😖 へたな方法 → 💥 これは間違い！

特に明示されていないものは，もちろん 😊 正しい方法．

■「暗算」のススメ(すすめる理由は Q&A 参照)

薄い文字	紙に書かずに暗算で済ませたい式．
🩹	可能なら暗算で済ませたい式．計算の「途中の式」を省く指示．「見出し」や「結果」はもちろん省いたりしないよ．

見出し
↓
$x^3 - 8y^3 = x^3 - (2y)^3$ 🩹 …できれば暗算で！
$= (x - 2y)\{x^2 + x \cdot 2y + (2y)^2\}$ …紙に書かずに暗算で！
$= (x - 2y)(x^2 + 2xy + 4y^2)$ ←結果

■ 重要ポイントチェック (p.192～p.199)

👉ここがツボ！ 等で述べたポイントを，ほとんどの ITEM について一問一答形式で簡単かつスピーディーに確認できるようにしてある．これを短時間でさっとこなすことを繰り返すと，記憶の定着がより確かなものになる．

■ページ No.

各ページ数の横に，その数の素因数分解およびその過程が記されている．(詳しくはITEM 2 参照)

に，この本はあります．

「先生」は，ある単元を「初めて」教えるとき，あくまで初学者向けのとっつきやすい計算法しか教えない(教える訳に行かない)ことが多いのですが，その「初学者向けの計算法」とは往々にして受験レベルでは**トロくて**使い物にならない代物だったりします．そしていざ初学者を卒業した頃にはもう次の単元に移っており，進化した計算法を教えている暇などありません．なので結局は生徒自身が，受験＆大学以降に向けて徐々に計算法を進化させて行かねばならないのですが，それをサポートする書物も見当たりません．学校配布＆市販の問題集も「先生」と同様，計算練習的な問題集は初学者向け，入試レベルの本になると計算は生徒任せなのです．結果として多くの受験生は，各々"我流"の，ほとんどの場合へたな計算法を携えて入試に立ち向かっています．

そこで私は，「**受験生のための**，**受験**で役立つ計算練習問題集」を書きたいと思ったのです．

計算力を味方に付けるか否かでどんな違いがあるかは，p.2～3 にわかりやすくまとめてあります．あなたも，計算力を向上させ，実り豊かな数学の世界に足を踏み入れてみませんか．

構成と記号

■本書全体の構成
高校指導要領の枠には縛られず，数学Ⅰ・A・Ⅱ・B全体を16章に再構築し，さらに89個の小項目 (ITEM) に分けて編集しました．

■各 (ITEM) の構成

ここがツボ!	上手に計算するためのポイントの要約．(その(ITEM)をやり終えたときに「そういうことか」と意味がわかるはず)
基本確認	簡単な基本事項・定理等のおさらい．定理の証明もできる限り付けましたが，一部は教科書に委ねてあるので，なるべく確認しておいてね．
例題	重要ポイントが際立つ問題を厳選．
解説	上手な計算法のポイントを詳しく解説．
類題	例題の内容を定着させるための類題．易しいものを，たくさんこなして身に付けるのが本書の基本方針．(別冊解答で，正しく計算できているかを確認．)
よくわかった度チェック!	学習内容定着度の記録に．日付と○△×を書こう．
入試のここで役立つ!	「実際の試験ではこういう場面で使える」という例．

計算力向上の方針 ▶▶▶

単純計算を意味もわからず機械的に練習してもダメだと言われましたが？

そのとおり！でも，一見機械的に感じる計算も，それを正しく行う方法は，多くの場合数学で一番大切な基本原理と深く関わっています．本書は，そこをうまく取り込み，計算練習を通して自然と基本も身に付くよう体系的にまとめました．

これまで使ってきた計算法をワザワザ変えるのは損な気がしますが…．

すべてを180°根本的に変えろとは言いません．別に計算（だけ）のエキスパートを目指すわけじゃないですから．でも，ほんのチョット背伸びをして，上を目指してみませんか？

くどいようですが，多少へたでも時間を掛けてやればよいのでは？

たとえばセンター試験などの忙しい試験では，時間が足りない！という事態に立ち至ります．また，時間の長い2次試験でも，洗練された計算法をしている人は，問題の全体像が見通しやすく，的確な方針を選べるものです．

他の人が知らないウラワザ計算法は載っていますか？

いいえ．ウラワザには，その場だけはトクをしても，かえって数学全体に関する理解を妨げるという副作用があります．本書ではそのような有害なものは扱いません．

じゃあこの本にはいったい何が書いてあるのですか？

数学の学理・基本に忠実に，フツウのことを，詳しく丁寧に解説しました．実は，このフツウのことがしっかりと身に付けば，あなたがイメージする"ウラワザ"をも凌ぐ威力を発揮するのです．

"フツウのこと"なら簡単に習得できますよね．

そうは行きません．数学を正しく身に付けるには反復練習が欠かせません．その努力を継続できるかどうかの勝負です．

9 → 3^2

本書の周辺 ▶▶▶

― ホントに「計算」しか扱わないのですか．

― 「計算」以外にも，「グラフを描く」など，入試問題を解く上で欠かせない基本的な"ピース"となるものを一通り扱っています．

― 計算力向上以外にどんな効果が？

― 日々の軽〜い反復練習によって，どの分野からも長期間遠ざかることがなくなり，忘却を防ぐことができます．

― この本は「数学Ⅰ・A・Ⅱ・B編」ですから，「数学Ⅲ」には役立ちませんよね．

― とんでもない！実は数学Ⅲが努力しても伸びない人の多くは，数学Ⅰ・A・Ⅱ・B分野の基礎力・計算力の欠如がその原因になっています．数学Ⅲを学ぶ理系生は，まずはぜひ本書「数学Ⅰ・A・Ⅱ・B編」で基礎を固めてください．

→ 2・5

Q&A　本書の使い方編

本書の進め方 ▶▶▶

― ITEM 1から必ず順番通りに進めていくんですよね．

― そんなに厳格に考えると，第2章の「数値計算」(日本史なら「旧石器時代」に相当)で燃え尽きるのがオチ．日々の学習で気になったITEMから手を付けてみるのも一手．第8章：「三角関数」をやって，次に第3章：「整式の変形」をやるなんてのもあり．

― じゃあ完全にランダムな順序でやろうっと．

― 各章の中では，系統立てて学習できるようにITEMを並べてあるので，なるべく順番通りやる．なお，他の章に含まれるITEMの内容を前提とする場合，タイトル部分にその旨明示してあります（でも気にし過ぎないでね）．

― 全ITEMはキッカリ同じ頻度でやるわ．

― このITEMはもうバッチリだから流し読みでいいなとか，ここは重点的に繰り返そうとか，各自でメリハリ考えて．

― 毎日キッカリ1ITEMずつ進めて行きます！

― 三角関数を1 ITEM しっかりやり，食後の息抜きに指数・対数2 ITEM 分の [例題] &★付き問題をチョコッと流し読み…なんてのがおすすめ．この流し読みで，各分野の基本事項の忘却が防げる．今日は特別疲れたから流し読みだけで済ますとかもあり．逆に，時には短期集中大量特訓するのもよい．

問題への取り組み ▶▶▶

― 全問答案をキチンと清書するのね？

― 自分だけがなんとか解読可能な字で殴り書きすればOK．紙に手で書くのは手段．目的は頭を動かすこと．

― 問題を解いたノートはちゃんと保管しておくんだ．

― 昨日自分が書いた計算など，今日になればすでに他人様が書いたもの同然．書いた紙はすぐに捨てる(資源ゴミに出す)．

― 計算過程は，1行も省かずすべてをしっかり紙に書く．

― 解説では計算の途中過程も詳しく書いてますが，「薄字」や🧽の所は，(しっかりとは)紙に書かず，できれば暗算して欲しいもの．「暗算」できると，実戦の場で先が読めるようになり，問題解法の方針が立てやすくなります．

― 「薄字」や🧽の所は，石にかじりついても暗算する．

― 暗算力には個人差があるので無理はし過ぎないで．あくまで目安です．でも，チョットだけ背伸びして暗算してみる気持ちを忘れずに．「省けないのかその1行」と自問自答する習慣を．

気合の入れ方 ▶▶▶

― 「類題」は，自分でやってみて答えが合ってればOKさ．

― 解説にサッと目を通し，〔へたな方法〕や〔いまいちな方法〕でやってないかチェック．

― 解説を読んだらポイントはつかめたし，2，3題解いてみたら一応解けたからこのITEMはもう卒業ですよね．

― 頭で「ああそうか」とわかることと，そのことが本当に身に付いて試験場で役立つこととは大違い．あまり性急に"卒業"しないで．易しいなら易しいなりに，たとえば暗算で片付けるとか，実力に応じた使い方を．とにかく何度も繰り返し．

12　→ 4・3 → $2^2 \cdot 3$

> どんなに疲れていても毎日必ず1 ITEM は全問題解き切るまで寝ない．

疲れ果てたなら，寝る．［類題］が半分くらい残ってもえーやん．余裕があれば翌日やるし，なければそのままほっぽらかしでもいい．どうせ次回またやるんだから．反省を引きずるより，切り替え．あるいは，この ITEM ショボイから偶数番だけでいいや…なんてのも許す！とにかく継続・反復．

> 自分で解けるまで粘って考え抜かないと….

考え抜くことは数学の勉強においてたいへん重要なことですが，本書は軽〜く計算練習するための本．考え込まずに答えを見て，マネして書いて，覚える．英語の勉強で言うと，「精読」と「多読」のうち本書は「多読」の方．エーカゲンでもいいから，毎日継続．

> 各 ITEM を一度ですべて完璧に習得するんだ．

その生真面目さが数学との付き合いを難しくします．少々うまく行かなくても，そのままほっぽらかしておけるノーテンキさが欲しい．次回その ITEM をやる時には，他の ITEM で得た進歩によって，スッとわかっちゃったりするんですわ．

> タイマーセットして時間内に解き切るぞ！

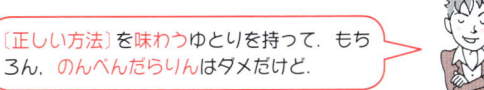

〔正しい方法〕を味わうゆとりを持って．もちろん，のんべんだらりんはダメだけど．

まとめとして…，
堅苦しく，生真面目に考えず，おおらかに．リラックスして．多少エーカゲンに．さて…希望の大学に受かりたいという強い意思はありますか？毎日 20 分，なんとか時間が作れますか？答えが「YES」なら，今日からさっそく始めましょう．他の数学の勉強と並行して，毎日 20 分の計算練習を続けるのです．英語の単語集・基本例文集のように．この地味だけど着実な学習の積み重ねを通して，1 人でも多くの受験生が正しい計算法をマスターし，数学を自在に操れるようになることを願って止みません．

もくじ

1章　整　数
- ITEM 1　約数の見つけ方 …………… 16
- ITEM 2　素因数分解 ………………… 18
- ITEM 3　最大公約数・最小公倍数 …… 20
- ITEM 4　互除法 ……………………… 22
- ITEM 5　不定方程式（その1）……… 24
- ITEM 6　不定方程式（その2）……… 26
- ITEM 7　N進法 ……………………… 28

2章　数値計算
- ITEM 8　2桁×1桁，3桁×1桁の暗算 … 30
- ITEM 9　平方根の簡約化 …………… 32
- ITEM 10　分母の有理化 ……………… 34
- ITEM 11　2重根号の外し方 ………… 36
- ITEM 12　無理数の概算値 …………… 37

3章　整式の変形
- ITEM 13　「展開」の仕組み …………… 38
- ITEM 14　展開（公式利用）…………… 40
- ITEM 15　二項定理 …………………… 42
- ITEM 16　対称（な）式 ……………… 44
- ITEM 17　因数分解（2次式）………… 46
- ITEM 18　因数分解（公式利用）……… 48
- ITEM 19　因数分解（総合）…………… 50
- ITEM 20　整式の除法 ………………… 52

4章　分数と分数式
- ITEM 21　通　分 ……………………… 54
- ITEM 22　繁分数の処理 ……………… 56
- ITEM 23　分子の低次化 理系 ………… 58

5章　簡単な関数のグラフ
- ITEM 24　平方完成 …………………… 60
- ITEM 25　2次関数のグラフ ………… 62
- ITEM 26　放物線の軸の求め方 ……… 64
- ITEM 27　2次関数の最大・最小 …… 66
- ITEM 28　放物線の移動 ……………… 68
- ITEM 29　絶対値付き関数 …………… 70

6章　方程式
- ITEM 30　1次方程式 ………………… 72
- ITEM 31　複素数の計算 ……………… 73
- ITEM 32　2次方程式 ………………… 74
- ITEM 33　判別式 ……………………… 76
- ITEM 34　高次方程式 ………………… 78
- ITEM 35　解と係数の関係 …………… 80
- ITEM 36　いろいろな方程式 ………… 82
- ITEM 37　連立方程式 ………………… 84

7章　不等式
- ITEM 38　1次不等式 ………………… 86
- ITEM 39　2次不等式 ………………… 88
- ITEM 40　高次&分数不等式 理系 …… 90
- ITEM 41　いろいろな不等式 ………… 92
- ITEM 42　絶対不等式の証明 ………… 94

8章　三角関数
- ITEM 43　角の表し方 ………………… 96
- ITEM 44　有名角に対する値 ………… 98
- ITEM 45　三角方程式・不等式 ………100
- ITEM 46　$\cos(\pi-\theta)=-\cos\theta$ 等 ………102

| ITEM 47 相互関係 …………………104
| ITEM 48 加法定理 …………………106
| ITEM 49 2倍角公式・半角公式 …108
| ITEM 50 合　成 …………………110
| ITEM 51 和積＆積和公式 理系 ……112

9章　平面図形・三角比

| ITEM 52 三平方の定理 ……………114
| ITEM 53 角を求める ………………116
| ITEM 54 平面図形の基本形 ………118
| ITEM 55 相似と比 …………………120
| ITEM 56 直角三角形と三角比 ……122
| ITEM 57 正弦定理 …………………124
| ITEM 58 余弦定理 …………………126
| ITEM 59 面　積 …………………128
| ITEM 60 面積比 ……………………130

10章　ベクトル

| ITEM 61 平面ベクトルの分解 ……132
| ITEM 62 空間ベクトルの分解 ……134
| ITEM 63 内積の基礎 ………………136
| ITEM 64 内積の演算 ………………138
| ITEM 65 内積の計算（成分）………140
| ITEM 66 向きと長さからベクトルを作る 142
| ITEM 67 正射影ベクトル ⬆ ………144

11章　図形と式

| ITEM 68 直線とその方程式 ………146
| ITEM 69 距　離 …………………148
| ITEM 70 円とその方程式 …………150
| ITEM 71 領域の図示 ………………152

12章　微分・積分

| ITEM 72 微分法の計算 ……………154
| ITEM 73 3次関数のグラフ ………156
| ITEM 74 接　線 …………………158
| ITEM 75 定積分の計算 ……………160
| ITEM 76 定積分と面積 ……………162

13章　指数関数・対数関数

| ITEM 77 指数法則 …………………164
| ITEM 78 対数の定義 ………………166
| ITEM 79 対数の計算 ………………168
| ITEM 80 指数・対数の方程式・不等式 …170

14章　場合の数・確率

| ITEM 81 階　乗 …………………172
| ITEM 82 二項係数 …………………174

15章　数　列

| ITEM 83 等差数列 …………………176
| ITEM 84 等比数列 …………………178
| ITEM 85 Σ記号による表記 ………180
| ITEM 86 Σ(多項式)の計算 ………182
| ITEM 87 階差から和へ ……………184
| ITEM 88 階差数列から一般項へ …188

16章　データの分析

| ITEM 89 平均値・分散 ……………190

● 重要ポイントチェック …………192

ITEM 1 約数の見つけ方

本 ITEM では，与えられた整数の約数を"パッと"見つける方法をマスターします．次 ITEM で行う「積への分解」の基礎となる，たいへん重要なものです．

ここがツボ！ 2, 3, 4, 5, 6, 8, 9 を約数にもつか否かは瞬時に見抜ける！

基本確認

約数の見つけ方

たとえば，4 桁の自然数「7128」が 2, 3, 4, 5, 6, 8, 9 を約数にもつか否かは次のようにしてわかります．（4 桁以外でも同様．）

❶ 2, 5, 4, 8 について

○ 2, 5 について…712|8|　…下1桁のみに注目
　　$712|8| = 712 \cdot \underbrace{10}_{2 \cdot 5} + |8|$.

　　一の位：|8| が 2 の倍数だから，7128 も 2 を約数にもつ．
　　一の位：|8| が 5 の倍数でないから，7128 も 5 を約数にもたない．

（注意）$0 = 2 \cdot 0$ だから，0 も 2 の倍数．同様に，0 は 5 の倍数でもある．

○ 4 について…71|28|　…下2桁のみに注目
　　$71|28| = 71 \cdot \underbrace{100}_{2^2 \cdot 5^2} + |28|$.

　　下 2 桁：|28| が 4 を約数にもつから，7128 も 4 を約数にもつ．

○ 8 について…7|128|　…下3桁のみに注目
　　$7|128| = 7 \cdot \underbrace{1000}_{2^3 \cdot 5^3} + |128|$.

　　下 3 桁：|128|$(= 8 \cdot 16)$ が 8 を約数にもつから，7128 も 8 を約数にもつ．

❷ 3, 9 について

○ 3 について… $7+1+2+8=18$　…各位の和を考える
　　$7128 = 7(999+1) + 1(99+1) + 2(9+1) + 8$
　　　　$= 3(7 \cdot 333 + 1 \cdot 33 + 2 \cdot 3) + (7+1+2+8)$.

　　各位の数の和：18 が 3 を約数にもつから，7128 も 3 を約数にもつ．
　　（さらに「18」の各位の和：$1+8=9$ を考えてもよい．）

○ 9 について… $7+1+2+8=18$　…各位の和を考える
　　$7128 = 7(999+1) + 1(99+1) + 2(9+1) + 8$
　　　　$= 9(7 \cdot 111 + 1 \cdot 11 + 2 \cdot 1) + (7+1+2+8)$.

　　各位の数の和：18 が 9 を約数にもつから，7128 も 9 を約数にもつ．
　　（さらに「18」の各位の和：$1+8=9$ を考えてもよい．）

❸ 6 について

$6 = 2 \cdot 3$ だから，「2」，「3」を約数にもつか否かをそれぞれ別個に調べればよい．

（補足）7, 11 などについてもそれを約数にもつか否かの見つけ方がないわけではありませんが，あまり実用性はありません．

16 → 2^4

ITEM 3 | 最大公約数・最小公倍数

よくわかった度チェック！ ① ② ③

たとえば，分数 $\frac{1}{6}+\frac{3}{8}$ を通分するときに分母を 6 と 8 の**最小公倍数** 24 に通分したり，$\frac{24}{36}$ を約分するのに分子，分母を 24 と 36 の**最大公約数** 12 で割ったり…，とにかくあちこちでお世話になります．

ここがツボ！ それぞれの約数，倍数を思い浮かべて，<u>ズバッ</u>と！

基本確認

最大公約数と最小公倍数

$\begin{cases} a = ga' \\ b = gb' \end{cases}$ （a' と b' は**互いに素**）

「互いに素」とは「共通素因数なし」i.e. 最大公約数が 1

のとき，a と b の最大公約数は g．最小公倍数は $ga'b'$．

例題

次の 2 つの数の最大公約数，および最小公倍数を求めよ．
(1) 12 と 18　　　　　　　(2) 90 と 378

解説・解き方のコツ

(1) 【へたな方法】右のように，共通な素数で 1 個ずつ割っていくのは中学まで？

$\begin{array}{r} 2)\underline{12\ \ 18} \\ 3)\underline{\ 6\ \ \ 9} \\ 2\ \ \ 3 \end{array}$

【いまいちな方法】2 数の素因数分解：$\begin{cases} 12 = 2^2 \cdot 3 \\ 18 = 2 \cdot 3^2 \end{cases}$ を利用すると…

(注意) 上記 2 つの方法は，どちらも最大公約数・最小公倍数を確実に求める方法ではありますが…．前者は遅くて使い物にならず，後者も本問程度では大袈裟です．

【正しい方法】それぞれの正の約数を大きい方から**思い浮かべて**

解法 1 12…12, ⑥, …，
18…18, 9, ⑥, …．
よって最大公約数は **6**．
次に，それぞれの正の倍数を小さい方から**思い浮かべて**
12…12, 24, ㊱, …　　2 桁 × 1 桁の暗算 (→ ITEM 8)
18…18, ㊱, …．
よって最小公倍数は **36**．

(注意) 「12 の倍数」には，$0 (= 12 \cdot 0)$，-12，-24，…も含まれますよ！

$\to 4 \cdot 5 \to 2^2 \cdot 5$

正しい方法

504 は，各位の和：$5+0+4=9$ を見れば，9 を約数にもつはずで，実際
$$504 = 9 \cdot 56 = 3^2 \cdot 8 \cdot 7 = 2^3 \cdot 3^2 \cdot 7.$$
　　　　❹　　❶　　　❷

$504 = $ ❾ $\times 56$　大き目の約数

(補足) 下 2 桁：04 を見れば，4 を約数にもつはずで，実際
$504 = 4 \cdot 126$.
ただ，このあと行う「126」の分解は，前記解答の「56」より手間がかかります．やはり，**ちょっと大きめな約数**を見つけるようにした方がよさそうですね．

(参考) 実は，素因数分解そのものというより，その過程で行われる 2 つの整数の積への分解の方が，今後様々な局面で役立ちます．

1 章　整数

(2) 十の位：9，一の位：6 がいずれも 3 の倍数ですから，96 は 3 で割り切れます．
$$96 = 3 \cdot 32 = 3 \cdot 2^5.$$
　　　❸　　❷

(補足)「32」は見た瞬間に「2 の累乗だ！」と見抜きたい数です．
（→前 ITEM 2^n の表）

(注意) $96 = 2 \cdot 48 = 2 \cdot 2 \cdot 24 = \cdots$ と 2 で次々割っていくのでは遅すぎます．

(3) とくに見覚えのある数でもない（❶，❷はダメ）．前 ITEM でやった方法（❹）からわかる約数も見当たらない．もちろん❸もダメ．そこで，2，3，5 以外の素数でいちばん小さな 7 で割ってみる（❺）．
$$91 = 7 \cdot 13.$$

(参考) 実は，2 桁までの自然数の中で❺を使わなければ約数が発見できないのは，この「91」のみです．

入試のここで役立つ！

整数を積に分解することは，次 ITEM の「最大公約数」「最小公倍数」を経て，分数，$\sqrt{}$，方程式等，とにかく様々な分野で，知らず知らずのうちに使っているものです．つまり，ココが弱いと，いろいろな所で足を引っ張られることになります．

類題 2　次の自然数を素因数分解せよ．

[1] 12　　　　[2] 20　　　　[3] 28　　　　[4] 45
[5] 57　　　　[6] 84　　　　[7] 100　　　 [8] 136
[9]★ 169　　 [10] 187　　　[11]★ 243　　 [12] 777

（解答▶解答編 p.1）

ITEM 2 素因数分解

表題は一応**素因数分解**としていますが，真の目的は，与えられた整数を(整数どうしの)**積の形に分解**することで，数学のあらゆる分野で使われるものです．前 ITEM「約数の見つけ方」を頼りに，とにかくすばやく積に分解できるようにしましょう．

なお，本書のページ表示には，2〜199 までの自然数について，筆者の頭に自然に浮かぶ積への分解過程が記されています．疲れたときなど，ボケ〜っと眺めておきましょう．

ここがツボ！ ある程度大きめな約数を見つける．

基本確認

素 数

正の約数をちょうど 2 個もつ自然数：2, 3, 5, 7, 11, …を**素数**という．
(例：5 の正の約数は 1 と 5(自分自身)の 2 個である．)
(注意) 1 の正の約数は 1 のみだから，**1 は素数ではない**．

素因数分解

自然数 n をいくつかの素数の積として表した形を n の**素因数分解**という．

積へ分解する方法

自然数を積の形に分解する方法には，次の❶〜❺などがある．
- ❶ 掛け算九九の答えから逆算する． $56=7\cdot 8$
- ❷ 平方数や累乗数を記憶しておく． $144=12^2$, $1024=2^{10}$ など前ページの表
- ❸ すべての位に共通な約数を探す． $93=3\cdot 31$
- ❹ ITEM 1 の「約数の見つけ方」を利用する． $57=3\cdot 19 (5+7=12$ が 3 の倍数)
- ❺ 実際にいろんな数で割ってみる． $143\div 11=13$

(注意) もちろん，いつもこの 5 通りがあることを意識してやるわけではありません．これらの取捨選択をマニュアル化しようなどとは思わないで，あーだこーだいろいろやってみることが大切です．

例題 次の自然数を素因数分解せよ．

(1) 504   (2) 96   (3) 91

解説・解き方のコツ

(1) 右のように，素因数(素数の約数)を小さい方から 1 つずつ見つけて割っていくやり方はスピード不足です．少し大きめな約数を見つけて分解してください．

$$\begin{array}{r}2)\underline{504}\\2)\underline{252}\\)\underline{126}\\ \vdots\end{array}$$

$\rightarrow 2\cdot 9 \rightarrow 2\cdot 3^2$

(補足) 約数を見つける上で，平方数や，自然数を累乗した数も，記憶しておくと役立つことが多いです．

n	11	12	13	14	15	16	17	18	19
n^2	121	144	169	196	225	256	289	324	361

n	1	2	3	4	**5**	6	7	8	9	**10**
2^n	2	4	8	16	**32**	64	128	256	512	**1024**

n	1	2	3	4	5	6	7
3^n	3	9	27	81	243	729	2187

$2^5=32$, $2^{10}=1024$ を暗記

n	1	2	3	4	5
5^n	5	25	125	625	3125

n	1	2	3	4	5
6^n	6	36	216	1296	7776

これをすべて完璧に丸暗記せよ！というわけではありませんが，ほとんど紙を使わずに暗算でパッと出るようにしましょう．たとえば筆者は，「2^8」の値を

$2^{10}=1024$（暗記）→ 2 で割って $2^9=512$ → 2 で割って $2^8=256$．

と求めています．

例題 320832 は 72 を約数にもつか否かを判定せよ．

解説・解き方のコツ 互いに素（共通素因数なし）

$72=8\cdot 9$ だから，「8」，「9」を約数にもつか否かを別個に調べる．

- 下 3 桁：832 は 8 を約数にもつから，320832 も 8 を約数にもつ．
- 各位の和：$3+2+0+8+3+2=18$ は 9 を約数にもつ．よって 320832 も 9 を約数にもつ．

以上より，320832 は **72 を約数にもつ**． $320832=72\cdot 4456$ となります

入試のここで役立つ！

確率の問題で，答えが $\dfrac{1026}{6^4}$ と求まったとき，これが約分できるかどうかは，($6=2\cdot 3$ なので) 1026 が 2 や 3 を約数にもつかどうかを調べればわかりますね．（正解は $\dfrac{19}{24}$）

類題 1 次の[1]〜[9]について，a が b を約数にもつか否かを調べよ．

[1] $a=2247$, $b=3$ [2] $a=97058$, $b=4$ [3] $a=3165$, $b=5$

[4] $a=11111111$, $b=9$ [5] $a=9256$, $b=8$ [6] $a=19218$, $b=6$

[7] $a=49356$, $b=18$ [8]★ $a=5375$, $b=25$ [9] $a=7098$, $b=7$

> (補足) 実戦で扱うもののほとんどは，このようになんとな〜く思い浮かんでしまうものです．

解法2 $\begin{cases} 12 = 6 \cdot 2 \\ 18 = 6 \cdot 3 \end{cases}$ （2 と 3 は互いに素） 共通素因数なしってこと …①

よって最大公約数は **6**．最小公倍数は $6 \cdot 2 \cdot 3 = \mathbf{36}$．

> (補足) 実際には，最大公約数 6 をカンで見抜いてしまった上で①を書いています．とにかく，**なるべく大きな公約数**をズバッと見抜くことが重要です．

（正しい方法）

1章 整数

(2) 今度はさすがに「なんとな〜く思い浮かんでしまう」というわけには行かないですね．（さらに大きな数については，次 ITEM の「互除法」で．）

2 数をそれぞれ積に分解すると，$90 = 9 \cdot 10$, $378 = 9 \cdot 42$ …②．これを利用して

$\begin{cases} 90 = 18 \cdot 5 \\ 378 = 18 \cdot 21 \end{cases}$ （5 と 21 は互いに素） $3 + 7 + 8 = 18$ を利用

よって， 共通素因数なしってこと

  最大公約数 $= \mathbf{18}$．
  最小公倍数 $= 18 \cdot 5 \cdot 21 = \mathbf{1890}$．

別解 2 数をそれぞれ素因数分解する．②を利用すると

$\begin{cases} 90 = 2 \cdot 3^2 \cdot 5 \\ 378 = 2 \cdot 3^3 \cdot 7 \end{cases}$

最大公約数は，各素因数の最低次数を集めて，$2 \cdot 3^2 = \mathbf{18}$．
最小公倍数は，各素因数の最高次数を集めて，$2 \cdot 3^3 \cdot 5 \cdot 7 = \mathbf{1890}$．

入試のここで役立つ！

たとえば右図の x を三平方の定理で求める際，三角形の 2 辺の長さを，それらの**最大公約数**で割り，比をなるべく簡単な数で表しておくと計算が楽になります．（→ ITEM 52 類題52 [3]）

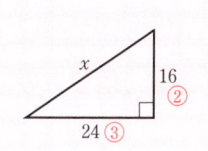

類題 3 次の 2 つの数の最大公約数，および最小公倍数を求めよ．

[1] 4 と 5　　　　[2] 6 と 8　　　　[3] 8 と 9　　　　[4] 10 と 6
[5] 8 と 12　　　 [6] 18 と 9　　　 [7] 24 と 18　　　[8] 10 と 15
[9] 14 と 35　　　[10] 27 と 18　　 [11] 35 と 20　　 [12] 24 と 36
[13] 65 と 26　　 [14] 45 と 27　　 [15] 66 と 84　　 [16]★ 120 と 80
[17] 120 と 396　 [18] 243 と 324

ITEM 4 互除法

2つの自然数の最大公約数を求めるにあたって，前 ITEM の手法だと2数が大きくなったり各々の約数が見つけづらくなったりしたときに困ってしまいます．そんなとき頼りになるのが**互除法**です．

> **ここがツボ！**　「割る数」より小さな「余り」を利用して．

基本確認

以下において，文字はすべて整数とする．

整数の除法

　　b は正の整数
$a = bq + r \ (0 \leq r < b)$　…①のとき
q を「a を b で割った**商**」，r を「a を b で割った**余り**」という．

互除法の原理

2つの自然数 x, y の最大公約数を (x, y) と表すことにする．
$$a = bq + r$$
のとき，「a と b の公約数」と「b と r の公約数」は一致する．
∴　$(a, b) = (b, r)$.　…証明は，解答編の類題4［1］〔参考〕で　…②

例題　次の問いに答えよ．
(1) 3069 と 1001 の最大公約数を求めよ．
(2) 2013 と 1610 は互いに素であることを示せ．（「互いに素」とは共通素因数がないこと）

解説・解き方のコツ

(1) 整数の除法を繰り返し行う．
　　$3069 = 1001 \times 3 + 66$ より　$(3069, 1001) = (1001, 66)$.　…③
　　$1001 = 66 \times 15 + 11$ より　$(1001, 66) = (66, 11)$.
　　$66 = 11 \times 6$ より　$(66, 11) = 11$.
以上より，$(3069, 1001) = \mathbf{11}$.

補足　2つの自然数の最大公約数を求めることは，このように「大きな数」を「小さな数」で割った「余り」を利用すると，上記の原理②によって「小さな数」とそれよりさらに小さい「余り」の最大公約数に帰着されます．この操作を繰り返し用いて最大公約数を求める手段を**互除法**といいます．
　なお，本問の場合は③の段階で 66 の方を $66 = 2 \cdot 3 \cdot 11$ と素因数分解し，2, 3, 11 が 1001 の約数にもなっていないかを調べることでも解決します．

参考 2数を素因数分解すると
$$3069 = 3^2 \cdot 11 \cdot 31,$$
$$1001 = 7 \cdot 11 \cdot 13$$
となります．もちろんこれを用いても解答できますが，慣れると互除法の方が速いでしょう．

(2) $2013 = 1610 \times 1 + 403$ より $(2013, 1610) = (1610, 403)$.
$1610 = 403 \times 3 + 401$ より $(1610, 403) = (403, 401)$.
$403 = 401 \times 1 + 2$ より $(403, 401) = (401, 2)$. ⋯④
$401 = 2 \times 200 + 1$ より $(401, 2) = (2, 1) = 1$.
以上より，$(2013, 1610) = 1$．すなわち **2013 と 1610 は互いに素である**．

補足 互除法において「余り1」が現れたら，2数の最大公約数は1，つまり互いに素であることになります．

なお本問では，④の段階で $(401, 2) = 1 (\because 401$ は奇数) であることより $(2013, 1610) = 1$ もわかりますね．

参考 2数を素因数分解すると
$$2013 = 3 \cdot 11 \cdot 61,$$
$$1610 = 2 \cdot 5 \cdot 7 \cdot 23$$
となります．

入試のここで役立つ！

次 ITEM の1次不定方程式 $ax + by = 1$ の1つの解を見つけるのが困難なとき，互除法を用いれば確実に見つけることができます．（次 ITEM 類題5[5]解答解説参照）

類題 4 次の2つの数の最大公約数を求めよ．

[1] 1748, 988

[2] 1071, 391

[3] 1687, 1617

[4] 3793, 367

[5] $2k+1$, $2k-1$ (k は自然数)

ITEM 5 不定方程式（その1）

2つの未知数 x, y の方程式が1つだけあるとき，普通なら条件不足で解 (x, y) は定まりません．しかし，「x, y は整数」という条件が付加されると，**整数ならではの性質**を使って解が何個かに定まります．このような方程式を「不定方程式」といいます．

本 ITEM では，x, y の1次方程式型の不定方程式を扱います．

> **ここがツボ！** まずは解を1つ見つけて．

基本確認

文字はすべて整数とする．

「整数」の性質
- ○「余り」「倍数」「約数」などの整数固有の概念を持つ．
- ○「大きさ」を限定すれば有限個に絞られる．
  （例：$0 < x < 3$ のとき $x = 1$, 2 の2個のみ）

基本パターン

❶ $3x = 5y$ → $(x, y) = (5k, 3k)$ … x は 5 の倍数，y は 3 の倍数

例題 次の不定方程式を解け．（x, y は整数とする．）
$8x - 9y = 7$

解説・解き方のコツ

$8x - 9y = 7$ ……①

（右辺の 7 を消して基本パターン❶へ持ち込む．そのためにまず①を満たす解 (x, y) を1組見つける．）

$8 \cdot 2 - 9 \cdot 1 = 7$ ……②

①−② より

$8(x - 2) - 9(y - 1) = 0$,

i.e. $8(x - 2) = 9(y - 1)$. ……①′

8 と 9 は互いに素だから，$x - 2$ は 9 の倍数． ……③

よって $x - 2 = 9k$（k は整数）と表せて，このとき①′は

$8 \cdot 9k = 9(y - 1)$. i.e. $y - 1 = 8k$.

以上より，求める解は，$(x, y) = (9k + 2,\ 8k + 1)$（$k$ は任意の整数）．

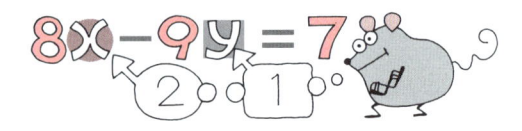

補足 ①′ から
　　　　8 と 9 は互いに素だから，$y-1$ は 8 の倍数
の方を先に導いて解答して行くこともできます．

補足 ①′ から③を得るプロセスについて，こってり詳しく解説します．
　○①′ において，右辺：$9(y-1)$ は 9 の倍数．
　○よって左辺：$8(x-2)$ も 9 の倍数．
　○しかるに左辺のうち $8(=2^3)$ の方は $9=(3^2)$ と **互いに素**．（共通素因数が
　　ない）
　○ したがって，左辺のうち $x-2$ の方が 9 の倍数．

　これを見ると，①′ 式における x, y の係数である 8 と 9 が互いに素であることがポイントになっていることがわかります．答案の中では，ここまで詳しく説明する必要はありませんが，ひとこと「互いに素」というキーワードを入れたいところです．

参考 ITEM 34 の「有理数解の発見法」も，実は上記とほぼ同じ流れで証明されます．たとえば高次方程式

$$2x^3+11x^2-3=0 \quad \cdots ④ の有理数解は \pm \frac{3 の約数}{2 の約数} 以外にはない \quad \cdots(*)$$

ことを示しましょう．

有理数 $\dfrac{p}{q}$ (p, q は互いに素な整数) が④の解であるとき

$$2\left(\frac{p}{q}\right)^3+11\left(\frac{p}{q}\right)^2-3=0.$$
$$2p^3+11p^2q-3q^3=0.$$
$$\therefore \begin{cases} p(2p^2+11pq)=3q^3, & \cdots ⑤ \\ q(3q^2-11p^2)=2p^3. & \cdots ⑥ \end{cases}$$

⑤において，左辺は p の倍数だから，右辺も p の倍数．しかるに q は p と互いに素だから 3 の方が p の倍数．つまり p は 3 の約数．⑥から同様にして q は 2 の約数．

類題 5 次の不定方程式を解け．（x, y は整数とする．）

[1] $4x=7y$

[2] $7x-8y=2$

[3] $10x+9y=91 (x, y \geqq 0)$

[4] $15x+18y=3$

⬆[5] $109x+29y=1$

(解答 ▶ 解答編 p.4)

| ITEM 6 | 不定方程式（その2） |

よくわかった度チェック！ ① ② ③

本 ITEM では，x, y の2次方程式型の不定方程式を扱います．

> **ここがツボ！** 注目するのは2つ：「約数・倍数」「値の範囲」

基本確認 文字はすべて整数とする．

「整数」の特徴 …… 前 ITEM から再録
- 「余り」「倍数」「約数」などの整数固有の概念を持つ．
- 「大きさ」を限定すれば有限個に絞られる．
  （例：$0 < x < 3$ のとき $x = 1, 2$ の2個のみ）

基本パターン（番号は前 ITEM からの続き）

❷ $xy = 6$ → $(x, y) = (1, 6), (2, 3), \cdots$
　　積＝定数　　　　　　x, y は6の約数

❸ $x^2 + y^2 = 5$ → $x^2 \leq 5$ より，$x = 0, \pm 1, \pm 2$ 以外にはない．
　　平方の和　　　　　x の大きさを限定

例題 次の不定方程式を解け．（x, y は整数とする．）
(1) $xy + x + 2y = 4$ $(x \geq y)$　　(2) $x^2 - 2xy + 3y^2 = 12$

解説・解き方のコツ

(1) 左辺を（適宜定数を補うことによって）因数分解し，基本形❷の形に持ち込む．
与式を変形すると

$(x+2)(y+1) = 6$ …… 積＝定数の形　…①

よって，$x+2$, $y+1$ は6の約数であり，$x \geq y$ より $x+2 > y+1$ だから，右表の場合に絞られる：

「大きさ」の条件も忘れずに！

$x+2$	6	3	-1	-2
$y+1$	1	2	-6	-3
x	4	1	-3	-4
y	0	1	-7	-4

補足 ①への変形は，次のように行います．
　まず，与式の左辺 $xy + x + 2y$ が $(x + \bigcirc)(y + \square)$ の形を展開すると現れる式であることを見抜きます．実際に（暗算で）展開してみると $xy + \square x + \bigcirc y + \cdots$ となるので，$\square = 1$, $\bigcirc = 2$ でよいことがわかります．このときの展開式は $xy + x + 2y + 2$ となり，与式の左辺より2だけ大きいので，右辺にも2を加えて6にします．これで①が得られましたね．
　あるいは，与式の左辺を x について整理すると $x(y+1) + 2y$ となるので，左辺全体が因数分解できるようにするため，「$2y$」を「$2(y+1)$」に変えます．すると左辺はもとの式より2だけ大きくなるので，右辺にも2を加えて①を導きます．

26　→ 2・13

(2) 与式を x について平方完成し，基本形❸の形に持ち込む．
$$(x-y)^2+2y^2=12$$
x, y は実数だから $(x-y)^2\geqq 0$．よって
$$((x-y)^2=)12-2y^2\geqq 0.\quad \text{i.e.}\quad y^2\leqq 6. \quad \text{← }y\text{ の大きさを限定}$$
y は整数だから $y=0$, ± 1, ± 2．
これに対応する $x-y$ は右表の通り．

y	0	± 1	± 2
$x-y$	$\pm 2\sqrt{3}$	$\pm\sqrt{10}$	± 2

$x-y$ は整数だから，$x-y=\pm 2$, i.e. $x=y\pm 2$．よって
　　$y=2$ のとき，$x=2\pm 2=4$, 0,
　　$y=-2$ のとき，$x=-2\pm 2=0$, -4.
以上より，$(x, y)=(4, 2)$, $(0, 2)$, $(0, -2)$, $(-4, -2)$．

別解　「y の大きさの限定」は，次のように行うこともできます．
　整数 x は実数でもあるから，与式を満たす実数 x が存在しなければならない．
　そこで与式を x に関する2次方程式とみて整理すると　← 1文字に注目
$$x^2-2y\cdot x+(3y^2-12)=0. \qquad \cdots ②$$
これが実数解 x をもつから
$$\frac{\text{判別式}}{4}=y^2-(3y^2-12)=12-2y^2\geqq 0.\quad \text{i.e.}\quad y^2\leqq 6.$$
y は整数だから $y=0$, ± 1, ± 2．

解の公式　②より $x=y\pm\sqrt{12-2y^2}$． $\cdots ③$
　x, y が整数であることより $\sqrt{12-2y^2}$ は整数．
　よって，右表より $\sqrt{12-2y^2}=\pm 2$．
　よって③より…

y	0	± 1	± 2
$\sqrt{12-y^2}$	$\pm 2\sqrt{3}$	$\pm\sqrt{10}$	± 2

　（以下，前述の解答と同様）…

類題 6　次の不定方程式を解け．（x, y は整数とする．）

[1] $xy-2x=5$

[2] $xy-3x-3y=0\ (x\geqq y\geqq 0)$

[3] $2xy-3x+y=0$

[4] $x^2-9y^2=7$

[5]★ $x^2-2xy-3y^2=12\ (x, y\geqq 0)$

[6] $x^2+4y^2=25$

[7] $x^2-2xy+4y^2-4x-2y+3=0$

⬆[8] $x^2-4xy+3y^2-x+3y=12\ (x>y>0)$

(解答▶解答編 p.6)

ITEM 7 | N 進法

よくわかった度チェック！ ① ② ③

我々人間は2本の手に指が5本ずつで計10本．なので「10」を一つのカタマリと見る「10進法」を用いていますが，たとえばコンピュータの世界では，機械が処理しやすい「2進法」が基本になっています．ここではこのような「N進法」の仕組みに対する確実な理解をベースに，10進法を2進法に書き換えるなどの作業を練習します．

> **ここがツボ！** 2進法：2の何乗が含まれる？

基本確認

10進法

10進法で表した $\boxed{a\,|\,b\,|\,c\,|\,d}$ (a, b, c, d は $0 \sim 9$ の整数) とは
$$a \cdot 10^3 + b \cdot 10^2 + c \cdot 10 + d \cdot 1$$
のことである．たとえば
$$6097 = 6 \cdot 10^3 + 0 \cdot 10^2 + 9 \cdot 10 + 7 \cdot 1.$$

・とくに断りがなければ10進法

N進法

10進法と同様に，N を1つのカタマリとみる「N進法」を考えることができる．たとえば6進法の場合　　　・6より1だけ小さい
$$a \cdot 6^3 + b \cdot 6^2 + c \cdot 6 + d \cdot 1 \ (a, b, c, d \text{ は } 0 \sim 5 \text{ の整数})$$
を「$\boxed{a\,|\,b\,|\,c\,|\,d}_{(6)}$」と表す．

2進法

2進法では
$$a \cdot 2^3 + b \cdot 2^2 + c \cdot 2 + d \cdot 1 \ (a, b, c, d \text{ は } 0 \text{ または } 1)$$
を「$\boxed{a\,|\,b\,|\,c\,|\,d}_{(2)}$」と表す．たとえば
$$13 = 1 \cdot 2^3 + 1 \cdot 2^2 + 0 \cdot 2 + 1 \cdot 1$$
を2進法では「$1101_{(2)}$」と表す．

（補足）普通，最高位の数 a は 0 ではありません．

例題 次の問いに答えよ．
(1) $10101_{(2)}$ を10進法に書き改めよ．
(2) 1170 を2進法に書き改めよ．
(3) 830 を6進法に書き改めよ．

解説・解き方のコツ

(1) $10101_{(2)} = 1 \cdot 2^4 + 0 \cdot 2^3 + 1 \cdot 2^2 + 0 \cdot 2 + 1 \cdot 1$
$\phantom{10101_{(2)}} = 2^4 + 2^2 + 1$
$\phantom{10101_{(2)}} = 16 + 4 + 1 = 21.$

→ $4 \cdot 7$ → $2^2 \cdot 7$

(2) $\left(\begin{array}{l}\text{あらかじめ 2 の累乗数:} \\ \text{を思い浮かべておき，なるべく大きな 2 の累乗数を引いて行きます．}\end{array}\right.$

n	0	1	2	3	4	5	6	7	8	9	10
2^n	1	2	4	8	16	32	64	128	256	512	1024

$2^{10}=1024,\ 1170-1024=146.$
$2^7=128,\ 146-128=18.$
$2^4=16,\ 18-16=2.$
∴ $1170=2^{10}+2^7+2^4+2$
$\quad=1\cdot2^{10}+0\cdot2^9+0\cdot2^8+1\cdot2^7+0\cdot2^6+0\cdot2^5+1\cdot2^4$
$\qquad+0\cdot2^3+0\cdot2^2+1\cdot2+0\cdot1$
$=\mathbf{10010010010}_{(2)}.$

$$\begin{array}{r}1170\\ 2^{10}=1024(-\\ \hline 146\\ 2^7=128(-\\ \hline 18\\ 2^4=16(-\\ \hline 2\end{array}$$

補足 1170 を 2 で割った商 585 と余り 0 を求め，その商をさらに 2 で割って同様な作業を右のように進めて行くことにより 2 進法表記に改める"機械的"方法論もありますが，このような結果になる仕組みが難しく，「2 進法の基本」から乖(かい)離(り)してしまっています．どのみち本 ITEM で扱っている「N 進法」はそれほど頻出ではないので，上記で行った通り，基本構造の理解に直結する方法論で行きましょう．

```
2)1170 余り
2) 585…0
2) 292…1
2) 146…0
2)  73…0
2)  36…1
2)  18…0
2)   9…0
2)   4…1
2)   2…0
     1…0
```

(3) (6 の累乗数 1, 6, 36, 216, 1296, …, を思い浮かべて…)
$6^3=216,\ 3\cdot6^3=648,\ 830-648=182.$
$6^2=36,\ 5\cdot6^3=180,\ 182-180=2.$
∴ $830=3\cdot6^3+5\cdot6^2+2$
$\quad=3\cdot6^3+5\cdot6^2+0\cdot6+2\cdot1$
$=\mathbf{3502}_{(6)}.$

類題 7 次の数を（ ）内の表記に書き改めよ．

[1] $110110_{(2)}$（10 進法）

[2] $21012_{(3)}$（10 進法）

[3] $5555_{(6)}$（10 進法）

[4] 1234（2 進法）

[5]★ 32（2 進法）

[6]★ 31（2 進法）

[7] 100（3 進法）

[8] 1000（5 進法）

[9] $3210_{(5)}$（3 進法）

(解答▶解答編 p. 8)

ITEM 8 | 2桁×1桁, 3桁×1桁の暗算

よくわかった度チェック！
① ② ③

1桁どうしの掛け算は，もちろん九九で暗算できますが，整数を積の形に分解したり，ある数の倍数を見つけたりする際には2桁(or3桁)×1桁の掛け算もしょっちゅう行います．その度にいちいち筆算していたのでは思考の流れが途切れてしまいますから，なるべく暗算で片付けたいですね．

もちろん，2桁どうしの掛け算なども出てきますが，その頻度は格段に下がります．**一方は1桁**というケースが圧倒的に多いのです．

> **ここがツボ！** 筆算は小さな位から．暗算は大きな位から．

基本確認

掛け算の暗算

2桁×1桁の掛け算：$\boxed{a}\boxed{b} \times \boxed{c}$ を**暗算**するときの原則は，**大きな位から順に**…
1° $\boxed{a}\boxed{0} \times \boxed{c}$ を求めて頭に一時記憶し，
2° $\boxed{b} \times \boxed{c}$ を求めて上記に加える．　…あくまで原則です…

例題 次の計算をせよ．
(1) $32 \cdot 6$　　(2) $4 \cdot 29$　　(3) $45 \cdot 7$

やってみよう！

解説・解き方のコツ

すべて暗算で行います．ここでは，頭の中の動きを図式的に表しました．

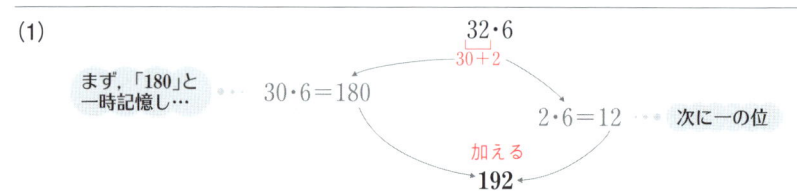

(1)
$32 \cdot 6$ ← $30+2$
まず，「180」と一時記憶し… → $30 \cdot 6 = 180$
$2 \cdot 6 = 12$ …次に一の位
加える
192

補足 紙の上で「筆算」しないで「暗算」しようとする1つの理由は，「手早くおおよその値を知りたい」からです．そのためにも，**大きな位から**計算する習慣をつけましょう．

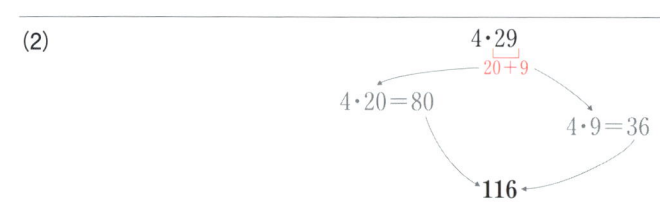

(2)
$4 \cdot 29$ ← $20+9$
$4 \cdot 20 = 80$
$4 \cdot 9 = 36$
116

別解1 一の位が 9 ですから，引き算を使った方が楽かも…

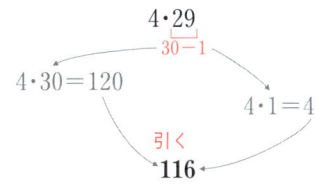

$$4 \cdot 29$$
$$\overset{30-1}{}$$
$$4 \cdot 30 = 120 \qquad 4 \cdot 1 = 4$$
引く
$$116$$

別解2 $25 \cdot 4 = 100$ を利用すると

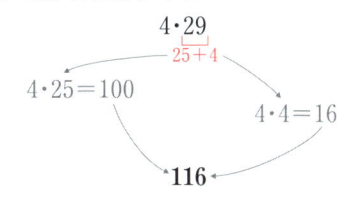

$$4 \cdot 29$$
$$\overset{25+4}{}$$
$$4 \cdot 25 = 100 \qquad 4 \cdot 4 = 16$$
$$116$$

(3) 十の位，一の位とも繰り上がりがあり，両者を加える際さらに繰り上がりがあります．

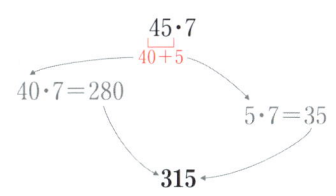

$$45 \cdot 7$$
$$\overset{40+5}{}$$
$$40 \cdot 7 = 280 \qquad 5 \cdot 7 = 35$$
$$315$$

補足 他分野においても「暗算」では，ここでやった「何かを一時的に記憶する」という行為が必須となります．

入試のここで役立つ！

たとえば，18 と 24 の最小公倍数は，それぞれの倍数
 $18,\ 18 \cdot 2 = 36,\ 18 \cdot 3 = 54,\ 18 \cdot 4 = 72$
 $24,\ 24 \cdot 2 = 48,\ 24 \cdot 3 = 72$
がスッと暗算で頭に浮かべば，すぐに「72」とわかりますね．

類題 8 次の計算をせよ．

[1] $36 \cdot 3$　　　　[2] $13 \cdot 7$　　　　[3] $17 \cdot 3$
[4] $19 \cdot 8$　　　　[5] $43 \cdot 7$　　　　[6]★ $48 \cdot 5$
[7] $27 \cdot 3$　　　　[8] $81 \cdot 3$　　　　[9] $32 \cdot 2$
[10] $64 \cdot 2$　　　　[11] $128 \cdot 2$　　　　[12] $43 \cdot 11$

(解答▶解答編 p.9)

ITEM 9 平方根の簡約化

平方根号($\sqrt{}$)を含んだ数をできるだけ簡単にする練習です．ITEM 2「素因数分解」と同じように，$\sqrt{}$ の中を積の形にし，( )^2 の形になった部分を $\sqrt{}$ の外に出します．

ここがツボ！ $\sqrt{}$ の中に，なるべく大きな数の 2 乗を見つける．

基本確認

以下において，a, b は正とする．

平方根の定義

□$^2 = a$ を満たす□のうち，正の方を $\sqrt{a}$ と表す．
(例：□$^2 = 4 \iff$ □$= \pm 2$ より，$\sqrt{4} = 2$．)
つまり，$\sqrt{a}$ とは，2 乗したら a になる正の数である．

平方根の公式

$(\sqrt{a})^2 = a$　　$\sqrt{a^2} = a$　　〈注意〉$a > 0$ と限らないときは，$|a|$

$\sqrt{ab} = \sqrt{a}\sqrt{b}$　　$\sqrt{\dfrac{a}{b}} = \dfrac{\sqrt{a}}{\sqrt{b}}$　　$\sqrt{a^2 b} = a\sqrt{b}$

2 桁の数の平方根

n	11	12	13	14	15	16	17	18	19
n^2	121	144	169	196	225	256	289	324	361

ITEM 1 から再録．2^n, 3^n, 5^n, 6^n の表も見ておこう

例題 次の数を簡単にせよ．(根号の中をできるだけ小さな整数にすること)

(1) $\sqrt{180}$　　(2) $\sqrt{196}$　　(3) $\sqrt{54} \cdot \sqrt{30}$

解説・解き方のコツ

(1) **いまいちな方法**

$\sqrt{180} = \sqrt{18 \times 10}$
$= \sqrt{2 \cdot 3^2 \times 2 \cdot 5}$
$= \sqrt{2^2 \cdot 3^2 \cdot 5} = 2 \cdot 3\sqrt{5} = 6\sqrt{5}$．

こんなふうに $\sqrt{}$ 内を完全に素因数分解する必要はありません．

正しい方法

$\sqrt{180} = \sqrt{36 \cdot 5}$　　…… $36 (= 6^2)$ を見つけた！
$= \sqrt{6^2 \cdot 5} = 6\sqrt{5}$.　　↑大きめな数の 2 乗

(補足) もし $180 = 6^2 \cdot 5$ をパッと思いつかなかったら，上記いまいちな方法でやることになりますが…すこし面倒ですね．

$\rightarrow 2^5$

(2) **解法1** $\sqrt{196}=\sqrt{4\cdot 49}$ ・・・ 下2桁が4で割り切れることに注目して(→ ITEM 1)
$\phantom{\sqrt{196}}=\sqrt{2^2\cdot 7^2}=2\cdot 7=\mathbf{14}.$

解法2 「196」が 14^2 という平方数であることを見抜けば終わりです．
$$\sqrt{196}=\sqrt{14^2}=\mathbf{14}.$$

入試のここで役立つ！

2次方程式 $3x^2-10x-88=0$ ・・・① を解の公式で解くと
$$x=\frac{5\pm\sqrt{25+3\cdot 88}}{3}=\frac{5\pm\sqrt{289}}{3}$$
となります．このとき 289 が 17^2 という平方数であることをスパッと見抜けば，この解が
$$x=\frac{5\pm 17}{3}=\frac{22}{3},\ -4$$
と有理数になることを見逃すことはありません．（ホントは，①は因数分解によって解けるのですが…）

(3) $\sqrt{54}\cdot\sqrt{30}=\sqrt{54\times 30}$ ・・・ 全体を1つの平方根として考える
$\phantom{\sqrt{54}\cdot\sqrt{30}}=\sqrt{6\cdot 9\times 6\cdot 5}$ ・・・ 6^2 と，$9=3^2$ が見えた
$\phantom{\sqrt{54}\cdot\sqrt{30}}=6\cdot 3\sqrt{5}=\mathbf{18\sqrt{5}}.$

類題 9A 次の数の根号の中を簡単にせよ．

[1] $\sqrt{12}$　　　[2] $\sqrt{27}$　　　[3] $\sqrt{28}$　　　[4] $\sqrt{72}$

[5] $\sqrt{75}$　　　[6] $\sqrt{98}$　　　[7] $\sqrt{108}$　　　[8] $\sqrt{125}$

[9] $\sqrt{128}$　　　[10] $\sqrt{169}$　　　[11] $\sqrt{200}$　　　[12] $\sqrt{288}$

[13] $\sqrt{512}$　　　[14] $\sqrt{2000}$　　　[15] $\sqrt{2178}$　　　[16]★ $\sqrt{0.32}$

[17] $\sqrt{1.75}$

類題 9B 次の数や式を簡単にせよ．（「数値計算」の章ですが一部「式」も扱います．）

[1] $\sqrt{12}\sqrt{6}$　　　　　[2] $\sqrt{18}\sqrt{24}$　　　　　[3] $\sqrt{28}\sqrt{56}$

[4] $\dfrac{\sqrt{96}}{\sqrt{8}}$　　　　　[5] $\dfrac{6\sqrt{60}}{\sqrt{48}}$　　　　　[6] $\sqrt{1-\left(\dfrac{2}{7}\right)^2}$

[7]★ $\sqrt{a^2-a^4}\ (0\leqq a^2\leqq 1)$　　　[8] $\sqrt{a^2-4a+4}\ (a<2)$

[9] $\sqrt{\left(a+\dfrac{1}{a}\right)^2+\left(2a+\dfrac{2}{a}\right)^2}\ (a>0)$

（解答▶解答編 p.10）

ITEM 10 分母の有理化

たとえば，$\sqrt{2} \fallingdotseq 1.414\cdots$ を用いて $\frac{1}{\sqrt{2}}$ の概算値を求める際，$\frac{\sqrt{2}}{2}$ と変形しておいた方がカンタンです．このように，分数の分母にある $\sqrt{}$ を分子へ移し変えることが**分母の有理化**です．

(注意) 大学入試では，答えの分母は必ず有理化するという規則はありません．実際，「$\frac{2}{\sqrt{5}}\cdots$ ㋐」の分母を有理化して「$\frac{2\sqrt{5}}{5}\cdots$ ㋑」にすると，むしろ煩雑になったとも言えます．なので本 ITEM では，㋑を㋐に変える練習も合わせて行います．

ここがツボ！ 和には差を，差には和を掛けよ．

基本確認

以下において，$a>0$, $b>0$ とする．

分母の有理化

$$\frac{a}{\sqrt{b}} = \frac{a\sqrt{b}}{\sqrt{b}\sqrt{b}} = \frac{a\sqrt{b}}{b} \qquad \frac{a}{\sqrt{a}} = \frac{(\sqrt{a})^2}{\sqrt{a}} = \sqrt{a}$$

$$\frac{1}{\sqrt{a}+\sqrt{b}} = \frac{\sqrt{a}-\sqrt{b}}{(\sqrt{a}+\sqrt{b})(\sqrt{a}-\sqrt{b})} = \frac{\sqrt{a}-\sqrt{b}}{a-b} \quad \cdots \text{和には差を掛ける}$$

$$\frac{1}{\sqrt{a}-\sqrt{b}} = \frac{\sqrt{a}+\sqrt{b}}{(\sqrt{a}-\sqrt{b})(\sqrt{a}+\sqrt{b})} = \frac{\sqrt{a}+\sqrt{b}}{a-b} \quad \cdots \text{差には和を掛ける}$$

例題 次の問いに答えよ．

(1) $\frac{6}{\sqrt{3}}$ の分母を有理化せよ． (2) $\frac{1}{2+\sqrt{5}}$ の分母を有理化せよ．

(3) $\frac{\sqrt{5}}{10}$ を $\frac{1}{\square}$ の形で表せ．

解説・解き方のコツ

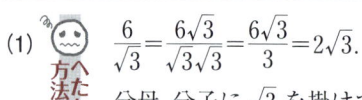

(1) **[ヘタな方法]**

$$\frac{6}{\sqrt{3}} = \frac{6\sqrt{3}}{\sqrt{3}\sqrt{3}} = \frac{6\sqrt{3}}{3} = 2\sqrt{3}.$$

分母，分子に $\sqrt{3}$ を掛けてから，今度は 3 で割っています．遠回りですね．

[正しい方法]

$$\frac{6}{\sqrt{3}} = \frac{2 \cdot 3}{\sqrt{3}} \quad \cdots \text{分子に「3」があることを見抜く}$$

$$= \frac{2 \cdot (\sqrt{3})^2}{\sqrt{3}} \quad \cdots \sqrt{3} \text{ で"約分"できることを見抜く}$$

$$= 2\sqrt{3}.$$

(補足) $\dfrac{3}{\sqrt{3}}=\sqrt{3}$ は，瞬間でわかるようにしておきましょう．

(2) 【いまいちな方法】
$$\dfrac{1}{2+\sqrt{5}}=\dfrac{2-\sqrt{5}}{(2+\sqrt{5})(2-\sqrt{5})}$$ …分母$=2^2-(\sqrt{5})^2=4-5=-1$
$$=\dfrac{2-\sqrt{5}}{-1}$$
$$=\sqrt{5}-2.$$

「$a+\sqrt{b}$ には $a-\sqrt{b}$ を掛ける．」なんて覚え込んじゃうと，このように分母が負になってしまい，1 行無駄ですね．要は
「和と差の積」→「2 乗－2 乗」→「$\sqrt{}$ が消える」
となればよいのですから…

【正しい方法】
$$\dfrac{1}{2+\sqrt{5}}=\dfrac{\sqrt{5}-2}{(\sqrt{5}+2)(\sqrt{5}-2)}$$ …$\sqrt{5}>2$ に注目し，正の数 $\sqrt{5}-2$ を掛ける
$$=\sqrt{5}-2.$$ …分母$=(\sqrt{5})^2-2^2=1$ は暗算

(3) $\dfrac{\sqrt{5}}{10}=\dfrac{\sqrt{5}}{2(\sqrt{5})^2}$ …$\sqrt{5}$ で約分できることを見抜く
$$=\dfrac{1}{2\sqrt{5}}.$$

(参考) 同様に，$\dfrac{\sqrt{6}}{3}=\dfrac{\sqrt{2\cdot 3}}{(\sqrt{3})^2}=\sqrt{\dfrac{2}{3}}$ などの変形も，役立つことがあります．

類題 10A 次の分母を有理化せよ．（「数値計算」の章ですが，一部「式」も扱います．）

[1] $\dfrac{2}{\sqrt{2}}$　　[2] $\dfrac{9}{\sqrt{3}}$　　[3] $\dfrac{6}{\sqrt{2}}$　　[4] $\dfrac{12}{\sqrt{6}}$　　[5] $\dfrac{10}{\sqrt{5}}$

[6] $\dfrac{35}{\sqrt{7}}$　　[7] $\dfrac{55}{\sqrt{11}}$　　[8] $\dfrac{90}{\sqrt{15}}$　　[9] $\dfrac{1}{\sqrt{5}-\sqrt{2}}$　　[10] $\dfrac{1}{\sqrt{3}+\sqrt{2}}$

[11] $\dfrac{2}{\sqrt{3}+\sqrt{5}}$　　[12] $\dfrac{1}{2-\sqrt{3}}$　　[13] $\dfrac{2}{\sqrt{7}-3}$　　[14]★ $\dfrac{2\sqrt{3}}{\sqrt{3}+3}$　　[15] $\dfrac{a^2}{\sqrt{a}}\,(a>0)$

[16] $\dfrac{1}{\sqrt{a^2+1}}+a\cdot\dfrac{a}{\sqrt{a^2+1}}$（$a$ は実数）　　[17]★ $\dfrac{1}{\sqrt{k+1}+\sqrt{k}}\,(k\geq 0)$

類題 10B 次の数を $\dfrac{1}{\Box}$ の形で表せ．

[1] $\dfrac{\sqrt{2}}{2}$　　　　[2] $\dfrac{\sqrt{3}}{6}$　　　　[3] $\dfrac{\sqrt{6}}{30}$　　　　[4] $\dfrac{\sqrt{14}}{56}$

(解答▶解答編 p. 11, 12)

ITEM 11 2重根号の外し方

$\sqrt{2+\sqrt{3}}$ のような**2重根号**を含む数は，簡単な形に変形できることがあります．入試において，作問者が意図したのと違う解き方をしたときなどに必要となる場合があります．マスターしましょう．

> **ここがツボ！** $\sqrt{\boxed{} \pm 2\sqrt{\boxed{}}}$ の形を作れ．

基本確認

2重根号の外し方　以下において，$a > b > 0$ とする．

$(\sqrt{a}+\sqrt{b})^2 = (a+b) + 2\sqrt{ab}$ より，$\sqrt{(a+b)+2\sqrt{ab}} = \sqrt{a}+\sqrt{b}$．

$(\sqrt{a}-\sqrt{b})^2 = (a+b) - 2\sqrt{ab}$ より，$\sqrt{(a+b)-2\sqrt{ab}} = \sqrt{a}-\sqrt{b}$．

「2」に注意　　必ず正

例題　次の2重根号を外せ．

(1) $\sqrt{5+2\sqrt{6}}$ 　　　　　(2) $\sqrt{2-\sqrt{3}}$

解説・解き方のコツ

(1) 足して5，掛けて6になる2つの数を探すと，「3と2」でちょうどよい．

∴ $\sqrt{5+2\sqrt{6}} = \sqrt{3}+\sqrt{2}$．
　(3+2)　(3·2)

ここに「2」があるのを必ず確認！

(2) まず，2重根号「$\sqrt{3}$」の前に，「2」をムリヤリ作ります．

$\sqrt{2-\sqrt{3}} = \sqrt{\dfrac{4-2\sqrt{3}}{2}}$　　この「2」が欠かせない！

$= \dfrac{\sqrt{4-2\sqrt{3}}}{\sqrt{2}}$ ……　$\boxed{4}=3+1$，$\boxed{3}=3\cdot 1$ だから…

$= \dfrac{\sqrt{3}-\sqrt{1}}{\sqrt{2}} = \dfrac{\sqrt{6}-\sqrt{2}}{2}$．　一応分母を有理化しておいた

類題 11　次の2重根号を外せ．

[1] $\sqrt{3+2\sqrt{2}}$ 　　　　[2] $\sqrt{6-2\sqrt{5}}$ 　　　　[3] $\sqrt{7+2\sqrt{10}}$

[4] $\sqrt{9+4\sqrt{5}}$ 　　　　[5] $\sqrt{6-\sqrt{32}}$ 　　　　[6] $\sqrt{\dfrac{5}{2}+\sqrt{6}}$

[7] $\sqrt{4-\sqrt{15}}$ 　　　　[8] $\sqrt{5+\sqrt{21}}$ 　　　　[9] $\sqrt{a-\sqrt{a^2-1}}$ ($a>1$)

ITEM 12 無理数の概算値

$\sqrt{5}$ や π など(理系の人は e も)の概算値を知っていると,問題を解く上で必要な大小比較が容易にわかることがあります。次に挙げる値は暗記して,有効利用しましょう。

ここがツボ! $\sqrt{2}, \sqrt{3}, \sqrt{5}, \sqrt{6}, \sqrt{7}, \sqrt{10}$ の概算値は,暗記!

基本確認

無理数の概算値
- $\sqrt{2} = 1.41421356\cdots$ 一夜一夜に 人見ごろ
- $\sqrt{3} = 1.7320508\cdots$ 人並みに おごれや
- $\sqrt{5} = 2.2360679\cdots$ 富士山麓 オーム鳴く
- $\sqrt{6} = 2.449489\cdots$ 似よ 良くようやく
- $\sqrt{7} = 2.64575\cdots$ 菜に 虫いない …「い」は「5つ(いつつ)」の「い」
- $\sqrt{10} = 3.16227\cdots$ 三色に鮒 … π に近い!

円周率 $\pi = 3.141592\cdots$

理系 自然対数の底 $e = 2.7182818\cdots$ 鮒一鉢二鉢一鉢

例題 次の値にもっとも近いものを,下の㋐〜㋙から1つ選べ。(ただし,上の概算値を用いてもよい。)

(1) $\sqrt{24}$ (2) $\dfrac{1+\sqrt{5}}{4}$

㋐ 0.5 ㋑ 0.8 ㋒ 1.3 ㋓ 1.9 ㋔ 2.2
㋕ 3.5 ㋖ 4.1 ㋗ 5.0 ㋘ 5.4 ㋙ 6.3

解説・解き方のコツ

(1) $\sqrt{24} = \sqrt{2^2 \cdot 6} = 2\sqrt{6} \fallingdotseq 2 \times 2.45 = 4.9$ だから,㋖.

(2) $\dfrac{1+\sqrt{5}}{4} \fallingdotseq \dfrac{1+2.2}{4} = \dfrac{3.2}{4} = 0.8$ だから,㋑. **補足** 実はコレ,$\cos\dfrac{\pi}{5}$ の値です。

類題 12 次の問いに答えよ。(ただし,上の概算値を用いてもよい。)

[1] $\sqrt{28}$ にもっとも近い整数を答えよ。

[2] $\left|\sqrt{10} - \dfrac{1}{2}\left(3+\dfrac{10}{3}\right)\right| < 0.005$ を示せ。

[3] $5(3+\sqrt{2})$ を超えない最大整数を求めよ。

[4] ★ $\dfrac{1+\sqrt{3}}{2}$ と $\dfrac{4}{3}$ の大小を調べよ。

↑[5] $\pi^2 > 16(2-\sqrt{2})$ を示せ。

理系 [6] $\dfrac{e^2}{9} - 1$ の符号を調べよ。

(解答▶解答編 p.12)

ITEM 13 「展開」の仕組み

$(a+b)(x+y)$ を展開するとどうなりますか？もちろん

$$(a+b)(x+y) = ax + ay + bx + by$$

で正解です．しかし，どんなときでも機械的に①，②，③，④の順に展開式のすべての項を紙に書き，書いてから初めてその整理の仕方を考えてちゃダメなんです．次に述べる**展開の仕組み**を考えながら展開するか否かで，大袈裟に言うと，**今後の数学人生が変わります**．

> **ここがツボ！** 展開は，まず目標とする式の形をイメージしてから．

基本確認

展開の仕組み

$(a+b)(x+y)$ を「**展開する**」とは，$(a+b)$，$(x+y)$ の2つの因数から，それぞれ1個ずつ項を抜き出してできる積を，すべての抜き出し方について加えた式を作ることである．

> **例題** 次の式を展開して x について整理せよ．
> (1) $(x+2)(2x^2-4x+1)$　　(2) $(x-\alpha)(x-\beta)(x-\gamma)$

解説・解き方のコツ

(1) **へたな方法**

$$(x+2)(2x^2-4x+1)$$
$$= 2x^3 - 4x^2 + x + 4x^2 - 8x + 2 \quad \text{…なにも考えずとりあえずバラす}$$
$$= 2x^3 - 7x + 2 \quad \text{…ヨッコラショと同類項をまとめる}$$

正しい方法

初めから x の各次数ごとに係数を求めます．2つの因数から項を1つずつ抜き出して掛ける際，たとえば「x^3」ができる抜き出し方は，下の ─── 部のみだから，

x^3 の係数 $= 1 \cdot 2 = 2$．　…もちろん暗算　　$(x+2)(2x^2-4x+1)$ ← x^3 の項

x^2 の係数も，右の ─── 部を考えて
$1 \cdot (-4) + 2 \cdot 2 = 0$．　…これも暗算　　$(x+2)(2x^2-4x+1)$ ← x^2 の項

x の係数および定数項も，右のように考えて
$(x+2)(2x^2-4x+1)$　…ふむ，x の3次式だな　　$(x+2)(2x^2-4x+1)$ ← x の項・定数項
$= 2x^3 - 7x + 2$．　…x の次数ごとに係数を暗算して，一気に

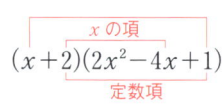

(補足) このような「展開の仕組み」の理解の上に立ち，**あらかじめ確固たる目標を持ってから「展開」する**習慣を身につけると，"先"が読めるようになり，問題解法のストーリーが浮かびやすくなります．本 ITEM では，すでに覚えてしまっている展開公式を**いったんすべて忘れてください**．ひたすら「展開の仕組み」を身につけることを目指しましょう．

(2) 〔へたな方法〕

$(x-\alpha)(x-\beta)(x-\gamma)$
$=(x^2-\beta x-\alpha x+\alpha\beta)(x-\gamma)$ … ひとまず左の2つの因数のみ展開
$=\{x^2-(\alpha+\beta)x+\alpha\beta\}(x-\gamma)$ … そこをドッコイショと整理して
$=x^3-\gamma x^2-(\alpha+\beta)x^2+(\alpha+\beta)\gamma x+\alpha\beta x-\alpha\beta\gamma$ … 例によって全部書き
$=x^3-(\alpha+\beta+\gamma)x^2+(\alpha\beta+\beta\gamma+\gamma\alpha)x-\alpha\beta\gamma$. … 青息吐息でやっとこさ

〔正しい方法〕

因数が3つになっても同じです．
$(x-\alpha)$, $(x-\beta)$, $(x-\gamma)$ から項を1つずつ抜き出して積を作るとき，たとえば「x^3」ができる抜き出し方は，右の ⌐⌐ 部のみだから，

　x^3 の係数 $=1$.

x^3 の項
$(x-\alpha)(x-\beta)(x-\gamma)$
x^2 の項の例

x^2 の項は，3つの因数のうち，2つから「x」を，1つから「x 以外」を抜き出してできる(右上の ⌐⌐ 部など)．よって x^2 の係数は

　$-\alpha-\beta-\gamma$. … これも暗算

x の係数および定数項も，右のように考えて，
一気に

x の項の例
$(x-\alpha)(x-\beta)(x-\gamma)$
定数項

$(x-\alpha)(x-\beta)(x-\gamma)$
$=\boldsymbol{x^3-(\alpha+\beta+\gamma)x^2+(\alpha\beta+\beta\gamma+\gamma\alpha)x-\alpha\beta\gamma}$.

類題 13A $(5x^3-3x-2)(3x^2+3x+1)$ を展開したときの x^2 の係数を求めよ．

類題 13B 次の各式を展開して x について整理せよ．

[1] $(x+3)(x-1)$ [2] $(x+3)(2x-5)$ [3] $(3x-1)(5x-2)$
[4] $(2x-3)(x^2+1)$ [5] $(x+6)(3x^2+2x-4)$ [6] $(3x^2-2)(6x^2+4x+1)$

類題 13C 次の各式を，展開公式を用いず，「展開の仕組み」を考えて展開せよ．

[1] $(a+b)^2$ [2]★ $(a+b)^3$ [3] $(a+b+c)^2$
[4] $(a-b)(a+b)$ [5] $(a-b)(a^2+ab+b^2)$ [6] $(x+a)(x+b)$

(解答▶解答編 p.13)

| ITEM 14 | 展開（公式利用） |

よくわかった度チェック！
① ② ③

前 ITEM で学んだ「展開の仕組み」をベースに，本 ITEM ではいわゆる「展開公式」も活用して式を展開します．公式はけっこうたくさんありますが，前 ITEM の類題 13C でやったように，その公式が成り立つ仕組みを頭の中でうっすら思い浮かべながら使い，よく似た構造をもつものを系列化して覚えれば大丈夫です．

> **ここがツボ！** "公式"を使うときも，「抜き出して掛ける」感覚は忘れずに．

[基本確認]

公　式

(I) ２項展開

❶ $(a+b)^2 = a^2 + 2ab + b^2$　　　❶' $(a-b)^2 = a^2 - 2ab + b^2$

❷ $(a+b)^3 = a^3 + 3a^2b + 3ab^2 + b^3$　　❷' $(a-b)^3 = a^3 - 3a^2b + 3ab^2 - b^3$

$\vdots$

❸ $(a+b)^n = \sum_{k=0}^{n} {}_nC_k a^{n-k} b^k$　　「二項定理」，詳しくは次 ITEM で

(Ⅱ) ３項展開

❹ $(a+b+c)^2 = a^2 + b^2 + c^2 + 2ab + 2bc + 2ca$

(Ⅲ) 累乗－累乗の分解　　展開するときは，右辺から左辺へと使います

❺ $a^2 - b^2 = (a-b)(a+b)$

❻ $a^3 - b^3 = (a-b)(a^2 + ab + b^2)$　　❻' $a^3 + b^3 = (a+b)(a^2 - ab + b^2)$

$\vdots$

❼ $a^n - b^n = (a-b)(a^{n-1} + a^{n-2}b + a^{n-3}b^2 + \cdots + ab^{n-2} + b^{n-1})$

　　　　　右辺を展開してみよ！

(注意) ○公式❶〜❼は，すべて「左辺が簡単な式で右辺が長い式」になるように書いてあります．よって(Ⅲ)は，本 ITEM では右辺から左辺へと逆向きに使います．(ITEM 18 の因数分解（公式利用）では，まるっきり立場が逆転します．)

○公式❶，❷の右辺は，それぞれ次の順序で並べたほうが合理的なこともあります．

ITEM 16「対称（な）式」ではこの形で使います

$a^2 + b^2 + 2ab$　　　　$a^3 + b^3 + 3a^2b + 3ab^2$
　　２乗の和　　　　　　　　３乗の和

(補足) (I), (Ⅲ)の右側にある式は（❶', ❷', ❻'），その左の式において「b」を「$-b$」に置き換えるだけで得られる"オマケ"の公式です．

例 題　次の式を展開して整理せよ．

(1) $(3a-b)^3$　　　　　　　(2) $(x+y+1)^2$

解説・解き方のコツ

(1) 公式(I) ❷′ を用いて
$$(3a-b)^3 = (3a)^3 - 3(3a)^2 b + 3\cdot 3a\cdot b^2 - b^3$$
$$= 27a^3 - 27a^2 b + 9ab^2 - b^3.$$

(2) 【いまいちな方法】公式(II) ❹ より
$$(x+y+1)^2 = x^2 + y^2 + 1^2 + 2xy + 2y + 2x$$
$$= x^2 + 2xy + y^2 + 2x + 2y + 1.$$
次数の高い順，x から y への順に整理

【正しい方法】上記のように公式ベッタリにならず，前 ITEM の**抜き出して掛ける**感覚を思い出し，初めから文字の次数に注目して展開します．

$$(x+y+1)^2 = (x+y+1)(x+y+1)$$
2次の項　1次の項

$$= x^2 + 2xy + y^2 + 2x + 2y + 1.$$
定数項は $1\cdot 1$ のみ

補足　因数 $(x+y+1)$ を，1次式「$(x+y)$」と定数「1」の和とみて，
$$(x+y+1)^2 = \{(x+y)+1\}^2$$
$$= (x+y)^2 + 2(x+y) + 1 = 1\cdots$$
公式(I) ❶

と展開しているわけです．

類 題 14　次の各式を展開して整理せよ．（一部，数値計算も含む．）

[1]★ $(3a-2b)(3a+2b)$　　　　[2] $(x-2y)^3$

[3] $(a-b+2c)^2$　　　　　　[4] $(a-b+c)^2+(a+b-c)^2$

[5] $(x-1)(x+1)(x^2+1)(x^4+1)$　　[6]★ $(2x-1)(4x^2+2x+1)$

[7] $(\sqrt{a}+\sqrt{a-1})(\sqrt{a}-\sqrt{a-1})$　　[8] $(\sqrt{x^2-1}-1)^2$

[9] $\left(x-\dfrac{3}{2}\right)^2$　　　　　　[10] $2\left(x-\dfrac{5}{4}\right)^2$

[11] $(a-b+c)(a+b-c)$　　　[12] $(2a-b)(4a^2+4ab+b^2)$

[13] $(2a+3b)^2 - 3(a+2b)^2$　　[14] $(3k-1)^3$

[15] $(\sqrt{3}+\sqrt{2})^2$　　　　　[16] $(\sqrt{3}-2)^3$

(解答 ▶ 解答編 p.14)

ITEM 15 二項定理

よくわかった度チェック！ ① ② ③

見た目はド派手で，人を寄せ付けない雰囲気をもった定理ですが…実は前 ITEM の公式(I)（2乗，3乗の展開公式）を一般の n 乗にしたものに過ぎません．けっして結果を暗記しようとせず，ITEM 13 で極めた（よね？）「**展開の仕組み**」の感覚を頼りに，自然に思い出せるようにしましょう．

> **ここがツボ！** 二項定理は，因数を n 個並べ，"抜き出して掛ける"感覚で思い出す．

基本確認

二項定理　　この"実体"で理解しよう

$$(a+b)(a+b)\cdots(a+b) = a^n + na^{n-1}b + {}_nC_2 a^{n-2}b^2 + \cdots + nab^{n-1} + b^n \quad \cdots ❶$$
①　②　　⑪

すなわち　　$(a+b)^n = \displaystyle\sum_{k=0}^{n} {}_nC_k a^{n-k} b^k$　　まとめて書くとほとんど暗号？ $\cdots ❶'$

(補足) たとえば「$a^{n-2}b^2$」の係数が「${}_nC_2$」になる理由を考えてみましょう．❶の左辺を展開するとき，$a^{n-2}b^2$ の項になるのは ①～⑪ のうち 2 つから b を抜き出し，残りの $n-2$ 個からは a を抜き出す場合です．このような**抜き出し方**は，①～⑪ のうち，どの 2 つの因数から b を抜き出すかを考えて ${}_nC_2$ 通りあるので，これが $a^{n-2}b^2$ の係数となります．（→ 解答編の類題 13C [2] の解説）

(注意) ❶′では「a^0」および「b^0」を「1」として扱っています．
（解答編の類題の解答でも同様．）

二項係数

$${}_nC_r = \frac{n(n-1)(n-2)\cdots(n-r+1)}{r!}$$

詳しくは→ ITEM 82

7 から 3 個並べて…

例：${}_7C_3 = \dfrac{7 \cdot 6 \cdot 5}{3!} = \dfrac{7 \cdot 6 \cdot 5}{3 \cdot 2} = 35.$

3! で割る

例題　次の問いに答えよ．
(1) $(x+1)^5$ を展開せよ．
(2) $(2a-b)^n$（n は 3 以上の自然数）の展開式における $a^{n-3}b^3$ の係数を求めよ．

解説・解き方のコツ

(1) $(x+1)^5 = (x+1)(x+1)(x+1)(x+1)(x+1)$　　頭の中で因数を 5 個並べて…

$ = {}_5C_0 x^5 + {}_5C_1 x^4 \cdot 1 + {}_5C_2 x^3 \cdot 1^2 + {}_5C_3 x^2 \cdot 1^3 + {}_5C_4 x \cdot 1^4 + {}_5C_5 \cdot 1^5 \quad \cdots ①$

$ = x^5 + 5x^4 + 10x^3 + 10x^2 + 5x + 1.$

→ 6·7 → 2·3·7

ITEM 17 因数分解（2次式）

よくわかった度チェック！ ① ② ③

「展開」は，どんな式でも機械的にできる"自然な"変形ですが，**因数分解**は展開する前の元の式に戻す，いわば**逆向きの式変形**ですから，"工夫"と"ヨミ"が必要となります．今後，方程式・不等式・微分法などなどあらゆる分野において超高頻度で現れますので，単にできるだけではダメ．スピード，正確性，あらゆる面から完璧を目指しましょう．

> **ここがツボ！** 「因数分解」は「展開」の逆．「何を展開すればこうなるか？」と，元の式へさかのぼる気持ちで．

2次式の展開

❶ $(x+a)(x+b) = x^2 + (a+b)x + ab$
❷ $(ax+b)(cx+d) = acx^2 + (ad+bc)x + bd$

右辺から左辺へ使えば"因数分解公式"ですが…

(注意) これらを"因数分解の公式"として使うという意識はありませんが，一応載せときました….

> **例題** 次の各式を因数分解せよ．
> (1) $x^2 - 5x - 24$
> (2) $3x^2 + 7x - 20$

解説・解き方のコツ

(1) x^2 の係数が 1 ですから，タテマエとしては公式❶を使います．といっても**本音**は，「どんな 1 次式どうしを掛ければ $x^2-5x-24$ になるか？」と，あくまで，展開する前の**元の式へさかのぼる**意識でやるものです．

$x^2 - 5x - 24$ … 24 の積への分解のうち，3・8 が良さそうカナ…
$(x-3)(x-8)$ … とりあえず符号を両方とも「−」にしておいて…
与式 $= (x+3)(x-8)$． … どっちを「+」にすれば「$-5x$」になるかを考えて

(2) **いまいちな方法** x^2 の係数が 1 ではないので，（タテマエとしては）公式❷を使います．本問程度の問題で右のような"タスキがけ"を書いていてはスピード不足です．

$1 \diagdown 2 \longrightarrow 6$
$3 \diagup 10 \longrightarrow 10$
??

正しい方法 本問も，展開する前の元の式へさかのぼる気持ちで，直接答えの式を書きましょう．

$3x^2 + 7x - 20$
$(x-\ )(3x-\ )$ … $3x^2$ は $x \cdot 3x$ と分けるしかない．さて，20 の方はどう分ける？
$(x-\dfrac{2}{10})(3x-\dfrac{10}{2})$ … まずは 2・10 で

46 → 2・23

例題 次の対称式を基本対称式で表せ.

(1) $(a-b)^2$ (2) $a^2b^2+b^2c^2+c^2a^2$

解説・解き方のコツ

(1) $\underline{(a-b)^2} = \underline{(a+b)^2} \cdots$ とりあえずここまで紙に書いて
$a^2-2ab+b^2$ 　　ここは $a^2+2ab+b^2$, $4ab$ だけ余分なので…
$\qquad = (a+b)^2 - 4ab.$

補足 公式❶も，これと同じ考え方で作られています.

(2) $a^2b^2+b^2c^2+c^2a^2 = \underline{(ab)}^2+\underline{(bc)}^2+\underline{(ca)}^2 \cdots$ $(ab), (bc), (ca)$ をカタマリとみる
$\qquad = (\underline{ab}+\underline{bc}+\underline{ca})^2 - 2(\underline{ab}\cdot\underline{bc}+\underline{bc}\cdot\underline{ca}+\underline{ca}\cdot\underline{ab})$
$\qquad = (ab+bc+ca)^2 - 2abc(a+b+c).$ 　公式❸

入試のここで役立つ！

2次方程式の2つの解 α, β および3次方程式の3つの解 α, β, γ の基本対称式は，すべて「解と係数の関係」によって（個々の解がフクザツな値であっても）キレイに表せます．よって，これらの解からなる対称式の値は，それを基本対称式で表しておけば簡単に求まるわけです．（→ ITEM 35）

注意 以下の**問題**で出てくる「分数式」などは，「整式」ではないので本来「対称式」とは呼びませんが，"対称な式"ということで本 ITEM で扱います．

類題 16A 次の各式を基本対称式で表せ.

[1] $(a-1)(b-1)$ [2] $(a+3)^2+(b+3)^2$ [3] a^2+ab+b^2

[4] $\dfrac{1}{a}+\dfrac{1}{b}$ [5] $\dfrac{1}{a-1}+\dfrac{1}{b-1}$ [6] $\dfrac{a}{b^2}+\dfrac{b}{a^2}$

[7] $(\sqrt{a}+\sqrt{b})^2$ (a, b は正) [8] $(a-b)(a^3-b^3)$ [9] $(b-a)^2+\left(\dfrac{b^2}{2}-\dfrac{a^2}{2}\right)^2$

[10] $(a-2)(b-2)(c-2)$ [11] $\dfrac{1}{a}+\dfrac{1}{b}+\dfrac{1}{c}$ [12] $\dfrac{a}{bc}+\dfrac{b}{ca}+\dfrac{c}{ab}$

[13] $a^2+b^2+c^2-ab-bc-ca$ [14]★ $a^3+b^3+c^3$

類題 16B 次の問いに答えよ.

[1] a^4-b^4 を $a-b, a+b, ab$ を用いて表せ.

[2]★ $t^2+\dfrac{1}{t^2}$ を $t+\dfrac{1}{t}$ を用いて表せ. [3] $t^3+\dfrac{1}{t^3}$ を $t+\dfrac{1}{t}$ を用いて表せ.

(解答▶解答編 p.16)

ITEM 16 対称（な）式

a^2+b^2 や a^2b+ab^2 のように，2文字 a, b の整式で，a, b を入れ換えても変わらな
　　　↓　　　　　↓
　b^2+a^2　　b^2a+ba^2 ←"入れ換えた"式

い式，つまり a, b が対等に現れるものを2文字 a, b の**対称式**といい，「方程式」の分野などにおいてよく現れます．

任意の a, b の対称式は，**基本対称式**

$$\underbrace{a+b}_{和}, \underbrace{ab}_{積}$$

だけで表すことが可能であることが知られています．本 ITEM では実際にその形で表す練習をします．

また，「$a^2+b^2+c^2$」や「$a^3+b^3+c^3$」などを3文字 a, b, c の対称式といい，

　　　　a, b, c が対等に現れる

同じく基本対称式

$$\underbrace{a+b+c}_{和}, \underbrace{ab+bc+ca}_{積の和}, \underbrace{abc}_{積}$$

だけで表すことが可能です．こちらも合わせて練習しましょう．

> **ここがツボ！** とりあえず基本対称式を作ってみる．作ってから考える．

基本確認

対称式の公式

（I）2文字の対称式

❶ $a^2+b^2=\underbrace{(a+b)^2}_{a^2+b^2+2ab}-2ab$ … ムリヤリ和の2乗を作って余分を引く

❷ $a^3+b^3=\underbrace{(a+b)^3}_{a^3+b^3+3a^2b+3ab^2}-3ab(a+b)$ … 和の3乗を作って余分を引く

（II）3文字の対称式

❸ $a^2+b^2+c^2=\underbrace{(a+b+c)^2}_{a^2+b^2+c^2+2ab+2bc+2ca}-2(ab+bc+ca)$ … ❶と同じ感覚

❹ $a^3+b^3+c^3-3abc=(a+b+c)(a^2+b^2+c^2-ab-bc-ca)$

補足 ❶，❷，❸は，それぞれ ITEM 14 の公式❶，❷，❹を変形したものと考えられます．❹は，右辺を展開すれば証明されますが，左辺を因数分解して右辺にする変形にこそ価値があります．
ITEM 19 の類題で扱います．

補足 前記①式では，その上の行で(頭の中に)並べた 5 つの因数のうち，「どれから定数 1 を選んだか」と考えていますが，もちろん「どの因数から x を選んだか」と考えてもよく，その場合には

$$◯ = {}_5C_0 \cdot 1^5 + {}_5C_1 x \cdot 1^4 + {}_5C_2 x^2 \cdot 1^3 + {}_5C_3 x^3 \cdot 1^2 + {}_5C_4 x^4 \cdot 1 + {}_5C_5 x^5$$

となります．… どっちでも一緒ですね

(2) $(2a-b)^n$
$= \{2a+(-b)\}^n$　必ず (○+□)^n の形で見る　n 個の $\{2a+(-b)\}$
$= \{2a+(-b)\}\{2a+(-b)\}\{2a+(-b)\}\cdots\{2a+(-b)\}$

$a^{n-3}b^3$ の項になるのは，「$(-b)$」を 3 回だけ(「$2a$」は自ずと $n-3$ 回)抜き出すときだから，$a^{n-3}b^3$ の項は

$${}_nC_3(2a)^{n-3}(-b)^3$$
$$= -\frac{n(n-1)(n-2)}{3!} \cdot 2^{n-3} \cdot a^{n-3}b^3$$

よって，$a^{n-3}b^3$ の係数は

$$-\frac{n(n-1)(n-2)}{3!} \cdot 2^{n-3} = -\frac{n(n-1)(n-2)}{3} \cdot 2^{n-4}.$$

入試のここで役立つ！

「二項定理」とは，いってしまえばただの展開公式に過ぎません．逆にいうと，数学のあらゆる局面で使われる汎用公式です．整数の余り，整式の除法，場合の数，確率，数列，極限，微分積分，などなどあらゆる分野で，あたりまえに使えるようにマスターしておかねばなりません．

なお，二項定理による「展開」が身に付けば，その逆向きの変形も読めるようになり，「因数分解」にも活用できるようになります．

類題 15A 次の式を二項定理を用いて展開せよ．ただし，n は自然数とする．

[1] $(a+b)^4$　　　　[2] $(x+1)^4$　　　　[3] $(x-2y)^5$
[4] $(x-1)^6$　　　　[5] $(a+h)^n$　　　　[6] $(1+h)^n$

類題 15B 次の問いに答えよ．ただし，n は自然数とする．

[1] $(2a+b)^8$ の展開式における a^2b^6 の係数を求めよ．

[2] $(x-3)^n$ (n は 3 以上の自然数)の展開式における x^{n-2} の係数を求めよ．

[3] $(3k-1)^{2n}$ (k は整数)を 3 で割った余りを求めよ．

(解答▶解答編 p.15)

$(x-\frac{4}{5})(3x-\frac{5}{4})$ …ダメみたいだから次は4・5で

与式＝$(x+4)(3x-5)$. …展開して検算(もちろん暗算で)

(補足) このような因数分解は，基本的には「試行錯誤」です．上記解答では2通り目の積への分解で成功しましたが，もちろん何度目に成功するかなんてわかりません．積に分解する仕方が多くなるほど"タスキがけ"を行う価値が生じるわけですが，正直なところ，本当にタスキがけが必要な問題など，入試では滅多にお目にかかりません．もし出会っても，下記のように「解の公式」を利用する手もありますし…

(別解) 因数分解に苦労しそうな気がしたら，次のように方程式の解を利用してしまう手もあります．

方程式 $3x^2+7x-20=0$ を解の公式で解くと

$x = \dfrac{-7\pm\sqrt{49+240}}{6}$

$= \dfrac{-7\pm\sqrt{289}}{6}$ … $289=17^2$(→ITEM 1の表)

$= \dfrac{-7\pm 17}{6} = \dfrac{5}{3},\ -4.$ ○，□を2解とする方程式は，$\triangle(x-○)(x-□)=0$(→ITEM 35)

∴ $3x^2+7x-20 = 3\left(x-\dfrac{5}{3}\right)(x+4)$

$=(3x-5)(x+4)$.

入試のここで役立つ！

一般に，式の符号を知りたいときは「積(or 商)の形」にするのが原則です．ですから，方程式・不等式においては左辺を因数分解によって積(or 商)の形にし，右辺の0と比較するのが原則です．また，関数を微分して導関数の符号を調べる際も同様です．

類題 17 次の各式を因数分解せよ．

[1] x^2+6x+5 [2] x^2+5x-6 [3] $x^2+8x+12$

[4] $x^2+8x-20$ [5] $x^2-28x+52$ [6] $x^2+32x+87$

[7] $2x^2+x-1$ [8] $3x^2-7x+2$ [9] $5x^2+12x-9$

[10] $6x^2+17x+12$ [11] $6x^2+17x+10$ [12] $8x^2-2x-15$

[13] $9x^2-89x-10$ [14] $x^2-7ax+10a^2$ [15] $ax^2-(a^2-1)x-a$

[16]★ $3x^2-xy-2y^2$ [17] $6x^2+(a-3)x-2a(a+1)$

(解答▶解答編 p.17)

ITEM 18 因数分解（公式利用）

よくわかった度チェック！ ① ② ③

タイトルは一応「公式利用」としていますが，たとえば下の❷を使うとき，右辺の形を完全に作って左辺へ変形するかというと…チョット違うんですねぇ．ここでも前 ITEM と同様，「何を展開すればこうなるか？」という，"ヨミ"が入ってるんです．

> **ここがツボ!** 「あの公式っぽい形だな」とヨミを働かせて．

基本確認

公式

すべて ITEM 14 の再録です．

(I) 2項展開　　因数分解するときは，右辺から左辺へと逆読みして使います
- ❶ $(a+b)^2 = a^2+2ab+b^2$　　❶′ $(a-b)^2 = a^2-2ab+b^2$
- ❷ $(a+b)^3 = a^3+3a^2b+3ab^2+b^3$　　❷′ $(a-b)^3 = a^3-3a^2b+3ab^2-b^3$
  $\vdots$
- ❸ $(a+b)^n = \sum_{k=0}^{n} {}_nC_k a^{n-k}b^k$　（二項定理）

(II) 3項展開　　因数分解するときは，右辺から左辺へと逆読みして使います
- ❹ $(a+b+c)^2 = a^2+b^2+c^2+2ab+2bc+2ca$

(III) 累乗－累乗の分解　　因数分解では滅多に使いませんが
- ❺ $a^2-b^2 = (a-b)(a+b)$
- ❻ $a^3-b^3 = (a-b)(a^2+ab+b^2)$　　❻′ $a^3+b^3 = (a+b)(a^2-ab+b^2)$
  $\vdots$
- ❼ $a^n-b^n = (a-b)(a^{n-1}+a^{n-2}b+a^{n-3}b^2+\cdots+ab^{n-2}+b^{n-1})$

(注意) ITEM 14 でも述べたように，これらはすべて「左辺が簡単な式で右辺が長い式」になるように書いてあります．「因数分解」においては，「左辺から右辺へ」と使う(III)だけは正に「公式」として扱いますが，「右辺から左辺へ」と使う(I)や(II)は…チョット微妙です．（→**例題**(1)）

例題　次の式を因数分解せよ．
(1) $27a^3 - 54a^2b + 36ab^2 - 8b^3$　　(2) $x^3 - 8y^3$

解説・解き方のコツ

(1) **いまいちな方法**

❷′ の右辺の形
$$27a^3 - 54a^2b + 36ab^2 - 8b^3 = (3a)^3 - 3(3a)^2 \cdot 2b + 3 \cdot 3a(2b)^2 - (2b)^3$$
$$= (3a-2b)^3.$$

律儀に公式❷′の右辺の形を完璧に作り，左辺へと変形しました．でも，そもそも「公式❷′」を使おうと思い立った理由は…，

$\rightarrow 4 \cdot 12 \rightarrow 2^4 \cdot 3$

「(○−□)³ の形の式を展開したものっぽいな」と感じたからですよね．つまり，すでに因数分解の「答え」がほとんど見えているわけですから…

正しい方法 先頭の $27a^3$ が $(3a)^3$，最後の $8b^3$ が $(2b)^3$ なので，符号の並びも考慮すれば，答えは $(3a-2b)^3$ ではないかと予想される．実際，この式を公式❷′を用いて展開すると
$$(3a-2b)^3 = (3a)^3 - 3(3a)^2 \cdot 2b + 3 \cdot 3a(2b)^2 - (2b)^3$$
$$= 27a^3 - 54a^2b + 36ab^2 - 8b^3 \quad \cdots \text{できれば暗算}$$
となり，問題の式と一致している．よって答えは，**$(3a-2b)^3$**．

注意 要するに「因数分解」は，答えを予想し，それを"展開"してもとの式と一致していることが確認できれば"正解"なのです．

(2) $x^3 - 8y^3 = \underline{x^3 - (2y)^3}$ ❻の左辺の形
$= \underline{(x-2y)\{x^2 + x \cdot 2y + (2y)^2\}}$ ❻の右辺に変形
$= \boldsymbol{(x-2y)(x^2 + 2xy + 4y^2)}$．

補足 同じ「公式を利用した因数分解」でも，(1)とはまるで感覚が異なります．公式❻の左辺の形であることが100％確信できますから，あとは右辺を書けばそれが答えです．展開して検算しようという意識は，ここでは働きません．

要するに，公式❶〜❼は，短い式を長い式に変えるのが自然な使い方であり，極論するなら，(I)と(II)は「展開公式」，(III)は「因数分解公式」なのです．

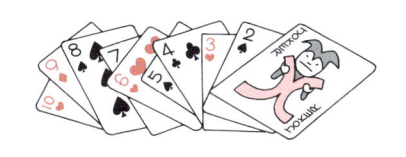

類題 18 次の各式を因数分解せよ．

[1] $x^2 - 3x + \dfrac{9}{4}$ [2] $8a^3 + 12a^2b + 6ab^2 + b^3$ [3] $9x^2 - 4y^2$

[4] $27x^3 + y^3$ [5]★ $x^n - 1$ (n は自然数)

[6] $(3+\sqrt{1+x^2})^2 - (3-\sqrt{1+x^2})^2$ [7]★ $a^4 - b^4$

[8] $x^6 - 1$ [9] $\dfrac{c^2}{a^2}x^2 - 2cx + a^2$ [10] $(a+b)^4 - (a-b)^4$

[11] $1 - 3\sqrt{t} + 3t - t\sqrt{t}$ [12] $ax^2 - x + \dfrac{1}{4a}$ [13] $\left(\dfrac{x^2}{4} - 1\right)^2 + x^2$

(解答▶解答編 p.18)

ITEM 19 因数分解（総合） やや重

ここでは文字が2つ以上ある式を中心に、展開の逆読みや公式でパッとできないものを扱います。やや複雑な計算になりますが、これまで学んだ因数分解の様々な手法を駆使してがんばりましょう。

因数分解は、とにかく"ヨミ"が肝心です。また、どの問題でどの手法を使うかの選択も大きなハードルです。数をこなして感覚を磨いてください。

ここがツボ！ 低次の文字について整理せよ．

基本確認

式の次数 例：$3ax^3y$ について
　x, y の整式として見れば、係数は $3a$, 次数は 4 である．
　x の整式として見れば、係数は $3ay$, 次数は 3 である．
　y の整式として見れば、係数は $3ax^3$, 次数は 1 である．

因数分解の仕方
❶ 共通因数でくくる．
❷ 公式を利用する．
❸ 1 文字に注目する． … なるべく次数の低い文字に注目
❹ 対称式を利用する．
❺ 因数定理を使う． … これは ITEM 34 で扱います

例題 次の各式を因数分解せよ．
(1) $x^3 + x^2y + 3x^2 - 9y$
(2) $2ab + a - 2b - 1$
(3) $(b+c)(c+a)(a+b) + abc$

解説・解き方のコツ

(1) 2 文字以上を含む式の因数分解では、**低次の文字について整理する**のが原則です．

$$x^3 + x^2y + 3x^2 - 9y$$
（x については3次、y については1次）
$$= (x^2 - 9)y + x^2(x+3)$$
（低次の y について整理）
$$= (x+3)(x-3)y + x^2(x+3)$$
$$= (x+3)\{(x-3)y + x^2\}$$
$$= (x+3)(x^2 + xy - 3y).$$

(2) a, b どちらについても1次式ですから、どちらについて整理しても一緒です．ここでは、a で整理すると
$$2ab + a - 2b - 1 = a(2b+1) - (2b+1)$$
$$= (a-1)(2b+1).$$

正しい方法

前記も立派な解答ですが，このような「ab, a, b, 定数の和」の形の因数分解は，入試において超頻出ですから，できれば次のように一気に片づけましょう．

$2ab+a-2b-1 = (\quad a-1)(\quad b-1)$ … とりあえずここまで書いておく．（符号はとりあえず「$-$」にしておく．）

$\quad\quad\quad\quad\quad = (a-1)(2b+1)$． … 一気に完成

(補足) ITEM 17 と同様，「何を展開すればこうなるか？」と，**もとの式へさかのぼる**気持ちで．

(3) a, b, c の対称式です．a, b, c のどの文字についても 2 次式ですから，どの文字について整理しても一緒です．（ここでは，a で整理することにしました）

$$(b+c)(c+a)(a+b)+abc = (b+c)\{a^2+(b+c)a+bc\}+abc$$
$$= (b+c)a^2+\{(b+c)^2+bc\}a+bc(b+c)$$
$$= \{(b+c)a+bc\}\{a+(b+c)\}$$
$$= (ab+bc+ca)(a+b+c).$$

(別解) **対称式**なので，和：$a+b+c$ を使って表そうという方針で…

$A = a+b+c$ とおくと

$$(b+c)(c+a)(a+b)+abc$$
$$= (A-a)(A-b)(A-c)+abc \quad \text{ITEM 13 例題(2)}$$
$$= A^3-(a+b+c)A^2+(ab+bc+ca)A-abc+abc$$
$$= A^3-A^3+(ab+bc+ca)A$$
$$= (ab+bc+ca)(a+b+c).$$

類題 19 次の各式を因数分解せよ．（[11]は，ITEM 16 の公式❹を使わずに因数分解すること．）

[1] $ab-a-b+1$

[2] $4ab+2a+2b+1$

[3] $3ab-a+b-\dfrac{1}{3}$

[4] $2ax^2-3(3a-2)x+9(a-1)$

[5]★ $2x^2-3xy+y^2+3x-y-2$

[6] $3x^2-5xy-2y^2+5x+4y-2$

[7] $a^2-4ab+4b^2+2a-4b+1$

[8] n^5-n

[9] $x^{n+4}-x^n$ （n は自然数）

[10] $(ab+bc+ca)(a+b+c)-abc$

[11] $a^3+b^3+c^3-3abc$

[12] $(a+b+c)^3-(a^3+b^3+c^3)$

ITEM 20 | 整式の除法

よくわかった度チェック！
① ② ③

整式の除法は，「展開」「因数分解」に次いで3番目に有名な**整式の変形**です．この「除法」の仕組みを理解する上で，商と余りを求める「筆算」はたいへん重要なものですから，何度も練習してください．ただし，単に商と余りを求める"計算機"として見た場合にはずいぶん無駄の多いものであり，**受験生**はより効率的な方法もマスターしなければなりません．それが次の"ツボ"です．

なお，1次式 $x-\alpha$ で割る場合の"計算機"としては，「組立除法」がダンゼン優れていますのでそちらを使います．

> **ここがツボ！** 除法の筆算は，係数だけ書いて実行．

基本確認

商と余り

整式 A が，整式 B, Q, R を用いて

$$\begin{cases} A = BQ + R \\ R は B より低次かもしくは 0 \end{cases} \quad B を除いた$$

と**式変形**されるとき，Q, R をそれぞれ A を B で割った**商，余り**という．

（注意）このように，「除法」とは「×，＋」を用い，次数を考慮した**式変形**です．「÷」という記号はどこにも現れません．用語としては「A を B で"割る"」といってしまうのですが，たいへん誤解を招きやすい表現ですから気をつけてください．

> **例題** 次の(1), (2)において，A を B で割った商と余りを求めよ．
> (1) $A = x^3 + 4x^2 + 5x + 1, \ B = x^2 + 2x - 2$
> (2) $A = x^3 - 2x + 3, \ B = x - 2$
>
> やってみよう！

解説・解き方のコツ

(1) 基本に忠実な方法です．けっして「へた」というわけではありません．ただし…
  右のように筆算を行うと…
  まず，A から B を x 倍した $x^3 + 2x^2 - 2x$ を除く．
  その残り：$2x^2 + 7x + 1$ から，さらに B の2倍を除く．
  残りは1次式 $3x + 5$ なので，2次式 B はもう除けない．

$$\begin{array}{r} x+2 \\ x^2+2x-2 \overline{\smash{)}x^3+4x^2+5x+1} \\ \underline{x^3+2x^2-2x } \\ 2x^2+7x+1 \\ \underline{2x^2+4x-4} \\ 3x+5 \end{array}$$

という「除法の仕組み」が良くわかりますね．**初学者の人はぜひこの筆算を何度も練習してください**．しかし，すでにその構造を理解した人は，次のように**係数のみ抜き出した筆算**により，スピードアップしましょう．

52 → 2・26 → 2^2・13

正しい方法

右の筆算により

　　商：$x+2$，余り：$3x+5$．

```
            1  2
1  2  -2 ) 1  4  5  1
            1  2 -2
               2  7  1
               2  4 -4
                  3  5
```

(補足) つまり，整式 A を次のように**式変形**することができたわけです．

$$\underbrace{x^3+4x^2+5x+1}_{\text{除かれる式}A}=\underbrace{(x^2+2x-2)}_{\text{除く式}B}\underbrace{(x+2)}_{\text{商}}+\underbrace{(3x+5)}_{\text{余り}}$$

　　A から B の $x+2$ 倍が除けて，$3x+5$ 残った．

ためしに，ITEM 13 でやった「展開の仕組み」を思い出しながら，この右辺を計算してみてください．当然のことながら，左辺と完全に一致していますね．

(2) 1次式で割る場合の"計算機"は**組立除法**です．$x-\boxed{2}$ で割るときは下のようにします．

```
 2 | 1   0  -2   3
   |     2   4   4
   | 1   2   2 | 7
         商        余り
```
…加える
②倍

　　右の組立除法より

　　商：x^2+2x+2，余り：7．

(補足) $x+2$ で割るときは $x-(-2)$ と見て ○ を -2 として使います．また，$2x-3$ で割るときは $2x-3=2\left(x-\dfrac{3}{2}\right)$ なので ○ を $\dfrac{3}{2}$ として使い，とりあえず $x-\dfrac{3}{2}$ で割った結果を求めます．（→類題 20 [10]）

(注意) 筆算をするときは上下に並んだ2つの式を引きますが，組立除法では足します．2つのうち，いずれか1つでも完璧に身につけていない段階ではしばしば混乱が起こりますので御用心．

3章 整式の変形

類題 20 次の [1]〜[12] において，A を B で割った商と余りを求めよ．

[1] $\begin{cases} A=x^3+3x^2-6x+12 \\ B=x^2-x+3 \end{cases}$
[2]★ $\begin{cases} A=2x^3+5x+1 \\ B=x^2-x+3 \end{cases}$
[3] $\begin{cases} A=2x^3-4x^2-3 \\ B=x^2+x+\dfrac{1}{2} \end{cases}$

[4] $\begin{cases} A=x^4-x^3-21x^2+7x-5 \\ B=x^2-5x-1 \end{cases}$
[5]★ $\begin{cases} A=2x^3+ax^2+5x+b \\ B=x^2-x+3 \end{cases}$

[6] $\begin{cases} A=x^3+(a+1)x^2+bx+a \\ B=x^2-x+1 \end{cases}$
[7] $\begin{cases} A=2x^3-5x^2-3x+1 \\ B=x-3 \end{cases}$

[8] $\begin{cases} A=x^4+x^2+3x+1 \\ B=x+2 \end{cases}$
[9] $\begin{cases} A=2x^3+x^2-3x \\ B=x-1 \end{cases}$

[10]★ $\begin{cases} A=x^3+x^2-3x-1 \\ B=2x-3 \end{cases}$
[11] $\begin{cases} A=2x^2+11x-3 \\ B=x+3 \end{cases}$
[12] $\begin{cases} A=3x+1 \\ B=x-2 \end{cases}$

（解答▶解答編 p.21）

ITEM 21 通分

2つ以上の分数どうしの和や差をまとめるためには，分母を共通にする変形：**通分**が欠かせません．ポイントは，いったい分母を何に統一すればよいかで，そこには，ある種の"ヨミ"が入ります．

なお，通分することにより，式全体が $\dfrac{A}{B}$ という形になりますから，A, B **各々の符号**により，$\dfrac{A}{B}$ **全体の符号**もわかります．つまり，整式における因数分解と同じ効果をもった変形だといえます．今後，方程式・不等式や微分法（数学Ⅲ）において大・大・大活躍しますから，ぜひ感覚を磨いておきましょう．

ここがツボ！ 分母を何に統一すべきか？一瞬で，的確に判断．

基本確認

分数の性質

$\dfrac{A}{B} = \dfrac{AC}{BC} \ (C \neq 0)$ … 分母，分子に同じものを掛けても値は不変

分数どうしの和

$\dfrac{b}{a} + \dfrac{c}{a} = \dfrac{b+c}{a}$ … 分母がそろえば分子を足せばよい（引くのも一緒）

例題 次の(1)，(2)を通分せよ．

(1) $\dfrac{7}{18} + \dfrac{5}{24}$

(2) $\dfrac{1}{x} + \dfrac{5}{x(x+1)} - \dfrac{4}{x^2-1}$

解説・解き方のコツ

(1) 分母を 18 と 24 の最小公倍数 M に通分します．このくらいの数値なら，それぞれの倍数を

$\begin{cases} 18,\ 36,\ 54,\ \widehat{72},\ \cdots \\ 24,\ 48,\ \widehat{72},\ \cdots \end{cases}$

と思い浮かべて $M = 72$ を見抜いてしまいたいですね．（→ ITEM 3）

$\dfrac{7}{18} + \dfrac{5}{24} = \dfrac{7 \cdot 4}{18 \cdot 4} + \dfrac{5 \cdot 3}{24 \cdot 3}$ …①

$= \dfrac{28 + 15}{72} = \dfrac{43}{72}$．

へたな方法 ①のあと，$\dfrac{7}{18} + \dfrac{5}{24} = \dfrac{28}{72} + \dfrac{15}{72}$ と分母の 72 を 2 回書くのは無駄ですね．

→ $2 \cdot 27$ → $2 \cdot 3^3$

(2) 😖 **へたな方法** 分母を 4 次式 $x(x+1)(x^2-1)$ に通分するのはいけません．

😉 **正しい方法** $x^2-1=(x+1)(x-1)$ を見抜き，分母を 3 次式 $x(x+1)(x-1)$ に通分！！

$$\frac{1}{x}+\frac{5}{x(x+1)}-\frac{4}{x^2-1}=\frac{(x+1)(x-1)}{x(x+1)(x-1)}+\frac{5(x-1)}{x(x+1)(x-1)}-\frac{4x}{x(x+1)(x-1)}$$

$$=\frac{(x+1)(x-1)+5(x-1)-4x}{x(x+1)(x-1)}$$

$$=\frac{x^2+x-6}{x(x+1)(x-1)} \quad \cdots \text{分子の展開は，次数に注目して一気に}$$

$$=\frac{(x+3)(x-2)}{x(x+1)(x-1)}. \quad \cdots \text{ついでに分子を因数分解}$$

入試のここで役立つ！

このように，**通分**によって分数式全体が「x」「$x+1$」「$x-1$」「$x+3$」「$x-2$」という 5 つの因数の積や商の形になりました．これを用いれば，不等式 $\dfrac{1}{x}+\dfrac{5}{x(x+1)}-\dfrac{4}{x^2-1}>0$ の解は，5 つの因数各々の符号を考えることによって求まります．（→ ITEM 40）

類題 21A 次の分数を通分せよ．

[1] $\dfrac{1}{4}+\dfrac{1}{2}$ [2] $\dfrac{1}{3}-\dfrac{1}{2}$ [3] $\dfrac{3}{8}-\dfrac{1}{6}$ [4] $\dfrac{2}{15}+\dfrac{5}{12}$

[5] $\dfrac{21}{14}-\dfrac{1}{6}$ [6] $\dfrac{7}{36}+\dfrac{10}{216}$ [7] $2\left(\dfrac{1}{3}\right)^3-5\left(\dfrac{1}{3}\right)^2-4\cdot\dfrac{1}{3}+2$

[8] $\dfrac{1}{2}+\dfrac{1}{\sqrt{2}}$ [9] $\dfrac{\sqrt{3}}{3}+\dfrac{4}{\sqrt{3}}$ [10]★ $\dfrac{1}{2+\sqrt{3}}+\dfrac{1}{2-\sqrt{3}}$

類題 21B 次の分数式を通分し，分母，分子をなるべく積の形に分解せよ．

[1] $t-\dfrac{1}{2}\left(t+\dfrac{1}{t}\right)$ [2] $\dfrac{1}{k}-\dfrac{1}{k+1}$ [3]★ $\dfrac{1}{k(k+1)}-\dfrac{1}{(k+1)(k+2)}$

[4] $\dfrac{1}{2+x}+\dfrac{1}{2-x}$ [5] $\dfrac{1}{k}-\dfrac{2}{k+1}+\dfrac{1}{k+2}$ [6] $1-\dfrac{4}{(x-2)^2}$

[7] $\dfrac{1}{x}+\dfrac{1}{x^2-x}+\dfrac{1}{x^2-2x+1}$ [8] $\dfrac{x^2-2x+1}{x^2-x}-\dfrac{x^2-4x+4}{x^2-3x+2}$

[9] $\dfrac{1}{x}-\dfrac{1}{\sqrt{x}}$ ($x>0$) [10] $\dfrac{(x-1)^3}{2\sqrt{x+2}}+3(x-1)^2\sqrt{x+2}$ ($x>-2$)

(解答▶解答編 p. 22, 23)

ITEM 22 繁分数の処理

分数の分母,あるいは分子の中にさらに分数が入っているという,あまりお目にかかりたくない式を扱います.残念ながら,受験レベルではしょっちゅう出会いますので,苦手意識は払拭しておきたいところです.とくに理系の人!分数計算が苦手だと数学Ⅲで立ち往生しますよ!

ここがツボ! 分母や分子の中で通分しないで,分母,分子に同じものを掛ける.

基本確認

分数式の性質

$\dfrac{A}{B} = \dfrac{AC}{BC}\ (C \neq 0)$ … 分母,分子に同じものを掛けても値は不変

$\dfrac{\dfrac{A}{B}}{\dfrac{C}{D}} = \dfrac{A}{B} \cdot \dfrac{D}{C}$ … $\dfrac{C}{D}$ で割るとは,$\dfrac{D}{C}$ を掛けること

例題　次の分数式を簡単にせよ.

(1) $\dfrac{\left(\dfrac{x}{y^2}\right)^2}{\left(-\dfrac{x^2}{y}\right)^3}$

(2) $\dfrac{\dfrac{x+2}{3x-1}+2}{3 \cdot \dfrac{x+2}{3x-1}-1}$

解説・解き方のコツ

(1)「分数で割る」は「逆数を掛ける」でしたね.

$$\dfrac{\left(\dfrac{x}{y^2}\right)^2}{\left(-\dfrac{x^2}{y}\right)^3} = -\dfrac{\left(\dfrac{x}{y^2}\right)^2}{\left(\dfrac{x^2}{y}\right)^3} \quad \text{…まずは符号を処理} \quad \cdots ①$$

$$= -\left(\dfrac{x}{y^2}\right)^2 \left(\dfrac{y}{x^2}\right)^3 \quad \text{…①の分母を逆数にして掛ける} \quad \cdots ②$$

$$= -\dfrac{x^2 y^3}{y^4 x^6} = -\dfrac{1}{x^4 y}.$$

注意 このような $\dfrac{\dfrac{A}{B}}{\dfrac{C}{D}}$ 型の繁分数は,なるべく作らないようにすることも大切.

初めから②のように $\dfrac{A}{B} \cdot \dfrac{D}{C}$ と書いちゃいましょう.(→ ITEM 82 例題(2))

(2) へたな方法
$$\frac{\frac{x+2}{3x-1}+2}{3\cdot\frac{x+2}{3x-1}-1}=\frac{\frac{x+2+2(3x-1)}{3x-1}}{\frac{3(x+2)-(3x-1)}{3x-1}}=\cdots$$

(注意) このように，分母，分子をそれぞれ通分するのは遠回りです．

正しい方法
分母，分子に $3x-1$ を掛けて
$$\frac{\frac{x+2}{3x-1}+2}{3\cdot\frac{x+2}{3x-1}-1}=\frac{x+2+2(3x-1)}{3(x+2)-(3x-1)}=\frac{7x}{7}=x.$$

(参考) もとの分数関数においては，2重分母：$3x-1$ が 0 となる $x=\frac{1}{3}$ は除いて考えなくてはなりません．ところが，整理して簡単にした答：「x」を見ると，あたかも $x=\frac{1}{3}$ を代入できそうな気がしてしまいます．**分母を払うときには**，注意が必要なんですね．

類題 22 次の分数，分数式を簡単にせよ．

[1] $\dfrac{\frac{5}{6}}{\frac{3}{8}}$ [2] $\dfrac{\frac{1}{3}}{\frac{1}{2}}$ [3] $\dfrac{\frac{2}{3}}{\frac{5}{6}}$ [4] $\dfrac{\frac{4}{5}}{\frac{6}{10}}$ [5] $\dfrac{\frac{1}{2}+\frac{1}{3}}{1-\frac{1}{2}\cdot\frac{1}{3}}$

[6] $\dfrac{1+\frac{1}{\sqrt{3}}}{1-\frac{1}{\sqrt{3}}}$ [7] $\dfrac{1+\frac{1}{\sqrt{2}}}{2}$ [8] $\dfrac{a+b+\frac{a+b}{2}}{3}$

[9] $\dfrac{a+b+c+\frac{a+b+c}{3}}{4}$ [10] $\dfrac{\frac{1}{3k-2}}{1+\frac{3}{3k-2}}$ [11] $\dfrac{x-\frac{3x-1}{2}}{x+\frac{3x-1}{2}}$

[12] $\dfrac{\frac{1}{6}\left\{1-\left(\frac{5}{6}\right)^{n-1}\right\}}{1-\frac{5}{6}}$ [13] $\dfrac{\frac{1-x^n}{1-x}-nx^n}{1-x}$ [14] $\dfrac{\frac{(n+1)(n+2)(n+3)}{4^n}}{\frac{n(n+1)(n+2)}{4^{n-1}}}$

[15] $\dfrac{\frac{(n+1)n(n-1)}{6}\left(\frac{1}{3}\right)^{n-2}\left(\frac{2}{3}\right)^3}{\frac{n(n-1)(n-2)}{6}\left(\frac{1}{3}\right)^{n-3}\left(\frac{2}{3}\right)^3}$ [16] $\dfrac{\sqrt{x^2+3}-x\cdot\frac{x}{\sqrt{x^2+3}}}{x^2+3}$

[17] $\dfrac{\frac{2}{a}}{1+\frac{3}{a^2}}$ [18] $\dfrac{\left(\frac{x}{y}\right)^2-\frac{x}{y}+1}{\left(\frac{x}{y}\right)^2+\frac{x}{y}+1}$ [19] $1+\dfrac{\left(x-\frac{1}{x}\right)^2}{2}$
（完全平方式にせよ）

ITEM 23 | 分子の低次化 _{理系}

本 ITEM は，ITEM 20 の内容を前提としています．

よくわかった度チェック！ ① ② ③

等式 $1+\dfrac{2}{x+1}=\dfrac{x+3}{x+1}$ の両辺を見比べてみましょう．左辺を**通分**して得られた右辺は，$\dfrac{A}{B}$ という形をしているので，ITEM 21 で述べたように**符号がわかりやすい形**です．

一方，右辺では x が2か所にあるのに対し，左辺では分子が定数であり，x が**1か所に集約**しているので，x の関数と見て値の変化を調べる際にはこっちの方が適しているといえますね．本 ITEM では，右辺から左辺へと，**分子の次数を下げる**変形を行います．

ここがツボ！

整式の除法を用いれば，分数式は必ず「$\cdots + \dfrac{\text{低次}}{\text{高次}}$」の形にできる．

基本確認

分子の低次化

$f(x)$ を $g(x)$ で割った商，余りをそれぞれ $Q(x)$，$R(x)$ とする．
すなわち，$f(x)=g(x)Q(x)+R(x)$ のとき

$$\dfrac{f(x)}{g(x)}=\dfrac{g(x)Q(x)+R(x)}{g(x)}$$

$$=Q(x)+\dfrac{R(x)}{g(x)}. \quad \text{余り } R(x) \text{ は割る式 } g(x) \text{ より低次！}$$

例題

次の分数式を，分子の次数が分母の次数より低くなるよう変形せよ．

(1) $\dfrac{x^3+x^2-3x-4}{x^2-4}$ (2) $\dfrac{2x-5}{x-3}$

解説・解き方のコツ

(1) 分子を分母で割ると，右のようになるから

もとの分子には x が3か所

$$\dfrac{x^3+x^2-3x-4}{x^2-4}=\dfrac{(x^2-4)(x+1)+x}{x^2-4}$$

$$=x+1+\dfrac{x}{x^2-4}.$$

この分子には x が1か所

```
         1   1
1 0 −4 ) 1 1 −3 −4
         1 0 −4
           1 −4
           1  0 −4
               1  0
```

注意 この変形で，分数式の部分の，分子の次数が3から1へと下がり，文字 x の現れる場所も減りましたね．

↑ **参考** 本問の答えは，さらに次のように変形することもできます．

→ 2·29

$$x+1+\frac{x}{x^2-4}=x+1+\frac{x}{(x+2)(x-2)}$$
$$=x+1+\frac{1}{2}\left(\frac{1}{x-2}+\frac{1}{x+2}\right) \cdots \text{分子は定数}$$

このような変形を**部分分数展開**といい，数列の和を求めたり(→ ITEM 87)数学Ⅲで積分計算したり(→数学Ⅲ ITEM 32)する際に役立ちます．

こうしてみると，「分数式」にも，「整式」における展開・因数分解と同じようにまったく逆向きの2種類の変形があることがわかります．

分子の低次化　　部分分数展開

分数式　$\dfrac{x^3+x^2-3x-4}{x^2-4}=x+1+\dfrac{x}{x^2-4}=x+1+\dfrac{1}{2}\left(\dfrac{1}{x-2}+\dfrac{1}{x+2}\right)$

商の形　　　　通分　　　　　　　　　　　　　　　　和の形

展開

整　式　$(x^2+x+1)^2=x^4+2x^3+3x^2+2x+1 \cdots$ 和の形

積の形　　因数分解

なお，整式では積を和の形にする展開が機械的に計算できる自然な向きだったのに対し，分数式では商の形にする通分の方が自然な向きになっています．なぜか反対なんですね．

(2) (1)と同じ手順でできます．
$$\frac{2x-5}{x-3}=\frac{(x-3)\cdot 2+1}{x-3} \cdots \text{「整式の除法で分子を変形」}$$
$$=2+\frac{1}{x-3}.$$

これでかまいませんが，$\dfrac{1\text{次式}}{1\text{次式}}$ 程度なら，次のように片付けましょう．

$$\frac{2x-5}{x-3}=2+\frac{???}{x-3}$$

とりあえず商の2を前に出す．この2を$x-3$の分子に乗っけると$2x-6$．1だけ足りない．よって…

$$=2+\frac{1}{x-3}.$$

類題 23A　次の分数式を，分子の次数が分母の次数より低くなるよう変形せよ．

[1] $\dfrac{x^2-x+1}{x-2}$　　　　[2] $\dfrac{x^2}{x+1}$　　　　[3] $\dfrac{3x^3+5x^2+1}{x^2+2x-4}$

[4] $\dfrac{2x^3+3x+1}{2x+1}$　　　[5] ★$\dfrac{3x^2+x+3}{x^2+1}$　　　[6] $\dfrac{x^3+x^2+x+1}{x^2+x+1}$

[7] $\dfrac{x-2}{x+1}$　　　　　[8] $\dfrac{4x-3}{x-2}$　　　　[9] $\dfrac{5x+3}{2x+1}$　　　　[10] $\dfrac{(x-1)(2x+1)}{2x}$

類題 23B

[1] ★$\dfrac{k}{k+1}-\dfrac{k+1}{k+2}$　　　　　　　[2] $\dfrac{k^2+k+1}{k^2+k}-\dfrac{k^2-k+1}{k^2-k}$

ITEM 24 平方完成

よくわかった度チェック！ ① ② ③

2次関数⑦：$y=x^2+3$ のグラフは簡単に描けますが，①：$y=x^2-3x+3$ だとすぐには描けません．この違いの原因は何でしょう．それは，⑦では変数 x が1か所にしかないので，x に対する y の変化が容易につかめるのに対し，①では x が2か所にあるので，「x^2」と「$-3x$」が両方とも変化してしまうからです．したがって，2次関数のグラフを描く際には，まず**平方完成**によって**変数 x を1か所に集める**のが基本となります．今後様々な局面で頻繁に必要となる変形ですから，完全に手が覚えてしまうくらい反復練習しましょう．

> **ここがツボ！** △$(x-□)^2$…？？のところまでは暗算でがんばる．

基本確認

平方完成　　　　a の半分
$$x^2+ax=\left(x+\frac{a}{2}\right)^2-\left(\frac{a}{2}\right)^2$$
　　　　　ここは $x^2+ax+\left(\frac{a}{2}\right)^2$

$$x^2+\triangle x = \left(x+\frac{\triangle}{2}\right)^2 \cdots$$
ヨシ！

例題　次の2次関数について，右辺を平方完成せよ．
(1) $y=x^2-6x+10$　　　(2) $y=-2x^2+5x+3$

解説・解き方のコツ

(1) $y = \underline{x^2-6x}+10$　…　-6 の半分：-3 を用いて平方完成しよう…
　　$= \underline{(x-3)^2}\cdots ??$　　とりあえずここまで紙に書いて　　…①
　　　　ここは x^2-6x+9 なので，x^2-6x に比べて 9 だけ余分．そこで…
　　$= (x-3)^2 \underline{-9} +10$　…　9を引く
　　$= (x-3)^2 + 1.$　…　①に「$+1$」を書き足して出来上がり

(2) 〈へたな方法〉
$y = -2x^2+5x+3$
$= -2\left(x^2-\frac{5}{2}x\right)+3$　…　$-\frac{5}{2}$ の半分：$-\frac{5}{4}$ を用いて平方完成
$= -2\left\{\left(x-\frac{5}{4}\right)^2 - \frac{25}{16}\right\}+3$
　　　　ここは $x^2-\frac{5}{2}x$ に比べて $\left(\frac{5}{4}\right)^2=\frac{25}{16}$ だけ余分

$$= -2\left(x-\frac{5}{4}\right)^2 + 2\cdot\frac{25}{16} + 3 \quad \cdots ②$$
$$= -2\left(x-\frac{5}{4}\right)^2 + \frac{25}{8} + 3$$
$$= -2\left(x-\frac{5}{4}\right)^2 + \frac{49}{8}.$$

正しい方法

平方完成1つのために，こんなに何行も書いていたのでは，入試では勝負になりません．平方完成の仕組みが飲み込めたら，イキナリ②式の～～部まで書き，そこで間を取って考えます．

$$y = -2x^2 + 5x + 3 \quad \cdots$$ 頭の中で，___ を -2 でくくると，$-2\left(x^2 - \frac{5}{2}x\right)$．$-\frac{5}{2}$ の半分は $-\frac{5}{4}$ だから…

$$= -2\left(x-\frac{5}{4}\right)^2 \cdots ??$$ とりあえずここまで頑張る $\quad \cdots ③$

ここは，下線部：$-2\left(x^2-\frac{5}{2}x\right)$ に比べて $-2\cdot\left(\frac{5}{4}\right)^2 = -\frac{25}{8}$ だけ余分だから…

$$= -2\left(x-\frac{5}{4}\right)^2 + \frac{25}{8} + 3$$ 余裕ができたらここも省いて OK

$$= -2\left(x-\frac{5}{4}\right)^2 + \frac{49}{8}.$$ 一気に完成

5章 簡単な関数のグラフ

入試のここで役立つ！

このようにイキナリ③式が書ければ，グラフの頂点の座標のうち x 座標（軸の座標）だけならすぐ求まり，「最大値，最小値」を求めるときなどに活躍します．（→ ITEM 26, ITEM 27）

類題 24 次の2次関数について，右辺を平方完成せよ．

[1] $y = x^2 - 2x - 2$ 　　　　　[2] $y = x^2 + 4x + 5$

[3] $y = -x^2 - 6x + 2$ 　　　　[4] $y = x^2 - 6x + 9$

[5] $y = 2x^2 + 4x + 1$ 　　　　[6] $y = 3x^2 - 2x - 2$

[7] $y = -2x^2 + 6x - 4$ 　　　[8] $y = 3x^2 + 5x + 1$

[9] $y = -4x^2 + 6x + 3$ 　　　[10] $y = \frac{1}{3}x^2 + x - 4$

[11]★ $y = -\frac{2}{3}x^2 + 3x - 2$ 　　[12] $y = -2x^2 + 3ax + a^2$

(解答▶解答編 p.27)

61 : 素数

ITEM 25 | 2次関数のグラフ

よくわかった度チェック！
① ② ③

2次関数のグラフ（**放物線**）を描くには，前 ITEM の平方完成によって $y=a(x-p)^2+q$ の形にするのが基本です．x が1か所に集まれば，変化がつかみやすくなりますからね．

> **ここがツボ！** **x の軸からの変化**に応じた **y の変化**を考えて．

基本確認

2次関数のグラフ

たとえば2次関数
$$y=2(x-3)^2+1$$
において，x が3から

x	0	1	2	3	4	5	6
h	-3	-2	-1	**0**	1	2	3
$2h^2$	18	8	2	**0**	2	8	18
y	19	9	3	**1**	3	9	19

$h(=x-3)$ だけ変化したとき，y は1から
$2h^2(=2(x-3)^2)$ だけ変化する．よってこの2次関数のグラフは，直線 $x=3$（これを**軸**という）に関して対称であり，点 $(3,1)$ を頂点とする右図のような放物線である．

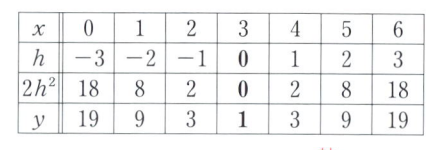

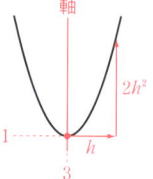

座標軸との交点

2次関数が $y=ax^2+bx+c$ と表されているとき，c はグラフと y 軸の交点の座標を表す．
また，$y=a(x-\alpha)(x-\beta)\,(\alpha<\beta)$ と表されていれば，グラフは，$x=\alpha,\ \beta$ において x 軸と交わる．

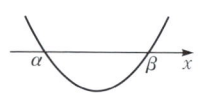

例題 次の2次関数のグラフを描け．

(1) $y=-x^2+4x+1$ (2) $y=(x+2)(3-x)$

解説・解き方のコツ

(1) 平方完成して x を1か所に集めると
$$y=-(x-2)^2+5.\quad \text{軸は }x=2$$
「x の 2（軸の座標）からの変化量 h」に応じた「y の 5（頂点の y 座標）からの変化量 $-h^2$」を（下表のように）軽〜くイメージして，右図を得る．

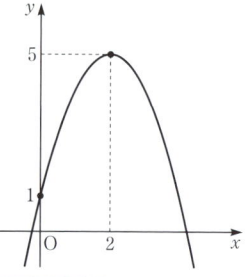

x	-1	0	1	2	3	4	5
$h(=x-2)$	-3	-2	-1	0	1	2	3
$-h^2(=-(x-2)^2)$	-9	-4	-1	0	-1	-4	-9
y	-4	1	4	5	4	1	-4

この表は，ちゃんと書くわけじゃないよ

> (注意) 単に「グラフを描く」だけの問題なので，一応「座標軸」を描いていますが，「最大・最小」など，**目的に応じて**グラフを利用する場合には，座標軸を描かないこともよくあります．
>
> なお，グラフと x 軸の交点の座標はキレイでないので，ここではとくに明記しなくてもよいでしょう．　　　$x = 2 \pm \sqrt{5}$

(2) 〈へたな方法〉
$$y = (x+2)(3-x) = -x^2 + x + 6$$
$$= -\left(x - \frac{1}{2}\right)^2 + \frac{1}{4} + 6 = -\left(x - \frac{1}{2}\right)^2 + \frac{25}{4}$$

のように，「展開→平方完成」によって描くこともできますが…

〈正しい方法〉右辺が因数分解されていることを活かします．

グラフと x 軸（直線 $y=0$）との交点の x 座標は
$$(x+2)(3-x) = 0 \quad \text{より} \quad x = -2, 3.$$

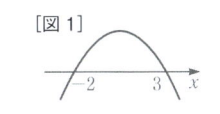

また，（右辺を頭の中で展開してみると）x^2 の係数は負なので，おおよそ[図1]のようになる．　← いきなりグラフが描ける

放物線の対称性より，軸の座標は -2 と 3 の真ん中，つまり
$$\frac{-2+3}{2} = \frac{1}{2}. \quad \cdots ①$$

頂点の y 座標は，①の $\frac{1}{2}$ を x に代入して
$$\left(\frac{1}{2} + 2\right)\left(3 - \frac{1}{2}\right) = \frac{5}{2} \cdot \frac{5}{2} = \frac{25}{4}.$$

以上より，[図2]を得る．

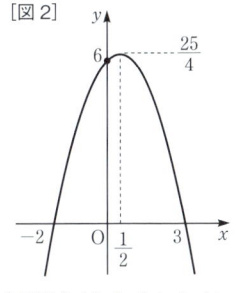

> (補足) ここでは，一応頂点の y 座標も正確に表した[図2]を「答え」としましたが，たとえば「最大値」が目標であれば，そこまでやる必要はありません．[図1]程度の図でも充分ですね．

類題 25 次の2次関数のグラフを描け．

[1] $y = x^2$, $y = 2x^2$, $y = -x^2$, $y = -2x^2$（同一座標平面上に描け．）

[2] $y = 3 - x^2$ 　　　　[3] $y = (x-3)^2$ 　　　　[4] $y = -2(x+1)^2$

[5] $y = \frac{1}{3}(x-1)^2 + \frac{2}{3}$ 　[6] $y = (x-3)^2 + 2$ 　[7] $y = -(x+2)^2 + 4$

[8] $y = 2(x+1)^2 - 3$ 　[9] $y = 2(x-1)(x-3)$ 　[10] $y = x(x+3)$

[11] $y = -(x+4)(x-1)$ 　　　　[12]★ $y = -\frac{1}{2}x^2 + 3x + 1$

[13] $y = x(x-2) + 3$ 　　　　[14] $y = x^2 - 3ax + 2a^2$ $(a > 0)$

(解答▶解答編 p.28)

ITEM 26 放物線の軸の求め方

実をいうと，入試において単に「2次関数のグラフを描く」だけの出題は滅多にありません．たいていは，「2次方程式・2次不等式」や「2次関数の最大・最小」のためにグラフを利用します．その際には，前 ITEM のようにすべてを完璧に調べてグラフを描くのは無駄！状況に応じて，大切なこと**だけ**を描くようにしたいものです．

そこで本 ITEM では，「2次関数の最大・最小」(→次 ITEM) などにおいて重要な役割を担う「**軸**」の座標を，どんな状況からでも**瞬時**に求める練習をします．

> **ここがツボ！** 放物線の軸は，どの形の式からでも瞬時に求まる．

放物線の軸

放物線の方程式と軸の関係は以下の通り．（以下では $a \neq 0$ とする）

2次関数　　　　　　　　軸

❶ $y = a(x-p)^2 + \cdots$ → $x = p$

❷ $y = ax^2 + bx + \cdots$
　$= a\left(x + \dfrac{b}{2a}\right)^2 + \cdots$ → $x = -\dfrac{b}{2a}$

❸ $y = a(x-\alpha)(x-\beta) + \cdots$ → $x = \dfrac{\alpha+\beta}{2}$

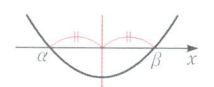

例題 次の放物線の軸の方程式を求めよ．

(1) $y = 3x^2 + 7x - 8$　　　(2) $y = 2(x-3)(x-7) + 1$

解説・解き方のコツ

(1) ITEM 24 例題(2)で練習した「平方完成」の方法を思い出してください．「軸」の座標までは，暗算でしたね．

$y = 3x^2 + 7x - 8 \cdots$　頭の中で，___を3でくくると，$3\left(x^2 + \dfrac{7}{3}x\right)$．$\dfrac{7}{3}$ の半分は $\dfrac{7}{6}$ だから…
$= 3\left(x + \dfrac{7}{6}\right)^2 \cdots$　とりあえずここまで頑張って…あとは要らない！　…①

よって，軸の方程式は $x = -\dfrac{7}{6}$．

へたな方法
$y = 3x^2 + 7x - 8$
$= 3\left(x + \dfrac{7}{6}\right)^2 - \dfrac{49}{12} - 8$
$= 3\left(x + \dfrac{7}{6}\right)^2 - \dfrac{145}{12}$　この部分は無駄！

> 軸だけ求めるときに，平方完成を律儀に最後までやり遂げる必要はないのです．

別解 ❷の $x=-\dfrac{b}{2a}$ を"公式"のように暗記して，軸：$x=-\dfrac{7}{2\cdot 3}=-\dfrac{7}{6}$ と求めることもできます．軸を求めるだけなら，「平方完成」なしでも済むわけです．

参考 実は，放物線 $y=ax^2+bx+c$ について，頂点の y 座標だって「$-\dfrac{b^2-4ac}{4a}$」と公式化して覚えてしまうこともできます．そうなると「平方完成なんて一切不要‼」とも思えますが…正直，平方完成が ITEM 24 のように**サッと**できるようになると，そのような"公式"に当てはめるよりも速いんです．

$(x-○)^2$ の形　また，今こうして「平方完成」において行っている「ムリヤリ目指す形を作り，後で微調整する」という手順は，他の様々な局面でも用いられる**重要な計算スタイル**です．くれぐれも「平方完成」をないがしろにしないように．

入試のここで役立つ！

2次関数の最大・最小問題では，軸と定義域の位置関係が重要ですから，軸の座標が瞬時にわかると無駄なく解答できます．（→次 ITEM）

---

(2)　放物線 $y=2(x-3)(x-7)$ …②の軸が，x 軸との交点の座標からわかったように，本問の放物線
$y=2(x-3)(x-7)+1$
では，直線 $y=1$ との交点の座標をもとに考えます．
右図より，軸の方程式は
$x=\dfrac{3+7}{2}$　i.e.　$x=5$．

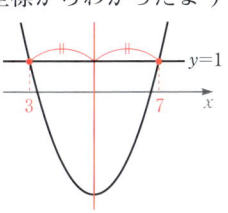

類題 26 次の放物線の軸の方程式を求めよ．

[1] $y=x^2+3$

[2] $y=-3\left(x+\dfrac{2}{3}\right)^2+\dfrac{7}{3}$

[3] $y=x^2-3x+4$

[4] $y=-x^2-4x+5$

[5] $y=-3x^2+3x+1$

[6] $y=\dfrac{1}{2}x^2+11x+9$

[7] $y=-\dfrac{1}{3}(x-1)(x-3)$

[8] $y=(x+4)(x-1)$

[9] $y=x(x-2)-3$

[10] $y=-3x^2+(\sqrt{3}+1)x+1$

[11] $y=ax^2+(a+1)x+a^2-1$

[12] $y=\pi x^2+(1-2\pi)x+1-\pi^2$

(解答▶解答編 p.29)

ITEM 27 2次関数の最大・最小

2次関数の最大値，最小値を求めるときには，もちろんグラフを利用しますが，けっしてグラフのすべてを完璧に描く必要はありません．たとえば，グラフと座標軸との交点の座標なんて，最大・最小とは何の関係もありませんね．

2次関数の最大・最小において重要なもの，それは…

ここがツボ！ 凹凸がわかれば，あとは定義域と軸の位置関係のみに注目．

基本確認

下に凸なグラフをもつ2次関数について，次が成り立つ．

最小値

軸が**定義域内にあるか否か**が重要．

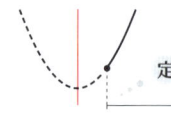

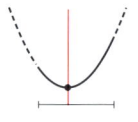

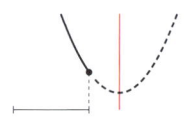

最大値

軸が**定義域の中央**に対して**左右どちら側にあるか**が重要．

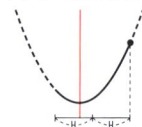

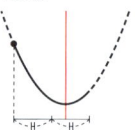

注意 上記はあくまで「下に凸」の場合です．「上に凸」だと，「最大」「最小」の扱いがそっくり入れ替わりますので，くれぐれも丸暗記などなさらぬように．

例題 次の2次関数の最大値，最小値を求めよ．

(1) $f(x) = -2x^2 - 5x + 11$ ($-1 \leq x \leq 2$)

(2) $g(x) = x^2 - 3x - 1$ $\left(\dfrac{1}{2} \leq x \leq 3\right)$

解説・解き方のコツ

(1) **へたな方法**

$f(x) = -2x^2 - 5x + 11$ … x^2の係数が負なのでグラフは上に凸

$ = -2\left(x + \dfrac{5}{4}\right)^2 + \dfrac{25}{8} + 11$

$ = -2\left(x + \dfrac{5}{4}\right)^2 + \dfrac{113}{8}$．

よって $y = f(x)$ のグラフは右図のようになるから…

注意 軸が定義域内にないので，平方完成して「頂点

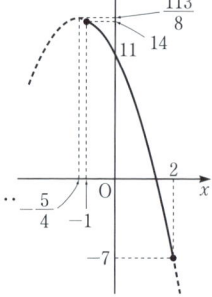

の y 座標」を求めても無駄でした．
また，ワザワザ「最大・最小とは何の関係もない座標軸」
まで描いちゃって…

正しい方法

$f(x)=-2\left(x+\dfrac{5}{4}\right)^2\cdots$ を思い浮かべて

軸の座標は $x=-\dfrac{5}{4}<-1$ …… 定義域の左端

(これは**定義域に含まれない**から平方完成不要と気付いた！)　　　座標軸なんてかかないよ！

よって(上に凸であることも考えて)図のようになるから

最大値 $=f(-1)=14$．最小値 $=f(2)=-7$．

(注意) とにかく，定義域と軸の位置関係**だけ**を考えましょう．

(2) $g(x)=\left(x-\dfrac{3}{2}\right)^2\cdots$ を思い浮かべて，軸の座標は $x=\dfrac{3}{2}$．

これは**定義域に含まれる**ので平方完成する．

$$g(x)=\left(x-\dfrac{3}{2}\right)^2-\dfrac{13}{4}.$$

よって，(グラフが下に凸であることも考慮して)

∴ 最小値 $=-\dfrac{13}{4}$．　　これは「x 軸」($y=0$)じゃないよ

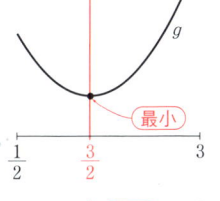

次に，定義域の中央は

$$\dfrac{\dfrac{1}{2}+3}{2}=\dfrac{7}{4}>\dfrac{3}{2}.$$

よって，軸は**定義域の中央より左寄り**にあるから，右図のようになる．よって

最大値 $=g(3)=3^2-3\cdot 3-1=-1$．

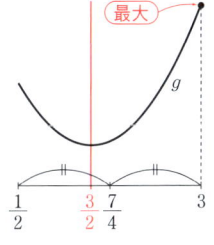

(注意) 最大値と最小値では，目のつけ所が異なるのがわかりますね．複雑な問題では，「最大値」と「最小値」は別々に考えた方がわかりやすいのです．

類題 27

次の2次関数の最大値，最小値が存在すればそれを求めよ．

[1] $f(x)=x^2-3x+4$ $(0\leq x\leq 4)$

[2] $f(x)=-2x^2+x+4$ $(x\geq 0)$

[3] $f(x)=x^2-5x+1$ $(-1\leq x\leq 2)$

[4] $f(x)=x^2-4x+7$ $(-1<x\leq 1)$

[5] $f(x)=2(x-1)^2+x+1$ $(0\leq x\leq 3)$

[6] $f(x)=-3x^2-8x+11$ $(-4\leq x\leq 1)$

[7] $f(x)=\dfrac{3}{4}x^2-2x+1$ $(1\leq x\leq \sqrt{3})$

[8] $f(x)=\dfrac{1}{2}x^2-3x-1$ $\left(\dfrac{1}{2}\leq x\leq 3\right)$

[9] $f(x)=-3(x-2)(x-6)$ $(2\leq x\leq 6)$

[10] $f(x)=x(5-x)+1$ $(x\leq 5)$

(解答▶解答編 p.30)

ITEM 28 ｜ 放物線の移動

よくわかった度チェック！　① ② ③

曲線 C を移動して得られる曲線 C' とは，C 上にある個々の**点**を移動したものの集合に他なりません．したがって，移動する前・後の点どうしの関係をもとに，C と C' の**方程式**どうしの関係が得られます．ただし，その「関係」には少し注意を要します．

(参考) 本 ITEM では，「放物線」の移動のみを扱いますが，ここで学ぶ曲線の移動の仕方は，xy 平面上のあらゆる曲線（直線も含めて）において同じように使えます．

ここがツボ！ 方程式で攻めるか？頂点の移動を考えるか？

基本確認

平行移動

$C: y = f(x)$　　x 方向へ p，y 方向へ q だけ移動

↓ ベクトル $\begin{pmatrix} p \\ q \end{pmatrix}$ だけ平行移動 …… ITEM 63 ❸ (注意) 参照

$C': y - q = f(x - p)$

(証明) 点 $P(x, y)$ が C' 上にあるとき，ベクトル $\begin{pmatrix} p \\ q \end{pmatrix}$ だけ移動して P に移ってくる点 $(\boxed{x-p},\ \boxed{y-q})$ は C 上の点である．よって，$P(x, y)$ は

$\boxed{y-q} = f(\boxed{x-p})$ …… 「$x+p$」「$y+q$」じゃないよ！！

を満たす．これが C' の方程式である．

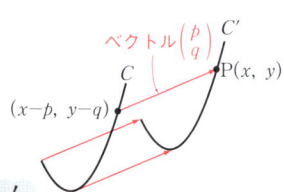

(補足) 要するに C の方程式の x を $\boxed{x-p}$ で，y を $\boxed{y-q}$ でそれぞれ置き換えればよい．（$y = \cdots$ の形でない曲線の方程式においても同様）

対称移動

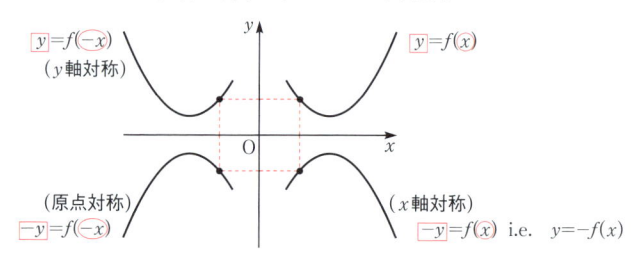

$\boxed{y} = f(\boxed{-x})$ （y 軸対称）　　$\boxed{y} = f(x)$

$\boxed{-y} = f(\boxed{-x})$ （原点対称）　　$\boxed{-y} = f(x)$ i.e. $y = -f(x)$ （x 軸対称）

例題　次の曲線の方程式を求めよ．

(1) $C: y = -x^2 + 4x - 7$ をベクトル $\begin{pmatrix} 1 \\ 5 \end{pmatrix}$ だけ平行移動した C'．

x 方向へ 1，y 方向へ 5 だけ移動

(2) C' をさらに y 軸に関して対称移動した C''．

解説・解き方のコツ

解法 1

(1) 上記 **平行移動** の公式を用いる．

C の方程式において，x を $x-1$ で，y を $y-5$ でそれぞれ置き換えて
$$C': y-5=-(x-1)^2+4(x-1)-7$$
i.e. $\boldsymbol{y=-x^2+6x-7}$．　…①

(2) ①において，「x」を「$-x$」で置き換えて 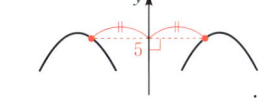
$$C'': y=-(-x)^2+6(-x)-7$$
i.e. $\boldsymbol{y=-x^2-6x-7}$．

注意 公式丸暗記でろくに図も描かないでやると，「y 軸に関する対称移動だから，y を $-y$ に置き換えればよい」なんて間違えちゃいますよ！

入試のここで役立つ！

本 ITEM で学ぶ「グラフの移動」ができれば，基本関数のグラフをもとにして，様々な関数のグラフが描けます．とくに数学Ⅲでよく使います．

解法2 C は放物線だから，頂点の座標を考えます．

(1)
$$C: y=-x^2+4x-7$$
$$=-(x-2)^2-3$$
より，C の頂点は $(2, -3)$．これを $\begin{pmatrix} 1 \\ 5 \end{pmatrix}$ だけ移動することにより，C' の頂点は $(3, 2)$． 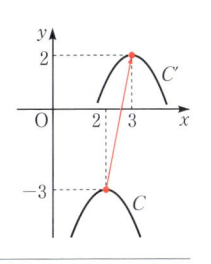
$\therefore\ C': \boldsymbol{y=-(x-3)^2+2}$．$(=-x^2+6x-7)$

(2) C' の頂点 $(3, 2)$ を y 軸に関して対称移動することにより，C'' の頂点は $(-3, 2)$． 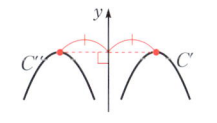
$\therefore\ C'': \boldsymbol{y=-(x+3)^2+2}$．$(=-x^2-6x-7)$

補足 これら 2 つの解法は，状況に応じて使い分けます．

類題 28A 放物線 $C: y=2x^2-4x+5$ を，次のように移動して得られる曲線の方程式を求めよ．（それぞれ，例題の **解法1**，**解法2** の 2 通りで解答せよ．）

[1] ベクトル $\begin{pmatrix} -2 \\ 1 \end{pmatrix}$ だけ平行移動した C_1　　[2]★ x 軸に関して対称移動した C_2

[3] y 軸に関して対称移動した C_3　　[4] 原点に関して対称移動した C_4

類題 28B 次の曲線は，それぞれ放物線 $C: y=-(x-1)^2+2$ をどのように移動したものか．（答え方は 1 通りとは限らない．正しいものを 1 つ答えれば可．）

[1] $C_1: y=(x-1)^2-2$　　　　[2] $C_2: y=-(x+1)^2+2$

[3] $C_3: y=-(x+1)^2-2$　　　[4] $C_4: y=(x-1)^2+2$

（解答▶解答編 p.31, 32）

ITEM 29 絶対値付き関数

やや重

よくわかった度チェック！ ① ② ③

絶対値を含む関数のグラフは，原則として**絶対値記号内の符号**を考えて場合分けして描きます．面倒ですが仕方ありません．そのグラフは，普通の1次関数や2次関数のグラフと違って，その場合分けの分岐点において**カックン**と折れ曲がるのが特徴です．

> **ここがツボ！** "つなぎ目"に注目して描く．

基本確認

絶対値
数直線上において，実数 x に対応する点と原点 O との「距離」を，x の**絶対値**という．

$|-3|=3$　$|3|=3$

(補足) $|a-b|$ は，数直線上における a と b の距離を表す．

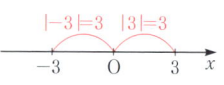

公式
$$|x| = \begin{cases} x & (x \geq 0 \text{ のとき}) \\ -x & (x < 0 \text{ のとき}) \end{cases}$$
… この $-x$ は正

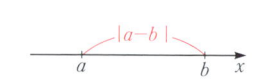

例題　次の関数のグラフを描け．

(1) $y = |x-2| + |x-3|$　　　(2) $y = |x^2 - 4x + 3|$

解説・解き方のコツ

(1) $x-2$, $x-3$ の符号に応じて3つの区間に場合分けすると
$$y = |x-2| + |x-3|$$
$$= \begin{cases} (x-2)+(x-3) = 2x-5 & (3 \leq x \text{ のとき}) \cdots ① \\ (x-2)-(x-3) = 1 & (2 \leq x \leq 3 \text{ のとき}) \cdots ② \\ -(x-2)-(x-3) = -2x+5 & (x \leq 2 \text{ のとき}) \cdots ③ \end{cases}$$

(へたな方法) 直線①，②，③を，y 切片と傾きを考えて描くと［図1］のようになる．（$x=0$ を範囲に含まない①，②まで「y 切片」にこだわって描くのは，どう考えてもおかしいですね．）

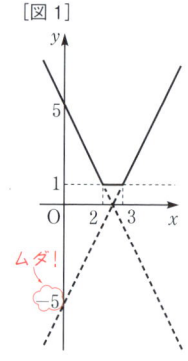

［図1］ ムダ！

(正しい方法) 3つの区間の**境界点**に注目します．
①と②は，つなぎ目 $x=3$ において同じ値 1 をとる．
②と③も，つなぎ目 $x=2$ において同じ値 1 をとる．
あとは①，②，③それぞれの**傾き**を考えて，［図2］を得る．

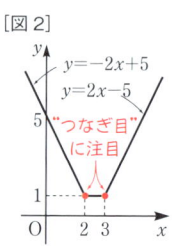

［図2］　$y=-2x+5$　$y=2x-5$　"つなぎ目"に注目

補足 "つなぎ目"：$x=3$ においては，$|x-3|=0$ であることから①と②は同じ値をとるはずです．このことが一種の検算になります．あるいは，計算ミスをしていない自信があれば，$2 \leq x \leq 3$ の範囲の直線 $y=1$ をまず描いて，その両端から，右には傾き 2，左には傾き -2 の直線を**つないで**グラフを仕上げてしまうこともできます．（試験では慎重を期した方が無難ですが…）

なお，①〜③の場合分けにおいて，「$x=3$」が①，②の両方に含まれていますが，$x=3$ のときの y の値は①，②のどちらを使っても同じ値ですから，これでかまいません．（もちろん，①，②の一方のみに含めるのでも OK です．「$x=2$」でも同様です．）

(2) 絶対値記号の中身：x^2-4x+3 の符号に応じて場合分けします．
$$y=|x^2-4x+3|$$
$$=|(x-1)(x-3)|$$
$$=\begin{cases}(x-1)(x-3) & (x \leq 1,\ 3 \leq x \text{ のとき}) \\ -(x-1)(x-3) & (1 \leq x \leq 3 \text{ のとき})\end{cases}$$

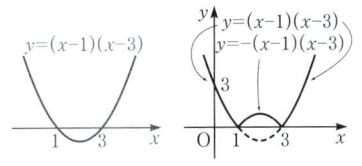

よって，上右図のようになる．　全体が絶対値記号で覆われている形

$x=1,\ x=3$ がつなぎ目

補足 要するに，$y=|f(x)|$ 型の関数のグラフは，次の手順で描けるわけです．
1° 絶対値記号の中身：$y=f(x)$ のグラフを描く． 左の薄いグラフ
2° $f(x)$ が正，つまり x 軸より上側の部分はそのまま「$y=f(x)$」のグラフ．
3° $f(x)$ が負，つまり x 軸より下側の部分は x 軸に関して折り返して「$y=-f(x)$」のグラフにする．

注意 ただし！理屈もわからず，「中身のグラフ描いて x 軸の下を折り返せばオッケー！」なんて丸暗記すると，$y=|f(x)|$ 型以外の関数にまで上記の手順をもち込んで，見事に間違えます．（→類題29[8]）「絶対値付き関数のグラフはあくまで**場合分けが基本！**」それを理解した上で上記の手順を覚えてくださいね．

類題 29 次の関数のグラフを描け．

[1] $y=|x|$　　　　　　　　　　[2] $y=|2x-7|$
[3] $y=x+|x|$　　　　　　　　[4] $y=|x-3|-|x-5|$
[5] $y=2|x-1|+|x-3|$　　　　[6] $y=|4-x^2|$
[7] $y=|x(x-2)|$　　　　　　　[8]★ $y=x|x-2|$
[9] $y=|x^2-4|+2x$　　　　　　[10] $y=|x|-1$
[11] $y=||x|-1|$

(解答▶解答編 p.32)

ITEM 30 １次方程式

よくわかった度チェック！ ① ② ③

中学で学んだ内容ですから，簡単ですね．それだけにスピードが肝心です．できるだけ**暗算で**片付けましょう．ただし正確に…

ここがツボ！ 「x は左辺へ」というこだわりは捨てる．

基本確認

等式の性質 $A=B$ のとき … 等しい両辺に，同じものを足す・掛けるなどしても両辺は等しい

$$A+C=B+C,\ A-C=B-C,\ AC=BC,\ \frac{A}{C}=\frac{B}{C}(C\neq 0).$$

例題 次の方程式を解け．

(1) $7-2x=3x+5$ 　　(2) $\dfrac{x}{3}+1=\dfrac{x-1}{2}$

解説・解き方のコツ

(1) $7-2x=3x+5$
　　$7=3x+2x+5$ 　両辺に $2x$ を加える（「$2x$ を移項する」という）
　　$7-5=5x$ 　次に 5 を移項
　　$2=5x$ 　ホントは上記２つの移項を同時に済ませてここまで来て…
　　∴ $x=\dfrac{2}{5}$ 　両辺を 5 で割りつつ，左右を逆にして書く

（注意）移項をするとき，必ず x を左辺へ集める癖がある人がいますが，本問では「$-5x=-2$」となり，係数が負ばかりでちょっとイヤです．
また，これが１次不等式（→ ITEM 38）になると，負の数で両辺を割ることになり，不等号の向きが変わって面倒です．「x を左辺へ」というこだわりは，この際キッパリ捨てましょう．

(2) 分数係数が出てくると，両辺を何倍かしてから移項するので暗算で一気はちょっとキツイかも．その場合は無理せず途中経過を紙に書いてよいでしょう．
　　両辺を 6 倍して 　「6」は 2 と 3 の最小公倍数
　　$2x+6=3x-3.$ 　∴ $x=9.$ 　あとは (1) の要領で一気に！

（注意）「定数 1 だけ 6 倍し忘れる」という古典的ミスに注意！

類題 30 次の x に関する１次方程式を解け．（できれば [6] までは暗算で！）

[1] $3x-1=5$ 　　[2] $2=7+4x$ 　　[3] $5+x=4x-1$ 　　[4] $-3x+5=7x+1$

[5] $\dfrac{x}{2}=x-1$ 　　[6] $1=\dfrac{2x-3}{5}$ 　　[7]★ $\dfrac{x}{3}-\dfrac{x-3}{4}=1$ 　　[8] $s(1+x)=1-x(s\neq -1)$

（解答▶解答編 p.33）

ITEM 31 複素数の計算

2次(以上の)方程式の解を表すには，**虚数単位 i** が必要となることがあります．本 ITEM では，この「2乗すると -1 になる不思議な数」を含んだ**複素数**の計算練習をします．計算の規則は普通の文字式と同じですから，すぐに慣れるはずです．

> **ここがツボ！** 答えの形：「$\bigcirc + \triangle i$」をイメージしてから計算する．

基本確認

虚数単位 虚数単位 i とは $i^2 = -1$ を満たす数である．

複素数 実数 a，b と虚数単位 i によって $\overline{a} + \overline{b}i$ と表される数を**複素数**という．
（実部）（虚部）　$b \neq 0$ のとき虚数という

$a + bi$ と $a - bi$ を互いに**共役**な複素数という．

複素数の相等 a，b，a'，b' が実数のとき，次のように定める．

$$a + bi = 0 \iff \begin{cases} a = 0 \\ b = 0 \end{cases} \qquad a + bi = a' + b'i \iff \begin{cases} a = a' \\ b = b' \end{cases}$$

複素数の計算 複素数の計算では，虚数単位 i を普通の文字のように扱えばよい．ただし，「$i^2 = -1$」に注意する．

例題 次の(1)，(2)を簡単にせよ．

(1) $(3 + 2i)^2$ 　　　(2) $\dfrac{2-i}{2+i}$

解説・解き方のコツ

(1) 答えは $\bigcirc + \triangle i$ の形になるハズです．初めからそれを思い浮かべて…

$(3+2i)^2 = 9 + 4i^2 + 12i$ ← 実部(下線部)を初めからまとめて
$= 9 - 4 + 12i = \mathbf{5 + 12i}$ ← 答えを一気に

(2) 分母に虚数単位 i がある場合は，「分母の実数化」を行います．

$\dfrac{2-i}{2+i} = \dfrac{(2-i)(2-i)}{(2+i)(2-i)}$ ← 分母：$2+i$ と共役な複素数 $2-i$ を分母，分子に掛ける

$= \dfrac{4 + i^2 - 4i}{2^2 - i^2}$ ← 分子は $(2-i)^2$
分母は $(\ )^2 - (\ )^2$ の形．ただし，$i^2 = -1$ なので…

$= \dfrac{\mathbf{3 - 4i}}{\mathbf{5}}$ ← 分母 $= 2^2 + 1$

類題 31

次の[1]〜[9]を簡単にせよ．ただし i は虚数単位とする．

[1] i^4 　　[2]★ i^9 　　[3]★ $(3+4i) + (3-4i)$ 　　[4]★ $(3+4i)(3-4i)$

[5] $(2+3i)(i-2)$ 　　[6] $(1+i)^3$ 　　[7] $\left(\dfrac{-1+\sqrt{3}i}{2}\right)^2$ 　　[8] $\dfrac{2+i}{3-i}$ 　　[9] $\dfrac{\sqrt{3}-i}{\sqrt{3}+i}$

ITEM 32 | 2次方程式

よくわかった度チェック！
① ② ③

2次方程式を「解く」，つまり2つの解をすべて求めるときの基本は，因数分解によって「$(x-○)(x-□)=0$」の形にすることです．ただし，2次方程式にはいつでも使える**解の公式**がありますから，「因数分解」にこだわる必要はありません．

> **ここがツボ！** できそうなら「因数分解」．それが難しそうなら「解の公式」．

基本確認 （以下において，a，b，b'，c は実数で $a \neq 0$ とする．）

方程式の基本　$(x-\alpha)(x-\beta)=0 \iff \begin{cases} x-\alpha=0 \\ x-\beta=0 \end{cases}$ or $\iff \begin{cases} x=\alpha \\ x=\beta \end{cases}$ or

積の形＝ゼロ

解の公式　$ax^2+bx+c=0$ …① の解は

❶ $x = \dfrac{-b \pm \sqrt{b^2-4ac}}{2a}$ …この $\sqrt{\ }$ 内を①の**判別式**という

b' の公式　$ax^2+2b'x+c=0$ …② の解は

❷ $x = \dfrac{-b' \pm \sqrt{b'^2-ac}}{a}$ …この $\sqrt{\ }$ 内は②の $\dfrac{判別式}{4}$

例題 次の2次方程式を解け．

(1) $x^2-5x+6=0$　　(2) $3x^2-x-5=0$

(3) $x^2-4x+7=0$　　(4) $(x-1)^2-5=0$

解説・解き方のコツ

(1) 左辺が簡単に因数分解できます．
$(x-2)(x-3)=0$ … 「積＝ゼロ」の形
$x-2=0$ or $x-3=0$．
∴ $x=2, 3$．

(2) キレイに因数分解できそうにないので，解の公式❶を用います．
$$x = \frac{-(-1) \pm \sqrt{(-1)^2-4\cdot 3\cdot(-5)}}{2\cdot 3}$$
$$= \frac{1 \pm \sqrt{1+4\cdot 3\cdot 5}}{6} = \frac{1 \pm \sqrt{61}}{6}$$ …できれば一気に答えを

補足 答えに「$\sqrt{\ }$」が残ってしまったということから，本問の左辺はやっぱりキレイに因数分解できなかったことがわかりました．逆に言うと，これから方程式を解こうとするとき，左辺が果たしてキレイに因数分解できるかどうかを手っ取り早く知りたければ，解の公式の $\sqrt{\ }$ 内である**判別式が平方数になるか否か**を調べればよいのです！（→次 ITEM）

(3) **へたな方法** これを(b'でない方の)解の公式❶で解いてみると
$$x = \frac{4 \pm \sqrt{16-28}}{2}$$
$$= \frac{4 \pm \sqrt{-12}}{2} = \frac{4 \pm 2\sqrt{3}i}{2} = 2 \pm \sqrt{3}i.$$
$\sqrt{}$ から2を外に出したり約分したりと面倒ですね.

正しい方法 x の係数が $-4 = 2\cdot(-2)$ ですから，b' の公式❷を用います．
$$x = \frac{-(-2) \pm \sqrt{(-2)^2 - 1\cdot 7}}{1}$$ 　　　　-2が「b'」です
$$= 2 \pm \sqrt{4-7}$$
$$= 2 \pm \sqrt{-3} \qquad \cdots (*)$$
$$= 2 \pm \sqrt{3}i. \quad \text{・・・} \sqrt{-3} = \sqrt{3}i\ でしたね$$

補足 試しに，(3)を解の公式を使わず，その証明過程を再現する形で解いてみましょう．
$$(x-2)^2 + 3 = 0 \quad \text{・・・ まず，平方完成により}x\text{を集める}$$
$$(x-2)^2 - (\sqrt{3}i)^2 = 0 \quad \text{・・・} (\sqrt{3}i)^2 = (\sqrt{3})^2 i^2 = 3\cdot(-1) = -3$$
$$(x-2-\sqrt{3}i)(x-2+\sqrt{3}i) = 0.$$
$$x - 2 - \sqrt{3}i = 0 \ \text{or} \ x - 2 + \sqrt{3}i = 0$$
$$\therefore \quad x = 2 \pm \sqrt{3}i.$$
これと上記解答の(∗)式を比べてみると，「$\sqrt{-3} = \sqrt{3}i$」と約束しておけば，虚数解のときでも解の公式が使えることがわかりますね．

(4) せっかく平方完成(x が1か所に集約！)されている左辺を，ワザワザ展開して解の公式を用いるのは遠回り！上の**補足**で見たように，そもそも解の公式自体が平方完成によって導かれるのでしたね．
$$(x-1)^2 = 5. \quad \text{・・・ 厳密には，}(x-1-\sqrt{5})(x-1+\sqrt{5}) = 0\text{と変形.}$$
$$(x-1) = \pm\sqrt{5}.$$
$$\therefore \quad x = 1 \pm \sqrt{5}.$$

類題 32 次の x についての2次方程式を解け．

[1] $x^2 - x - 2 = 0$ 　　[2] $2x^2 - 3x - 1 = 0$ 　　[3] $3x^2 - 2x - 1 = 0$

[4] $3x^2 - 4x + 2 = 0$ 　　[5] $x^2 + 6x - 5 = 0$ 　　[6] $4x^2 - 2x + 6 = 0$

[7] $4x^2 - 12x + 9 = 0$ 　　[8] $-2x^2 + 3x - 2 = 0$ 　　[9] $(x+3)^2 + 5 = 0$

[10] $x^2 - (a+1)x + a = 0$ 　　[11] $x^2 - 4ax + 8a = 0$ 　　⬆[12] $(4-3c^2)x^2 - \sqrt{3}cx - \dfrac{1}{4} = 0$

(解答▶解答編 p.34)

→ $25\cdot 3 \to 3\cdot 5^2$

ITEM 33 判別式

よくわかった度チェック！ ① ② ③

前 ITEM の「解の公式」❶：$x=\dfrac{-b\pm\sqrt{b^2-4ac}}{2a}$ における $\sqrt{}$ 内が**判別式**でした。この公式でややこしいのは，$\sqrt{判別式}$ の部分だけですから，この判別式**だけ**に注目することで，2次方程式の解に関する様々な情報が手早く得られます．

ここがツボ！　「判別式」は，いろんなことの"判別"に使える．

基本確認　（以下において，a, b, c は実数で $a\neq 0$ とする．）　方程式の係数は，たいてい実数です

判別式　$ax^2+bx+c=0$　…① の解：$x=\dfrac{-b\pm\sqrt{b^2-4ac}}{2a}$ の $\sqrt{}$ 内：「b^2-4ac」を，2次方程式①の**判別式**という．

判別式と解の虚実　①の解は，判別式（D とおく）の符号に応じて次のようになる．

$\dfrac{5\pm\sqrt{0}}{2}=\dfrac{5}{2}$ とか

- $D>0$ のとき，異なる2つの実数解　……　$\dfrac{5\pm\sqrt{3}}{2}$ とか
- $D=0$ のとき，（実数の）重解
- $D<0$ のとき，異なる2つの虚数解　……　$\dfrac{5\pm\sqrt{-3}}{2}=\dfrac{5\pm\sqrt{3}i}{2}$ とか

注意　「判別式」を，何の断りもなく「D」と表すのはルール違反です．

判別式/4　$ax^2+2b'x+c=0$　…② の解：$x=\dfrac{-b'\pm\sqrt{b'^2-ac}}{a}$ の $\sqrt{}$ 内：「b'^2-ac」は，②の $\dfrac{判別式}{4}$ である．

例題　次の各問いに答えよ．

(1) 方程式 $2x^2-9x+8=0$ の異なる実数解の個数を求めよ．

(2) 2次関数 $y=x^2-2ax+9$（a は実数）のグラフの頂点の y 座標が正となるような a の範囲を求めよ．

(3) 方程式 $4x^2-13x+6=0$ は整数解をもつか否かを調べよ．

解説・解き方のコツ

(1)　判別式 $=(-9)^2-4\cdot 2\cdot 8$
$=81-64$
$=17>0$．

よってこの方程式は異なる**2つの**実数解をもつ．

補足　このように，単に「異なる実数解の個数」を求めるだけなら，解そのものを $x=\dfrac{9\pm\sqrt{81-64}}{4}$ と求めるまでもないわけです．

(2) 「頂点の y 座標が正」ということは，グラフと x 軸が共有点をもたない，いい換えると「方程式 $x^2-2ax+9=0$ が実数解をもたない」ということです．よって

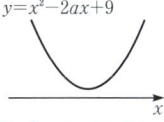

$$\frac{判別式}{4}=(-a)^2-1\cdot 9 \quad \cdots \text{x の係数が $2\times\square$ と表せるときは $\frac{判別式}{4}$ の方を使う}$$
$$=a^2-9$$
$$=(a+3)(a-3)<0. \quad \cdots \text{a の2次不等式．詳しくは→ITEM 39}$$
$$\therefore \quad -3<a<3.$$

(注意) 必ず，「頂点の y 座標」→「方程式の解…(＊)」→「判別式」というプロセスを踏んでください．(＊)をすっ飛ばして丸暗記すると，「頂点の y 座標が正だから，判別式の符号も正」なんてやっちゃいますよ！

(3) 「果たしてキレイに因数分解できるか」…なんて悩んでないで．
方程式 $4x^2-13x+6=0$ の判別式は
$$(-13)^2-4\cdot 4\cdot 6=169-96=73.$$
これは平方数ではないので，この方程式は**整数解をもたない**．

(補足) 解そのものを $x=\dfrac{13\pm\sqrt{73}}{8}$ と求めなくても，$\sqrt{\ }$ が消えないことさえ確認できればOKですね．

入試のここで役立つ！

このように「判別式」は，解の虚実だけでなく，解が整数(あるいは有理数)であるか否かの判定にも役立ちます．また，このことは左辺が果たしてキレイに(有理数係数で)因数分解可能かどうかの判定にもつながるのでしたね．
(→前 ITEM 例題(2))

類題 33A 次の2次方程式の異なる実数解の個数を求めよ．(a は実数とする)

[1] $3x^2+5x+3=0$ [2] $2x^2-2\sqrt{6}x+3=0$ [3] $2x^2-2x-a^2-1=0$
[4]★ $x^2-2x+2=0$ [5] $ax^2+4x+2-a=0$

類題 33B 次の各問いに答えよ．(a は実数とする)

[1] 2次方程式 $ax^2-2(a+1)x+4a=0$ が重解をもつような a の値を求めよ．

[2] $y=-\dfrac{5}{3}x^2-3x+3a$ のグラフの頂点の y 座標が正となる a の範囲を求めよ．

[3] 方程式 $10x^2+19x+6=0$ が整数解をもつか否かを調べよ．

(解答▶解答編 p.35, 36)

ITEM 34 高次方程式

次数が3次以上の**高次方程式**も，基本は2次方程式と同じ．とにかく**因数分解**して
$(\cdots\cdots)(\sim\sim\sim)\cdots=0$ 　積の形 vs ゼロ
の形にし，次数の低い方程式に帰着することです．問題は，「どうやって因数分解するか」です．

ここがツボ！ 解を1つ見つけて因数分解．その見つけ方は…

基本確認

方程式の基本
$ABC\cdots=0 \iff A=0$ or $B=0$ or $C=0$ or $\cdots$

因数定理
$f(x)$ を整式とするとき　　つまり $f(x)$ は $x-\alpha$ で割り切れる
$f(\alpha)=0 \iff$ 「$f(x)=(x-\alpha)(\cdots\cdots)$ と因数分解できる」
（証明は教科書で調べておこう．）　「$\Leftarrow$」については明らかですね

有理数解の発見法　　4次以上の方程式でも同様
整数係数の3次方程式 $\boxed{a}x^3+bx^2+cx+\boxed{d}=0$ が有理数解をもつ場合には，その解は $\pm\dfrac{\boxed{d}\text{の約数}}{\boxed{a}\text{の約数}}$ 以外にはない．　　証明→ ITEM 5 参考

例題　次の方程式を解け．

(1) $x^3+3x^2-2x-2=0$ 　　(2) $2x^3+11x^2-3=0$

解説・解き方のコツ

(1) 左辺を $f(x)$ とおきます．係数の並びを見ると
　　　1, 3, -2, -2
ですから x に 1 を代入すると 0 になりそうですね．実際
　　　$f(1)=1+3-2-2=0$
です．よって**因数定理**より $f(x)$ は $x-1$ で割り切れるはずですから，自信を持って組立除法を行います．

```
1 | 1   3   -2   -2
  |     1    4    2
  ----------------
    1   4    2  | 0
```

よって与式は
　　　$(x-1)(x^2+4x+2)=0$．
　　　$x-1=0$ or $x^2+4x+2=0$．
∴　$x=1, \ -2\pm\sqrt{2}$．

(2) 今度は1つの解がパッと瞬間的には見つかりませんので，可能性のある値を順に代入して行きます．与式の左辺を $g(x)$ とおいて…

へたな方法

整数を，絶対値が小さい方から順に代入していく．
$$g(1) = 2+11-3 = 10 \neq 0$$
$$g(-1) = -2+11-3 = 6 \neq 0$$
$$g(2) = 16+44-3 \neq 0 \quad \text{値を求めるまでもなく} \neq 0$$

ここが問題です．$g(1)$, $g(-1)$ まではよいのですが，「$g(2)$」を調べるのは時間の無駄なのです．なぜなら…

正しい方法

基本確認 の 有理数解の発見法 にあるように，この方程式の有理数解になる可能性がある値は

$$\pm\frac{3 \text{の約数}}{2 \text{の約数}} = \pm\frac{1, 3}{1, 2} = \pm 1, \ \pm 3, \ \pm\frac{1}{2}, \ \pm\frac{3}{2}$$

だけなんです．よって2や-2が解になることはありませんから，$g(1)$, $g(-1)$ の後は ± 3 を考えますが，このとき $11x^2$ が99と大きすぎて，残りの項がどう頑張っても $g(x)$ が0になることはなさそうです．そこで次は…

$$g\left(\frac{1}{2}\right) = \frac{1}{4} + \frac{11}{4} - 3 = 0. \quad \text{やったー．解みーっけ！}$$

よって**因数定理**より $g(x)$ は $x - \frac{1}{2}$ で割り切れるはず．実際，組立除法を行うと右下のようになるから，与式は

$$\left(x - \frac{1}{2}\right)(2x^2 + 12x + 6) = 0.$$

$$\left(x - \frac{1}{2}\right)(x^2 + 6x + 3) = 0.$$

$$x - \frac{1}{2} = 0 \ \text{or} \ x^2 + 6x + 3 = 0.$$

$$\therefore \ x = \frac{1}{2}, \ -3 \pm \sqrt{6}.$$

「0」を書き忘れないように！

$$\begin{array}{r|rrrr}
\frac{1}{2} & 2 & 11 & 0 & -3 \\
 & & 1 & 6 & 3 \\
\hline
 & 2 & 12 & 6 & 0
\end{array}$$

(補足) 方程式を解くには因数分解が必要であり，因数分解するには方程式の1つの解が必要です．「方程式」と「因数分解」はもちつもたれつ．あるいはニワトリとタマゴ．

類題 34 次の方程式を解け．

[1] $x^3 - 3x + 2 = 0$ 　[2] $x^3 + 2x^2 - 9x - 18 = 0$ 　[3] $3x^3 - 7x^2 - x + 1 = 0$

[4] $x^4 - 2x^3 + 5x^2 - 8x + 4 = 0$ 　[5] $x^3 + 3x^2 - x - 3 = 0$ 　[6] $x^3 + x^2 + x + 1 = 0$

[7]★ $x^3 = 1$ 　[8] $x^4 = 1$ 　[9]★ $x^4 - x^2 - 2 = 0$

(解答 ▶ 解答編 p.36)

ITEM 35 解と係数の関係

本 ITEM は，ITEM 13, 16 の内容を前提としています．

よくわかった度チェック! ① ② ③

ITEM 32 で扱った「解の公式」は，2次方程式の2つの解そのものを係数の式で表したものでしたが，ここでは，解から作られる**基本対称式**（→ ITEM 16）と係数との関係を考えます．これを**解と係数の関係**といいます．この定理は**証明過程も重要**です．それをよく理解した上で使うようにしましょう．

> **ここがツボ!** 「解と係数の関係」は，常にその証明過程とともに．

基本確認

解と係数の関係（2次）

「2次方程式 $f(x)=ax^2+bx+c=0$ の2解が α, β」
$\iff f(x)=a(x-\alpha)(x-\beta)$ …式として一致するという意味

つまり，$f(x)=a\{x^2-(\alpha+\beta)x+\alpha\beta\}$ …この展開を一気に → ITEM 13
$-a(\alpha+\beta)=b$, $a\cdot\alpha\beta=c$ …両辺の係数を比較

$$\alpha+\beta=-\frac{b}{a},\quad \alpha\beta=\frac{c}{a}$$

$a(x-\bigcirc)(x-\square)=0$ …2つの解

解と係数の関係（3次）

「3次方程式 $f(x)=ax^3+bx^2+cx+d=0$ の3解が α, β, γ」
$\iff f(x)=a(x-\alpha)(x-\beta)(x-\gamma)$

つまり，$f(x)=a\{x^3-(\alpha+\beta+\gamma)x^2+(\alpha\beta+\beta\gamma+\gamma\alpha)x-\alpha\beta\gamma\}$ …この展開も一気に → ITEM 13 例題(2)

両辺の係数を比較
$$\begin{cases} -a(\alpha+\beta+\gamma)=b \\ a(\alpha\beta+\beta\gamma+\gamma\alpha)=c \\ -a\cdot\alpha\beta\gamma=d \end{cases} \therefore \begin{cases} \alpha+\beta+\gamma=-\dfrac{b}{a} \\ \alpha\beta+\beta\gamma+\gamma\alpha=\dfrac{c}{a} \\ \alpha\beta\gamma=-\dfrac{d}{a} \end{cases}$$

例題

次の問いに答えよ．

(1) 2次方程式 $3x^2-5x+3=0$ の2つの解を α, β とするとき，$\alpha^2+\beta^2$ の値を求めよ．

(2) 2, $1+\sqrt{3}$, $1-\sqrt{3}$ を3つの解としてもつ x の3次方程式を1つ作れ．

解説・解き方のコツ

(1) 解の公式より，与式の2つの解は
$$x=\frac{5\pm\sqrt{25-36}}{6}=\frac{5\pm\sqrt{11}i}{6}.$$

$$\therefore \quad \alpha^2+\beta^2=\left(\frac{5+\sqrt{11}i}{6}\right)^2+\left(\frac{5-\sqrt{11}i}{6}\right)^2$$
$$=\frac{14+10\sqrt{11}i}{36}+\frac{14-10\sqrt{11}i}{36}=\frac{28}{36}=\frac{7}{9}.$$

解そのものがこれだけフクザツな値だと，さすがにこのやり方では損ですね.

正しい方法

$$\alpha^2+\beta^2=(\alpha+\beta)^2-2\alpha\beta.$$

2文字の対称式は，和と積で表せる(→ITEM 16)

そこで解と係数の関係を用いると
$$\alpha+\beta=-\frac{-5}{3}=\frac{5}{3},\ \alpha\beta=\frac{3}{3}=1.$$
$$\therefore \quad \alpha^2+\beta^2=\left(\frac{5}{3}\right)^2-2\cdot 1=\frac{25}{9}-2=\frac{7}{9}.$$

(補足) 解そのものが(フクザツな)虚数でも，2つの解の**基本対称式**である和や積は(キレイな)実数になるんですね.

(2) $\alpha=1+\sqrt{3},\ \beta=1-\sqrt{3}$ とおくと，求める方程式は
$$(x-2)(x-\alpha)(x-\beta)=0. \qquad \cdots ①$$
ここで，($\alpha,\ \beta$ の和や積がカンタンになりそうなことに注目して)
$$(x-\alpha)(x-\beta)=x^2-(\alpha+\beta)x+\alpha\beta$$
$$=x^2-2x-2. \quad \cdots \alpha+\beta,\ \alpha\beta \text{は暗算}$$
よって求める方程式①は
$$(x-2)(x^2-2x-2)=0$$
i.e. $\bm{x^3-4x^2+2x+4=0.}$

(注意) 「$\alpha,\ \beta,\ \gamma$ を3つの解とする3次方程式といったら
$$x^3-(\alpha+\beta+\gamma)x^2+(\alpha\beta+\beta\gamma+\gamma\alpha)x-\alpha\beta\gamma=0 \quad \cdots ②\text{だ.」}$$
なんて丸暗記してはいけません．まずは**基本形**：
$$(\bm{x-\alpha})(\bm{x-\beta})(\bm{x-\gamma})=\bm{0} \qquad \cdots ①'$$
を思い浮かべ，左辺をどう展開するかを考えましょう．(①' を一気に展開して②にする手法は，類題35B[1]で扱います)

類題 35A $2x^2-4x+5=0$ の2つの解を $\alpha,\ \beta$ として，次の問いに答えよ.

[1] $\alpha+\beta,\ \alpha\beta$ の値を求めよ.

[2] $\dfrac{\alpha^2}{\beta},\ \dfrac{\beta^2}{\alpha}$ を2つの解としてもつ2次方程式を1つ作れ.

類題 35B ★ $3x^3+2x-6=0$ の3つの解を $\alpha,\ \beta,\ \gamma$ として，次の問いに答えよ.

[1] $\alpha+\beta+\gamma,\ \alpha\beta+\beta\gamma+\gamma\alpha,\ \alpha\beta\gamma$ の値を求めよ.

[2] $\dfrac{1}{\alpha},\ \dfrac{1}{\beta},\ \dfrac{1}{\gamma}$ を3つの解としてもつ3次方程式を1つ作れ.

(解答▶解答編 p.38)

ITEM 36 いろいろな方程式

やや重　本 ITEM は，ITEM 29 の内容を前提としています．

よくわかった度チェック！ ① ② ③

ここでは，分数式，$\sqrt{\ }$，絶対値記号などを含んだ方程式を扱います．整式だけの方程式と違い，決められた道筋に乗っかって解くのではなく，グラフを利用するなど，その場の状況に応じて**柔軟**に対処することが望まれます．

> **ここがツボ！** 方程式そのもので行くか？グラフを利用するか？柔軟に．柔軟に．

基本確認

方程式とグラフ

方程式「$f(x)=g(x)$」の実数解は 2 つの関数
$$\begin{cases} y=f(x) \\ y=g(x) \end{cases}$$
のグラフどうしの共有点の x 座標と一致する．

方程式と平方

$A>0$，$B>0$ のとき，$A=B \iff A^2=B^2$

絶対値と方程式

$a>0$ のとき，$|x|=a \iff x=\pm a$

例題　次の方程式の実数解を求めよ．

(1) $|2x-1|=5$　　(2) $|x-2|=2-x^2$　　(3) $\sqrt{1-x^2}=x$

解説・解き方のコツ

(1) 絶対値記号内：$2x-1$ の符号で場合分け…などする必要はありません．
数直線上での原点から $2x-1$ までの距離が 5 ですから…

$$2x-1=\pm 5. \quad \therefore \quad x=\frac{1\pm 5}{2}=\mathbf{3,\ -2}.$$

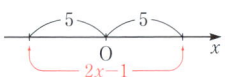

(2) もちろん，絶対値記号内：$x-2$ の符号によって場合分けしてもできますが，チョコッとグラフを利用してみます．
この方程式の実数解は，2 つの関数
$$\begin{cases} y=|x-2| & \cdots ① \\ y=2-x^2 & \cdots ② \end{cases}$$
のグラフどうしの共有点の x 座標と一致する．

よって右図より，$x \leq 2$ の範囲のみ考えればよく，このとき与式は

$$x^2-(x-2)-2=0. \text{ i.e. } x(x-1)=0.$$

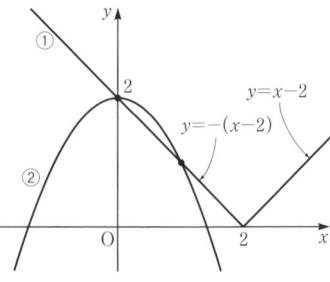

∴ $x=0,\ 1.$　（これらは $x\leqq 2$ を満たしている）

(3) $\sqrt{}$ を消すために両辺を 2 乗すると
$$1-x^2=x^2. \qquad \cdots ③$$
（しかし，③式は，「$\sqrt{1-x^2}=-x$」の両辺を 2 乗しても得られてしまいます．$\sqrt{1-x^2}=+x$ であったことを条件として盛り込むために…）
ただし
$$x\geqq 0. \quad \cdots \sqrt{} \text{は 0 以上だから} \qquad \cdots ④$$
③より $x^2=\dfrac{1}{2}$．これと④より，$x=\dfrac{1}{\sqrt{2}}$．

(注意) このように，$\sqrt{}$ を消したりするために方程式の両辺を 2 乗する際には，2 乗する前の式の符号に注意しなければなりません．

理系 (参考) $y=\sqrt{1-x^2} \iff x^2+y^2=1\,(y\geqq 0)$ … 円の上半分
ですから，この方程式の実数解は，右図の交点の x 座標と一致します．
円 $x^2+y^2=1$ は，いわゆる「単位円」ですから，
この座標は $\cos 45°=\dfrac{1}{\sqrt{2}}$ となるわけです．

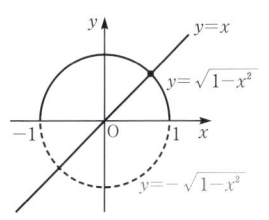

(注意) というわけで，いろんな解き方を御紹介しましたが…「こういう問題はこの解き方」とマニュアル化しようとせず，いろいろあーだこーだやってみて，ダメそうなら柔軟に軌道修正して下さい．筆者自身，なんのマニュアルももってませんし，しょっちゅう失敗してはやり直してまーす．それでたいして問題ないんですよ．

入試のここで役立つ！

右図を見てもわかるように，図形問題を扱っていると，必然的に「絶対値」や「$\sqrt{}$」を含んだ式に出会い，本 ITEM で扱うような方程式を解く羽目になります．

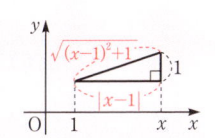

類題 36 次の方程式の実数解を求めよ．

[1] $|x|=3$　　　　　[2] $|x-3|=\sqrt{2}$　　　　[3] $|3x-2|=2$　　　　[4] $|x-2|=|x|$

[5] $|x+1|=2x-1$　　[6] $|x-1|+|x-3|=6$　　[7] $\sqrt{5-x^2}=1$

[8] ★ $\dfrac{|-1+4a|}{\sqrt{1+4a^2}}=1$　　[9] $\dfrac{2+m}{\sqrt{5}\sqrt{1+m^2}}=\dfrac{1}{\sqrt{2}}$　　[10] $2t+\sqrt{1-2t^2}=1$

[11] $|x^2-1|=3x-3$　　[12] $x+\dfrac{1}{x-2}=0$　　[13] $\dfrac{x}{x+1}+\dfrac{1}{x-2}=\dfrac{3}{x^2-x-2}$

(解答 ▶ 解答編 p.39)

ITEM 37 連立方程式

2つ(以上)の未知数がありますから，どれかの**文字を消去**するのが基本方針です．

文字を消去する方法としては，おもに「加減法」と「代入法」とがあり，状況に応じてトクな方法を選んで使います．

> **ここがツボ！** 文字消去は，なるべく"トク"な方法を選んで．

基本確認

加減法

$$\begin{array}{r}A=B\\ +)\ \underline{C=D}\\ A+C=B+D\end{array} \qquad \begin{array}{r}A=B\\ -)\ \underline{C=D}\\ A-C=B-D\end{array}$$

代入法

x, y の連立方程式が $\begin{cases} y=f(x) & \cdots ① \\ x, y \text{の方程式} & \cdots ② \end{cases}$ の形になれば，①を②に「代入」することにより，x だけの方程式ができる．

例題 次の連立方程式の実数解を求めよ．

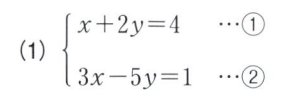

(1) $\begin{cases} x+2y=4 & \cdots ① \\ 3x-5y=1 & \cdots ② \end{cases}$

(2) $\begin{cases} x^2+y^2=2 & \cdots ① \\ y=x^2 & \cdots ② \end{cases}$

(3) $\dfrac{x+2y}{5}=\dfrac{3x+2y}{7}=1$

解説・解き方のコツ

(1) y を消去しようとすれば，「①×5＋②×2」と，2つの式を両方とも定数倍しなくてはなりません．本問は，x を消去するのが"トク"です．

$\begin{cases} x+2y=4 & \cdots ① \\ 3x-5y=1 & \cdots ② \end{cases}$

$3x+6y=12 \quad \cdots ①'=①\times 3$

①′＝①×3 をイメージし，そこから②を辺々引くと

$11y=11.$ ∴ $y=1.$

これと①より，$(x, y)=(2, 1)$．　←一応①，②に入れて検算しとこう

　　　①，②のうちカンタンな方

連立方程式を解く際には，このように「どちらの文字を消去した方がトクか？」を考える習慣を付けましょう．

(2) ②が「$y=\cdots$」の形だからと①に代入してyを消去すると，「$x^2+x^4=2$」というxだけの方程式ができますが，次数が4次です．

ここでは，①にあるxを含む項が「x^2」だけであることに注目し，「x^2」を消去するのが"トク"です．ただし，**消去する文字xに関する情報**：「xは実数」に注意して…

②を①へ代入してxを消去すると
$$y+y^2=2. \quad y^2+y-2=0. \quad (y+2)(y-1)=0.$$
ここで，②とxが実数であることより$y\geq 0$だから，$y=1$．これと②より
$$(x, y)=(1, 1), (-1, 1).$$
代入する側の②

(3) このような「○=□=△」型の連立方程式は，

$$\begin{cases} ○=□ \\ ○=△ \end{cases} \quad \begin{cases} ○=□ \\ □=△ \end{cases} \quad \begin{cases} ○=△ \\ □=△ \end{cases}$$

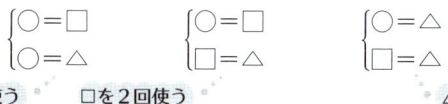

○を2回使う　　□を2回使う　　△を2回使う

という3通りの組み方のどれを使っても解けます．もちろん，3つの中でもっとも有利な組み方を選びます．本問では，最右辺の「定数1」を2回使うのが"トク"です．

$$\frac{x+2y}{5}=\frac{3x+2y}{7}=1 \text{ より，} \begin{cases} x+2y=5 & \cdots ① \\ 3x+2y=7 & \cdots ② \end{cases}$$

②－①より　$2x=2$．　∴　$x=1$．

これと①より　$(x, y)=(1, 2)$．

類題 37 次の連立方程式の実数解を求めよ．

[1] $\begin{cases} x-3y=7 & \cdots ① \\ 4x-3y=1 & \cdots ② \end{cases}$

[2] $\begin{cases} -x+6y+4=0 & \cdots ① \\ 3x-3y-7=0 & \cdots ② \end{cases}$

[3] $\begin{cases} 5x-8y=7 & \cdots ① \\ 2x-3y=3 & \cdots ② \end{cases}$

[4] $\dfrac{3x-y}{\sqrt{10}}=\dfrac{x-2y}{\sqrt{5}}=\sqrt{5}$

[5]★ $\begin{cases} y=2x^2 & \cdots ① \\ y=3x-1 & \cdots ② \end{cases}$

[6] $\begin{cases} x^2=41-40y & \cdots ① \\ x^2=61+60y & \cdots ② \end{cases}$

[7] $\begin{cases} x^2+y^2=1 & \cdots ① \\ 3x-y=3 & \cdots ② \end{cases}$

[8] $\begin{cases} t^2-u=0 & \cdots ① \\ tu+1=0 & \cdots ② \end{cases}$

[9]↑ $\begin{cases} \dfrac{1}{x}+\dfrac{1}{y}=1 & \cdots ① \\ x^2+y^2=3 & \cdots ② \end{cases}$

[10] $\begin{cases} 10-a+3b+c=0 & \cdots ① \\ 8+2a+2b+c=0 & \cdots ② \\ 2+a-b+c=0 & \cdots ③ \end{cases}$

(解答▶解答編 p.40)

ITEM 38　1次不等式

基本となる考えは1次方程式と変わりません．ある不等式の両辺に同じ何かを足したり引いたりしても，その大小関係が保存されることを利用します．ただし！両辺に同じ何かを掛けたり，あるいは割ったりする際には…注意が必要でしたね．

ここがツボ！ x の係数はなるべく正になるように．

基本確認

不等式の性質

$A > B$ のとき，
$A + C > B + C$, $A - C > B - C$.
$\begin{cases} C > 0 \text{ の場合は，} AC > BC, \dfrac{A}{C} > \dfrac{B}{C} \\ C < 0 \text{ の場合は，} AC < BC, \dfrac{A}{C} < \dfrac{B}{C} \end{cases}$

両辺に**負**の数 C を掛けたり，C で割ったりするときは**不等号の向きが変わる！！**

例題 次の不等式を解け．

(1) $\dfrac{x+3}{4} < \dfrac{2x-1}{5} - 1$ 　　(2) $2x - 1 < 7 < 2x + 1$

解説・解き方のコツ

(1) まず両辺を 20 倍して分母を払う．　　「20」は 4 と 5 の最小公倍数

　　$5(x+3) < 4(2x-1) - 20$ 　　20 > 0 だから，不等号の向きは不変
　　$5x + 15 < 8x - 24$ 　　定数項の「-1」もちゃんと 20 倍すること
　　$39 < 3x$ 　　x の項を右辺に集めて係数を正にする
　　$13 < x$ 　　両辺を正の数 3 で割ると同時に…
　　$x > 13$. 　　左右をひっくり返して書く

分母を払った後，x を左辺へ集めることにこだわると

　　$-3x < -39$.
　　$\therefore\ x > 13$.

と，両辺を負の数 -3 で割ることになり，不等号の向きが変わることに注意しなくてはなりません．（もちろんそれでもできますけどねぇ〜）

(2) 「○＜□＜△」型の**連立不等式**です．

（注意）この ○＜□＜△ 型にこだわり，各辺に 1 を加えて $2x < 8 < 2x + 2$ としたり，

あるいは各辺から1を引いて $2x-2<6<2x$ としたり…．こんなことやってても永久にこの不等式は解けません．

不等式とは
2つの実数の大小関係を表したもの
であることを忘れずに．

正しい方法

$\underline{2x-1<7<2x+1}$
$2x-1<7,\ 7<2x+1$ ・・・頭の中で2つに切り離し…
$x<4,\ 3<x$ ・・・それぞれを暗算で解く ・・・①
$\underline{3<x<4}$ ・・・x がまん中にくるように書けばイキナリ答え

(注意) ①のままで「答え」とするのは感心しません．x の範囲が一目でわかるように並べましょう．

(注意)「方程式 ○=□=△」のときは，○=□, ○=△, □=△ のうち，好みの2つを考えればよかったのですが(→前 ITEM 例題(3))，
「不等式 ○<□<△」の場合は，隣り合う2つを組んで「○<□」と「□<△」に分けるしかありません．

入試のここで役立つ！

2次関数 $f(x)=(x-3)^2+1$ の $a\leqq x\leqq a+1$ …② における最小値を求める際，軸：$x=3$ が定義域②に含まれるような a の範囲が欲しくなりますね．この条件を右図から作ると
$\underline{a\leqq 3\leqq a+1}$

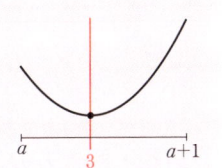

と，「a」が両端に現れる不等式ができますが，本問(2)の手法を使えば，スッと
$\underline{2\leqq a\leqq 3}$
に変わりますね．

類題 38 次の不等式を解け．(なるべく暗算で頑張ろう)

[1] $3x+1>7$　　　　　　[2] $1\geqq 5-2x$　　　　　　[3] $x+3\geqq 6x$

[4] $2(1-2x)>3x-1$　　　[5] $-\dfrac{x}{2}<x-3$　　　[6] $\dfrac{x}{2}>\dfrac{x}{3}+2$

[7] $\dfrac{-x+2}{3}\geqq \dfrac{3x-1}{6}$　　[8] $\dfrac{3x+5}{2}<5-\dfrac{x}{4}$　　[9] $-1<3x+2<7$

[10] $x\leqq 7<x+1$　　　[11] $1-2x\leqq 5\leqq 3-2x$　　[12] $\dfrac{x}{2}<1<\dfrac{x+3}{2}$

[13] $\dfrac{7-x}{3}<2<\dfrac{x+4}{3}$

(解答▶解答編 p.42)

ITEM 39 | 2次不等式

本 ITEM は，ITEM 25 の内容を前提としています．

よくわかった度チェック！ ① ② ③

2次不等式 $ax^2+bx+c>0$ は2次関数 $y=ax^2+bx+c$ のグラフを利用して解きます．ただし，不等式を解くためだけに「グラフ」を描くのですから，大切なことは **x軸との上下関係のみ**です．ITEM 27「**2次関数の最大・最小**」でも述べたように，目的に応じて無駄のないグラフを描くことが重要です．軸や頂点の座標はどうでもよいのです．

≦0 なども

ここがツボ！ グラフで大事なのは，「x 軸との上下関係」のみ！

基本確認

不等式とグラフ 「≦」なども

2次不等式 $f(x)>0$ は
- 2次方程式 $f(x)=0$ の実数解と
- 関数 $y=f(x)$ の**グラフ**

によって考える．

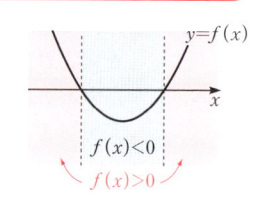

例題 次の2次不等式を解け．
(1) $x^2-5x+6<0$
(2) $-x^2-4x+6<0$

解説・解き方のコツ

(1) 【へたな方法】

$$x^2-5x+6=\left(x-\frac{5}{2}\right)^2-\frac{25}{4}+6=\left(x-\frac{5}{2}\right)^2-\frac{1}{4}$$

より，右図のようになる．

また，方程式 $x^2-5x+6=0$ を解くと
$(x-2)(x-3)=0$． ∴ $x=2, 3$．
以上より，不等式 $x^2-5x+6<0$ の解は
$2<x<3$．

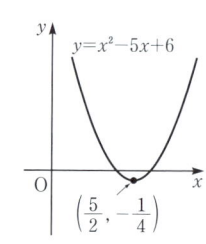

注意 グラフを描く際に，どうしても「頂点」を求めて y 軸まで描いてしまう人がいますが…何の役にも立っていませんね．

【正しい方法】

$y=x^2-5x+6=(x-2)(x-3)$ … x^2 の係数は正
のグラフは右図の通り． ITEM 25 例題(2)
∴ $2<x<3$．

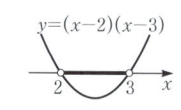

補足 x^2-5x+6 の「符号の変わり目」が重要ですから，因数分解を利用してグラフを描くのがベストですね． 慣れたら頭の中でイメージ

(2) 今度は，左辺が（キレイには）因数分解できそうにありません．

→ $8\cdot 11$ → $2^3\cdot 11$

いまいちな方法

まず，方程式 $-x^2-4x+6=0$ を解く．両辺を -1 倍すると，
$x^2+4x-6=0$ となるから
$x=-2\pm\sqrt{10}$． …"b' の公式"

よって，関数 $y=-x^2-4x+6$ のグラフは，x 軸と 2 点で交わり，右図のようになる．

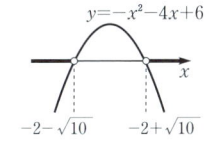

したがって，与式の解は
$x<-2-\sqrt{10},\ -2+\sqrt{10}<x$．

このように，x^2 の係数が負である 2 次不等式を解こうとすると，グラフも普段あまり描かない（？）「上に凸」な放物線となります．また，2 次方程式を解く際にも，そのまま解くと解の公式の分母が負となって面倒なので，両辺を -1 倍したくなりますね．それなら…

正しい方法

というわけで，まず最初に**不等式の両辺を -1 倍して**，x^2 の係数を正にしてしまいましょう．もちろん，**不等号の向きが変わることに注意して**．

与式の両辺を -1 倍して
$x^2+4x-6>0$．
方程式 $x^2+4x-6=0$ を解くと
$x=-2\pm\sqrt{10}$．

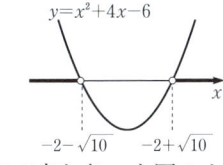

よって，関数 $y=x^2+4x-6$ のグラフは，x 軸と 2 点で交わり，上図のようになる．

∴ $x<-2-\sqrt{10},\ -2+\sqrt{10}<x$．

参考 例題(1)，(2)の結果を見ればわかるように，方程式 $ax^2+bx+c=0$ が異なる 2 つの実数解 $\alpha,\ \beta\ (\alpha<\beta)$ をもつとき，$a>0$ の場合は
$\begin{cases} ax^2+bx+c<0 \text{ の解は } \alpha<x<\beta \quad \text{2 解の内側} \\ ax^2+bx+c>0 \text{ の解は } x<\alpha,\ \beta<x \quad \text{2 解の外側} \end{cases}$
となります．紙にグラフを描かなくてもサッと解がわかるようにしましょう．

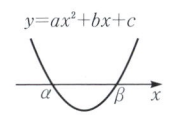

注意 x^2 の係数が文字で，正・負両方の可能性がある場合も考えられますから，上に凸な放物線を用いて解くこともできるようにしておきましょう．

類題 39 x について次の 2 次不等式を解け．

[1] $x^2-7x+10<0$　　[2] $x^2+2x-15\geqq 0$　　[3] $x^2-5x-5\leqq 0$

[4] $2x^2-3x+1<0$　　[5] $-x^2-4x+12<0$　　[6] $-3x^2+2x+4\geqq 0$

[7]★ $x^2-4x+4\leqq 0$　　[8] $-2x^2+6x-\dfrac{9}{2}<0$　　[9] $2x^2+2x+1\leqq 0$

[10] $(x+a)(x-2a)<0\ (a>0)$

(解答▶解答編 p.42)

ITEM 40 高次&分数不等式 〔理系〕

次数が3次以上の不等式 $f(x)>0$ などになると，2次不等式と違って，左辺のグラフを"一瞬"で描くというわけには行かなくなります．というか，グラフを描く際，不等式を解くのに不要な要素が多すぎて効率が悪過ぎるのです．そこで，**不等式に対するより本質的な方法論**が活躍することとなります．

> **ここがツボ！** 不等式の基本形は，「積の形 vs ゼロ」．……もしくは「商 vs ゼロ」．

基本確認

不等式の基本
　積：$ABC\cdots$ 全体の符号は，A，B，C，$\cdots$ 各々の符号からわかる．

例題 次の不等式を解け．

(1) $(x-2)(x-3) \leq 0$（グラフを用いずに解いてみよ）

(2) $(x-2)(x-3)(x-5) > 0$　　　(3) $\dfrac{x-2}{x-3} \leq 0$

解説・解き方のコツ

(1) もちろん 2 次不等式ですから，本来は前 ITEM でやったように，$y=(x-2)(x-3)$ のグラフを利用して解けばよいのです．ただ，ここでは敢えて，より高度な不等式でも通用する別の考え方の練習素材としてこの 2 次不等式を使います．

　x の各値に対して，2 つの因数 $x-2$，$x-3$ の符号を調べ，それをもとに左辺：$(x-2)(x-3)$ 全体の符号を考えると右表のようになります．

x の値：小さい $\leftarrow$				$\rightarrow$ 大きい
x	$\cdots$	2	$\cdots$	3	$\cdots$
$x-2$	$-$	0	$+$	$+$	$+$
$x-3$	$-$	$-$	$-$	0	$+$
左辺	$+$	0	$-$	0	$+$

（3°　　2°　　1°）

よってこの不等式の解，つまり $(x-2)(x-3)$ が 0 以下になる x の範囲は

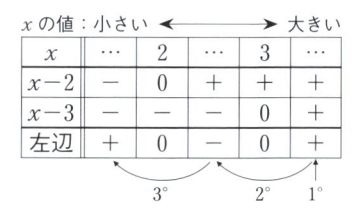

　　$2 \leq x \leq 3$．

　この解法は，昔の教科書に載っていたもので，実に合理的です．ただ，考え方を理解してしまえば，いちいち表を作るのも面倒ですから，次のようにしてしまいます．

（表の番号と対応しています）

1°　まず，x がすご～く大きいときの左辺の符号を考えると，正．

2°　x が 3 を 3.1→2.9 と "またぐ" と，因数 $x-3$ のみ符号を変える（$x-2$ は符号を変えない）から，左辺全体の符号は負へと変わる．

3°　x が 2 を "またぐ" ときも同様に，左辺全体の符号は正へと変わる．

90　→ $9 \cdot 10$ → $2 \cdot 3^2 \cdot 5$

これを端的に視覚化したものが下左図です．これは，前 ITEM で利用した $y=(x-2)(x-3)$ のグラフ（下右図）のうち，不等式において重要なエッセンスである**符号**のみを抽出したものだと考えられますね．

ゼロとの大小比較

(2) 次数が 3 次になろうが 4 次になろうが，考え方は同じです．積の形 >0 の形の不等式は，マジメにやると下左の表，簡約化して書くと下図のようになります．考え方に慣れたら下図だけで済ませましょう．

x	$\cdots$	2	$\cdots$	3	$\cdots$	5	$\cdots$
$x-2$	$-$	0	$+$	$+$	$+$	$+$	$+$
$x-3$	$-$	$-$	$-$	0	$+$	$+$	$+$
$x-5$	$-$	$-$	$-$	$-$	$-$	0	$+$
左辺	$-$	0	$+$	0	$-$	0	$+$

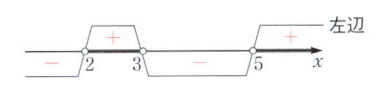

$2 < x < 3$, $5 < x$.

(3) $(x-2)(x-3)$ も $\dfrac{x-2}{x-3}$ も，「2 つの因数：$x-2$, $x-3$ の符号によって全体の符号が決まる…（∗）」ことになんの違いもありません．

ただし，分数式の分母は 0 にはなりませんから，(1) の答えから，$x=3$ だけ除いて

$2 \leq x < 3$.

注意 もちろん，分母：$x-3$ が負である場合もあることを考えず，イキナリ分母を払って「$x-2 \leq 0$」としてはいけません．

$x \neq 3$ のときはたしかに正

「それならば…」というわけで，$\dfrac{x-2}{x-3} \leq 0 \cdots$ ① の両辺をワザワザ $(x-3)^2$ 倍して，$(x-2)(x-3) \leq 0 \cdots$ ② と変形するやり方もあるようですが，上記（∗）が理解されていれば，無意味な変形だとわかりますね．また，① を ② に変形してしまうと，「分母は 0 にならないから $x \neq 3$」を見落とす危険が生じます．

類題 40 次の不等式を解け．

[1] $\dfrac{x+1}{x-2} \geq 0$ 　　　 [2] $\dfrac{x-4}{3-2x} > 0$ 　　　 [3] $(x^2-4)(2x-3) \geq 0$

[4] $\dfrac{x-3}{2x+3}+1 \leq 0$ 　　 ⬆[5] $(x-1)(x^2-4x+1)<0$ 　[6] $\dfrac{x+1}{x-2} \geq 1$

[7]★ $\dfrac{x-9}{x+3} \geq x-3$ 　　　 [8] $(x-1)^2(2x-1)>0$ 　　 [9]★ $x^3-2x^2-x+2 \geq 0$

ITEM 41 いろいろな不等式

本ITEMは，ITEM 29の内容を前提としています．

ここでは $\sqrt{}$ や絶対値を含む様々な不等式を扱います．解法はまさにケースバイケース．**式変形**だけで解ければそれに越したことはありませんが，それが難しそうだったり面倒そうだったりしたら，2次不等式で用いた「**グラフ＋方程式**」による処理も考えるべきです．

> **ここがツボ!** 「式変形」と「グラフ利用」の二刀流．

基本確認

不等式の解き方
「積 vs ゼロ」型などに式変形 or「グラフと方程式」

不等式とグラフ
不等式「$f(x) > g(x)$」の解は
$\begin{cases} y = f(x) \text{のグラフが} \\ y = g(x) \text{のグラフより上側にある} \end{cases}$
ような x の範囲と一致する．

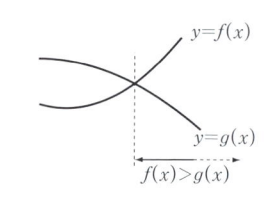

不等式と平方
$A \geq 0$, $B \geq 0$ のとき，$A > B \iff A^2 > B^2$
0以上どうしは2乗しても大小一致！

絶対値と不等式
a が正の**定数**のとき，$\begin{cases} |x| < a \iff -a < x < a \\ |x| > a \iff x < -a,\ a < x \end{cases}$

例題 次の不等式を解け．

(1) $|x - 3| < 1$　　(2) $\dfrac{|x-2|}{\sqrt{x^2+1}} < 1$　　(3) $|x^2 - 2| \leq x$

解説・解き方のコツ

(1) **〈ﾍﾀな方法〉** 絶対値記号内：$x - 3$ の符号に応じて2つの区間 $x \geq 3$, $x < 3$ に範囲を分けて…というのは，あまりにトロすぎます．

〈正しい方法〉 $|x - 3|$ は，数直線上における原点と $x - 3$ の距離ですから，与式は
$-1 < x - 3 < 1.$　∴ $2 < x < 4.$

別解 $|x - 3|$ は，数直線上における x と 3 の距離ともみられますから，右図から直接
$2 < x < 4$ が得られます．

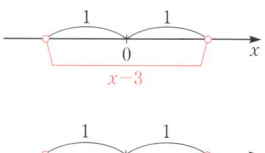

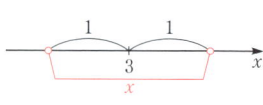

(2) まず，分母を払うために，両辺に $\sqrt{x^2+1}\,(>0)$ を掛けると
$$|x-2|<\sqrt{x^2+1}. \qquad \text{符号に注意} \qquad \cdots ①$$
両辺とも 0 以上だから，① は両辺を 2 乗した次式と同値である．
$$(x-2)^2 < x^2+1. \quad \cdots A \text{ が実数のとき } |A|^2 = A^2$$
$$-4x+4 < 1. \quad \therefore\ x > \frac{3}{4}.$$

補足 絶対値，$\sqrt{\ }$ とも **2 乗すれば**消えてくれます．しかも，どちらも 0 以上ですから 2 乗しても不等式の同値性は失われません．よって，① の後は一本道です！

(3) **いまいちな方法** (1) と同じ手法で解いてみます．その際，右辺が 0 以上とは限らないので注意して下さい．
$|x^2-2|\geqq 0$ だから $x\geqq 0$ $\cdots ②$ のもとで考えて，与式は
$$-x \leqq x^2-2 \leqq x. \qquad \text{ここは正}$$
$$\begin{cases} x^2+x-2\geqq 0, \\ x^2-x-2\leqq 0. \end{cases} \text{i.e.} \begin{cases} (x+2)(x-1)\geqq 0, \\ (x+1)(x-2)\leqq 0. \end{cases}$$
② のもとでこれを解くと，$\begin{cases} x-1\geqq 0, \\ x-2\leqq 0. \end{cases}$ i.e. $1\leqq x \leqq 2$.

補足 もちろん，絶対値記号内：x^2-2 の符号で場合分けしてもできますが…

正しい方法 やはり，グラフを利用するのが一番安心です．
$$\begin{cases} y=|x^2-2| & \cdots ③ \\ y=x & \cdots ④ \end{cases}$$
のグラフは右図のようになる．与式の解は，③ が ④ の下側（もしくは同じ高さ）にある x の範囲だから，右図より
$$1\leqq x \leqq 2$$

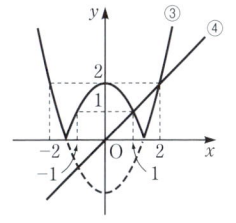

補足 ③，④ の交点の x 座標は，もちろん方程式を解くことによっても得られます．

類題 41 次の不等式を解け．

[1] $|x|>2$ 　　　 [2] $|2x+1|\leqq \sqrt{2}$ 　　　 [3] $|x+1|+|x-1|<3$

⬆[4] $\sqrt{5-x}\geqq 3$ 　　 ⬆[5] $\sqrt{5-x}-x-1<0$ 　　 [6] $|\sqrt{3-x}-2|<1$

[7] $\sqrt{x^2-5}\leqq \dfrac{1}{2}|x+1|$ 　　 [8] $|x+1|\leqq -x^2+4x+1$ 　　 [9] $x^3\leqq 1$

(解答 ▶ 解答編 p.44)

ITEM 42 絶対不等式の証明

よく，「不等式 $A>B$ の証明は，$A-B>0$ を示せ！」なんて言われますが，そのようにする理由はわかっていますか？答えは「大小比較の相手を**ゼロ**にすれば，左辺を**積の形**や**完全平方の形**にするという明確な目的が得られるから」です！単に「解き方」の手順として暗記するのではなく，「考え方」を覚えてください．

> **ここがツボ！** 不等式は，証明するときも「積 vs ゼロ」が基本形．

基本確認

不等式の基本変形

$A>B \iff A-B>0$ …… 差をとり，大小比較の相手を「ゼロ」にする

不等式と平方

$A\geqq 0$，$B\geqq 0$ のとき，$A>B \iff A^2>B^2$

例題 次の不等式を証明せよ．ただし，文字は実数とする．

(1) $(ac+bd)^2 \leqq (a^2+b^2)(c^2+d^2)$

(2) $a<1$，$b<1$ のとき，$ab+1>a+b$

(3) $a>0$，$b>0$ のとき，$\sqrt{2(a+b)} \geqq \sqrt{a}+\sqrt{b}$

解説・解き方のコツ

(1)
$$(a^2+b^2)(c^2+d^2)-(ac+bd)^2$$
$$=a^2c^2+a^2d^2+b^2c^2+b^2d^2-(a^2c^2+b^2d^2+2ac\cdot bd)$$
$$=a^2d^2+b^2c^2-2ac\cdot bd \quad \text{消えちゃう項は初めから書かないで}$$
$$=(ad)^2+(bc)^2-2ad\cdot bc \quad \text{頭の中でチョコッと組み換え…}$$
$$=(ad-bc)^2 \geqq 0. \quad \text{よっしゃ完全平方！}$$
$$\therefore \ (ac+bd)^2 \leqq (a^2+b^2)(c^2+d^2). \ \square$$

「差をとって平方完成」の流れでした．

補足 xy 平面上の2つのベクトル $\vec{u}=\begin{pmatrix}a\\b\end{pmatrix}$，$\vec{v}=\begin{pmatrix}c\\d\end{pmatrix}$ をとると，ここで証明した不等式は

$$(\vec{u}\cdot\vec{v})^2 \leqq |\vec{u}|^2|\vec{v}|^2 \qquad \cdots ①$$

と表せます．これは，2つのベクトル $\vec{u}$，$\vec{v}$ のなす角を θ とすれば

左辺 $= |\vec{u}|^2|\vec{v}|^2 \underbrace{\cos^2\theta}_{\text{1以下}}$

ですから，"当然"の結果といえますね．もちろん，①は座標空間内のベクトルに関しても成り立ちます．(→類題 42[10])

なお，この不等式は「コーシー・シュワルツの不等式」といわれる有名なものです．

(2) $ab+1-a-b=(a-1)(b-1)>0.$
(∵ $a<1$, $b<1$ より $a-1<0$, $b-1<0$．)
∴ $ab+1>a+b$． □

今度は「差をとって因数分解」でした．

補足 差をとった後の因数分解が一気にできない場合は，1つの文字 a に注目して
$ab+1-a-b=a(b-1)-(b-1)=(a-1)(b-1)$ としてもいいですが….
(→ ITEM 19 例題(2))

(3) 証明すべき不等式は両辺とも正なので，それぞれを2乗した
$$2(a+b) \geqq (\sqrt{a}+\sqrt{b})^2$$
を示せばよい．
$$\begin{aligned}2(a+b)-(\sqrt{a}+\sqrt{b})^2 &= 2(a+b)-(a+b+2\sqrt{a}\cdot\sqrt{b}) \\ &= a+b-2\sqrt{a}\cdot\sqrt{b} \quad \text{($a>0$ だから $a=(\sqrt{a})^2$)} \\ &= (\sqrt{a})^2+(\sqrt{b})^2-2\sqrt{a}\cdot\sqrt{b} \\ &= (\sqrt{a}-\sqrt{b})^2 \geqq 0.\end{aligned}$$
∴ $2(a+b) \geqq (\sqrt{a}+\sqrt{b})^2.$
∴ $\sqrt{2(a+b)} \geqq \sqrt{a}+\sqrt{b}.$ □

類題 42 次の不等式を証明せよ．ただし，文字はすべて実数とする．

[1] $x^2+x+1>0$ [2] $x^2+xy+y^2 \geqq 0$ [3] $x^2+y^2+1 > x+y$

[4] $a>0$, $b>0$ のとき，$\dfrac{a+b}{2} \geqq \sqrt{ab}$． [5] $2(a^4+b^4) \geqq (a+b)(a^3+b^3)$

[6] $a^2+b^2+c^2+2ab+2bc+2ca \geqq 0$ [7] $a^2+b^2+c^2-ab-bc-ca \geqq 0$

[8] $\dfrac{a^2+b^2+c^2}{3} \geqq \left(\dfrac{a+b+c}{3}\right)^2$ [9] a, b, c が正のとき，$a^3+b^3+c^3 \geqq 3abc$

[10] $(ax+by+cz)^2 \leqq (a^2+b^2+c^2)(x^2+y^2+z^2)$ [11] $|a+b| \leqq |a|+|b|$

[12] $x>0$ のとき，$\sqrt{x}+\sqrt{x+3} < \sqrt{x+1}+\sqrt{x+2}$

[13] $a>b$, $c>d$ のとき，$ac+bd > ad+bc$

[14]★ $0<a<1$, $0<b<1$ のとき，$\dfrac{1}{a}+\dfrac{1}{b} < 1+\dfrac{1}{ab}$

[15] $a<1$, $b<1$, $c<1$ のとき，$abc+a+b+c < ab+bc+ca+1$

(解答▶解答編 p.46)

ITEM 43 角の表し方

よくわかった度チェック！
① ② ③

　一言で「角」といっても，意味の異なる2種類の角があることを知っていますか？1つは小学校で学んだ単に「広がりの大きさを表す角」．もう1つは，高校で新たに学んだ「**始線**から**動径**までの**回転移動量**を符号まで考えて測る**一般角**」です．

　また，角には2種類の単位のとり方：**度数法と弧度法**があります．次 ITEM 以降の「三角関数」の準備として，本 ITEM では，これら 2×2＝4 通りの角を自由に使い分ける練習をします．

> **ここがツボ！** 角を求めるときは，数値で計算ではなく，図を見て考える．

基本確認

弧度法

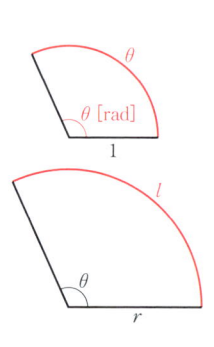

半径1の扇形における弧の長さによって，その中心角の大きさを表す．（単位は「ラジアン」(rad) であるが，通常省略して書かない．）このような角の表し方を**弧度法**という．
半径 r，中心角 θ の扇形における弧の長さを l とすると

$$l = r\theta \quad \text{i.e.} \quad \theta = \frac{l}{r}.$$
つまり，弧の長さの半径に対する倍率

(補足) π（ラジアン）は $180°$ と同じ角である．

一般角

始線から動径までの「回転移動量」を，反時計回りを正として測った角を**一般角**という．一般角では負の角や $360°$（2π）を超える角も考える．

例題　次の問いに答えよ．

(1) 半径3，弧の長さが6である扇形の中心角は何ラジアンか．

(2) $150°$ は何ラジアンか．

(3) 右図の一般角 θ を弧度法で求めよ．

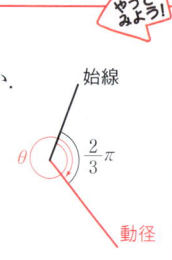

解説・解き方のコツ

とにかく，すべて**目で見て**考えてください．

(1) 弧の長さ6の半径3に対する倍率を求めて
$$\frac{6}{3} = 2 \text{（ラジアン）}.$$

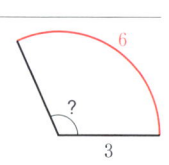

(2) 右図の扇形の中心角の $180°$（π ラジアン）に対する比を考えることにより，$\dfrac{5}{6}\pi$.

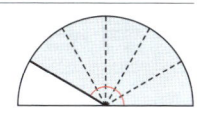

(3) まず，時計回りの回転移動なので符号は負．回転移動量の絶対値は，$2\pi + \dfrac{2}{3}\pi = \dfrac{8}{3}\pi$．よって求める一般角は，$-\dfrac{8}{3}\pi$.

1周

類題 43A 次の各図の角を弧度法で表せ．（ただし，線で分けられた角はすべて等しいものとする．）

[1]　　　　　[2] 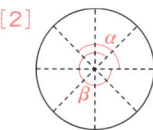　　　　　[3] 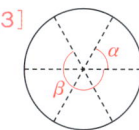　　　　　[4]

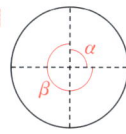

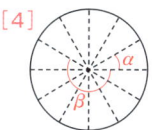

類題 43B 度数法で表された角は弧度法にし，弧度法で表された角は度数法にせよ．（類題 43A に描かれた図を参考にしてよい．）

[1] $360°$　　　[2] $\dfrac{2}{3}\pi$　　　[3] $\dfrac{7}{4}\pi$　　　[4] $210°$

[5] $\dfrac{3}{2}\pi$　　　[6] $\dfrac{5}{6}\pi$　　　[7] $135°$　　　[8] $300°$

[9] $\dfrac{5}{4}\pi$　　　[10] $240°$　　　[11] $330°$　　　[12] 0

類題 43C 次の各図の一般角 θ を度数法・弧度法の両方で表せ．（ただし，線で分けられた角はすべて等しいものとする．）

[1]　　　　　[2] 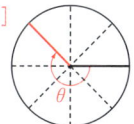　　　　　[3] 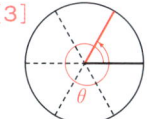　　　　　[4]

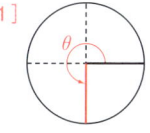

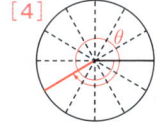

（解答▶解答編 p. 48, 49）

ITEM 44 有名角に対する値

よくわかった度チェック！ ① ② ③

三角関数 cos, sin, tan は，原点を中心とする半径 1 の円：**単位円**を用いて定義されます．ITEM 44〜46 では，この単位円を自在に使いこなすことを目指します．

まず本 ITEM では，$30°\left(\dfrac{\pi}{6}\right)$，$45°\left(\dfrac{\pi}{4}\right)$ などの"有名角"に対する三角関数の値を，**瞬時**に求める練習をします．今後すべての基礎となるので，完璧に身に付けましょう．

> **ここがツボ！** 単位円周上の点 $P(\cos\theta, \sin\theta)$ を正確にとる．

基本確認

偏角

座標平面上で x 軸の正の部分を始線とする**一般角**のことを，（本書では今後）**偏角**という．

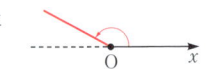

（「偏角」という言葉は，極座標（数学Ⅲ）でも現れます．）

三角関数の定義

偏角 θ に対応する単位円周上の点 P の座標を

$$(\cos\theta, \sin\theta)$$ cos, sin が同時にペアで決まる

と表す．（$\tan\theta$ は直線 OP の傾き）

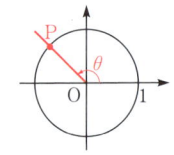

参考 偏角 θ の単位ベクトル $\overrightarrow{OP}$ の成分が $\begin{pmatrix} \cos\theta \\ \sin\theta \end{pmatrix}$

であるという見方もできる．（→ ITEM 66）

有名角に対する値

30°，60° などの cos, sin
短い方は $\dfrac{1}{2}$
長い方は $\dfrac{\sqrt{3}}{2}$ ($\fallingdotseq 0.87$)

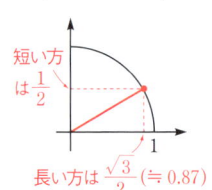

45° などの cos, sin
どちらも $\dfrac{1}{\sqrt{2}}$ ($\fallingdotseq 0.7$)

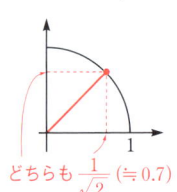

30°，45°，60° などの tan
急な傾き：$\sqrt{3}$
傾き 1
なだらかな傾き：$\dfrac{1}{\sqrt{3}}$

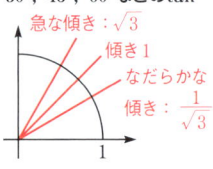

例題 次の値を求めよ．

(1) $\cos\dfrac{2}{3}\pi$, $\sin\dfrac{2}{3}\pi$

(2) $\cos\left(-\dfrac{\pi}{4}\right)$, $\sin\left(-\dfrac{\pi}{4}\right)$

(3) $\tan\left(-\dfrac{7}{6}\pi\right)$

解説・解き方のコツ

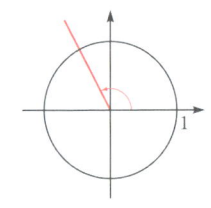

(1) 1° 偏角 $\dfrac{2}{3}\pi$ の動径を大まかに思い浮かべ…

2° $\dfrac{2}{3}\pi$ は有名角．動径と単位円周の交点

98 → 2·49 → 2·7²

$P\left(\cos\dfrac{2}{3}\pi,\ \sin\dfrac{2}{3}\pi\right)$ を**"短い方"であるヨコ座標の絶対値が $\dfrac{1}{2}$ になるよう**正確にとる.

3°　P の座標の絶対値は，暗記しておいた"有名値"「$\dfrac{1}{2}$，$\dfrac{\sqrt{3}}{2}$」を使い，**符号は目で**確かめて
$$\cos\dfrac{2}{3}\pi=-\dfrac{1}{2},\ \sin\dfrac{2}{3}\pi=\dfrac{\sqrt{3}}{2}.$$

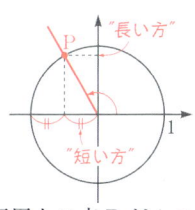

参考　このように，偏角 θ を決めると，それに対応する単位円周上の点 P が 1 つに定まり，その座標 $(\cos\theta,\ \sin\theta)$ が**ペア**で定まります.

(2)　1°　偏角 $-\dfrac{\pi}{4}$ は有名角．対応する動径が**座標軸のなす角を2等分**するように，動径と単位円周の交点 $P\left(\cos\left(-\dfrac{\pi}{4}\right),\ \sin\left(-\dfrac{\pi}{4}\right)\right)$ を正確にとる.

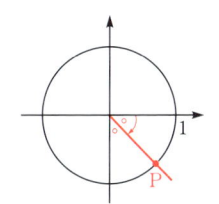

2°　P の座標は，タテ，ヨコとも絶対値は"有名値"で「$\dfrac{1}{\sqrt{2}}$」と暗記している．**符号は目で**確かめて
$$\cos\left(-\dfrac{\pi}{4}\right)=\dfrac{1}{\sqrt{2}},\ \sin\left(-\dfrac{\pi}{4}\right)=-\dfrac{1}{\sqrt{2}}.$$

注意　(1)，(2)を比べるとわかるように，動径と単位円の交点 P を(正確に)とるとき，"$\dfrac{\pi}{4}$(45°)系"のときは「角そのもの」に注目しますが，"$\dfrac{\pi}{6}$(30°)，$\dfrac{\pi}{3}$(60°)"系のときは「"短い方の長さ"」を意識します．微妙に違うんですね.

(3)　負の向き(時計回り)に $\dfrac{7}{6}\pi=\pi+\dfrac{\pi}{6}$ だけ回転移動した動径は右図の位置にくる．その傾きは"有名値"で
$$\tan\left(-\dfrac{7}{6}\pi\right)=-\dfrac{1}{\sqrt{3}}.$$

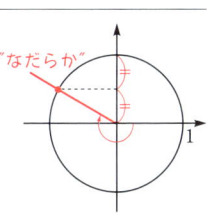

類題 44　次の角 θ に対する $\cos\theta,\ \sin\theta,\ \tan\theta$ の値を求めよ．

[1] $\theta=\dfrac{\pi}{6}$　　[2] $\theta=\dfrac{\pi}{4}$　　[3] $\theta=\dfrac{\pi}{3}$　　[4] $\theta=135°$　　[5] $\theta=-\dfrac{5}{6}\pi$

[6] $\theta=\dfrac{7}{2}\pi$　　[7] $\theta=\dfrac{5}{4}\pi$　　[8] $\theta=-210°$　　**理系** [9] $\theta=n\pi$

(解答▶解答編 p.49)

ITEM 45 三角方程式・不等式

前 ITEM の逆問題です．つまり，与えられた $\cos\theta$ や $\sin\theta$ の値から，偏角 θ を逆算して求めます．前 ITEM では，偏角 θ に対応する単位円周上の点 $P(\cos\theta, \sin\theta)$ を**正確**に図示して $\cos\theta$ や $\sin\theta$ の値を求めました．本 ITEM では，その逆をたどります．

> **ここがツボ!** 単位円周上の点 $P(\cos\theta, \sin\theta)$ がどこにあるかを考える．

例題 次の方程式，不等式を解け．

(1) $\sin\theta = \dfrac{\sqrt{3}}{2}$ $(0 \leq \theta < 2\pi)$

(2) $\cos\theta > \dfrac{1}{\sqrt{2}}$

(3) $\cos\theta + \sin\theta = 1$ $(0 \leq \theta < 2\pi)$

(4) $\tan\theta = -\sqrt{3}$ $(0 \leq \theta < 2\pi)$

解説・解き方のコツ

注意「単位円」を避けて，グラフを使って解いたりしてちゃだめです．

(1) 単位円周上の点 $P(\cos\theta, \sin\theta)$ がどこにあるかを考えます．与えられた情報は，P のタテ座標 $\sin\theta$ が $\dfrac{\sqrt{3}}{2} \fallingdotseq 0.87$ であることですから，P の位置はおおよそ右図上の 2 か所になりますが，タテ座標が"有名値" $\dfrac{\sqrt{3}}{2}$ のとき，その"相棒"であるヨコ座標は $\pm\dfrac{1}{2}$ ですから，そのことを見越して P を右図下のように**正確**にとります．θ は"有名角"で
$$\theta = \dfrac{\pi}{3}, \dfrac{2}{3}\pi.$$

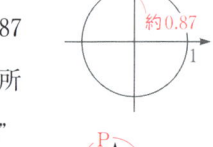

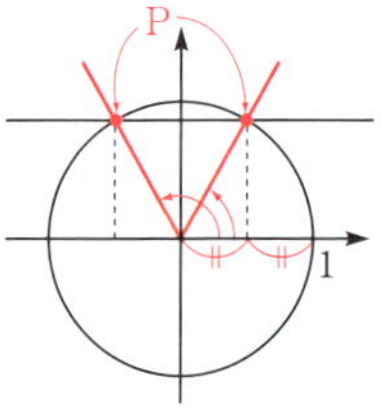

(2) 単位円周上の点 $P(\cos\theta, \sin\theta)$ がどこにあるかを考えます．与えられた情報は，P のヨコ座標 $\cos\theta$ が $\dfrac{1}{\sqrt{2}}$ より大きいことです．そこでまず，ヨコ座標がちょうど $\dfrac{1}{\sqrt{2}} \fallingdotseq 0.7$ である点をとります．"有名値" $\dfrac{1}{\sqrt{2}}$ ですから，動径が座標軸のなす角を 2 等分するよう**正確**にとります．単位円周上の点 P は，ヨコ座標がそれより大きな点ですから右図の太線部に存在します．

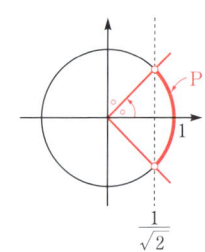

これに対応する偏角 θ は，$-\pi \leqq \theta < \pi$ の範囲では $-\dfrac{\pi}{4} < \theta < \dfrac{\pi}{4}$ ですが，本問では θ の範囲が制限されていませんから，上記範囲から 2π の整数倍だけずれた θ も条件を満たします．以上より

$$-\dfrac{\pi}{4}+2n\pi < \theta < \dfrac{\pi}{4}+2n\pi\ (n\ \text{は整数}).$$

(3) 単位円周上の点 $P(\cos\theta,\ \sin\theta)$ がどこにあるかを考えます．ここまでの2問もちゃんとこう考えてきた人にはカンタンです．

与えられた情報は，P のヨコ座標 $\cos\theta$ とタテ座標 $\sin\theta$ の和が1に等しい．つまり，単位円周上の点 $P(\cos\theta,\ \sin\theta)$ が直線 $x+y=1$ 上にもあることを表しています．よって P は，右図のように $(1,\ 0)$，$(0,\ 1)$ のいずれかですから

$$\theta = 0,\ \dfrac{\pi}{2}.$$

(4) $\tan$ の場合は，点 $P(\cos\theta,\ \sin\theta)$ というより，半直線 OP，つまり偏角 θ に対応する動径そのものの傾きを考えます．

「$-\sqrt{3}$」は，"有名値"で，動径 OP の傾きが「負で"急"」ですから，動径の位置は，右図の2か所です．θ は有名角で

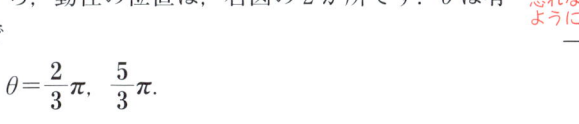

$$\theta = \dfrac{2}{3}\pi,\ \dfrac{5}{3}\pi.$$

類題 45A 次の方程式，不等式を解け．ただし，$0 \leqq \theta < 2\pi$ とする．

[1] $\cos\theta = \dfrac{1}{2}$ [2] $\sin\theta = \dfrac{1}{\sqrt{2}}$ [3] $\cos\theta = -\dfrac{\sqrt{3}}{2}$ [4] $\tan\theta = 1$

[5] $\sin\theta \geqq \dfrac{1}{2}$ [6] $\sin\theta = \cos\theta + 1$ [7]★ $\cos\theta(2\sin\theta - 1) > 0$

類題 45B 次の方程式，不等式を解け．ただし，$-180° \leqq \theta < 180°$ とする．

[1] $\sin\theta = -\dfrac{\sqrt{3}}{2}$ [2] $\cos\theta = -\dfrac{1}{\sqrt{2}}$ [3]★ $\tan\theta > -1$

[4] $-\dfrac{1}{2} < \cos\theta < \dfrac{1}{2}$ [5] $\sin\theta = 1$ [6] $\sin\theta \geqq \cos\theta$

類題 45C 次の方程式を解け．

[1] $\sin\theta = \dfrac{1}{2}$ [2] $\cos\theta = \dfrac{\sqrt{3}}{2}$ [3] $\tan\theta = \sqrt{3}$ [4] $\sin\theta = 0$

ITEM 46 $\cos(\pi-\theta)=-\cos\theta$ 等

図形問題を解いていると，しばしば $-\theta$ とか $\pi-\theta$ といった角が現れます．こうした角を「θ」にしてスッキリさせる練習です．このような公式は全部で(たしか)20個くらいあると思いますが，全部暗記しようなどとしないで，**単位円を用いてその場で**作れるようにしておきます．

> **ここがツボ！** いつでも θ が $30°$ のつもりで単位円上に動径を描く．

基本確認

$\dfrac{\pi}{2}-\theta$ の三角関数

これだけは暗記しよう！
$$\cos\left(\frac{\pi}{2}-\theta\right)=\sin\theta,\quad \sin\left(\frac{\pi}{2}-\theta\right)=\cos\theta.$$

三角関数の周期

$\sin\theta$，$\cos\theta$，$\tan\theta$ は，それぞれ 2π，2π，π を**周期**とする**周期関数**である．

（補足）たとえば「2π が関数 $\sin\theta$ の周期である」とは，任意の θ に対して
$$\sin(\theta+2\pi)=\sin\theta \quad \text{2π ズレても値は一緒}$$
が成り立つことをいう．

なお，2π が周期であれば，その整数倍：4π，6π，8π，…，-2π，-4π，… もまた周期である． **0 は除く**

例題
次の (1)～(3) を，$\sin\theta$，$\cos\theta$，$\tan\theta$ のいずれかで表せ．

(1) $\cos(180°-\theta)$ (2) $\sin\left(\theta+\dfrac{\pi}{2}\right)$ (3) $\sin\left(\dfrac{\pi}{2}-\theta\right)$

解説・解き方のコツ

(1) $\theta=30°$ くらいのつもりで，$\theta(\fallingdotseq 30°)$，$180°-\theta(\fallingdotseq 150°)$ に対応する単位円周上の点 P，Q をとります．そして，Q のヨコ座標 $\cos(180°-\theta)$ を，P の座標を用いて表すことを考えます．

図からわかるように，$\cos(180°-\theta)$ は P のヨコ座標と符号が逆なだけなので
$$\cos(180°-\theta)=-\cos\theta.$$

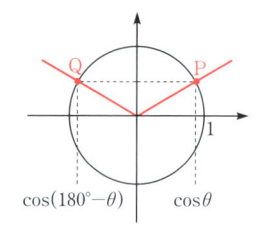

（補足）加法定理（→ ITEM 48）を用いて
$$\cos(180°-\theta)=\cos 180°\cos\theta+\sin 180°\sin\theta=-\cos\theta$$
とすることもできますが，上でやったように，単位円をスッと思い浮かべて 3 秒でできるようにしておきたいです．

(2) $\theta=30°$ くらいのつもりで，$\theta(\doteqdot 30°)$，$\theta+\dfrac{\pi}{2}(\doteqdot 120°)$ に対応する単位円周上の点 P，Q をとります．そして，Q のタテ座標 $\sin\left(\theta+\dfrac{\pi}{2}\right)$ を，P の座標を用いて表すことを考えます．

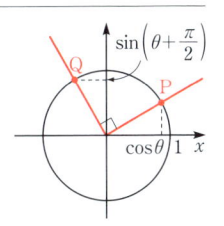

図からわかるように，$\sin\left(\theta+\dfrac{\pi}{2}\right)$ は P のヨコ座標と符号も含めて一致するので

$$\sin\left(\theta+\dfrac{\pi}{2}\right)=\cos\theta.$$

(注意) θ を 45°に近い角にとると，cos と sin のどちらを使えばよいか迷ってしまいます．

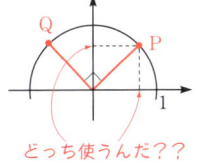

(3) **公式により**，$\sin\left(\dfrac{\pi}{2}-\theta\right)=\cos\theta.$

(補足) この「$\dfrac{\pi}{2}-\theta$」を θ に変える公式は，次の3つの理由により，暗記することをおすすめします．(自然に覚えてしまうでしょうが…)
1° マイナス「$-$」がつかないので覚えやすく…
2° cos と sin が入れ替わると覚えれば済む．
3° 図形問題などでよく現れ，使用頻度が高い．

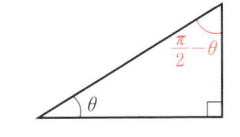

実は 2°により，この公式は
$\cos\theta=\sin\left(\dfrac{\pi}{2}-\theta\right)$ のように，cos を sin へ，あるいは sin を cos へと変える目的で使われることもあります．

(参考) (1)と(2)，(3)を比べるとわかるように，「$\dfrac{\pi}{2}$」が現れると cos，sin が入れ替わります．そのうち覚えてしまうでしょう．

類題 46 次の三角関数を，$\sin\theta$，$\cos\theta$，$\tan\theta$ のいずれかで表せ．

[1] $\cos\left(\dfrac{\pi}{2}-\theta\right)$　　[2] $\tan\left(\dfrac{\pi}{2}-\theta\right)$　　[3] $\cos(-\theta)$　　[4] $\sin(-\theta)$

[5] $\sin(\pi-\theta)$　　[6] $\tan(\pi-\theta)$　　[7] $\cos(\theta+\pi)$　　[8] $\sin(\theta+\pi)$

[9] $\tan(\theta+\pi)$　　[10] $\cos\left(\theta+\dfrac{\pi}{2}\right)$　　[11] $\tan\left(\theta+\dfrac{\pi}{2}\right)$　　[12] $\sin\left(\theta-\dfrac{\pi}{2}\right)$

[13] $\cos\left(\dfrac{3}{2}\pi-\theta\right)$　　[14] $\sin\left(\theta+\dfrac{3}{2}\pi\right)$　　[15] $\cos(\theta+2\pi)$　　[16] $\sin(\theta-4\pi)$

[17] $\tan(2\pi-\theta)$

(解答▶解答編 p.52)

ITEM 47 相互関係

本ITEMは，ITEM 56の内容を前提としています．

たとえば $\cos\theta$ の値がわかっているとき，次に挙げる公式を使って $\sin\theta$ や $\tan\theta$ の値も求めることができます．ただし，**直角三角形**を用いた方が速いことも多いので，どちらの方法も使えるようにしておきましょう．

> **ここがツボ！** 公式だけに頼らない．直角三角形，単位円も利用して．

[基本確認]

相互関係

○ $P(\cos\theta, \sin\theta)$ が $OP=1$ を満たすことにより

❶ $\cos^2\theta + \sin^2\theta = 1$

左辺 $= \cos^2\theta + \sin^2\theta + 2\sin\theta\cos\theta$

∴ ❶′ $\underbrace{(\cos\theta+\sin\theta)^2}_{\text{和}} = 1 + 2\underbrace{\cos\theta\sin\theta}_{\text{積}}$.

○ $\tan\theta$ は OP の傾きだから

❷ $\tan\theta = \dfrac{\sin\theta}{\cos\theta}$.

○ ❶ $\div\cos^2\theta$ と ❷ より ❸ $1+\tan^2\theta = \dfrac{1}{\cos^2\theta}$. … 数学Ⅲの微積分でよく使う！

❶ $\div\sin^2\theta$ と ❷ より ❸′ $\dfrac{1}{\tan^2\theta} + 1 = \dfrac{1}{\sin^2\theta}$.

例題 次の値を求めよ．

(1) $\cos\theta = \dfrac{3}{5}$ $(0° < \theta < 90°)$ のときの $\sin\theta$, $\tan\theta$

(2) $\sin\theta = -\dfrac{2}{3}$ $\left(-\dfrac{\pi}{2} < \theta < \dfrac{\pi}{2}\right)$ のときの $\cos\theta$, $\tan\theta$

解説・解き方のコツ

(1) [解法1] 公式❶より，$\sin^2\theta = 1-\cos^2\theta = 1^2 - \left(\dfrac{3}{5}\right)^2 = \dfrac{8}{5}\cdot\dfrac{2}{5}$.

2乗－2乗→和と差の積

$0° < \theta < 90°$ より $\sin\theta > 0$ だから，$\sin\theta = +\sqrt{\dfrac{8}{5}\cdot\dfrac{2}{5}} = \dfrac{4}{5}$.

これと公式❷より，$\tan\theta = \dfrac{\dfrac{4}{5}}{\dfrac{3}{5}} = \dfrac{4}{3}$. … 公式ぴったりでしたね

[補足] $\tan\theta$ だけを求めるなら，公式❸を用います．

解法2 $0° < \theta < 90°$ と $\cos\theta = \dfrac{3}{5}$ より，角 θ は右図のような直角三角形の内角である．よって
$$\sin\theta = \dfrac{4}{5}, \quad \tan\theta = \dfrac{4}{3}. \quad (\to \text{ITEM 56})$$

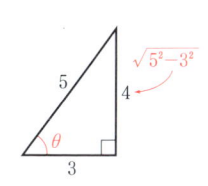

(2) **解法1** 公式❶より

2乗−2乗→和と差の積

$$\cos^2\theta = 1 - \sin^2\theta = 1^2 - \left(-\dfrac{2}{3}\right)^2 = \dfrac{1}{3} \cdot \dfrac{5}{3}.$$

$-\dfrac{\pi}{2} < \theta < \dfrac{\pi}{2}$ より $\cos\theta > 0$ だから，$\cos\theta = +\sqrt{\dfrac{5}{3^2}} = \dfrac{\sqrt{5}}{3}.$

これと公式❷より，$\tan\theta = \dfrac{-\dfrac{2}{3}}{\dfrac{\sqrt{5}}{3}} = -\dfrac{2}{\sqrt{5}}.$

補足 $\tan\theta$ だけを求めるなら，公式❸′を用います．

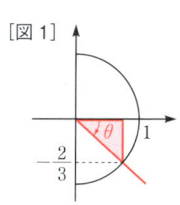

解法2 [図1] より θ そのものは第4象限の角であり，直角三角形の内角ではありませんが，$\cos\theta$, $\sin\theta$, $\tan\theta$ の「絶対値」は，[図2] の直角三角形における $\cos\theta'$, $\sin\theta'$, $\tan\theta'$ と一致します．符号に関しては単位円を見れば一目でわかりますから，一気に
$$\cos\theta = \dfrac{\sqrt{5}}{3}, \quad \tan\theta = -\dfrac{2}{\sqrt{5}}.$$

辺の長さの比

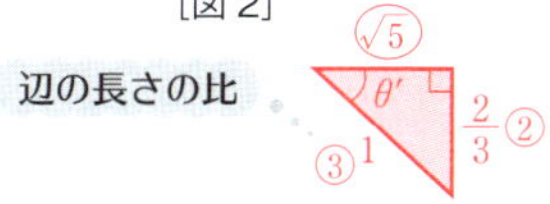

類題 47A 次の値を求めよ．

[1] $\sin\theta = \dfrac{1}{\sqrt{5}}$ ($0° < \theta < 90°$) のときの $\cos\theta$, $\tan\theta$

[2] $\tan\theta = \dfrac{3}{4}$ ($0 < \theta < \pi$) のときの $\cos\theta$, $\sin\theta$

[3] $\cos\theta = -\dfrac{3}{4}$ ($0 < \theta < \pi$) のときの $\tan\theta$

[4] $\sin\theta + \cos\theta = \dfrac{1}{2}$ のときの $\sin\theta\cos\theta$

類題 47B 次の問いに答えよ．

[1] $(\sin\theta + 2\cos\theta)^2 + (2\sin\theta - \cos\theta)^2$ を簡単にせよ．

[2] $\dfrac{\cos\theta}{1+\sin\theta} + \dfrac{\cos\theta}{1-\sin\theta}$ を簡単にせよ．　　[3] $\tan\theta + \dfrac{1}{\tan\theta}$ を簡単にせよ．

[4] $(1+\cos\theta)(\tan\theta - \sin\theta) = \dfrac{\sin^3\theta}{\cos\theta}$ を示せ．　　[5] $(1+\tan^2\theta)\sin^2\theta$ を簡単にせよ．

ITEM 48 加法定理

三角関数の値が直接求まるのは，基本的には，$30°$，$45°$，$60°$ などの"有名角"に対してのみです．しかし，本 ITEM で扱う**加法定理**などを用いると，有名角を利用して他の角に対しても三角関数の値が求まることがあります．

また，加法定理は他の様々な公式の土台となるもので，「単位円」と並ぶ三角関数の2本柱と言えます．

ここがツボ！ 加法定理"4つ"は完全に暗記！

基本確認 （ITEM 48～51 では，公式番号❶, ❷, …を通し番号にします．）

加法定理

❶ $\begin{cases} \sin(\alpha+\beta) = \sin\alpha\cos\beta + \cos\alpha\sin\beta \\ \sin(\alpha-\beta) = \sin\alpha\cos\beta - \cos\alpha\sin\beta \end{cases}$ … cos と sin の積
両辺の＋，－は一致

❷ $\begin{cases} \cos(\alpha+\beta) = \cos\alpha\cos\beta - \sin\alpha\sin\beta \\ \cos(\alpha-\beta) = \cos\alpha\cos\beta + \sin\alpha\sin\beta \end{cases}$ … cos どうし，sin どうしの積
両辺の＋，－は不一致

❸ $\begin{cases} \tan(\alpha+\beta) = \dfrac{\tan\alpha + \tan\beta}{1 - \tan\alpha\tan\beta} \\ \tan(\alpha-\beta) = \dfrac{\tan\alpha - \tan\beta}{1 + \tan\alpha\tan\beta} \end{cases}$ … 「左辺」と「右辺の分子」の＋，－は一致

❶，❷は，後に続く ITEM で登場する様々な公式の源となる重要なものです．何度も繰り返し使って，完全に暗記してください．（証明は教科書を参照）

注意 他の公式を導く目的で❶，❷を用いるときには，そのままマジメに書いてるヒマはありませんから，たとえば❶(上)なら

$$s_{\alpha+\beta} = s_\alpha c_\beta + c_\alpha s_\beta$$ … 「s」，「c」は sin，cos の頭文字

と略記しちゃいましょう．さらに，右辺で角が並ぶ順番を α, β, α, β と決めておけば

$$s_{\alpha+\beta} = sc + cs$$

だけでも自分にはわかりますね．

例 題 次の問いに答えよ．

(1) $\cos\dfrac{5}{12}\pi$ の値を求めよ．

(2) $\tan(\alpha+\beta) = \dfrac{\tan\alpha + \tan\beta}{1 - \tan\alpha\tan\beta}$ を，公式❶，❷をもとに導け．

解説・解き方のコツ

(1) $\dfrac{5}{12}\pi$ を有名角の和や差で表すことを考えます．

$$\cos\frac{5}{12}\pi = \cos\left(\frac{3}{12}\pi + \frac{2}{12}\pi\right)$$
$$= \cos\left(\frac{\pi}{4} + \frac{\pi}{6}\right)$$
$$= \cos\frac{\pi}{4}\cos\frac{\pi}{6} - \sin\frac{\pi}{4}\sin\frac{\pi}{6}$$
$$= \frac{\sqrt{2}}{2}\cdot\frac{\sqrt{3}}{2} - \frac{\sqrt{2}}{2}\cdot\frac{1}{2} = \frac{\sqrt{6}-\sqrt{2}}{4}.$$

補足
○ $\frac{5}{12}\pi$ を有名角で表す方法が思い浮かびにくいときは，度数法に変えて「$\frac{5}{12}\cdot 180°=75°=45°+30°$」とすれば簡単ですね．

○ $\cos\frac{\pi}{4}$, $\sin\frac{\pi}{4}$ は，普段は「$\frac{1}{\sqrt{2}}$」と書くことが多いですが，ここでは答えの分母に $\sqrt{}$ を残さないために初めから「$\frac{\sqrt{2}}{2}$」と書きました．

(2) ここでは，自分自身が手早く公式❸を思い出せばよい…という想定で，略記法による"証明"を記します．

注意 試験答案として書く場合には，断らずに略記してはいけませんよ！

$$\tan(\alpha+\beta) = \frac{s_{\alpha+\beta}}{c_{\alpha+\beta}} \quad \cdots \text{tan は cos と sin で表すのが基本}$$
$$= \frac{s_\alpha c_\beta + c_\alpha s_\beta}{c_\alpha c_\beta - s_\alpha s_\beta} \quad \cdots \text{自信があるなら } \alpha, \beta \text{ も省いて結構！}$$
$$= \frac{\dfrac{s_\alpha c_\beta}{c_\alpha c_\beta} + \dfrac{c_\alpha s_\beta}{c_\alpha c_\beta}}{\dfrac{c_\alpha c_\beta}{c_\alpha c_\beta} - \dfrac{s_\alpha s_\beta}{c_\alpha c_\beta}} \quad \cdots \text{分母，分子を } c_\alpha c_\beta \text{ で割った}$$
$$= \frac{\tan\alpha + \tan\beta}{1 - \tan\alpha\tan\beta}.$$

類題 48A 次の値を求めよ．（公式❶～❸はすべて用いてよい）

[1] $\sin\dfrac{\pi}{12}$ [2]★ $\tan\dfrac{\pi}{12}$ [3] $\cos 105°$ [4] $\sin\dfrac{13}{12}\pi$

類題 48B 次の問いに答えよ．（公式❶～❸はすべて用いてよい）

[1] $\sin(\theta+30°)+2\cos\theta$ を $\sin\theta$, $\cos\theta$ で表せ．

[2] $\tan\left(\theta+\dfrac{\pi}{3}\right)+\tan\left(\theta-\dfrac{\pi}{3}\right)$ を $\tan\theta$ で表せ．$\left(\text{ただし，}-\dfrac{\pi}{6}<\theta<\dfrac{\pi}{6}\right)$

ITEM 49 2倍角公式・半角公式

よくわかった度チェック！ ① ② ③

2倍角・半角公式を用いれば，角 θ の三角関数の値をもとにして，文字通りその2倍の角 2θ や半分の角 $\dfrac{\theta}{2}$ の三角関数の値を求めることができます．

また，見方を変えると，これらの公式によって cos や sin の **次数を変える** ことができます．こちらの目的で使うこともよくあります．

> **ここがツボ！** 使用目的は2つ．「角を変える」と，「次数を変える」．

基本確認

2倍角公式

❹ $\sin 2\alpha = 2\sin\alpha\cos\alpha$

❺ $\cos 2\alpha = \begin{cases} \cos^2\alpha - \sin^2\alpha \\ 2\cos^2\alpha - 1 \quad \cdots ❺_a \\ 1 - 2\sin^2\alpha \quad \cdots ❺_b \end{cases}$

❹，❺は，左辺：1次，右辺：2次

$\cos^2\theta = \dfrac{1+\cos 2\theta}{2}$

❻ $\tan 2\alpha = \dfrac{2\tan\alpha}{1-\tan^2\alpha}$

半角公式

❼ $\begin{cases} \cos^2\dfrac{\theta}{2} = \dfrac{1+\cos\theta}{2} \\ \sin^2\dfrac{\theta}{2} = \dfrac{1-\cos\theta}{2} \end{cases}$

❼は，左辺：2次，右辺：1次

〔❹，❺，❼の **証明**〕（ここでは，略記法を使う）

これらの公式が，前 ITEM の「加法定理」❶，❷からスッと導けることは，**後の例題が解けることよりはるかに重要です．**

❶（上）において，$\beta = \alpha$ とおくと
$\sin 2\alpha = s_{\alpha+\alpha} = s_\alpha c_\alpha + c_\alpha s_\alpha = 2\sin\alpha\cos\alpha$. …sin の2倍角公式

❷（上）において，$\beta = \alpha$ とおくと
$\cos 2\alpha = c_{\alpha+\alpha} = c_\alpha c_\alpha - s_\alpha s_\alpha = \cos^2\alpha - \sin^2\alpha$. …cos の2倍角公式

$\cos^2\alpha + \sin^2\alpha = 1$ を用いて変形すると

$\begin{cases} \cos 2\alpha = 2\cos^2\alpha - 1, \quad \cdots ❺_a \\ \cos 2\alpha = 1 - 2\sin^2\alpha. \quad \cdots ❺_b \end{cases}$

❺$_a$，❺$_b$ を，それぞれ $\cos^2\alpha$，$\sin^2\alpha$ について解き，$\alpha = \dfrac{\theta}{2}$ とおくと

$\cos^2\dfrac{\theta}{2} = \dfrac{1+\cos\theta}{2}$, $\sin^2\dfrac{\theta}{2} = \dfrac{1-\cos\theta}{2}$. …半角公式

例題 次の問いに答えよ．

(1) $\cos x = \dfrac{1}{3}$ $(0° < x < 180°)$ のとき，$\sin 2x$ の値を求めよ．

(2) $\sin\dfrac{\pi}{8}$ の値を求めよ．

(3) $\sin^2\theta + \sin\theta\cos\theta + 3\cos^2\theta$ を $\sin 2\theta$, $\cos 2\theta$ で表せ．

解説・解き方のコツ

(1) $\sin 2x = 2\sin x \cos x$. 　**2倍角公式**

ここで x は右図のような鋭角だから，$\sin x = \dfrac{2\sqrt{2}}{3}$.

よって，$\sin 2x = 2 \cdot \dfrac{2\sqrt{2}}{3} \cdot \dfrac{1}{3} = \dfrac{4}{9}\sqrt{2}$.

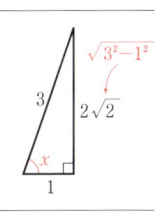

(2) $\dfrac{\pi}{8} = \dfrac{\frac{\pi}{4}}{2}$ と有名角で表せることに注目する.

$$\sin^2 \dfrac{\pi}{8} = \dfrac{1-\cos\frac{\pi}{4}}{2} = \dfrac{1-\frac{\sqrt{2}}{2}}{2} = \dfrac{2-\sqrt{2}}{4}.$$

半角公式

これと $\sin\dfrac{\pi}{8} > 0$ より

$$\sin\dfrac{\pi}{8} = +\sqrt{\dfrac{2-\sqrt{2}}{4}} = \dfrac{\sqrt{2-\sqrt{2}}}{2}. \quad \cdots \text{この2重根号ははずれません}$$

(3) $\sin^2\theta + \sin\theta\cos\theta + 3\cos^2\theta = (\sin^2\theta + \cos^2\theta) + \underline{\sin\theta\cos\theta} + 2\underline{\cos^2\theta}$

$\qquad\qquad\qquad\qquad\qquad\qquad = 1 + \dfrac{1}{2}\sin 2\theta + 2\cdot\dfrac{1+\cos 2\theta}{2}$

$\qquad\qquad\qquad\qquad\qquad\qquad = 2 + \dfrac{1}{2}\sin 2\theta + \cos 2\theta$.

補足 下線部は，❹の両辺を2で割って，右辺から左辺へと使いました．
波線部では❼(上)を左辺から右辺へと使っています．
どちらも（cos や sin を文字のように見れば）**次数を下げる働き**をしていますね．

類題 49A 次の値を求めよ．

[1] $\cos\dfrac{7}{8}\pi$　　　[2]★ $\tan 67.5°$　　　[3] $\tan\theta = -\dfrac{4}{3}\,(0 < \theta < \pi)$ のとき，$\sin 2\theta$

類題 49B 次の問いに答えよ．

[1]★ $\cos 3\alpha = 4\cos^3\alpha - 3\cos\alpha$ を示せ．　　[2] $\dfrac{1-\tan^2\theta}{1+\tan^2\theta} = \cos 2\theta$ を示せ．

[3] $\sin 2\theta, \cos 2\theta$ を $\tan\theta$ で表せ．　　[4] $\sqrt{2(1+\cos t)}$ を，$\sqrt{}$ を含まない形で表せ．

理系 [5] ベクトル $\begin{pmatrix} 1-\cos\theta \\ \sin\theta \end{pmatrix}$ を，$\cos\dfrac{\theta}{2}$, $\sin\dfrac{\theta}{2}$ で表せ．

[6] $\cos\theta(-9\sin\theta + \sqrt{3}\cos\theta) + \sin\theta(-\sqrt{3}\sin\theta + 7\cos\theta)$ を $\sin 2\theta, \cos 2\theta$ で表せ．

ITEM 50 合成

よくわかった度チェック！ ① ② ③

sinとcosを**1つのsin**（または**cos**）にまとめてしまうのが**合成**です．この変形を行うことの効果は一目瞭然！2つの三角関数が1つにまとまってしまうのですから，扱いが極端に簡単になりますね．

> **ここがツボ！** 図を利用して合成すれば，「目に見える角」を用いて，"一瞬"．

基本確認

合成公式　同じ角なら… 合成可能

❽ $a\sin\theta + b\cos\theta = \sqrt{a^2+b^2}\sin(\theta+\alpha)$
　　　　　　（α は右図の偏角）

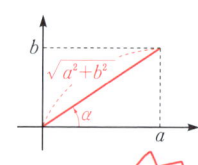

例題 次の (1), (2) を $r\sin(\theta+\alpha)$ $(r \geqq 0)$ の形に変形せよ．
(1) $f(\theta) = \sin\theta + \sqrt{3}\cos\theta$
(2) $g(\theta) = 3\sin\theta - 2\cos\theta$

解説・解き方のコツ

(1) ここでは，「合成」の仕組みをじっくりと解説します．
$f(\theta) = \underline{1} \cdot \sin\theta + \underline{\sqrt{3}}\cos\theta$ を，　θ が 2 か所にある　……①
$r\sin(\theta+\alpha)$ $(r \geqq 0)$ ……　このように 1 つの sin にまとめるのが「合成」　……②

の形に変形するには，どんな r と α を使えばよいかを考えます．そのために，②を加法定理で展開して，

$r\sin(\theta+\alpha) = (\underline{r\cos\alpha})\sin\theta + (\underline{r\sin\alpha})\cos\theta$　　①と同じ形

とし，①と比較します．すると

$\begin{cases} r\cos\alpha = \underline{1} \\ r\sin\alpha = \underline{\sqrt{3}} \end{cases}$

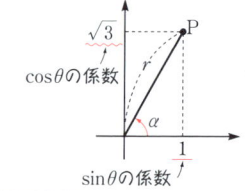

であればよいことがわかります．これを満たす r, α は，座標平面上の点 P($\underline{1}, \underline{\sqrt{3}}$) を利用して，右図のようにとれば得られますね．　いわれてみて納得できればいいですよ

$r = \sqrt{1^2 + (\sqrt{3})^2} = 2$, $\alpha = \dfrac{\pi}{3}$

で OK です．これを②に代入して

$f(\theta) = 2\sin\left(\theta + \dfrac{\pi}{3}\right)$.　①で 2 か所にあった θ が 1 か所に集まった

補足 以上の合成の仕組みを<u>理解したら</u>，実戦では次の手順で一瞬です．
1° sin の係数 1 をヨコ座標，cos の係数 $\sqrt{3}$ をタテ座標とする点 P($1, \sqrt{3}$) をとる．

110　→ 10・11 → 2・5・11

2° ベクトル $\overrightarrow{OP}$ の長さ 2, 偏角 $\dfrac{\pi}{3}$ を用いて $2\sin\left(\theta+\dfrac{\pi}{3}\right)$ と合成完了．　これでオシマイ

(あくまでも<u>理解</u>が前提ですよ！さもないと…→類題 50B[2])

(2) 〔正しい方法〕 $\sin$ の係数 3 をヨコ座標，$\cos$ の係数 -2 をタテ座標とする点 $P(3, -2)$ をとる．ベクトル $\overrightarrow{OP}$ の長さ $\sqrt{3^2+(-2)^2}=\sqrt{13}$ と図の偏角 α を用いて

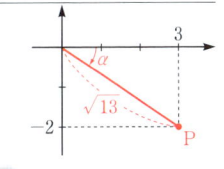

$$g(\theta)=\sqrt{13}\sin(\theta+\alpha)\ (\alpha\text{ は右図の角}).$$

これで合成完了

(注意) このように偏角 α の "値" が求まらない場合でも，手順は (1) とまったく同じですね．しかも，角 α 自体はちゃんと具体的に**目に見える角**です（おおよそ $-35°$ くらいの角）．α に対応する三角関数の値が知りたいときは，図を見ればすぐに

$$\cos\alpha=\dfrac{3}{\sqrt{13}},\ \sin\alpha=\dfrac{-2}{\sqrt{13}} \cdots \text{P の座標を OP の長さで割ればよい}$$

と求まります．

〔へたな方法〕
$$g(\theta)=\sqrt{3^2+(-2)^2}\left(\dfrac{3}{\sqrt{13}}\sin\theta-\dfrac{2}{\sqrt{13}}\cos\theta\right) \quad\cdots\text{①}$$
$$=\sqrt{13}\left(\dfrac{3}{\sqrt{13}}\sin\theta-\dfrac{2}{\sqrt{13}}\cos\theta\right) \quad\cdots\text{②}$$

ここで，$\cos\beta=\dfrac{3}{\sqrt{13}},\ \sin\beta=\dfrac{2}{\sqrt{13}}$ を満たす β をとると

$$g(\theta)=\sqrt{13}(\cos\beta\sin\theta-\sin\beta\cos\theta)$$
$$=\sqrt{13}\sin(\theta-\beta). \quad\cdots\text{③}$$

(注意) 毎度毎度①や②式を書くのがうっとうしく，答えの③中で使われている「角 β」がいったいどんな角なのかが目に見えていない．以上 2 つの理由から，とくに入試レベルではたいへん損な方法です．

類題 50A 次の[1]〜[6] を $r\sin(\theta+\alpha)\,(r\geqq 0)$ の形に変形せよ．

[1] $\sqrt{3}\sin\theta+\cos\theta$　　　　[2] $\sin\theta+\cos\theta$　　　　[3] $\sqrt{3}\cos\theta-\sin\theta$

[4] $2\sqrt{3}\sin\theta-6\cos\theta$　　　[5] $\sin\theta+3\cos\theta$　　　[6] $\sin\theta-\sqrt{2}\cos\theta$

類題 50B 次の問いに答えよ．

[1]★ $f(\theta)=\sqrt{3}\sin\theta+2\cos\theta\ \left(0\leqq\theta\leqq\dfrac{\pi}{2}\right)$ の最大値，最小値を求めよ．

[2] $\sqrt{3}\cos\theta+\sin\theta$ を $r\cos(\theta-\beta)\,(r\geqq 0)$ の形に変形せよ．

(解答 ▶ 解答編 p.57)

ITEM 51 和積&積和公式 理系

よくわかった度チェック！ ① ② ③

三角関数の問題では，目標に応じて sin や cos の積を和に，あるいは和を積に変える必要に迫られることがよくあります．そこで用いる公式の練習です．全部で8つもあるため1つ1つの使用頻度は低いので，暗記せずにその場で導けるようにしておきます．ベースとなるのは，またもや「加法定理」(→ ITEM 48 公式❶，❷)です．

> **ここがツボ！**「和↔積」の公式は，加法定理を略記して導く．

基本確認

積和公式 … 積を和に

❾a $\sin\alpha\cos\beta = \dfrac{1}{2}\{\sin(\alpha+\beta)+\sin(\alpha-\beta)\}$

❾b $\cos\alpha\sin\beta = \dfrac{1}{2}\{\sin(\alpha+\beta)-\sin(\alpha-\beta)\}$

❾c $\cos\alpha\cos\beta = \dfrac{1}{2}\{\cos(\alpha+\beta)+\cos(\alpha-\beta)\}$

❾d $\sin\alpha\sin\beta = \dfrac{1}{2}\{-\cos(\alpha+\beta)+\cos(\alpha-\beta)\}$

和積公式 … 和を積に

左辺の2角の和・差が右辺に現れる．

❿a $\sin A + \sin B = 2\sin\dfrac{A+B}{2}\cos\dfrac{A-B}{2}$

❿b $\sin A - \sin B = 2\cos\dfrac{A+B}{2}\sin\dfrac{A-B}{2}$

❿c $\cos A + \cos B = 2\cos\dfrac{A+B}{2}\cos\dfrac{A-B}{2}$

❿d $\cos A - \cos B = -2\sin\dfrac{A+B}{2}\sin\dfrac{A-B}{2}$

(注意) 本 ITEM では，上記公式を暗記していないという前提で解説します．つまり，公式を使う度にそれをまず自分で導きます(もちろん試験では，計算用紙で下書き)．「自分は暗記できてます！」という人も，必ず導けるようにしておいてください．(今は覚えていても，本番でド忘れしたらヒサンですよ～)

例題　次の問いに答えよ．

(1) $\cos 3x \cos 2x$ を和の形に変形せよ．

(2) $\sin 3x - \sin x$ を積の形に変形せよ．

🖊 解説・解き方のコツ

(1) $\cos\alpha\cos\beta = \cdots$ という「積和公式」を作ります．cos どうしの積が現れる cos の加法定理2つを並べ，辺々足すか，引くかを考えます．

注意 $\cos(\alpha+\beta)=\cos\alpha\cos\beta-\sin\alpha\sin\beta$ なんてマジメに書いていたら，時間かかりすぎです．

　　計算用紙での下書き作業ですから，下左のような略記法で充分です．さらに，加法定理の右辺において，角を並べる順序を「$\alpha, \beta, \alpha, \beta$」と決めておけば，下右のようにさらに簡略化することもできます．（慣れたらこのスタイルで！）

$$c_{\alpha+\beta}=c_\alpha c_\beta - s_\alpha s_\beta$$
$$\underline{c_{\alpha-\beta}=c_\alpha c_\beta + s_\alpha s_\beta}\,(+$$
$$c_{\alpha+\beta}+c_{\alpha-\beta}=2c_\alpha c_\beta$$
$$\therefore\ c_\alpha c_\beta=\frac{1}{2}(c_{\alpha+\beta}+c_{\alpha-\beta})$$

（$c_\alpha c_\beta$ を残したいから辺々加える）　　積和公式 ❾$_c$ が導けた

$$c_{\alpha+\beta}=cc-ss$$
$$\underline{c_{\alpha-\beta}=cc+ss}\,(+$$
$$c_{\alpha+\beta}+c_{\alpha-\beta}=2cc$$
$$\therefore\ cc=\frac{1}{2}(c_{\alpha+\beta}+c_{\alpha-\beta})$$

$$\therefore\ \cos 3x\cos 2x=\frac{1}{2}\{\cos(3x+2x)+\cos(3x-2x)\}$$
$$=\frac{1}{2}(\cos 5x+\cos x).$$

(2) $\sin A-\sin B=\cdots$ という「和積公式」を作ります．$\sin$ の加法定理 2 つを並べて，辺々差をとります．

$$s_{\alpha+\beta}=s_\alpha c_\beta + c_\alpha s_\beta$$
$$\underline{s_{\alpha-\beta}=s_\alpha c_\beta - c_\alpha s_\beta}\,(-$$
$$s_{\alpha+\beta}-s_{\alpha-\beta}=2c_\alpha s_\beta$$

… $\sin A-\sin B=\cdots$ という形を作りたいから，辺々引く

あとは，右辺の角 α, β を，左辺の角 $\alpha+\beta, \alpha-\beta$ で表せばよいですね．

$\begin{cases}A=\alpha+\beta,\\ B=\alpha-\beta\end{cases}$ とおくと $\alpha=\dfrac{A+B}{2},\ \beta=\dfrac{A-B}{2}$ ですから…（＊）

$$\sin A-\sin B=2\cos\frac{A+B}{2}\sin\frac{A-B}{2}.$$

… 積和公式 ❿$_b$ が導けた

$$\therefore\ \sin 3x-\sin x=2\cos\frac{3x+x}{2}\sin\frac{3x-x}{2}$$
$$=2\cos 2x\sin x.$$

… 「足して半分，引いて半分」と唱えながらイキナリ答えを！

注意 （＊）の作業は，「和積公式」❿$_a$〜❿$_d$ ですべて同じですから，（前から順に）**「足して半分，引いて半分」**と暗記してしまいます．そうすれば，右のように書く（頭で思い浮かべる）だけで ❿$_b$ が思い出せますね．

$$s_{\alpha+\beta}=sc+cs$$
$$\underline{s_{\alpha-\beta}=sc-cs}\,(-$$
$$s_{\alpha+\beta}-s_{\alpha-\beta}=2cs.$$

(1)の右側の略記法

類題 51 次の[1]〜[8]において，和は積に，積は和に変形せよ．

[1] $\sin 3x\cos x$　　　　　　[2] $\cos x\cos 3x$　　　　　　[3] $\cos\left(\dfrac{\pi}{6}-x\right)\sin x$

[4] $\sin\dfrac{A+B}{2}\sin\dfrac{A-B}{2}$　　[5] $\sin 5x+\sin x$　　　　　[6] $\sin(x+h)-\sin x$

[7] $\cos x-\cos 3x$　　　　　[8] $\cos(\theta+\alpha)+\cos(\theta-\alpha)$

（解答▶解答編 p.58）

ITEM 52 三平方の定理

よくわかった度チェック！ ① ② ③

「直角三角形」は，図形問題の様々な局面で現れます．たとえば右図のような円と直線に関する問題においても…．直角三角形の2辺の長さから瞬時に残りの辺の長さが求められることは，図形問題に取り組むための準備として欠かせません．

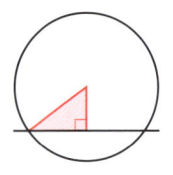

(注意) 本書では，比を表す数は○や□等で囲んで実際の長さと区別して表します．

ここがツボ！ なるべく簡単な比にして，できるだけ暗算で．

基本確認

三平方の定理

右の直角三角形において
$a^2 = b^2 + c^2$ … 別名「ピタゴラスの定理」

有名な直角三角形

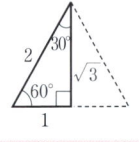

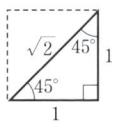

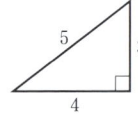

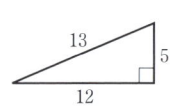

円と直角三角形

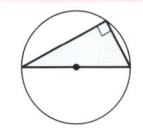

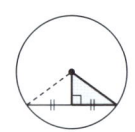

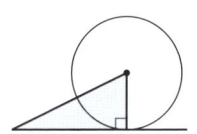

例題 次の(1)，(2)において，長さ x を求めよ．

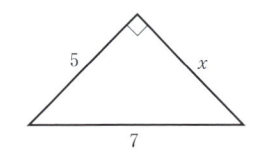

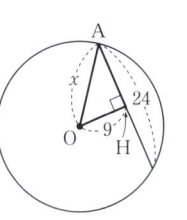

(1) 三角形：辺 5, 7, x（頂点に直角）

(2) 円O，A点から弦，x, 24, OH=9

解説・解き方のコツ

(1) $x^2 + 5^2 = 7^2$．

∴ $x = \sqrt{7^2 - 5^2}$
  $= \sqrt{(7+5)(7-5)}$ … $\sqrt{}$ 内はなるべく積の形にする
  $= \sqrt{12 \cdot 2} = 2\sqrt{6}$．

(2) **へたな方法**

直角三角形 OHA において，AH＝12 だから
$$x^2 = 9^2 + 12^2 = \cdots$$

正しい方法

三平方の定理は，なるべく簡単な比に直してから使うこと．直角三角形 OHA において

OH：AH＝9：12＝③：④．　…斜辺以外の2辺比

よって △OHA は有名直角三角形で

OH：HA：AO＝③：④：⑤．

たとえば辺 OH からわかるように，実際の辺の長さは，上記で用いた比の値の $\dfrac{9}{3}=3$ 倍だから

$$x = \mathrm{AO} = 5 \cdot 3 = \mathbf{15}.$$

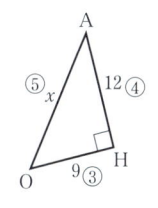

類題 52 次の長さ x を求めよ．

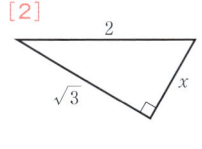

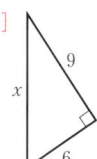

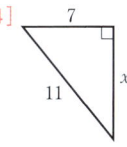

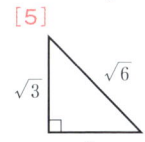

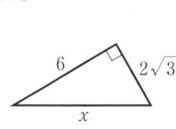

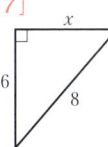

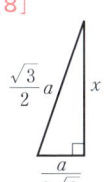

[1] 直角三角形，辺 2, 1, 斜辺 x

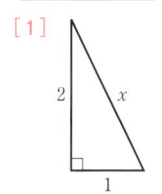

[2] 直角三角形，辺 2, $\sqrt{3}$, 斜辺 x

[3] 直角三角形，辺 9, 6, 斜辺 x

[4] 直角三角形，辺 7, 11, 斜辺 x

[5] 直角三角形，辺 $\sqrt{3}$, $\sqrt{6}$, 斜辺 x

[6] 直角三角形，辺 6, $2\sqrt{3}$, 斜辺 x

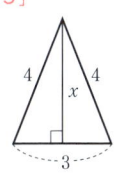

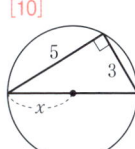

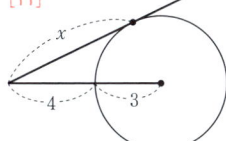

[7] 直角三角形，辺 x, 6, 斜辺 8

[8] 直角三角形，辺 $\dfrac{\sqrt{3}}{2}a$, $\dfrac{a}{2\sqrt{3}}$, 斜辺 x

[9] 二等辺三角形，斜辺 4, 4, 底辺 3, 高さ x

[10] 円内，5, 3, 直径 x

[11] 円と接線，x, 4, 3

[12] 半径3 と 半径4 の円が接する，共通接線 x

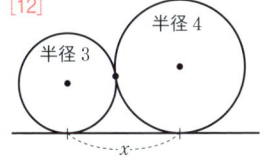

(解答 ▶解答編 p.59)

ITEM 53 角を求める

よくわかった度チェック！ ① ② ③

すべての図形量の基本は**長さ**（距離）と**角**（向き）です．このうち「角」は，1つの角から比較的容易に他の角も求まることが多く，この作業が手早くできれば，図形の全体像が把握しやすくなります．

たまに「四角形」

ここがツボ！ 角を求める手がかりは主に3つ．「平行線」「三角形」「円」

基本確認

平行線と角

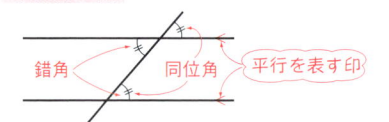

錯角　同位角　平行を表す印

三角形と角

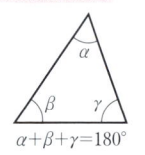

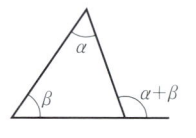

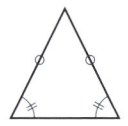

$\alpha + \beta + \gamma = 180°$　　　$\alpha + \beta$

円と角

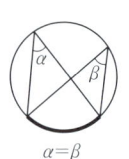

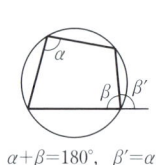

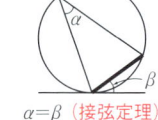

中心角　円周角　$\beta = 2\alpha$　　　$\alpha = \beta$　　　$\alpha + \beta = 180°$，$\beta' = \alpha$　　　$\alpha = \beta$（接弦定理）

例題　次の角 x を求めよ．

(1) 60°, 100°

(2) 20°, 50°

(3) 35°

やってみよう！

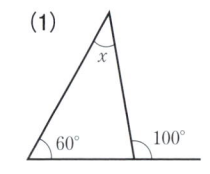

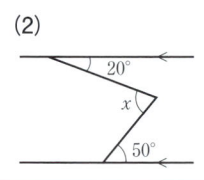

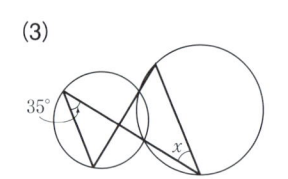

解説・解き方のコツ

(1) 三角形の2つの内角の和が残りの角の外角に等しいことを利用します．
$x + 60° = 100°$．　∴　$x = 100° - 60° = \mathbf{40°}$．

(2) **解法1** 右図の三角形に注目して
$x = 20° + 50° = \mathbf{70°}$．

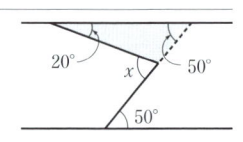

9章　平面図形・三角比

解法2 右図のような平行線を利用して
$$x = 20° + 50° = \mathbf{70°}.$$

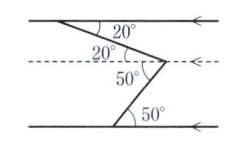

(3) 右図のように角 α をとる.
左の円の太線の弧に対する円周角を考えて,
$\alpha = 35°$.
次に右の円に内接する四角形に注目して,
$x = \alpha$.
以上より, $x = \mathbf{35°}$.

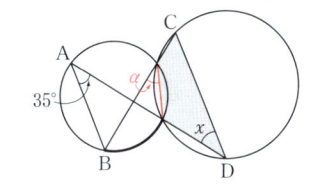

参考 上図において, 2直線 AB, CD は, 錯角が等しいことから平行であるとわかったわけです.

類題 53 次の角 x を求めよ.（角 θ を用いて表してもよい.）

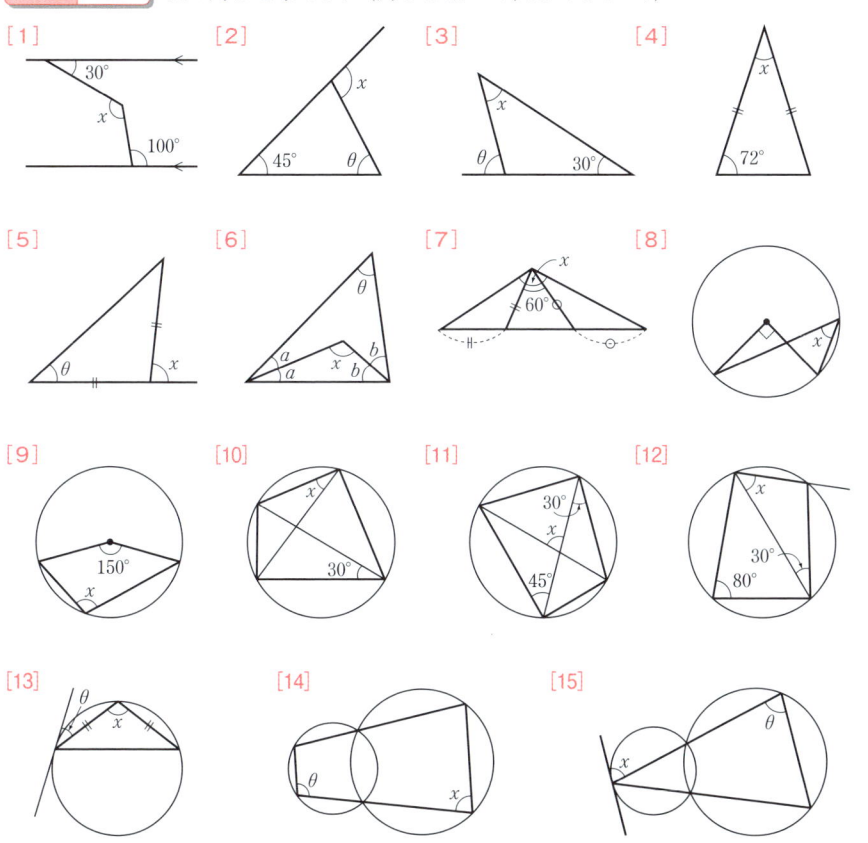

[1] [2] [3] [4]

[5] [6] [7] [8]

[9] [10] [11] [12]

[13] [14] [15]

（解答▶解答編 p.59）

ITEM 54 平面図形の基本形

やや重

よくわかった度チェック！
① ② ③

「図形」の問題を解くカギは，「入り組んだ問題の中から，有名な"基本形"を見出すこと」です．幸い，実戦でよく現れる基本形はけっこう限られています．本 ITEM でこうした有名な形を**目に焼き付けて**，実戦に備えてください．

> **ここがツボ！** よく現れる"基本形"は目に焼き付ける．

基本確認

三角形の合同条件

太字は「三角形の決定条件」でもある

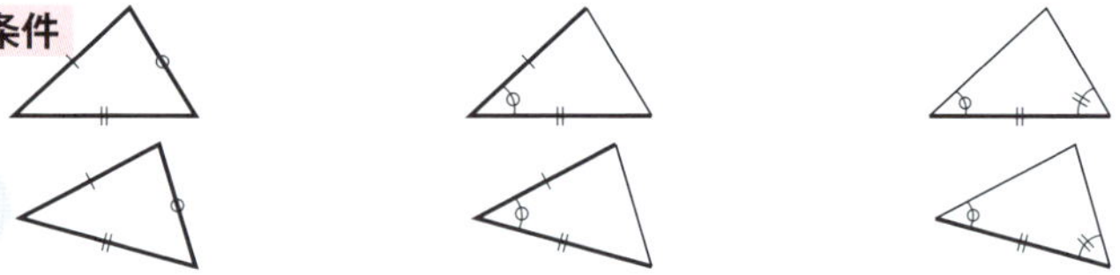

- 3辺の長さが等しい（3辺相等）
- 2辺とその間の角が等しい（2辺夾角相等）　└「はさまれた」の意
- 2角とその間の辺が等しい（2角夾辺相等）

三角形の相似条件

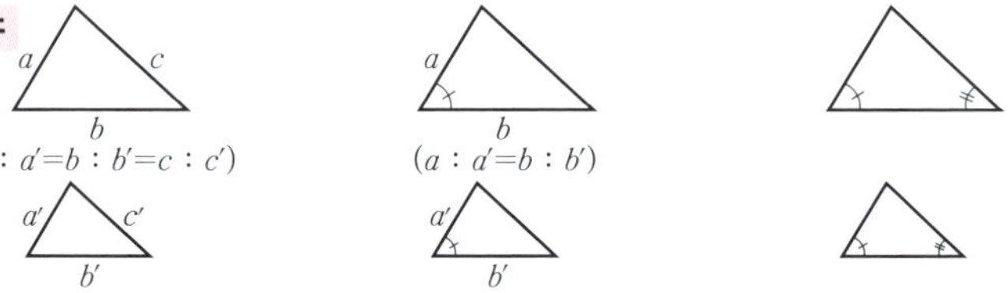

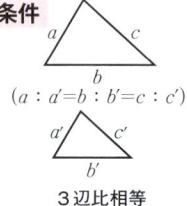

$(a:a'=b:b'=c:c')$　3辺比相等

$(a:a'=b:b')$　2辺比夾角相等

2角相等

例題　次の問いに答えよ． やってみよう！

(1) 合同な2つの三角形を見つけよ．

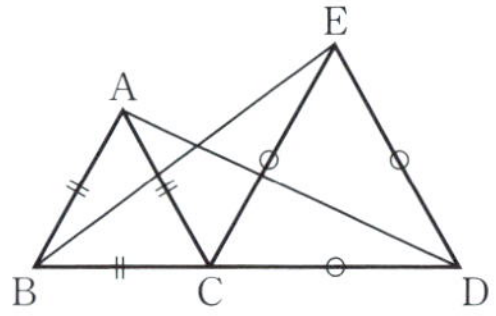

(2) 相似な2つの三角形を見つけよ．

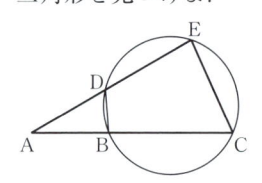

(3) 二等辺三角形を2つ見つけよ．

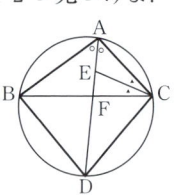

解説・解き方のコツ

(1) △ACD と △BCE において
$\begin{cases} AC=BC, \quad CD=CE, \\ \angle ACD = \angle BCE (=120°). \end{cases}$
∴ △ACD≡△BCE（2辺夾角相等）．

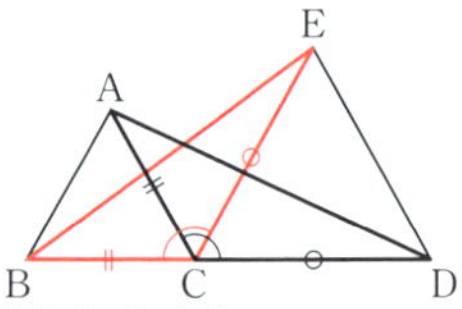

参考　△ACD を，C を中心に $+60°$ 回転すると △BCE に重なりますね．

→ 2・59

(2) △ACE と △ADB において

$\begin{cases} \angle EAC = \angle BAD(共通), \\ \alpha = \beta (\because 四角形 BCED が円に内接するから). \end{cases}$

∴ **△ACE∽△ADB**(2角相等). ∽:「相似」の意

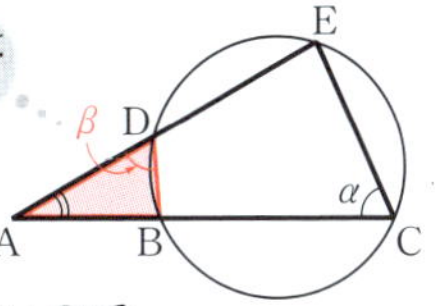

角に名前をつけると書くのが楽

参考 相似な三角形においては対応する辺どうしの比は等しいので

AC：AD＝AE：AB より AB・AC＝AD・AE

となります．これを**方べきの定理**といいます．

(3) 右図のように角 α, β, γ をとる．

まず，2つの弧 $\overset{\frown}{DB}$, $\overset{\frown}{DC}$ に対する円周角がいずれも α であることから，DB＝DC．

よって△DBC は二等辺三角形である．

次に△DCE に注目すると

$\begin{cases} \angle C = \beta + \gamma = \beta + \alpha(\because \alpha, \gamma は \overset{\frown}{BD} の円周角), \\ \angle E = \alpha + \beta(\triangle AEC における \angle E の外角). \end{cases}$

よって ∠C＝∠E だから **△DCE は DC＝DE の二等辺三角形**である．

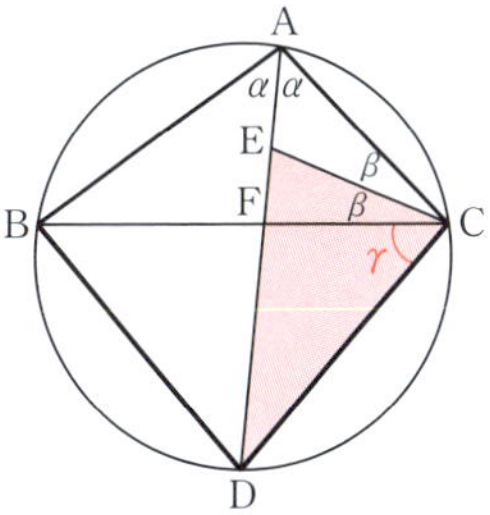

注意 「∠C」や「∠E」という表現は，どの三角形の内角なのかが明確にわかるように使わなくてはなりません．

類題 54 次の[1]〜[9]において，「合同な三角形」「相似な三角形」および「二等辺三角形」があれば，それを見つけよ．

[1]

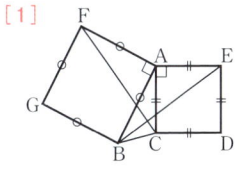

[2]★

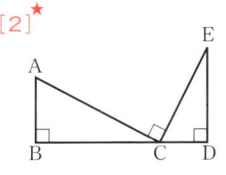

[3] 折り返し 60° 60° 60°

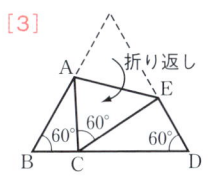

[4] 平行を表す

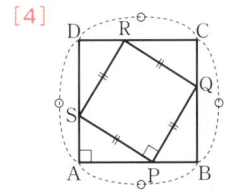

[5]

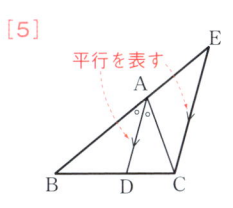

[6]

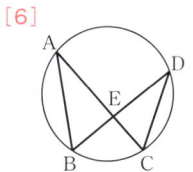

[7]

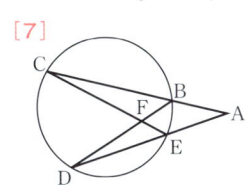

[8]

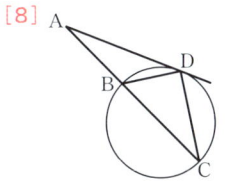

[9] 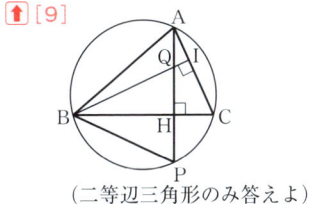 (二等辺三角形のみ答えよ)

(解答▶解答編 p.60)

ITEM 55 相似と比

2つの三角形が相似であるとき，対応する辺どうしの比が等しいことを利用して，未知なる辺長を求めることができます．頻繁に行う作業ですから，瞬間でできるようにしておきましょう．「比」が使えるか，使えないか．これによって図形問題を解くスピードがまるで違ってきます．

> **ここがツボ！** 三角形の各辺に，「斜辺」とか「長い方」とか個性付けして処理する．

基本確認

相似な三角形

相似な三角形においては，対応する辺の長さどうしの比は等しい．すなわち

$$a : a' = b : b' \quad \cdots ❶$$
i.e. $a : b = a' : b' \quad \cdots ❶'$

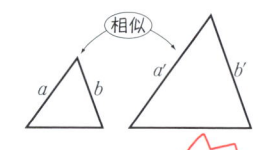

例題 次の(1), (2)において，長さ x を求めよ．

(1) $T \infty T'$，T の辺 4, 5，T' の辺 7, x

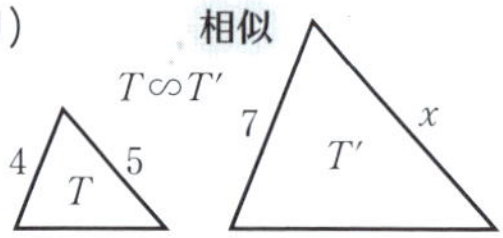

(2) 直角三角形で $CA=12$, $AB=5$, H は C から AB への垂線の足，$HB=x$

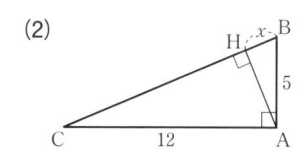

解説・解き方のコツ

(1) **いまいちな方法**

$$4 : 7 = 5 : x. \quad \text{T と T' の左どうしの比＝右どうしの比} \quad \cdots ①$$

$$\therefore\ 4 \cdot x = 7 \cdot 5. \quad \therefore\ x = \frac{35}{4}.$$

補足 上記❶をそのまま使うとこうなりますが，①の比例式の書き方だと，「T の左の辺→T' の左の辺→T の右の辺→T' の右の辺」と，視点が T と T' を行ったり来たりします．実用的には，「T を見て左：右の比を書き，次に T' を見て左：右の比を書く」という❶' の方がやりやすい気がします．次のように…　　シュミですけどね

$$4 : 5 = 7 : x \quad \text{T の左：右＝T' の左：右} \quad \cdots ①'$$

正しい方法

正直，対応する辺がこんなに把握しやすい状況なら，①や①' の比例式など使わず，次のように直接 x を求めましょう．

三角形 T において，右は左の $\frac{5}{4}$ 倍．これを頭に一時記憶して三角形 T' に目を移すと，右の x は左の 7 の同じく $\frac{5}{4}$ 倍．

$$x = 7 \cdot \frac{5}{4} = \frac{35}{4}.$$

120 → 12・10 → $2^3 \cdot 3 \cdot 5$

(2) まず，△ABC は有名三角形で，斜辺 BC=13 です． … $BC=\sqrt{5^2+12^2}$

さて，$x=$BH を辺としてもつ直角三角形 ABH に注目すると，
△ABH∽△CBA より，x は，既知である長さ 5 の

$\dfrac{短い方}{斜辺}$ 倍． … 「短い方」とは，斜辺以外の 2 辺のうちの短い方

これを頭に一時記憶して △CBA に目を移すと

$\dfrac{短い方}{斜辺}=\dfrac{5}{13}$.

∴ $x=5\cdot\dfrac{5}{13}=\dfrac{25}{13}$.

注意 上記の解答がチョットシンドイという人は，(1) の①' の要領で

$x:5=5:13$ … 「短い方：斜辺」を △ABH, △CBA の順に

と比例式を立てます．

類題 55 次の長さ x を求めよ．

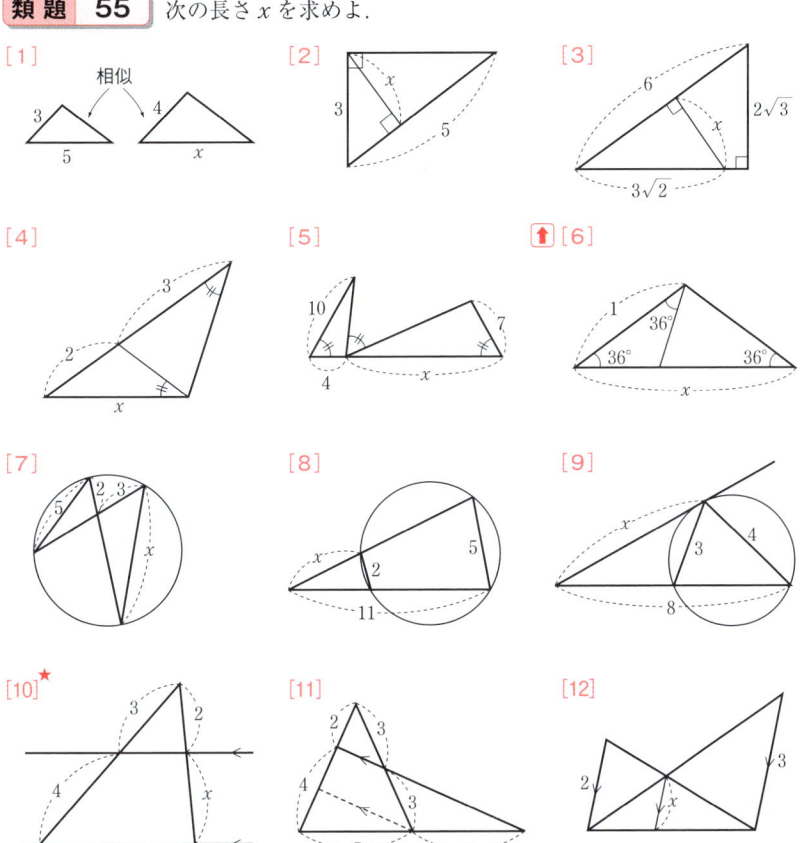

[1] 相似 (三角形 辺 3, 5 と 三角形 辺 4, x)

[2] 直角三角形，辺 3，斜辺に下ろした垂線 x，もう一辺 5

[3] 直角三角形，辺 6, x, $2\sqrt{3}$, $3\sqrt{2}$

[4] 辺 3, 2, x

[5] 10, 4, x, 7

[6] 1, 36°, 36°, 36°, x

[7] 円内 2, 3, 5, x

[8] 円内 x, 2, 5, 11

[9] 円と接線 3, 4, 8, x

[10]★ 平行線と 3, 2, 4, x

[11] 2, 3, 4, 3, x, 5

[12] 2, 3, x

(解答 ▶解答編 p.62)

$\rightarrow 11^2$

ITEM 56 直角三角形と三角比

三角関数は，一般には単位円を用いて定義されます(ITEM 44)が，鋭角のみを扱う場合には**直角三角形**を用いた定義もありますね．限られた状況でしか使わないとはいえ，直角三角形は，もちろん図形問題において超頻出ですから，こちらの定義にも完全に習熟しておかねばなりません．(なお，直角三角形による定義を使う際は，**三角比**と呼ぶ方が普通です．)

> **ここがツボ！** $_3P_2 = 6$ 通りの三角比が自在に操れるように．
> 順列　さて，何のことでしょう？？

基本確認

三角比

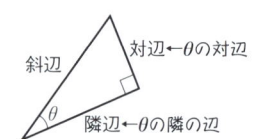

右図において
$$\cos\theta = \frac{隣辺}{斜辺},\ \sin\theta = \frac{対辺}{斜辺},\ \tan\theta = \frac{対辺}{隣辺}.$$

(注意)「底辺」とか「高さ」という言葉で覚えている人も多いと思いますが，実戦では直角三角形はいろんな向きに置かれていますから，あまり役立ちません．あくまでも「斜辺」「隣辺」「対辺」と覚えましょう．

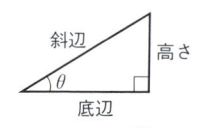

例題

次の(1)，(2)において，長さ x を角 θ の三角比を用いて表せ．

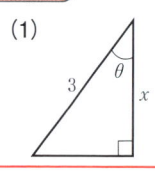

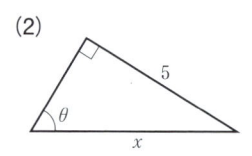

(1)　(2)

解説・解き方のコツ

(1) $\cos\theta = \dfrac{x}{3}$ … $\dfrac{隣辺}{斜辺}$

$\therefore\ x = 3\cos\theta.$

(補足) 右図において
$x = a\cos\theta,\ y = a\sin\theta$
であることは，瞬間にいえなくてはなりません．

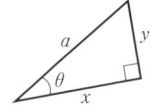

(2) $\sin\theta = \dfrac{5}{x}$ … $\dfrac{対辺}{斜辺}$　…①

$\therefore\ x = \dfrac{5}{\sin\theta}.$

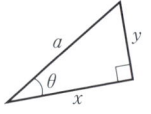

補足 できれば①を書かずに,「x を $\sin\theta$ 倍すると 5. だから 5 を $\sin\theta$ で割ると x」と行きたい所です。

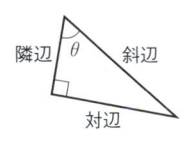

最終的には,直角三角形のある辺の長さを,他の 1 辺の長さと 1 つの鋭角の三角比で表す次の 6 つの式が,直接書けるようにしましょう。

隣辺 = 斜辺 × $\cos\theta$　　対辺 = 斜辺 × $\sin\theta$　　対辺 = 隣辺 × $\tan\theta$

斜辺 = $\dfrac{隣辺}{\cos\theta}$　　斜辺 = $\dfrac{対辺}{\sin\theta}$　　隣辺 = $\dfrac{対辺}{\tan\theta}$

これらが ${}_3P_2 = 6$ 通り

類題 56A 右の三角形において,$\cos\theta$,$\sin\theta$,$\tan\theta$ の値をそれぞれ求めよ。

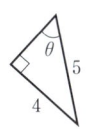

類題 56B 次の長さ x を,角 θ の三角比で表せ。

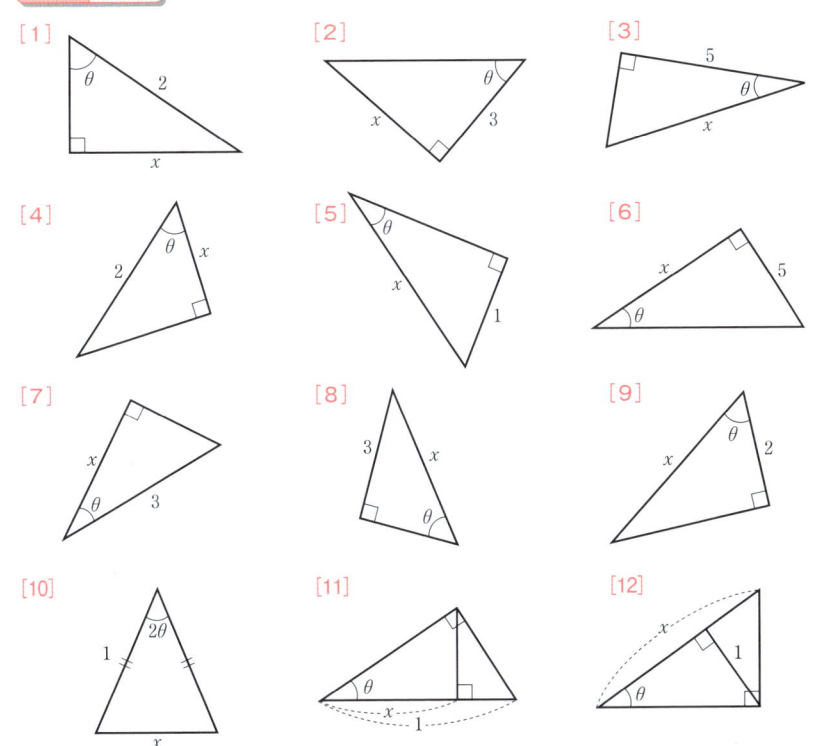

[1] [2] [3] [4] [5] [6] [7] [8] [9] [10] [11] [12]

(解答 ▶ 解答編 p.63)

ITEM 57 正弦定理

ある三角形において，与えられた辺の長さや角の大きさをもとに，他の辺や角を求める際，**正弦定理**と**余弦定理**が多用されます．そのうち正弦定理は，次の用途で使用されます．

sin のこと

> **ここがツボ！** 正弦定理は「2辺2角」または「1辺1角"R"」の関係式として使う．
>
> 外接円の半径

基本確認

正弦定理

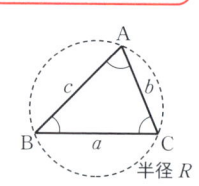

$$\frac{a}{\sin A} = \frac{b}{\sin B} = \frac{c}{\sin C} = 2R. \quad R \text{ は外接円の半径}$$

正弦定理の用途

❶ 向かい合う2組の辺・角の関係

$$\frac{a}{\sin A} = \frac{b}{\sin B} \quad \text{両辺とも "} 2R\text{"}$$

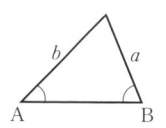

❷ 向かい合う1組の辺・角と R の関係

$$\frac{a}{\sin A} = 2R. \quad \text{「}R\text{」は外接円の半径}$$

半径 R

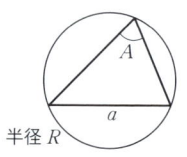

例題　次の問いに答えよ．

(1) 長さ x を求めよ．（三角形：5, x, 45°, 60°）

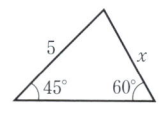

(2) 右の三角形の外接円の半径 R を求めよ．（三角形：30°, 3）

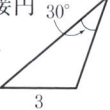

(3) $\triangle ABC$ において，$AB = 6$, $BC = 3\sqrt{2}$, $A = 30°$ のとき角 C を求めよ．

解説・解き方のコツ

(1) 「x と 45°」「5 と 60°」という2組の向かい合う辺・角の間に成り立つ関係式を，正弦定理によって作ります．

$$\frac{x}{\sin 45°} = \frac{5}{\sin 60°}.$$

$$\therefore \quad x = \frac{5}{\sin 60°} \sin 45°$$

$$= 5 \cdot \frac{2}{\sqrt{3}} \cdot \frac{1}{\sqrt{2}} = 5 \cdot \frac{\sqrt{2}}{\sqrt{3}} = \frac{5}{3}\sqrt{6}.$$

(2) 「3 と 30°」という向かい合う 1 組の辺・角と「外接円の半径 R」の間に成り立つ関係式を，正弦定理によって作ります．

$$\frac{3}{\sin 30°} = 2R. \qquad \therefore\ R = \frac{1}{2} \cdot \frac{3}{\sin 30°} = \frac{1}{2} \cdot \frac{3}{\frac{1}{2}} = \mathbf{3}.$$

注意 「外接円の半径」が問われていても，「正弦定理でチョン」と解けることが見抜けてしまえば，外接円そのものを図示する必要はありません．

---

(3) 「6 と C」「$3\sqrt{2}$ と 30°」という 2 組の向かい合う辺・角の間に成り立つ関係式を，正弦定理によって作ります．

$$\frac{6}{\sin C} = \frac{3\sqrt{2}}{\sin 30°}.$$

$$\therefore\ \sin C = \frac{6}{3\sqrt{2}} \sin 30°$$

$$= \frac{6}{3\sqrt{2}} \cdot \frac{1}{2} = \frac{1}{\sqrt{2}}.$$

これと $0° < C < 180°$ より，$C = \mathbf{45°},\ \mathbf{135°}$．

↑注意 実は，本問で与えられた条件は，三角形の決定条件：「2 辺とその間の角」(→ ITEM 54) にはなっていません．したがって，条件を満たす三角形が上の図のように 2 つ考えられ，角 C も 2 つ求まってしまったわけです．

類題 57 次の [1]〜[9] において，x を求めるか，もしくは θ で表せ．

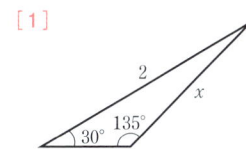

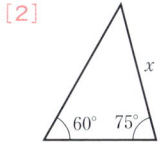

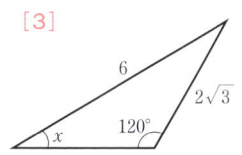

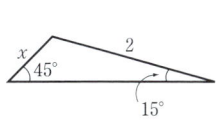

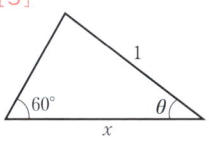

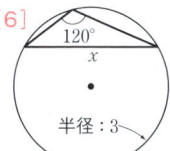

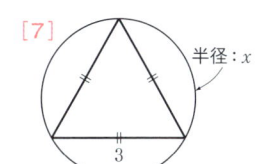

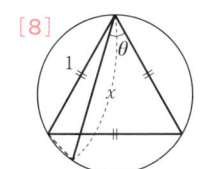

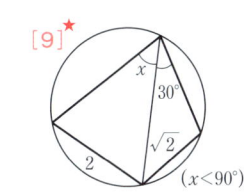

[1] [2] [3]

[4] [5] [6] 半径：3

[7] 半径：x [8] [9]★ ($x < 90°$)

ITEM 58 余弦定理

正弦定理の次は**余弦定理**です（「余弦」とは cos のこと）．正弦定理との，微妙な用途の違いを感じとれるようにしてください．

> **ここがツボ！** 余弦定理は，3辺と1角の関係．

基本確認

三角比 先頭と末尾は向かい合う辺・角

① $a^2 = b^2 + c^2 - 2bc\cos A$ …… 3辺と1角の関係

これを $\cos A$ について解くと

② $\cos A = \dfrac{b^2 + c^2 - a^2}{2bc}$ …… やはり，先頭と末尾は向かい合う角・辺

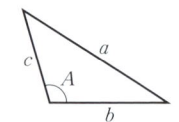

例題　次の x を求めよ．

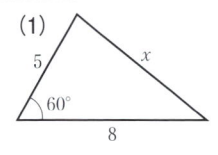

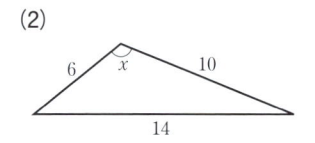

(1) 三角形：辺 5，8，x，角 $60°$

(2) 三角形：辺 6，10，14，角 x

(3) 三角形 ABC において，AB$=6$，BC$=3\sqrt{2}$，$A=30°$ のとき，$x=$CA．

解説・解き方のコツ

(1) 3辺の長さ 5, 8, x と，x と向かい合う角 $60°$ の関係を，余弦定理で作ります．

$$x^2 = 5^2 + 8^2 - 2 \times 5 \cdot 8 \cos 60°$$
$$= 25 + 64 - 2 \cdot 5 \cdot 8 \cdot \dfrac{1}{2} = 49.$$
$$\therefore\ x = \sqrt{49} = \mathbf{7}.$$

(2) まずは簡単な線分比にしてから．…… だって「三角比」っていうくらいですから

3辺の長さの比は ③：⑤：⑦ で，x は⑦と向かい合う角だから

$$7^2 = 3^2 + 5^2 - 2 \times 3 \cdot 5 \cos x$$
$$\therefore\ \cos x = \dfrac{3^2 + 5^2 - 7^2}{2 \cdot 3 \cdot 5}$$
$$= \dfrac{9 + 12 \cdot (-2)}{2 \cdot 3 \cdot 5}\ \cdots\ 5^2 - 7^2 = (5+7)(5-7)$$
$$= \dfrac{-15}{2 \cdot 3 \cdot 5} = -\dfrac{1}{2}.$$

これと $0° < x < 180°$ より

$$\therefore\ x = \mathbf{120°}.$$

→ $2 \cdot 63$ → $2 \cdot 3^2 \cdot 7$

(3) 3辺の長さ 6, $3\sqrt{2}$, x と1つの角 30° の間に成り立つ関係を, 余弦定理で作ります.

これは間違い！
$$x^2 = 6^2 + (3\sqrt{2})^2 - 2 \times 6 \cdot 3\sqrt{2} \cos 30° = \cdots$$
先頭の x と末尾の 30° が, 向かい合う辺と角になっていません！

正しい方法
$$(3\sqrt{2})^2 = x^2 + 6^2 - 2 \times 6x \cos 30°$$
$$18 = x^2 + 36 - 2 \cdot 6x \cdot \frac{\sqrt{3}}{2}$$
$$x^2 - 6\sqrt{3}x + 18 = 0.$$
$$\therefore\ x = 3\sqrt{3} \pm \sqrt{(3\sqrt{3})^2 - 1 \cdot 18}$$
$$= 3\sqrt{3} \pm \sqrt{27 - 18} = 3\sqrt{3} \pm 3.$$

(注意) 実は, 与えられた条件は前 ITEM 例題(3)とまったく同じです. 三角形の決定条件(2辺とその間の角)にはなっていないので長さ x も2つ求まってしまいます.（前 ITEM 例題(3)解説の図を参照してください）

類題 58A 次の長さ x を求めよ.

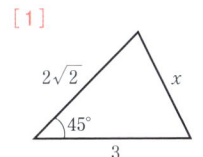

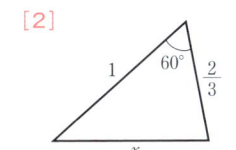

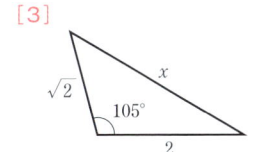

[1] 2辺 $2\sqrt{2}$, 3, 間の角 45°, 対辺 x

[2] 辺 1, $\frac{2}{3}$, 間の角 60°, 対辺 x

[3] 辺 $\sqrt{2}$, 2, 間の角 105°, 対辺 x

[4] △ABC において, AB=$3\sqrt{2}$, BC=$2\sqrt{3}$, $A=45°$ のとき, $x=$CA

類題 58B 次の[1]〜[3]において, $\cos x$ を求め, [1], [3]については角 x も求めよ.

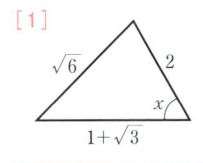

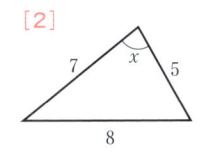

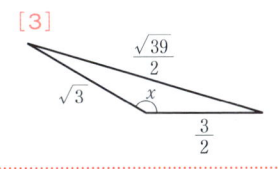

[1] 辺 $\sqrt{6}$, 2, $1+\sqrt{3}$, 角 x

[2] 辺 7, 5, 8, 角 x

[3] 辺 $\sqrt{3}$, $\frac{\sqrt{39}}{2}$, $\frac{3}{2}$, 角 x

| ITEM 59 | 面　積 |

本 ITEM は，ITEM 63 の内容を一部使用します．

よくわかった度チェック！ ① ② ③

　四角形でも五角形でも，対角線を引けば三角形に分割されます．つまり，多くの図形の面積は，**三角形に帰着**して求められるわけです．そこで，三角形の面積を，いかなる状況でも的確な方法で求められるようにしておきましょう．

> **ここがツボ！**　状況に応じて，様々な解法を使い分ける．

基本確認

三角形の面積

❶ （図：底辺 b，高さ h の三角形 ABC）

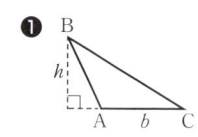

$\frac{1}{2} b \cdot h$ … 底辺×高さ÷2

❷ （図：$c \sin A$ を高さとする三角形）

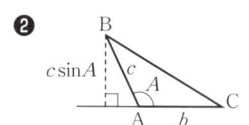

$\frac{1}{2} b \cdot c \sin A$ … 2辺夾角から求まる
（❶の h）

❸ （図：内接円をもつ三角形 ABC，辺 a, b, c）

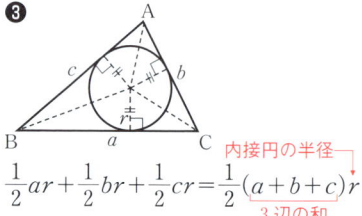

$\frac{1}{2}ar + \frac{1}{2}br + \frac{1}{2}cr = \frac{1}{2}(a+b+c)r$

内接円の半径 ─┘　　3辺の和

❹ **ヘロンの公式**

$s = \dfrac{a+b+c}{2}$ （3辺の長さの和の半分）

を用いて　　3辺の長さだけで求まる

$\sqrt{s(s-a)(s-b)(s-c)}$

注意　「$\frac{1}{2}$」はつかない！

❺ 右図のような2ベクトル $\vec{a}, \vec{b}$ で"張られる"三角形の面積は

$\frac{1}{2}\sqrt{|\vec{a}|^2|\vec{b}|^2 - (\vec{a}\cdot\vec{b})^2}$.

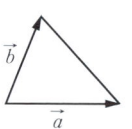

❻ 右図のような2ベクトルで"張られる"三角形の面積は

$\frac{1}{2}|a_1 b_2 - b_1 a_2|$.

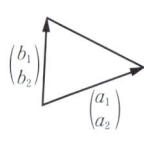

❺，❻ の証明は ITEM 67 で

例題　次の三角形の面積を求めよ．

(1) （図：三角形 ABC，AB = 4，AC = 5，BC = 6）

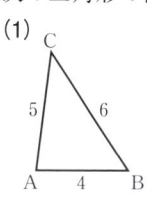

(2) （図：座標平面上の三角形 A(1,3)，B(5,1)，C(3,6)）

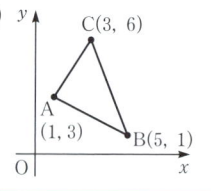

解説・解き方のコツ

(1) **解法1**　❷を用います．まず，余弦定理より

$\cos A = \dfrac{4^2 + 5^2 - 6^2}{2 \cdot 4 \cdot 5} = \dfrac{16 - 11}{2 \cdot 4 \cdot 5} = \dfrac{1}{8}$．

→ 4・32 → 2^7

9章　平面図形・三角比

$$\therefore \sin A = \sqrt{1-\cos^2 A} = \sqrt{1-\left(\frac{1}{8}\right)^2} = \sqrt{\frac{9}{8} \cdot \frac{7}{8}} = \frac{3}{8}\sqrt{7}.$$

$$\therefore \triangle ABC = \frac{1}{2} \cdot 4 \cdot 5 \sin A = \frac{1}{2} \cdot 4 \cdot 5 \cdot \frac{3}{8}\sqrt{7} = \frac{15}{4}\sqrt{7}.$$

解法2 ❹を用います．$\frac{4+5+6}{2} = \frac{15}{2}$ だから

$$\therefore \triangle ABC = \sqrt{\frac{15}{2}\left(\frac{15}{2}-4\right)\left(\frac{15}{2}-5\right)\left(\frac{15}{2}-6\right)}$$

$$= \sqrt{\frac{15}{2} \cdot \frac{7}{2} \cdot \frac{5}{2} \cdot \frac{3}{2}} = \frac{15}{4}\sqrt{7}.$$

注意 3辺の長さから面積を求める場合，本問では **解法2** の方が速いですが，いつもそうとは限りません．（→**類題** 59 [3]）

(2) **解法1** ❻を用います．$\vec{AB} = \begin{pmatrix} 4 \\ -2 \end{pmatrix}$, $\vec{AC} = \begin{pmatrix} 2 \\ 3 \end{pmatrix}$ だから

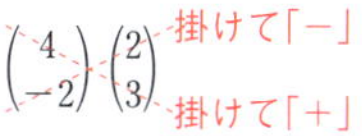

$\begin{pmatrix} 4 \\ -2 \end{pmatrix}\begin{pmatrix} 2 \\ 3 \end{pmatrix}$ 掛けて「−」 掛けて「＋」

$$\triangle ABC = \frac{1}{2}|4 \cdot 3 - 2 \cdot (-2)| = 8.$$

解法2 右図のように各点をとると，$M(3, 2)$ だから

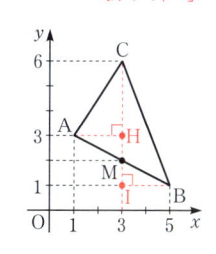

$$\triangle ABC = \frac{1}{2}CM \cdot AH + \frac{1}{2}CM \cdot BI$$

$$= \frac{1}{2}\underbrace{(6-2)}_{\text{共通底辺}}\underbrace{(5-1)}_{\text{高さの和}} = 8.$$

類題 59 次の三角形の面積を求めよ．（[9]は，内接円の半径 r も求めよ．）

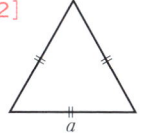

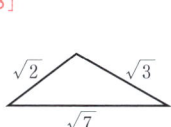

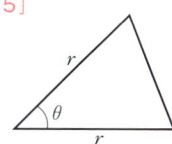

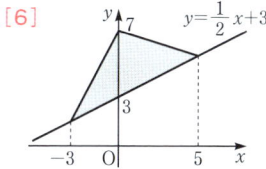

[1] （$135°$, 辺 2, 辺 3 の三角形）

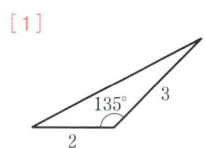

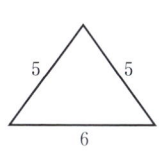

[2] （二等辺三角形，底辺 a）

[3] （辺 $\sqrt{2}$, $\sqrt{3}$, $\sqrt{7}$ の三角形）

[4] （辺 5, 5, 6 の二等辺三角形）

[5] （等辺 r, 挟角 θ の三角形）

[6] 直線 $y = \frac{1}{2}x + 3$ と $x = -3$, $x = 5$, y軸 で囲まれる三角形

[7] $B(2\cos\beta, 2\sin\beta)$, $A(\cos\alpha, \sin\alpha)$ ($0 < \alpha < \beta < \pi$)

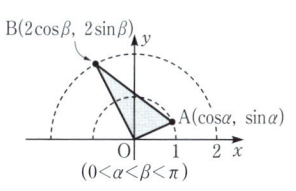

[8]★ 座標空間内で，3点
$A(-2, 0, 0)$, $B(-1, -2, 2)$, $C(-1, 0, 1)$
を頂点とする三角形．

[9]★ （辺 8, 5, 7 の三角形，内接円 半径 r）

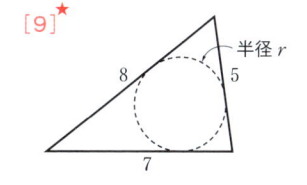

（解答▶解答編 p.66）

ITEM 60 　面積比

よくわかった度チェック！ ① ② ③

2つの三角形の面積比を求める練習です．比べやすい形は決まっていますから，しっかりと目に焼き付けてください．

ここがツボ！ 面積比が直接比べられるのは，"何か"が共通な三角形どうし．

基本確認

三角形の面積比

❶ 高さ共通 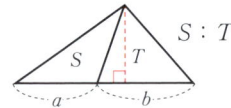
$S : T = a : b$ 　底辺の比

❷ 底辺共通 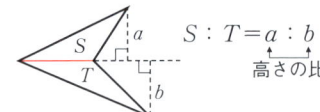
$S : T = a : b$ 　高さの比

❸ 角が共通 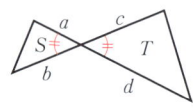
$S : T = ab : cd$ 　2辺の積

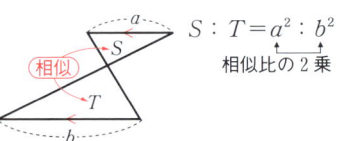

❹ 形状が同じ（相似）
$S : T = a^2 : b^2$ 　相似比の2乗

角の2等分線

❶ 内角の2等分線 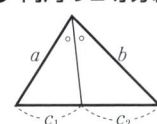
$c_1 : c_2 = a : b$

❷ 外角の2等分線 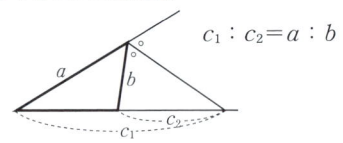
$c_1 : c_2 = a : b$

例題　次の面積比を求めよ．

(1) $S_1 : S_2$

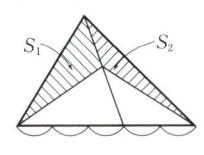

(2) $S_1 : S_2 : S_3 : S_4$

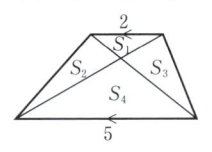

解説・解き方のコツ

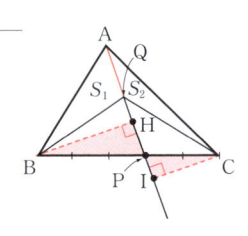

(1) 右図において，△ABQ と △ACQ を，共通な底辺 AQ をもつ三角形とみて，❷より
　　$S_1 : S_2 = BH : CI.$ 　…高さの比
ここで，△BHP∽△CIP より
　　$BH : CI = BP : CP = 3 : 2.$

→ 13·10 → 2·5·13

以上より，$S_1:S_2=\mathbf{3:2}.$

(補足) 実戦では，線分 BH などの補助線を引くことなく，一気に「$S_1:S_2=3:2$」が見抜けることが大切です．・・・ 解答編の類題 60 [4] 〔補足〕も参照

(2) 右図において，$\triangle\text{APD}\infty\triangle\text{CPB}$ …(＊)より 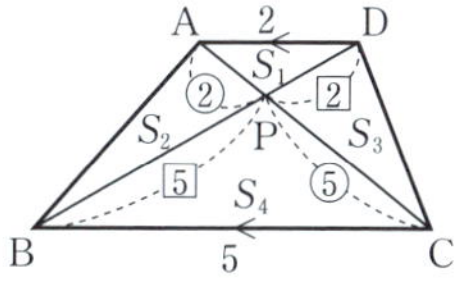
$\text{AP}:\text{PC}=\text{DP}:\text{PB}=2:5.$
よって❶より
$\begin{cases} S_1:S_3=S_2:S_4=②:⑤, \\ S_1:S_2=S_3:S_4=\boxed{2}:\boxed{5}. \end{cases}$
そこで $S_1=2a$ とおくと
$S_2=S_3=5a,\quad S_4=\dfrac{5}{2}S_2=\dfrac{25}{2}a.$
$\therefore\quad S_1:S_2:S_3:S_4=2:5:5:\dfrac{25}{2}=\mathbf{4:10:10:25}.$

(補足) $S_1:S_4$ は，(＊)と❹から直接 $2^2:5^2=4:25$ と求めることもできます．

類題 60 次の面積比 $S_1:S_2$ ([9]は $S_1:S_2:S_3$) を求めよ．

[1] [2] 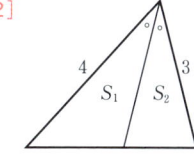 [3] 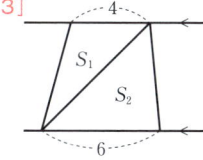
[4] 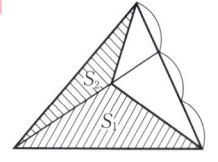 [5]★ 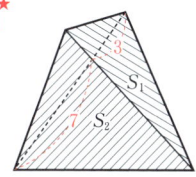 [6]★ 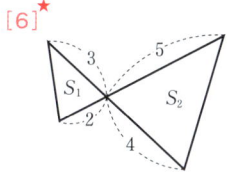
[7] 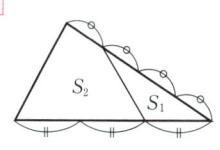 [8] 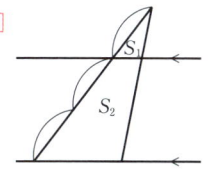 [9] 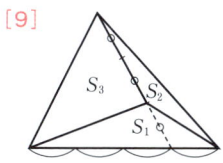
[10] 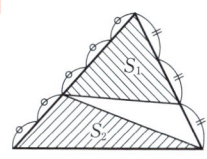 [11] 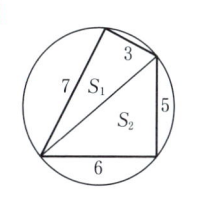 [12]⬆

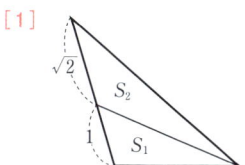

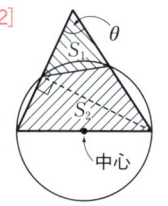

(解答▶解答編 p. 67)

ITEM 61 平面ベクトルの分解

よくわかった度チェック！ ① ② ③

ベクトルとは，「位置の違いを無視し，**向き**と**大きさ**で定まる矢印」であり，日常的な概念である**移動**と似ています．

本 ITEM は，平面上のベクトルを，平行でない2つのベクトルを用いて表す練習です．始点から終点への「移動」をイメージしながら，向きと大きさを考えましょう．

> **ここがツボ！** 始点から終点への移動の仕方を考えて．

基本確認

ベクトルの基礎

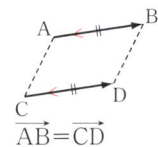

相等
$\vec{AB} = \vec{CD}$

実数倍

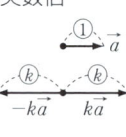

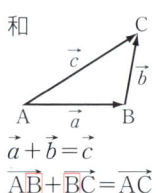

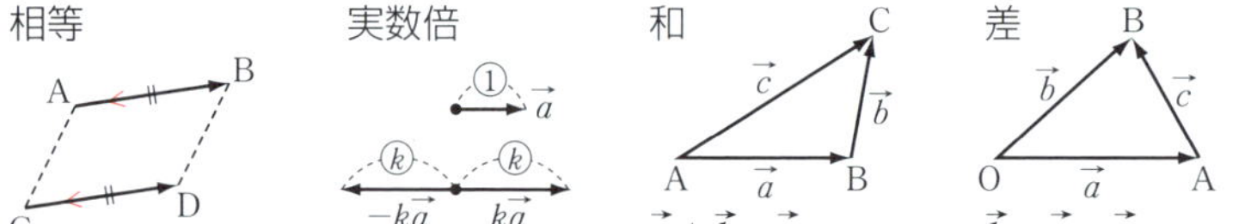

和
$\vec{a} + \vec{b} = \vec{c}$
$\vec{AB} + \vec{BC} = \vec{AC}$

差
$\vec{b} - \vec{a} = \vec{c}$
$\vec{OB} - \vec{OA} = \vec{AB}$

ベクトルの分解（平面）

ある平面 α 上の任意のベクトル $\vec{p}$ は，α 上の（$\vec{0}$ でなく）平行でない**2つ**のベクトル $\vec{a}$, $\vec{b}$ により

$\vec{p} = s\vec{a} + t\vec{b}$ 「ただ1通りに」の意

の形に表せ，しかもこの (s, t) の値は一意的に定まる．

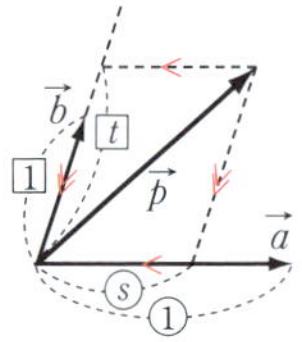

中点，内分点

M が線分 AB の中点のとき $\vec{OM} = \dfrac{\vec{OA} + \vec{OB}}{2}$.

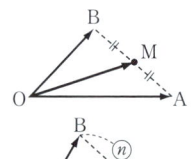

P が線分 AB を $m : n$（m, n は正）に内分するとき

$\vec{OP} = \dfrac{n\vec{OA} + m\vec{OB}}{m + n}$ … 分子での m, n の順序に注意

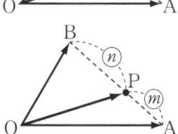

例題 右図の平行四辺形 OACB において，次の(1)〜(3)を $\vec{a}(=\vec{OA})$, $\vec{b}(=\vec{OB})$ で表せ．
(1) $\vec{OP}$ (2) $\vec{BP}$ (3) $\vec{OQ}$

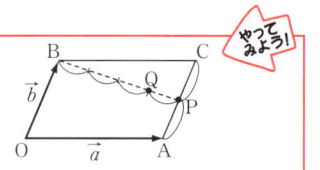

解説・解き方のコツ

注目 四角形 OACB は平行四辺形ですから，$\vec{BC} = \vec{OA} = \vec{a}$，$\vec{AC} = \vec{OB} = \vec{b}$ となります．つまり，平行四辺形の辺に沿う移動は，すべて $\vec{a}$, $\vec{b}$ の実数倍で表せます．

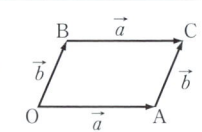

(1) 平行四辺形の辺に沿って O から P まで**移動**します．
$$\vec{OP} = \vec{OA} + \vec{AP}$$
　　　O → P の移動は，「O → A の移動」に「A → P の移動」を"継ぎ足す"
$$= \vec{a} + \frac{1}{2}\vec{b}.$$
　　　$\vec{AP}$ は，$\vec{AC} = \vec{b}$ と同じ向きで長さは $\frac{1}{2}$ 倍

(2) (1)で求めた $\vec{OP}$ を使うべく $\vec{BP}$ を**差**に**分解**して始点を O に変えます．
$$\vec{BP} = \vec{OP} - \vec{OB} \quad \cdots \text{(終点の位置ベクトル)} - \text{(始点の位置ベクトル)}$$
$$= \vec{a} + \frac{1}{2}\vec{b} - \vec{b} = \vec{a} - \frac{1}{2}\vec{b}.$$

補足 数直線上で，x が 5 から 2 まで変化するときの変化量(移動量)は
$$2 - 5 = -3$$
終わりの位置　　初めの位置

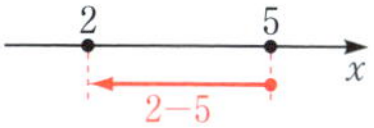

と計算されますね．上記の等式「$\vec{BP} = \vec{OP} - \vec{OB}$」もそれと同じ感覚で，「$\vec{BP}$ は B から P までの移動だから，終点 P の位置ベクトルから始点 B の位置ベクトルを引く」と覚えるとよいでしょう．

別解 (1)と同様に，和に分解しても求まります．ただし，一番近道で．
$$\vec{BP} = \vec{BC} + \vec{CP} = \vec{a} - \frac{1}{2}\vec{b}. \quad \vec{CP} \text{は，} \vec{AC} = \vec{b} \text{ と反対向きで長さは } \frac{1}{2} \text{ 倍}$$

(3) (1)の結果と内分点公式を用います．
Q は線分 BP を 3 : 1 に内分するから
$$\vec{OQ} = \frac{1 \cdot \vec{OB} + 3\vec{OP}}{3 + 1} \quad \text{「内分点公式では」両辺の始点はすべて統一！} \quad \cdots ①$$
$$= \frac{\vec{OB} + 3\vec{OP}}{4} = \frac{1}{4}\left\{\vec{b} + 3\left(\vec{a} + \frac{1}{2}\vec{b}\right)\right\} = \frac{3}{4}\vec{a} + \frac{5}{8}\vec{b}.$$

別解 (2)の結果を利用することもできます．
$$\vec{OQ} = \vec{OB} + \vec{BQ}$$
$$= \vec{OB} + \frac{3}{4}\vec{BP} \quad \cdots \vec{BP} \text{ を } \vec{OP} - \vec{OB} \text{ と分解すると①(内分点公式)になる}$$
$$= \vec{b} + \frac{3}{4}\left(\vec{a} - \frac{1}{2}\vec{b}\right) = \frac{3}{4}\vec{a} + \frac{5}{8}\vec{b}.$$

類題 61 次の □ に適当な実数を当てはめよ．

[1] $\vec{OP} = \boxed{}\vec{OA}.$　　$\vec{OQ} = \boxed{}\vec{OA} + \boxed{}\vec{OB}.$
　　$\vec{PQ} = \boxed{}\vec{OA} + \boxed{}\vec{OB}.$

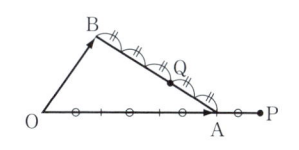

[2] $\vec{AP} = \boxed{}\vec{AB}.$　　$\vec{OP} = \vec{OA} + \boxed{}\vec{AB}.$
　　$\vec{OP} = \boxed{}\vec{OA} + \boxed{}\vec{OB}.$

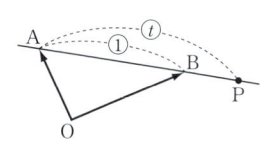

ITEM 62 空間ベクトルの分解

今度は空間内でのベクトルの分解です．平面との違いは，「空間＝3次元」ですから，3つのベクトルを用いるという点だけです．

> **ここがツボ！** 空間といえども，結局ほとんどは平面上で考える．

基本確認

ベクトルの分解（空間）

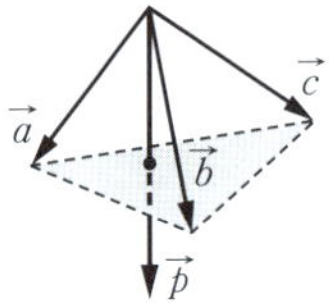

空間内の任意のベクトル $\vec{p}$ は，始点をそろえたときに同一平面上にない **3つ** のベクトル $\vec{a}, \vec{b}, \vec{c}$ により

$$\vec{p} = s\vec{a} + t\vec{b} + u\vec{c}$$

の形に表せ，しかもこの (s, t, u) の値は一意的に定まる．
　　　　　　　　　「ただ1通りに」の意

重心

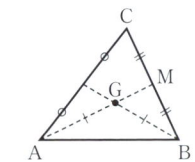

三角形 ABC の**重心** G とは，2本の中線の交点であり，

$$\overrightarrow{OG} = \frac{\overrightarrow{OA} + \overrightarrow{OB} + \overrightarrow{OC}}{3} \quad \cdots ❶ \quad \text{どの2本でもよい}$$

（証明） G は中線 AM を 2：1 に内分するから

$$\overrightarrow{AG} = \frac{2}{3}\overrightarrow{AM} = \frac{2}{3} \cdot \frac{\overrightarrow{AB} + \overrightarrow{AC}}{2} = \frac{\overrightarrow{AB} + \overrightarrow{AC}}{3} \quad \cdots \text{この形も「公式」} \quad \cdots ❷$$

すべての始点を**任意の点** O に変えて整理すると ❶ を得る．

（注意） 上記証明過程からわかるように，この公式の始点 O は，空間内の**任意の点**である．（三角形 ABC を含む平面内になくてもよい！）

（参考） ❶ の始点 O は任意の点なので，重心 G 自身を始点にとると
$\overrightarrow{GA} + \overrightarrow{GB} + \overrightarrow{GC} = \vec{0}$．

例題 右下の四面体 OABC において，次の (1)〜(3) をそれぞれ $\vec{a}(=\overrightarrow{OA})$, $\vec{b}(=\overrightarrow{OB})$, $\vec{c}(=\overrightarrow{OC})$ で表せ．

(1) $\overrightarrow{OP}$（P は三角形 OBC の重心）

(2) $\overrightarrow{OQ}$（Q は線分 AP を 3：1 に内分）

(3) $\overrightarrow{OR}$（R は線分 OQ を 4：1 に外分）

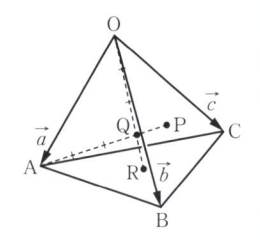

解説・解き方のコツ

(1) 重心に関する公式のうち ❷ を用います．
　　 P は三角形 OBC の重心だから

$$\vec{OP} = \frac{1}{3}(\vec{OB}+\vec{OC}) \quad \text{…始点はすべて O に統一されている}$$
$$= \frac{1}{3}(\vec{b}+\vec{c}).$$

参考 P は平面 OBC 上の点ですから,
$$\vec{OP} = s\vec{b}+t\vec{c}$$
の形に(一意的に)表されるのでしたね.

(2) 3 点 O, A, P を通る平面上で考えればよいので, 平面ベクトルで用いた内分点の公式は, ここでも同様に使えます.

Q は線分 AP を 3:1 に内分するから
$$\vec{OQ} = \frac{1\cdot\vec{OA}+3\vec{OP}}{3+1}$$
$$= \frac{\vec{OA}+3\vec{OP}}{4} = \frac{1}{4}\left\{\vec{a}+3\cdot\frac{1}{3}(\vec{b}+\vec{c})\right\} = \frac{1}{4}(\vec{a}+\vec{b}+\vec{c}).$$

(3) R は線分 OQ を 4:1 に外分するので, 右図のような位置関係になる.
よって
$$\vec{OR} = \frac{4}{3}\vec{OQ} \quad \text{…向きと大きさを考えて}$$
$$= \frac{4}{3}\cdot\frac{1}{4}(\vec{a}+\vec{b}+\vec{c}) = \frac{1}{3}(\vec{a}+\vec{b}+\vec{c}).$$

補足 つまり, R は三角形 ABC の重心です.

類題 62A 右の直方体において, 次のベクトルを, 図の $\vec{a}$, $\vec{c}$, $\vec{d}$ を用いて表せ.

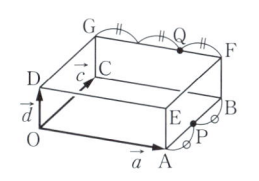

[1] $\vec{OF}$

[2] $\vec{OP}$

[3] $\vec{PQ}$

類題 62B 右の四面体 OABC について, 次の ☐ に適当な実数を当てはめよ. ただし, P は平面 ABC 上の点であり, PQ∥AC, PR∥AB とする.

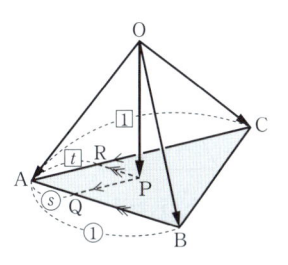

[1] $\vec{AP} = \boxed{}\vec{AB} + \boxed{}\vec{AC}$

[2] $\vec{OP} = \vec{OA} + \boxed{}\vec{AB} + \boxed{}\vec{AC}$

[3] $\vec{OP} = \boxed{}\vec{OA} + \boxed{}\vec{OB} + \boxed{}\vec{OC}$

(解答▶解答編 p.70)

ITEM 63 内積の基礎

ベクトルの**内積**は，図形量の中でもっとも基本となる2つ：「長さ」と「角」を用いて定義されますから，図形量を求める問題などで威力を発揮します．本 ITEM では，内積の定義を正しく理解し，図形問題へ活用できるよう準備します．

> **ここがツボ！** 2ベクトルの「なす角」は，始点をそろえて測る．

基本確認

内積の定義

2ベクトル $\vec{a}, \vec{b}$ の**なす角**を θ とするとき，$\vec{a}$ と $\vec{b}$ の**内積**とは

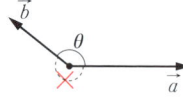

❶ $\vec{a} \cdot \vec{b} = |\vec{a}||\vec{b}| \cos \theta$ …… (長さ)(長さ)(角)

(注意1) 2ベクトルのなす角 θ は，**始点をそろえて**できる角のうち 180°以下の角とする．よって θ の範囲は，$0° \leq \theta \leq 180°$ に限られる．

(注意2) 内積は，ベクトルではなく，**実数**である．

余弦定理と内積 （符号は正・負両方とも考えられる）

❷ $a^2 = b^2 + c^2 - 2bc \cos A$
　　　　　　　　　　　$\underbrace{}_{\overrightarrow{AC} \cdot \overrightarrow{AB}}$

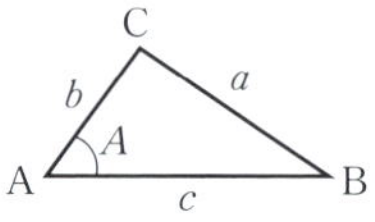

(補足) この関係によって次の❸が導かれます．

内積と成分　（教科書で調べておこう）

❸ $\begin{pmatrix} x_1 \\ y_1 \end{pmatrix} \cdot \begin{pmatrix} x_2 \\ y_2 \end{pmatrix} = x_1 x_2 + y_1 y_2$　　$\begin{pmatrix} x_1 \\ y_1 \\ z_1 \end{pmatrix} \cdot \begin{pmatrix} x_2 \\ y_2 \\ z_2 \end{pmatrix} = x_1 x_2 + y_1 y_2 + z_1 z_2$

(注意) ベクトルを成分表示するときには $\begin{pmatrix} x \\ y \end{pmatrix}$ のように成分を縦に並べるのが（数学一般では）本式であり，何かと有利なので本書ではこのスタイルを用います．また，ベクトルの内積を $\begin{pmatrix} x_1 \\ y_1 \end{pmatrix} \cdot \begin{pmatrix} x_2 \\ y_2 \end{pmatrix}$ のように成分表示の形で書くのは正式な表現ではありませんが，使っても支障はないでしょう．

例題 次の内積の値を求めよ．

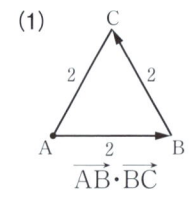

(1) $\overrightarrow{AB} \cdot \overrightarrow{BC}$ （正三角形，各辺 2）

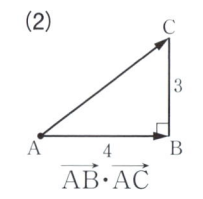

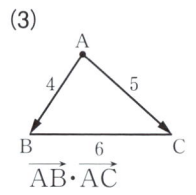

(2) $\overrightarrow{AB} \cdot \overrightarrow{AC}$ （直角三角形，AB=4, BC=3, ∠B=90°）

(3) $\overrightarrow{AB} \cdot \overrightarrow{AC}$ （△ABC，AB=4, AC=5, BC=6）

(4) xy 平面上で A$(-1, 1)$, B$(1, 6)$, C$(2, 0)$ のとき，$\overrightarrow{AB} \cdot \overrightarrow{AC}$

10章 ベクトル

解説・解き方のコツ

(1) **注意** $\vec{AB}\cdot\vec{BC}=2\cdot2\cos 60°=\cdots$ としてはいけません．
　　　　　実は，$\vec{AB}$ と $\vec{BC}$ の「なす角」は $60°$ ではないのです．
$\vec{AB}$ と $\vec{BC}$ は始点が異なりますから，右図のように $\vec{BC}$ を平行移動して始点をそろえた上で2ベクトルの「なす角」を測らなければなりません！ 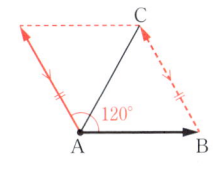
$$\vec{AB}\cdot\vec{BC}=2\cdot2\cos 120°=2\cdot2\cdot\frac{-1}{2}=\mathbf{-2}.$$

(2) $\vec{AB}\cdot\vec{AC}=|\vec{AB}||\vec{AC}|\cos A.$
ここで，直角三角形 ABC に注目すると，
$$AC\cos A=AB=4.$$
$$\therefore\quad \vec{AB}\cdot\vec{AC}=4\cdot4=\mathbf{16}.$$

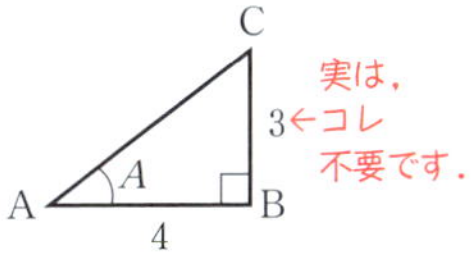

注意 $AC(=5)$，$\cos A\left(=\dfrac{4}{5}\right)$ 各々の値はわからなくてもいいわけです．

↑補足 「正射影ベクトル」を知っていれば，"一瞬"です．（→ITEM 67）

(3) 3辺の長さが与えられていますから，**余弦定理**で $\cos\angle CAB$ を求め，内積の定義❶を用いて $\vec{AB}\cdot\vec{AC}$ を求めることもできます．しかし，❷を見れば，もっと近道があることがわかりますね．

余弦定理より　$6^2=4^2+5^2-2\times\underbrace{4\cdot5\cos A}_{\vec{AB}\cdot\vec{AC}}.$

$$\therefore\quad \vec{AB}\cdot\vec{AC}=\frac{4^2+5^2-6^2}{2}=\frac{16+11\cdot(-1)}{2}=\mathbf{\frac{5}{2}}.$$

(4) 成分公式❸を使います．
$$\vec{AB}=\begin{pmatrix}2\\5\end{pmatrix},\ \vec{AC}=\begin{pmatrix}3\\-1\end{pmatrix}.$$
$$\therefore\quad \vec{AB}\cdot\vec{AC}=2\cdot3+5\cdot(-1)=\mathbf{1}.$$

参考 より本格的な成分による内積計算を，ITEM 65 で扱います．

類題 63 次の内積の値を求めよ．

[1] $\vec{AB}\cdot\vec{AC}$ （$AC=2$，$\angle A=135°$，$AB=3$）

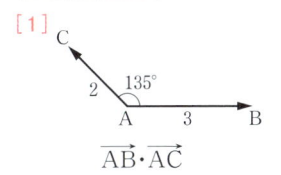

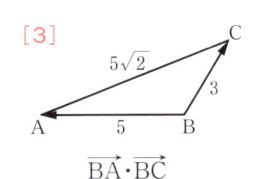

[2] $\vec{AB}\cdot\vec{BC}$ （$AB=3$，$\angle B=120°$，$BC=5$）

[3] $\vec{BA}\cdot\vec{BC}$ （$BA=5\sqrt{2}$，$AB=5$，$BC=3$）

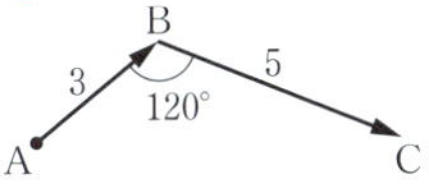

[4] xy 平面上で $O(0,\ 0)$，$A(\cos\alpha,\ \sin\alpha)$，$B(\cos\beta,\ \sin\beta)$ のとき，$\vec{OA}\cdot\vec{OB}$

（解答 ▶ 解答編 p.70）

ITEM 64 内積の演算

よくわかった度チェック！
① ② ③

「内積」は，前 ITEM で述べたように図形の計量に役立ち，しかも下記の演算規則に従えば計算が機械的に行えますから，図形が苦手な人でもカンやヒラメキに頼らずに図形が処理できる強力なツールです．しっかり計算練習しましょう！

> **ここがツボ！** 文字中心に計算するか，ベクトル中心で行くか．

基本確認

内積の演算　　前 ITEM の❸（成分公式）から導かれます

❶ $\vec{a} \cdot (\vec{b}+\vec{c}) = \vec{a} \cdot \vec{b} + \vec{a} \cdot \vec{c}$，$(\vec{a}+\vec{b}) \cdot \vec{c} = \vec{a} \cdot \vec{c} + \vec{b} \cdot \vec{c}$

❷ $\vec{a} \cdot \vec{b} = \vec{b} \cdot \vec{a}$

❸ $\vec{a} \cdot \vec{a} = |\vec{a}|^2$　　$|\vec{a}||\vec{a}|\cos 0°$

❶，❷は普通の文字式の計算と一緒！

例題　$|\vec{a}|=3$, $|\vec{b}|=2$, $\vec{a} \cdot \vec{b} = -1$ のとき，次の問いに答えよ．

(1) $|\vec{a}+3\vec{b}|$ を求めよ．

(2) $\{\vec{a}+t(\vec{b}-\vec{a})\} \cdot (\vec{b}-\vec{a}) = 0$ となる t の値を求めよ．

やってみよう！

解説・解き方のコツ

(1) ベクトルの「大きさ」は，**だまって2乗**しましょう．そうすれば，公式❸を用いて「内積」に早変わりです（つまり公式❸は，「長さ」を「内積」に変える重要公式！）．そして内積は，公式❶，❷を用いて普通の文字式と同じように"展開"し，$\vec{a} \cdot \vec{b}$ や $|\vec{a}|^2$ などの"パーツ"に分解することができます！

長さ　　　　　　　　　　内積
$|\vec{a}+3\vec{b}|^2 = (\vec{a}+3\vec{b}) \cdot (\vec{a}+3\vec{b})$　…①　　　$(a+3b)^2$
　　　　　$= |\vec{a}|^2 + 6\vec{a} \cdot \vec{b} + 9|\vec{b}|^2$　…②　　$= a^2 + 6ab + 9b^2$
　　　　　$= 9 + 6 \cdot (-1) + 9 \cdot 4 = 39$．　ほとんど一緒

∴ $|\vec{a}+3\vec{b}| = \sqrt{39}$．

(注意) 展開したときに現れる $\vec{a}$ どうしの内積 $\vec{a} \cdot \vec{a}$ を $\vec{a}^2$ と書いてはいけません．必ず $|\vec{a}|^2$（大きさの2乗）と書いてください．それから $\vec{a}\vec{b}$ もダメ．内積には必ず「・」を打つように！

(注意) 実際には，①のように「$\vec{a}+3\vec{b}$」を2度書くのはメンドウなので，この式は普通紙には書きません．でも頭の中では必ず一瞬思い浮かべること．くれぐれも「ベクトルの大きさって展開できるんだ」なんてカンチガイしちゃダメですよ！

(2) **解法1** ベクトル $\vec{a}$, $\vec{b}$ について整理して,

$$\{\vec{a}+t(\vec{b}-\vec{a})\}\cdot(\vec{b}-\vec{a})$$
$$=\{(1-t)\vec{a}+t\vec{b}\}\cdot(\vec{b}-\vec{a}) \quad \text{…} t が2か所に散らばった \quad \text{…③}$$
$$=(t-1)|\vec{a}|^2+(1-2t)\vec{a}\cdot\vec{b}+t|\vec{b}|^2 \quad \text{…} t が3か所$$
$$=(t-1)\cdot 9+(1-2t)(-1)+t\cdot 4 \quad \text{このあと同類項を集めるのが面倒}$$
$$=15t-10=0. \quad \therefore\ t=\frac{2}{3}.$$

解法2 求める未知数 t について整理された形のままで.

$$\{\vec{a}+t(\vec{b}-\vec{a})\}\cdot(\vec{b}-\vec{a}) \quad \text{…} t を集めたままで展開していく$$
$$=\vec{a}\cdot(\vec{b}-\vec{a})+t|\vec{b}-\vec{a}|^2 \quad \text{…} (\vec{b}-\vec{a})\cdot(\vec{b}-\vec{a})=|\vec{b}-\vec{a}|^2$$
$$=\vec{a}\cdot\vec{b}-|\vec{a}|^2+t(|\vec{b}|^2-2\vec{a}\cdot\vec{b}+|\vec{a}|^2) \quad \text{…④}$$
$$=-1-9+t(4+2+9)$$
$$=-10+15t=0. \quad \therefore\ t=\frac{2}{3}.$$

補足 本問では,文字 t について整理されていたので,**解法2** の方が有利です.ただし,④式をマジメに書くと面倒ですから,内積を展開して「$|\vec{a}|^2$」とか「$\vec{a}\cdot\vec{b}$」が出てきたら,これらは紙に書かずにイキナリ「($3^2=9$)」や「-1」を代入してしまいます.なお,問題が③のようにベクトル $\vec{a}$, $\vec{b}$ について整理されていれば,**解法1** でも大差ないかも.状況に応じて使い分けましょう.

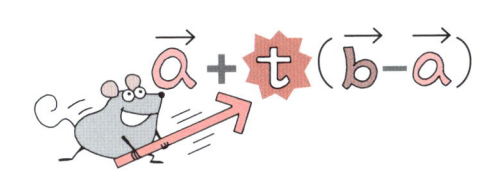

類題 64A $|\vec{a}|=2$, $|\vec{b}|=\sqrt{3}$, $\vec{a}\cdot\vec{b}=3$ のとき,次の問いに答えよ.

[1] $|\vec{b}-\vec{a}|$ を求めよ. [2] $\left(\dfrac{\vec{a}}{2}-\vec{b}\right)\cdot\left(\dfrac{2}{3}\vec{b}-\vec{a}\right)$ を求めよ.

[3] $\left\{\dfrac{t}{2}\vec{a}+(1-t)\vec{b}\right\}\cdot\left\{(1-t)\vec{a}+\dfrac{2}{3}t\vec{b}\right\}=0$ を満たす t の値を求めよ.

[4] $\left|\vec{a}+t\left(\dfrac{2}{3}\vec{b}-\vec{a}\right)\right|$ の最小値を求めよ.

類題 64B $|\vec{a}|=|\vec{b}|=|\vec{c}|=1$, $\vec{a}\cdot\vec{b}=\vec{b}\cdot\vec{c}=\vec{c}\cdot\vec{a}=\dfrac{1}{2}$ のとき,次の問いに答えよ.

[1] $\left|\dfrac{\vec{a}+\vec{b}+\vec{c}}{3}\right|$ を求めよ. [2] $|(1-2t)\vec{a}+t\vec{b}+t\vec{c}|$ の最小値を求めよ.

(解答 ▶ 解答編 p.71)

ITEM 65 内積の計算（成分）

成分表示されたベクトルどうしの内積は，どんなものでも下記❹（成分公式）だけで計算することが可能です．しかし，前 ITEM で扱った下記❶〜❸も使えばダンゼン簡単になることがよくあります！これらもうまく併用しましょう．

> **ここがツボ！** 文字をなるべく集めた状態で計算するべし．

【基本確認】

内積の演算　ITEM 64, 63 から再録

❶ $\vec{a}\cdot(\vec{b}+\vec{c})=\vec{a}\cdot\vec{b}+\vec{a}\cdot\vec{c},\ (\vec{a}+\vec{b})\cdot\vec{c}=\vec{a}\cdot\vec{c}+\vec{b}\cdot\vec{c}$

❷ $\vec{a}\cdot\vec{b}=\vec{b}\cdot\vec{a}$　　❸ $\vec{a}\cdot\vec{a}=|\vec{a}|^2$

内積と成分

❹ $\begin{pmatrix}x_1\\y_1\end{pmatrix}\cdot\begin{pmatrix}x_2\\y_2\end{pmatrix}=x_1x_2+y_1y_2$　　$\begin{pmatrix}x_1\\y_1\\z_1\end{pmatrix}\cdot\begin{pmatrix}x_2\\y_2\\z_2\end{pmatrix}=x_1x_2+y_1y_2+z_1z_2$

【例題】次の問いに答えよ．

(1) $\left\{\begin{pmatrix}2\\1\\-1\end{pmatrix}+t\begin{pmatrix}1\\-3\\1\end{pmatrix}\right\}\cdot\begin{pmatrix}1\\-3\\1\end{pmatrix}=0$ を満たす t を求めよ．

(2) ベクトルの大きさ $\left|\begin{pmatrix}2\\1\\-1\end{pmatrix}+t\begin{pmatrix}1\\-3\\1\end{pmatrix}\right|$ を t で表せ．

解説・解き方のコツ

(1)【へたな方法】

$\left\{\begin{pmatrix}2\\1\\-1\end{pmatrix}+t\begin{pmatrix}1\\-3\\1\end{pmatrix}\right\}\cdot\begin{pmatrix}1\\-3\\1\end{pmatrix}=\begin{pmatrix}2+t\\1-3t\\-1+t\end{pmatrix}\cdot\begin{pmatrix}1\\-3\\1\end{pmatrix}$　← t をワザワザばら撒いて…

$=(2+t)-3(1-3t)+(-1+t)$　← 成分公式❹だけに固執するから…

$=11t-2$　← 再び t を集め直す2度手間！

$=0.\ \ \therefore\ t=\dfrac{2}{11}.$

【正しい方法】（頭の中で）$\begin{pmatrix}2\\1\\-1\end{pmatrix}$ を $\vec{a}$，$\begin{pmatrix}1\\-3\\1\end{pmatrix}$ を $\vec{b}$ とみなし，❶も使えば，t を1か所に集めたまま計算できます．

$$\left\{\begin{pmatrix}2\\1\\-1\end{pmatrix}+t\begin{pmatrix}1\\-3\\1\end{pmatrix}\right\}\cdot\begin{pmatrix}1\\-3\\1\end{pmatrix}$$

　　　　$(\vec{a}\ +t\ \vec{b})\ \cdot\ \vec{b}$

$$=\begin{pmatrix}2\\1\\-1\end{pmatrix}\cdot\begin{pmatrix}1\\-3\\1\end{pmatrix}+t\left|\begin{pmatrix}1\\-3\\1\end{pmatrix}\right|^2$$

　　　$\vec{a}\ \cdot\ \vec{b}\ +t\ |\vec{b}|^2$

🧽 $=(2-3-1)+t(1+9+1)$ … **t で整理された形が直接得られる**

　　$=-2+11t=0.$　∴　$t=\dfrac{2}{11}.$

(2) 求める大きさを L とおくと

$$L^2=\left|\begin{pmatrix}2\\1\\-1\end{pmatrix}+t\begin{pmatrix}1\\-3\\1\end{pmatrix}\right|^2$$ … **長さは2乗して内積にする**

　　$|\vec{a}\ +t\ \vec{b}|^2=(\vec{a}+t\vec{b})\cdot(\vec{a}+t\vec{b})$

$$=\left|\begin{pmatrix}2\\1\\-1\end{pmatrix}\right|^2+2t\begin{pmatrix}2\\1\\-1\end{pmatrix}\cdot\begin{pmatrix}1\\-3\\1\end{pmatrix}+t^2\left|\begin{pmatrix}1\\-3\\1\end{pmatrix}\right|^2$$

　　$|\vec{a}|^2\ +\ \ 2t\ \vec{a}\cdot\vec{b}\ \ \ +t^2\ |\vec{b}|^2$

🧽 $=(4+1+1)+2t(2-3-1)+t^2(1+9+1)$

　　$=6-4t+11t^2.$ … **慣れれば一気に t の2次関数が出来上がり！**

　　∴　$L=\sqrt{6-4t+11t^2}.$

類題 65A 次の2ベクトルが垂直になるような t の値を求めよ.

[1] $\begin{pmatrix}4\\0\\-1\end{pmatrix}+t\begin{pmatrix}2\\-1\\1\end{pmatrix}$ と $\begin{pmatrix}2\\-1\\1\end{pmatrix}$　[2] $\begin{pmatrix}2t\\3-t\\1\end{pmatrix}$ と $\begin{pmatrix}t+2\\-1\\t-1\end{pmatrix}$　[3] $\begin{pmatrix}\frac{t}{2}-1\\5+t\\1-\frac{t}{2}\end{pmatrix}$ と $\begin{pmatrix}\frac{t}{2}-1\\1-\frac{t}{2}\\5-t\end{pmatrix}$

類題 65B 次のベクトルの大きさの最小値を求めよ.

[1] $\vec{a}=\begin{pmatrix}2t+3\\-t+2\\t-1\end{pmatrix}$　[2] $\vec{b}=\begin{pmatrix}3t+2\\4-t\end{pmatrix}$　[3] $\vec{c}=\begin{pmatrix}2\\0\\-1\end{pmatrix}+t\begin{pmatrix}2\\-1\\1\end{pmatrix}$

類題 65C ベクトル $\begin{pmatrix}1\\1\\3\end{pmatrix}+\alpha\begin{pmatrix}2\\1\\1\end{pmatrix}+\beta\begin{pmatrix}1\\2\\2\end{pmatrix}$ がベクトル $\begin{pmatrix}2\\1\\1\end{pmatrix}$, $\begin{pmatrix}1\\2\\2\end{pmatrix}$ のいずれとも垂直になる

ような $\alpha,\ \beta$ の値を求めよ.

（解答▶解答編 p. 72, 73）

ITEM 66 向きと長さからベクトルを作る

本 ITEM では，ITEM 68 の内容を一部使います．

ベクトルとは，「位置の違いを無視し，**向き**と**大きさ**で定まる矢印」でした．ですから，「**向き**」と「**大きさ**」**からベクトルを作る**という作業は，「ベクトル」においてもっとも**基本的**なものなのですが，だからこそよく**理解**していないと正しく実行できません．
　また，この作業は（とくに理系入試においては）ベクトル以外の分野の問題においてもさかんに使用されますから，完璧にこなせるようにしておきましょう．
　ベクトルは，向きと大きさで始まり，向きと大きさで終わるのですね！

> **ここがツボ！** ベクトルの作り方の基本は，（符号付長さ）×（単位ベクトル）

基本確認

単位ベクトル

ベクトル $\vec{a}$ を，自分自身の大きさで割った $\dfrac{\vec{a}}{|\vec{a}|}$ は，$\vec{a}$ と「同じ向き」の**単位ベクトル**である．

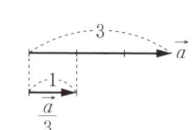

長さと偏角

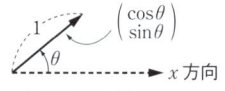

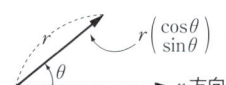

$1\begin{pmatrix}\cos\theta \\ \sin\theta\end{pmatrix}$ 　　 $r\begin{pmatrix}\cos\theta \\ \sin\theta\end{pmatrix}$ 　　ITEM 43, 44 参照

垂直なベクトル

xy 平面上で，ベクトル $\begin{pmatrix}a \\ b\end{pmatrix}$ に垂直で長さが等しいベクトルの 1 つは $\begin{pmatrix}b \\ -a\end{pmatrix}$．　x 成分と y 成分を入れ換えて片方に「$-$」

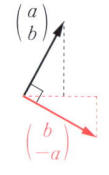

例題　次のベクトル $\vec{u}$（および $\vec{v}$）を成分で表せ．

(1) $y=2x+3$ のグラフ上に $\vec{u}$（長さ5），$\vec{v}$（x 成分 3）

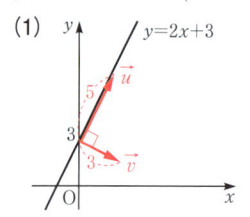

(2) $\dfrac{\pi}{2} < \alpha < \pi$，長さ 3 の $\vec{u}$

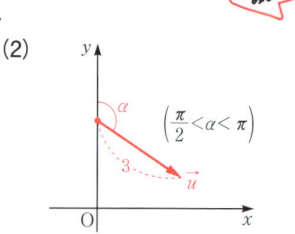

解説・解き方のコツ

(1) 傾きが 2 である直線の方向ベクトル（の 1 つ）は $\vec{a} = \begin{pmatrix}1 \\ 2\end{pmatrix}$ であり，

ベクトル $\vec{u}$ は

$\begin{cases} \vec{a} = \begin{pmatrix}1 \\ 2\end{pmatrix} \text{と同じ向き．} \\ |\vec{u}| = 5. \end{cases}$　　単に「平行」ではなく…

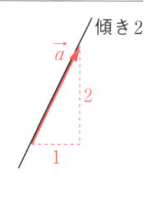

$\begin{pmatrix}1 \\ 傾き\end{pmatrix}$

$$\therefore \quad \vec{u} = +5 \cdot \frac{\vec{a}}{|\vec{a}|} = 5 \cdot \frac{1}{\sqrt{5}}\begin{pmatrix}1\\2\end{pmatrix} = \sqrt{5}\begin{pmatrix}1\\2\end{pmatrix}.$$

符号付長さ×単位ベクトル　　　　　　　x と y を入れ換えて片方「−」

次に, $\vec{v}$ は $\vec{a} = \begin{pmatrix}1\\2\end{pmatrix}$ と垂直なベクトル $\vec{b} = \begin{pmatrix}2\\-1\end{pmatrix}$ と平行であり, x 成分の符号を考えると, 同じ向き.

$$\therefore \quad \vec{v} = +3 \cdot \frac{\vec{b}}{|\vec{b}|} = \frac{3}{\sqrt{5}}\begin{pmatrix}2\\-1\end{pmatrix}.$$

符号付長さ×単位ベクトル

(2) ベクトル $\vec{u}$ の「向き」と「大きさ」は次の通り.

向き　$\begin{cases} \vec{u} \text{ の偏角} = +\dfrac{\pi}{2} + (-\alpha), \cdots \\ |\vec{u}| = 3. \end{cases}$　偏角：横軸の正の向きから $\vec{u}$ までの回転移動量を表す角 → ITEM 44

大きさ

$$\vec{u} = 3\begin{pmatrix}\cos\left(\dfrac{\pi}{2} - \alpha\right)\\\sin\left(\dfrac{\pi}{2} - \alpha\right)\end{pmatrix}$$

$$= 3\begin{pmatrix}\sin\alpha\\\cos\alpha\end{pmatrix}. \cdots \text{角 } \dfrac{\pi}{2} - \alpha \text{ を } \alpha \text{ に変える公式 (→ ITEM 46)}$$

補足 ITEM 44 の **参考** で述べたように

偏角が θ である単位ベクトルの成分は $\begin{pmatrix}\cos\theta\\\sin\theta\end{pmatrix}$

です. そして, ベクトルは**位置によらない**ものですから, 始点が原点でなくても同じです. 本問の $\vec{u}$ は大きさが3ですから, 3倍すればでき上がりですね.

類題 66 次のベクトル $\vec{u}$ (および $\vec{v}$) を成分で表せ.

[1] $\begin{pmatrix}-3\\2\end{pmatrix}$ と垂直で, しかも長さが等しいベクトル $\vec{u}$

[2] （図：$y = -\dfrac{1}{3}x + 2$ の直線に垂直な $\vec{u}$, および $\vec{v}$, ともに長さ $\sqrt{10}$）

[3] （図：$3x + 4y = 1$ の直線に垂直な $\vec{u}$, $\vec{v}$, 長さ 2）

[4] （図：$\vec{u}$ が x 軸から角 θ, 長さ 2）

[5] （図：$\vec{u}$ の長さ 3, x 軸下方との角 α, $0 < \alpha < \pi$）

[6] （図：$\vec{u}$ と直線のなす角 θ）

[7] （図：O から $A(11, 2)$, $B(1, -2)$ があり, $\vec{u}$ の長さ 10）

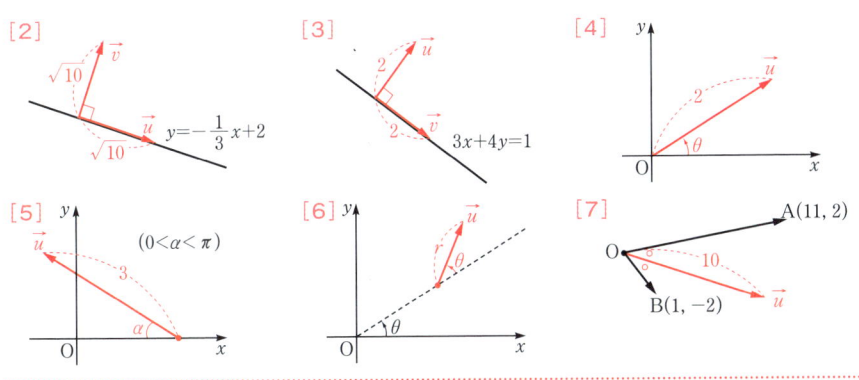

ITEM 67 正射影ベクトル やや重

よくわかった度チェック！ ① ② ③

ITEM 63 で確認した「内積の定義」は，一見無味乾燥に見えますが，実は，ちゃんと図形的意味をもっています．その意味と密接に関わる**正射影ベクトル**を理解し，前 ITEM で練習した「向きと長さでベクトルを作る」手法と合わせれば，「**垂直**」という現象をいともカンタンに表現することができます！ただし，これを使わなければ絶対に解けない入試問題はありませんから，余力がある場合にやればよいでしょう．

ここがツボ！ 「内積」と「正射影ベクトル」の関係をよく理解しよう．

基本確認

内積の意味

右図の平行四辺形 OACB において

面積： $S=|\vec{a}||\vec{b}|\sin\theta$，　…❶
（底辺　高さ BH）

内積： $\vec{a}\cdot\vec{b}=|\vec{a}||\vec{b}|\cos\theta$．　…❷
（底辺 $\vec{h}$ の符号付長さ）

対比して理解しよう

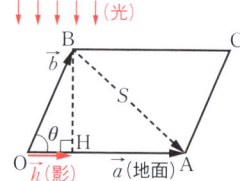

ベクトル $\vec{a}$ が置かれた"地面"に，真上から太陽の光が降り注ぐとき，"矢印" $\vec{b}$ の"影" $\vec{h}$（これも矢印）が地面に映る．このベクトル $\vec{h}$ を，「$\vec{b}$ の $\vec{a}$ への**正射影ベクトル**」という．この $\vec{h}$ を用いると，**内積 $\vec{a}\cdot\vec{b}$ の図形的意味**は，次のように説明できる．$\vec{a}$ と同じ向きを正の向きとして

$\vec{a}\cdot\vec{b}=(\vec{a}$ の長さ$)\times($正射影ベクトル $\vec{h}$ の符号付長さ$)$．　…(*)

参考 ❶² + ❷² より $S^2+(\vec{a}\cdot\vec{b})^2=|\vec{a}|^2|\vec{b}|^2$ となり，これから ITEM 59 ❺ が導かれ，さらに成分計算を行うと ❻ の面積公式が得られます．

正射影ベクトル

逆に，正射影ベクトル $\vec{h}$ を内積で表すこともできる．

$$\vec{h}=(\vec{h}\text{ の符号付長さ})\cdot\frac{\vec{a}}{|\vec{a}|}$$

(*)より　　単位ベクトル($\vec{a}$ と同じ向き)

$$=\frac{\vec{a}\cdot\vec{b}}{|\vec{a}|}\cdot\frac{\vec{a}}{|\vec{a}|}=\frac{\vec{a}\cdot\vec{b}}{|\vec{a}|^2}\vec{a}.\quad\cdots❸$$

暗記せず，いつでもこうして導きながら使うこと！

例題　次の問いに答えよ．

(1) $\vec{AB}\cdot\vec{AC}$ を求めよ．

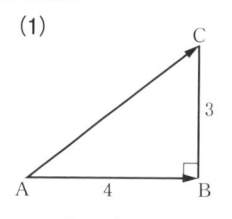

(2) 点 H の座標を x，y で表せ．

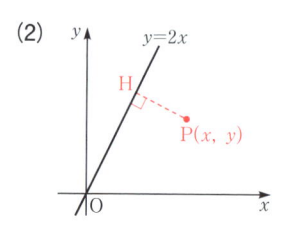

解説・解き方のコツ

(1) ITEM 63 例題(2)と同じ問題です．その後の解答の，より本質的な考え方を述べると…

$\vec{AC}$ の $\vec{AB}$ への正射影ベクトルは $\vec{AB}$ だから
  "地面"に置かれた $\vec{AB}$ の長さ

$$\vec{AB}\cdot\vec{AC}=4\cdot 4=16.$$

正射影ベクトル $\vec{AB}$ の符号付長さ

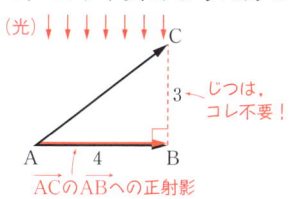

(2) $\vec{OH}$ は，$\vec{OP}=\begin{pmatrix}x\\y\end{pmatrix}$ の $\vec{a}=\begin{pmatrix}1\\2\end{pmatrix}$ への正射影ベクトルだから

$$\vec{OH}=\frac{\vec{a}\cdot\vec{OP}}{|\vec{a}|}\cdot\frac{\vec{a}}{|\vec{a}|}$$

いつでもこうして導こう！
符号付長さ　単位ベクトル($\vec{a}$ と同じ向き)

❸
$$=\frac{\vec{a}\cdot\vec{OP}}{|\vec{a}|^2}\vec{a}=\frac{x+2y}{5}\begin{pmatrix}1\\2\end{pmatrix}.$$

i.e. $H\left(\dfrac{x+2y}{5}, \dfrac{2x+4y}{5}\right)$.

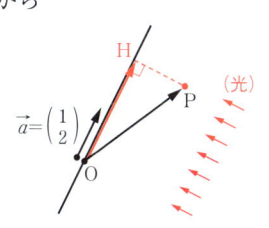

類題 67　次の問いに答えよ．

[1] $\vec{CA}\cdot\vec{CB}$ を求めよ．

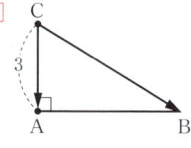

[2] $\vec{BA}\cdot\vec{BC}$ を求めよ．

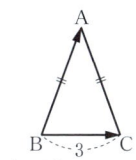

[3] $\vec{AB}\cdot\vec{AO}$ を求めよ．

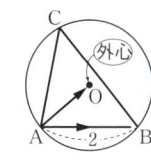

[4] $|\vec{AB}|=2$，$|\vec{AC}|=3$，$\vec{AB}\cdot\vec{AC}=2$ を満たす△ABC を正確に描け．

[5] $\vec{h}, \vec{c}$ を $\vec{a}$ と $\vec{b}$ で表せ．

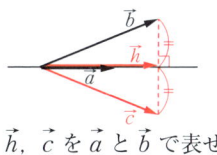

[6] $\vec{AH}$ を求めよ．

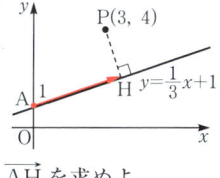

[7] $\vec{PH}$ を求めよ．

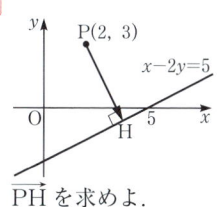

[8] 点 H の座標を求めよ．

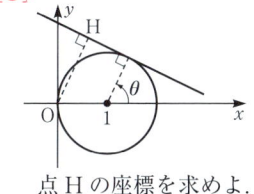

[9] $\vec{n}$，$\vec{PH}$は平面ABCと垂直で，Hは平面ABC上 $\vec{PH}$ を求めよ．

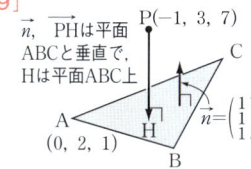

(解答▶解答編 p.74)

ITEM 68 直線とその方程式

本 ITEM は，ITEM 63 の内容を前提としています．

よくわかった度チェック！
① ② ③

直線は，「通過する1点」と「方向」という2つの要素によって決定されます．したがって，xy 平面におけるその方程式も，「通過する1点の座標」と「方向を表す何か」の2つから求まります．方向を表すものとしては，もちろん**傾き**が有名ですが，それ以外に「座標軸とのなす角」もありますし，「方向ベクトル」や「法線ベクトル」による表現も（とくに理系の人は）身に付けておくべきです．

> **ここがツボ！** 直線の方向は，様々な方法で表せるように．

基本確認

直線の方程式

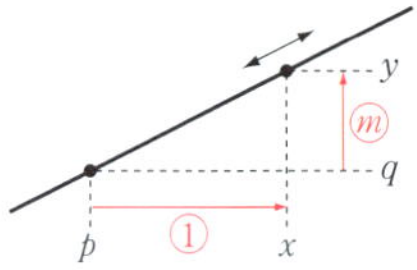

❶ 1点 (p, q) を通り**傾き**が m である直線の方程式は
$$y - q = m(x - p).$$

❷ 1点 (p, q) を通り，**法線ベクトル**が $\begin{pmatrix} a \\ b \end{pmatrix}$ である直線の方程式は
$$a(x - p) + b(y - q) = 0.$$
　　直線に垂直なベクトル
　　図の2ベクトルの内積がゼロ

x, y の係数は法線ベクトルの x, y 成分

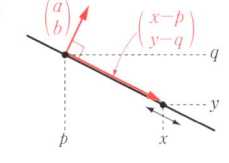

垂直な2直線

傾き $m (\neq 0)$ の直線 l_1 と垂直な直線 l_2 の傾きは $-\dfrac{1}{m}$ である．……つまり，傾きの積が -1

> **例題** O を原点とする xy 平面において，次のような直線の方程式を求めよ．
> (1) 2点 A(3, 2), B(5, 6) を通る直線 l
> (2) 点 T(2, t) を通り直線 OT に垂直な直線 m

やってみよう！

解説・解き方のコツ

(1) l の傾き $= \dfrac{6-2}{5-3}$ … A から B にかけての $\dfrac{y\text{の増加量}}{x\text{の増加量}}$
　　　　　$= 2$.

これと，l が A(3, 2) を通ることから，l 上の任意の点 P(x, y) が満たすべき条件は，右図より
$$\underbrace{y - 2}_{y\text{の変化量}} = 2\underbrace{(x - 3)}_{x\text{の変化量}}.$$
…この意味を理解して

∴ $l : y = 2x - 4$.

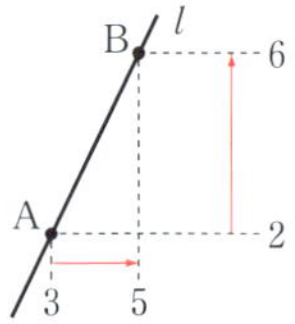

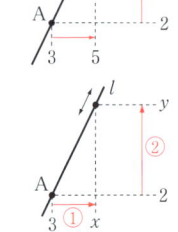

(2) 【いまいちな方法】 直線 OT の傾きは $\dfrac{t}{2}$ だから，それと垂直な m の傾きは $-\dfrac{2}{t}$（ただし $t \neq 0$）． $\dfrac{t}{2} \times (m \text{の傾き}) = -1$ よって

$$m : y - t = -\dfrac{2}{t}(x - 2)$$

$$\text{i.e.} \quad y = -\dfrac{2}{t}x + t + \dfrac{4}{t} \quad (t \neq 0 \text{ のとき}). \quad \cdots ①$$

$t = 0$ のときは，右図より，$m : x = 2$．

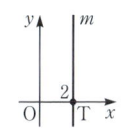

【正しい方法】 m 上の任意の点 P(x, y) が満たすべき条件は，OT⊥TP．すなわち

$$\overrightarrow{\mathrm{OT}} \cdot \overrightarrow{\mathrm{TP}} = 0. \quad \begin{pmatrix} 2 \\ t \end{pmatrix} \cdot \begin{pmatrix} x - 2 \\ y - t \end{pmatrix} = 0.$$

$$2(x - 2) + t(y - t) = 0.$$

$$\therefore \quad m : \underline{2x + ty} = 4 + t^2. \quad \cdots \text{分数なし！場合分け不要!!}$$

x, y の係数は法線ベクトルの x, y 成分

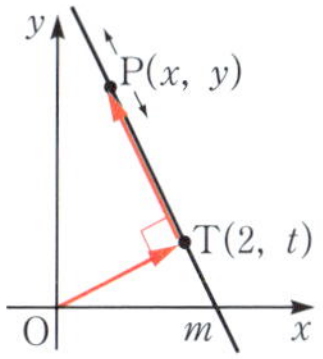

(補足) ①式の分母を払って整理すると，これと同じ式になります．

類題 68A 次の直線 l の方程式を求めよ．

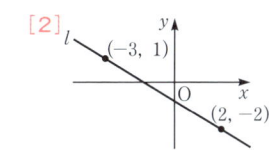

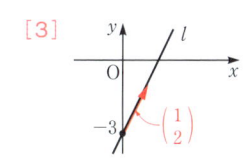

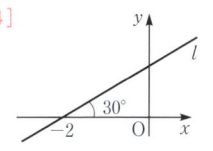

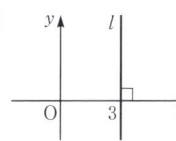

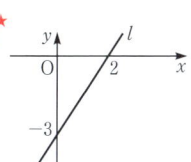

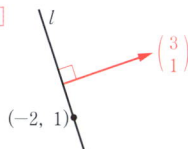

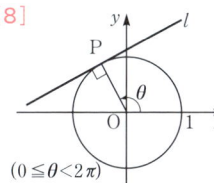

[1] (3, 4), 傾き $\dfrac{2}{3}$

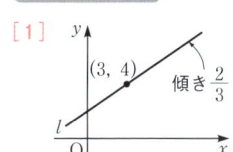

[2] $(-3, 1)$, $(2, -2)$

[3] -3, $\begin{pmatrix} 1 \\ 2 \end{pmatrix}$

[4] -2, $30°$

[5] 3 （垂直）

[6]★ 2, -3

[7] $(-2, 1)$, $\begin{pmatrix} 3 \\ 1 \end{pmatrix}$

[8] 円と点 P，角 θ，1（$0 \leq \theta < 2\pi$）

[9] A(1, 1), B(3, 5) の垂直二等分線

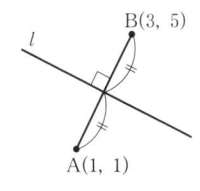

類題 68B 次の方程式で表される直線を xy 平面上に描け．

[1] $y = -\dfrac{1}{2}x + 3$ [2] $x + y = 2$ [3] $y = \dfrac{1}{\sqrt{3}}(x + 1)$

[4] $y - 1 = 2(x + 3)$ [5] $2x - y = 6$ [6] $\dfrac{x}{4} + \dfrac{y}{3} = 1$

(解答▶解答編 p.76, 77)

ITEM 69 距離

本 ITEM は，成分で表されたベクトルの大きさが求められることを前提とします．

よくわかった度チェック！
① ② ③

　図形量の中でもっとも基本的なものといえば，「**距離**」(長さ)と「**角**」(方向)の2つです．本 ITEM では，「点と点」，「点と直線」の2種類の距離を，手際よく求める練習をします．

> **ここがツボ！** 点と点の距離は，ベクトルの大きさを求めるつもりで．点と直線の距離は公式を適用．

基本確認

点と点の距離

2 点 $A(x_1, y_1)$, $B(x_2, y_2)$ の距離は
$\sqrt{(x_2-x_1)^2+(y_2-y_1)^2}$．

(**注意**) これは，ベクトル $\overrightarrow{AB} = \begin{pmatrix} x_2-x_1 \\ y_2-y_1 \end{pmatrix}$ の大きさである．

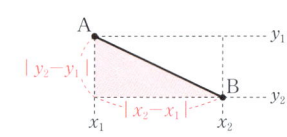

点と直線の距離

点 $P(x_1, y_1)$ と直線 $l : ax+by+c=0$ の距離は

$d = \dfrac{|ax_1+by_1+c|}{\sqrt{a^2+b^2}}$．

左辺に P の座標を代入

l の法線ベクトル $\begin{pmatrix} a \\ b \end{pmatrix}$ の長さ

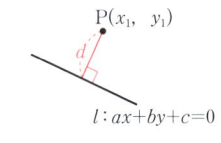

例題 次の距離を求めよ．

(1) 点 $A\left(\dfrac{7}{2}, 1\right)$ と点 $B\left(-1, \dfrac{5}{2}\right)$ の距離

(2) 点 $C(4, 1)$ と直線 $l : y=3x-1$ の距離 d

解説・解き方のコツ

(1) 〔へたな方法〕

$AB = \sqrt{\left(-\dfrac{9}{2}\right)^2 + \left(\dfrac{3}{2}\right)^2}$ ……①

$= \sqrt{\dfrac{90}{4}} = \dfrac{3\sqrt{10}}{2}$．

〔正しい方法〕

①式を見ると，「$\dfrac{3}{2}$」を $\sqrt{}$ の外へくくり出して計算したくなりますね．それならいっそのこと…

$\overrightarrow{AB} = \begin{pmatrix} -\dfrac{9}{2} \\ \dfrac{3}{2} \end{pmatrix} = \dfrac{3}{2}\begin{pmatrix} -3 \\ 1 \end{pmatrix}$．

→ $4 \cdot 37$ → $2^2 \cdot 37$

∴ $|\overrightarrow{AB}| = \dfrac{3}{2}\left|\begin{pmatrix} -3 \\ 1 \end{pmatrix}\right| = \dfrac{3}{2}\sqrt{10}.$

(2) $l : 3x - y - 1 = 0$ ←「〜〜 =0」の形にして使う ……②
だから　　　　　②の左辺に C の座標を代入

$d = \dfrac{|3\cdot 4 - 1 - 1|}{\sqrt{3^2 + (-1)^2}}$ ← l の法線ベクトル $\begin{pmatrix} 3 \\ -1 \end{pmatrix}$ の長さ ……③

$= \dfrac{|10|}{\sqrt{10}} = \sqrt{10}.$

注意 ③の分母を，点 C の座標を用いて $\sqrt{4^2 + 1^2}$ とするのは誤りです．（仮にその点が原点 $(0, 0)$ だったら，分母が 0 になってしまい，変ですね．）

[点と直線の距離公式の証明]（ITEM 67 の「正射影ベクトル」を用いる）

右図において，$\overrightarrow{HP}$ は $\overrightarrow{AP}$ の $\vec{n}$ への正射影ベクトルだから

$|\overrightarrow{HP}| = \dfrac{|\overrightarrow{AP}\cdot \vec{n}|}{|\vec{n}|} = \dfrac{|a(x_1 - x_0) + b(y_1 - y_0)|}{\sqrt{a^2 + b^2}}$ ……④

ここで，l の方程式は

$a(x - x_0) + b(y - y_0) = 0$ ……⑤ ← 前 ITEM ❷

だから，④の分子の絶対値記号内は，⑤の左辺に P の座標を代入したものに他ならない．

類題 69A 次の点 A と点 B の距離を求めよ．

[1] A(1, 2)，B(3, 5)　　[2] A(−2, 5)，B(4, 2)　　[3] A(2a, a)，B(−a, 5a)

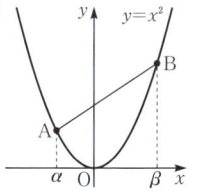

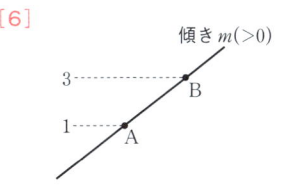

[4] （図：$y = x^2$ 上の点 A, B，x 軸上 α, β）

[5]★ （図：直線 $y = 2x - 3$ 上の点 A, B，$x = 3, 6$）

[6] （図：傾き $m(>0)$ の直線上の点 A, B，y 座標 1, 3）

[7] A$(\cos\theta, 0)$，B$(\cos 2\theta, 0)$　$\left(0 < \theta < \dfrac{\pi}{2}\right)$

類題 69B 次の点 A と直線 l の距離 d を求めよ．

[1] A(0, 0)，$l : x + y - 2 = 0$　　　　[2] A(3, 0)，$l : y = 2x + 3$

[3] A(1, 2)，$l : 3x - 4y = 1$　　　　　[4] A(2, 1)，$l : y - 2 = m(x - 1)$

[5] A(0, 0)，$l : x\cos\theta + y\sin\theta = p$

ITEM 70 円とその方程式

やや重

よくわかった度チェック！ ① ② ③

円は，おそらく平面図形の中でもっとも単純で，もっとも美しいものです．ある定点（中心）からの**距離**が一定値（半径）であるような点の集合ですから，問題に取り組むときも，とにかく「距離」に注目することが大切です．

ここがツボ！ 円そのもの（曲線）より，距離（まっすぐ）に注目．

基本確認

円の方程式

右図の円 C 上の任意の点 $P(x, y)$ が満たすべき条件は「$AP=r$」だから，C の方程式は

$$C : (x-a)^2 + (y-b)^2 = r^2 \quad (r>0)$$

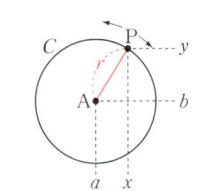

中心 (a, b) ，半径 r

例題

次の問いに答えよ．

(1) 2点 $A(-1, 5)$，$B(3, 3)$ を直径の両端とする円 C_1 の方程式を求めよ．

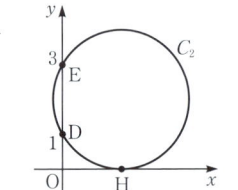

(2) 右図の円 C_2 の方程式を求めよ．

(3) 円 $C_3 : x^2 + y^2 - 4x + 2y = 0$ を xy 平面上に描け．

解説・解き方のコツ

(1) C_1 の中心は，線分 AB の中点 $M\left(\dfrac{-1+3}{2}, \dfrac{5+3}{2}\right) = (1, 4)$．$C_1$ の半径は

$$MA = \sqrt{\{1-(-1)\}^2 + (4-5)^2} = \sqrt{4+1} = \sqrt{5}.$$

以上より

$$C_1 : (x-1)^2 + (y-4)^2 = 5$$

(2) C_2 の中心 P は，線分 DE の垂直二等分線上にあることから，$P(t, 2)(t>0)$ とおいて，C_2 の半径は $PH=2$ であり，$PD=PH$ より …「距離」に注目！

$$\sqrt{t^2+1} = 2. \quad \therefore \quad t = \sqrt{3}.$$

$$\therefore \quad C_2 : (x-\sqrt{3})^2 + (y-2)^2 = 2^2.$$

(3) $x^2 + y^2 - 4x + 2y = 0$ を平方完成を用いて変形すると

$$(x-2)^2 + (y+1)^2 = 2^2 + 1^2$$
$$= 5.$$

よってこの円 C_3 の中心は点 $(2, -1)$ であり，半径は $\sqrt{5}$ だから，右図の通り．

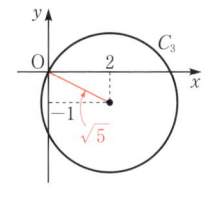

別解 右の図示において，「中心 $(2, -1)$」をとった後は，「半径 $\sqrt{5}(=2.236\cdots)$ の円を描く」というより，「中心 $(2, -1)$ からの距離が $\sqrt{5}$ である点の 1 つである原点を通るように描く」というのがホンネです．C_3 が原点を通ることは，もとの方程式の定数項が 0 であることからわかります．この考え方の延長として，座標軸との交点に注目して描いてみます．

与式と $y=0$ (x軸) を連立して
$x(x-4)=0$. ∴ $x=0, 4$.
与式と $x=0$ (y軸) を連立して
$y(y+2)=0$. ∴ $y=0, -2$.
よって C_3 は，$O(0, 0)$，$P(4, 0)$，$Q(0, -2)$ の 3 点を共有するから，右図の通り．

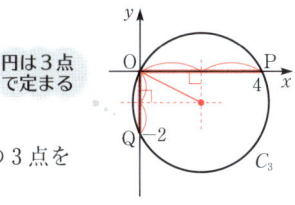

円は 3 点で定まる

補足 円 C_3 の中心は，弦 OP の垂直二等分線 $x=2$ と，弦 OQ の垂直二等分線 $y=-1$ の交点として，$(2, -1)$ と求まります．

もしくは，$\angle POQ = 90°$ より線分 PQ が円 C_3 の直径となることから，C_3 の中心は PQ の中点として求めることもできます．

類題 70A 次の円 C の方程式を求めよ．

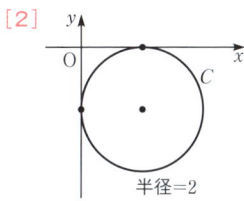

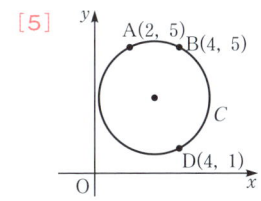

[1] (3, 2) 中心

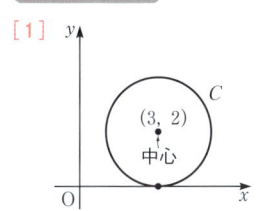

[2] 半径 = 2

[3] A(2, 5), B(5, -1), 中心

[4] 3, 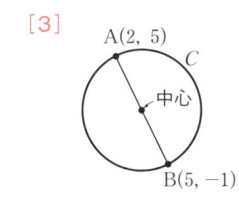 -4

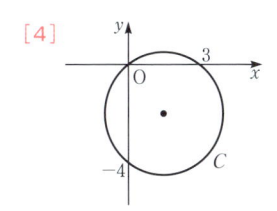

[5] A(2, 5), B(4, 5), D(4, 1)

[6] B(2, 6), A(0, 5), D(4, 2)

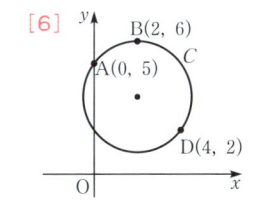

類題 70B 次の方程式で表される円を，xy 平面上に描け．

[1] $(x-3)^2+(y+1)^2=4$ [2] $x^2+y^2-2y=0$ [3] $x^2+y^2-2x-4y-4=0$

[4] $x^2+y^2+4x-3y=0$ [5] $x^2+y^2-x+5y+2=0$ [6] $x(x-1)+y(y-1)=0$

(解答 ▶ 解答編 p.78, 79)

ITEM 71 領域の図示

ある「不等式」を満たす点 (x, y) の集合が**領域**です．まずは基本となる2タイプの不等式をしっかり理解すること．その上で，少し楽な描き方もマスターして行きます．

> **ここがツボ！** まずは「境界線」を描いてから．

基本確認

基本領域

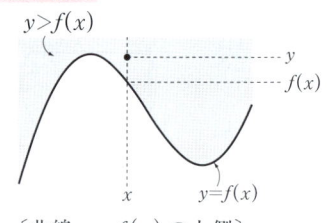

〔曲線 $y=f(x)$ の上側〕
(「<」なら曲線の下側)

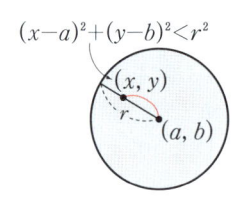

〔円 $(x-a)^2+(y-b)^2=r^2$ の内側〕
(「>」なら円の外側)

例題 次の不等式が表す領域を図示せよ．

(1) $D_1 : 2x - 3y < 6$ … ①

(2) $D_2 : (x+y-1)(x^2+y^2-1) \leq 0$ … ②

解説・解き方のコツ

(1) **解法1** 与式を変形すると

$$y > \frac{2}{3}x - 2.$$

これが境界線

よって D_1 は直線 $y = \frac{2}{3}x - 2$ の上側だから，右図の通り．(境界除く)

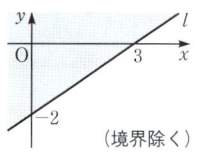

解法2 まず，D_1 の境界線である直線 $l : 2x - 3y = 6$ を描く．(座標軸との交点をとれば簡単)．不等式①を頭の中で変形すると「$y > \cdots$」という不等号の向きになるから，D_1 は l の上側．よって **解法1** と同じ結果を得る．

補足 **解法1** のように「$y > \cdots$ or $y < \cdots$」の形に変形するのが基本に忠実な考え方です．ただし，慣れてきたら不等式全体を書かなくても **解法2** のようにして領域を描けるようにしましょう．さらには…

解法3 **解法2** と同様に境界線 l を描けば，領域 D_1 は l で隔てられた2つの部分のどちらかである．そこで，たとえば原点 $(0, 0)$ について調

べてみると

①の 左辺$=2\cdot 0-3\cdot 0=0<6$ …計算が楽な点を選んで

だから①を満たす．よって，原点Oを含む方の領域（lの上側）が，求める領域D_1である．

(2) 解法1 ②を同値変形すると

$$\begin{cases} x+y-1\geqq 0(\text{上}) \\ x^2+y^2-1\leqq 0(\text{内}) \end{cases} \text{or} \begin{cases} x+y-1\leqq 0(\text{下}) \\ x^2+y^2-1\geqq 0(\text{外}) \end{cases}$$

$$\begin{cases} y\geqq -x+1 \\ x^2+y^2\leqq 1 \end{cases} \text{or} \begin{cases} y\leqq -x+1 \\ x^2+y^2\geqq 1 \end{cases}$$

よってD_2は右図の影の部分と色の部分．（境界含む）

解法2 (1)の 解法3 と同様に，まず境界線：

$(x+y-1)(x^2+y^2-1)=0$

i.e. $\begin{cases} x+y-1=0 & \text{…直線} \\ x^2+y^2-1=0 & \text{…円} \end{cases}$

を描くと，右図のようにア，イ，ウ，エの4つの部分に分かれます．ウの部分に含まれる原点$(0, 0)$について調べてみると

②の 左辺$=(-1)(-1)=1$

だから②を満たしません．よって，ウはD_2に含まれません．

ウから境界線を1本"またぐ"度に，$x+y-1$, x^2+y^2-1の片方だけが符号を変えるので

ウ：× → エ：○ → ア：× → イ：○ …○：D_2に含まれる，×：D_2に含まれない

とわかります．よって 解法1 と同じ結果を得ます．

類題 71 次の不等式が表す領域を図示せよ．

[1] $y>2x-1$ [2] $x-3y>3$ [3] $x>2$ [4]★ $x>y^2-1$ [5] $x^2+y^2>1$

[6] $(x+3)^2+y^2\leqq 4$ [7] $(x-1)^2+(y-1)^2<1$ [8] $2x+y<1<2x-y$

[9]★ $0\leqq x\leqq y\leqq 1$ [10] $\begin{cases} x-y+3\geqq 0 \\ y\geqq -x+1 \end{cases}$ [11] $\begin{cases} (x-1)^2+(y-1)^2<1 \\ y\geqq -x+1 \end{cases}$

[12] $(x-1)(x^2+y^2-2)>0$ [13] $x^3-x^2y-xy+y^2\leqq 0$

[14] $\dfrac{y}{x-1}>1$ [15] $|x+y|<1$, $|x-y|<1$ [16] $|x|+|y|\leqq 1$

理系 [17] $y>\dfrac{1}{x}$ 理系 [18] $xy<1$ 理系 [19] $\dfrac{x^2}{9}+\dfrac{y^2}{4}<1$

(解答▶解答編 p.80)

ITEM 72 微分法の計算

「微分法」の基盤．それは「極限」という崇高な概念を用いた「**微分係数の定義**」です．ただ，数学Ⅱの範囲に限定していえば，微分法はむしろその応用に力点がおかれますので，本書では軽めに扱い，計算練習主体で行きますね．ポイントは，1つだけです．

理系 注意 数学Ⅲの微分法では，微分係数の定義自体の重要度が増します！

> **ここがツボ！**　「$(x-\alpha)^n$」はこのまま微分する．

基本確認

微分係数の定義

関数 $y=f(x)$ の $x=a$ における**微分係数** $f'(a)$ とは

$$f'(a)=\lim_{h\to 0}\frac{f(a+h)-f(a)}{h}$$

x が a から $a+h$ まで変化するときの平均変化率

$\dfrac{y の変化量}{x の変化量}$

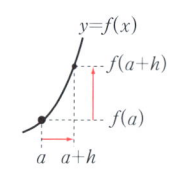

補足 実数 a に微分係数 $f'(a)$ を対応させる関数を $f(x)$ の**導関数**といい，$f'(x)$, y' などと表します．また，$f(x)$ に対して $f'(x)$ を求めることを「$f(x)$ を**微分する**」といいます．

導関数の公式

$n=1, 2, 3, \cdots$ として

❶ $(x^n)'=nx^{n-1}$（ただし $x^0=1$），$c'=0$（c は定数）

❷ $\{(x-\alpha)^n\}'=n(x-\alpha)^{n-1}$

1次式のカタマリ $(x-\alpha)$ は，1つの文字のように扱えばよい．

注意 ❷において，1次式のカタマリの x の係数はあくまで「$+1$」です．
絶対に次のようにやってはいけません．

$\{(2x-1)^3\}'=3(2x-1)^2$　✗

例題 1　関数 $f(x)=(x-1)^2$ について次の問いに答えよ．

(1) x が定数 a から $a+h$ ($h\neq 0$) まで変化するときの $f(x)$ の平均変化率を求めよ．

(2) (1)を用いて微分係数 $f'(a)$ を求めよ．

解説・解き方のコツ

(1) 求める平均変化率は

$$\frac{f(a+h)-f(a)}{h}=\frac{(a+h-1)^2-(a-1)^2}{h}$$

「$a-1$」をカタマリとみて… $=\dfrac{((a-1)+h)^2-(a-1)^2}{h}$

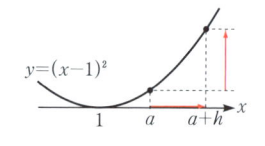

→ 2·77 → 2·7·11

「h」で約分できる $\cdots = \dfrac{\{2(a-1)+h\}h}{h} = 2(a-1)+h.$

(2) 求める微分係数は

$$f'(a) = \lim_{h\to 0}\dfrac{f(a+h)-f(a)}{h}$$ ・・・「平均変化率」の極限が「微分係数」

$$= \lim_{h\to 0}\{2(a-1)+h\}$$ h が 0 に近づくとき…

$$= 2(a-1).$$ $2(a-1)+h$ は $2(a-1)$ に近づく

補足 つまり，実数 a に微分係数 $f'(a)$ を対応させる導関数 $f'(x)$ が，$f'(x)=2(x-1)$ と求まったわけです．たしかに公式❷の通りになっていますね．（❷の一般証明も本問と同様にします） 二項定理を用います

例題 2 次の関数を微分せよ．（公式❶，❷を用いてよい）
(1) $y=(x^2+3x-2)(2x+1)$ (2) $y=(2x-3)^3$

解説・解き方のコツ

(1) 展開して和の形にし，各項ごとに微分して加えます．
$$y = 2x^3+7x^2-x-2.$$ 展開は一気→ ITEM 13
$$\therefore\ y' = 2(x^3)'+7(x^2)'-(x)'-(2)'$$ 項ごとに分けて微分する
$$= 2\cdot 3x^2+7\cdot 2x-1-0 = \boldsymbol{6x^2+14x-1}.$$

理系 補足 展開せず，「積の微分法」（数学Ⅲ）で求めてもいいです． 本問では有効じゃないけど

(2) これは展開しないで，公式❷が使えるよう，$(1\cdot x-\alpha)^n$ の形を作ります．
$$y=(2x-3)^3 = \left\{2\left(x-\dfrac{3}{2}\right)\right\}^3 = 8\left(x-\dfrac{3}{2}\right)^3.$$
$$\therefore\ y' = 8\cdot 3\left(x-\dfrac{3}{2}\right)^2 = \boldsymbol{24\left(x-\dfrac{3}{2}\right)^2}.\quad (=6(2x-3)^2)$$ 公式❷を用いた

理系 補足 $(2x-3)^3$ のまま微分する方法（数学Ⅲ「合成関数の微分法」）もありますが，数学Ⅱの範囲ではこの「$1\cdot x-\alpha$」という因数が重要な役割を果たすことが多いので，上記の解法もマスターしておきましょう．

類題 72A 関数 $f(x)=x^3+5x^2$ について次の問いに答えよ．

[1] x が定数 a から $a+h$ まで変化するときの $f(x)$ の平均変化率を求めよ．

[2] [1]を用いて微分係数 $f'(a)$ を求めよ．

類題 72B 次の関数を x で微分せよ．（公式❶，❷を用いてよい）

[1] $y=\dfrac{1}{3}x^3+\dfrac{1}{2}x^2+x+7$ [2] $y=(x-1)(x-2)(x-3)$ [3] $y=x(x-3)^2$

[4] $y=(x+2)^3$ [5] $y=(3x+1)^3$ [6] $y=(x-1)^4-2(x-1)^2$

(解答▶解答編 p.82)

ITEM 73 3次関数のグラフ

よくわかった度チェック！ ① ② ③

微分法は，「関数の増減」と「接線」の2つに応用されます．本ITEMでは，前者の1つである「3次関数のグラフの概形」を扱います．3次関数の増減は，その導関数である2次関数の**符号変化**の様子によって決まりますが，それだけでなく，グラフの対称性も考慮して描きたいものです．

> **ここがツボ！** 3次関数 $f(x)$ のグラフは，導関数 $f'(x)$ の符号で決まる．対称性も考慮してきれいに．

基本確認

関数の増減

$f'(x)>0$ の区間では $f(x)$ は増加する．
$f'(x)<0$ の区間では $f(x)$ は減少する．

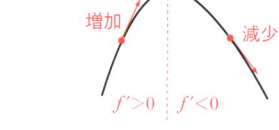

3次関数のグラフ

$y=ax^3+\cdots\ (a>0)$ のグラフには，下の3タイプがある．

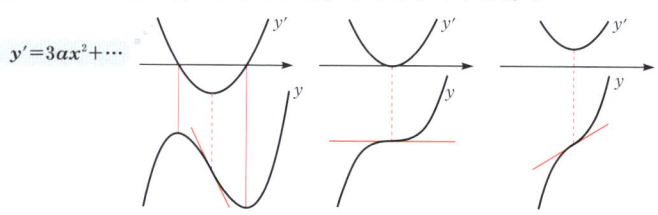

$y'=3ax^2+\cdots$

例題 次の3次関数のグラフを描け．

(1) $y=x^3-3x$
(2) $y=x^3-3x^2+3x+2$

解説・解き方のコツ

(1) $f(x)=x^3-3x$ とおく．　「**奇関数**」という

まず，$f(-t)=-f(t)$ が成り立つことから，グラフは原点に関して対称となる．

$$f'(x)=3x^2-3=3(x+1)(x-1)$$

より，$f'(x)$ は下左図のように**符号を変える**から，下の増減表と右のグラフを得る．

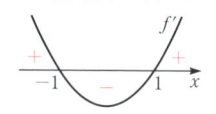

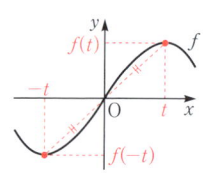

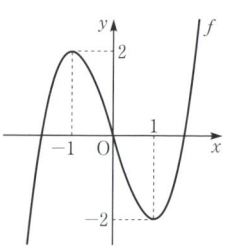

x	$\cdots$	-1	$\cdots$	1	$\cdots$
f'	$+$	0	$-$	0	$+$
f	↗	2	↘	-2	↗

　　　　　「極大値」　　　　　「極小値」

補足 ○ $f'(x)$ のグラフからその符号変化がわかったら，増減表を省いて右のように直接 $f(x)$ の増減を調べてしまうこともできます．

○ このように，$f'(x)$ が**符号を変える**とき，$f(x)$ は増減が入れ替わって**極値**をとります．

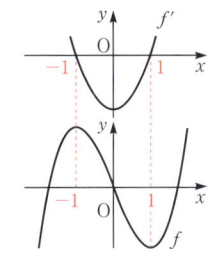

参考 (ここでは，x^3 の係数が正であることを前提とします．) 本問の3次関数 f のグラフは原点 O に関して対称でしたが，実は任意の3次関数のグラフは，接線の傾きが最小となる点 A (数学Ⅲでは変曲点という) に関して点対称となります (本問の f のグラフを見ながら確認してみてください)．また，極値をもつ場合，点 A，極大，極小となる点，それらと等しい値をもつ点の計5つが，右図のようにきれいに並ぶことが知られています．これを覚えておくと，美しいグラフが描け，種々の応用問題でも助けとなるでしょう．

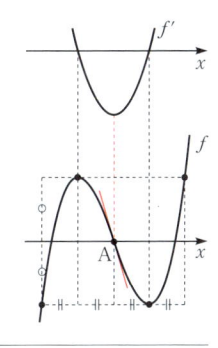

注意 この事実を記述式試験で証明抜きに使ってはいけません．

(2) $g(x) = x^3 - 3x^2 + 3x + 2$ とおく．
$$g'(x) = 3x^2 - 6x + 3 = 3(x-1)^2.$$
これは常に 0 以上で，**符号を変えない**．よって右図のようになる．

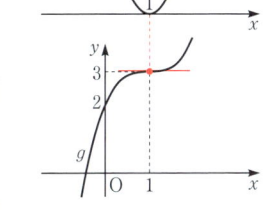

注意 本問の結果を見ると，「$g'(1) = 0$」ですが，「$g(1)$ は極値ではない」ですね．これからわかるように，一般に関数 $f(x)$ が「極値をもつか否か」を判定する際には…
(誤)：方程式 $f'(x) = 0$ の実数解を考える．
(正)：$f'(x)$ が**符号を変える**か否かを調べる．

類題 73 次の3次関数のグラフを描け．

[1] $y = -x^3 + 6x + 1$ [2] $y = x^3 + 6x^2 + 9x + 1$

[3]★ $y = -2x^3 + 3x^2 - 2x + 1$ [4] $y = -x^3 + 6x^2 - 12x$

[5] $y = x(x-3)^2$

(解答▶解答編 p. 83)

ITEM 74 接　線

本 ITEM は，ITEM 35 の内容を前提としています．

よくわかった度チェック！ ① ② ③

微分法は，「関数の増減」以外に**接線**にも応用されます．「接線」とは，「微分係数 $f'(a)$ を傾きとする直線」ですから，アタリマエですね．ここでは，**接点と重解の関係**が重要なカギを握っています．

> **ここがツボ！**　「接点↔重解」の関係を見越した上で計算．

基本確認

f' と接線

曲線 $y=f(x)$ の，$x=t$ における接線の傾きは $f'(t)$ である．

まず，とにかく接点の x 座標を設定するべし

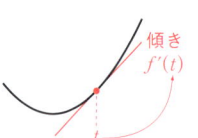

傾き $f'(t)$

(注意) 上記の事実だけ理解していれば OK．

「接する」と「重解」　　　　片方が直線でも同様

$f(x)$，$g(x)$ は整関数とする．2 曲線 $y=f(x)$，$y=g(x)$ が $x=\alpha$ において 接する とき $f(x)-g(x)=(x-\alpha)^2(\cdots\cdots)$ と因数分解される．すなわち方程式 $f(x)=g(x)$ は，接点の x 座標 $x=\alpha$ を 重解 としてもつ．

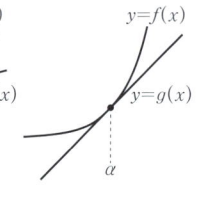

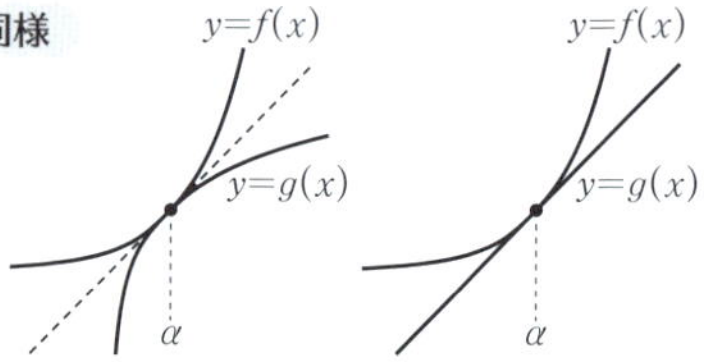

証明には，積の微分法（数学Ⅲ）を要します

例題　曲線 $C:y=x^3+x^2+2x+9$ 上の点 $A(-2, 1)$ における C の接線を l として，以下に答えよ．

(1) l の方程式を求めよ．

(2) l と C の A 以外の共有点の x 座標を求めよ．

やってみよう！

解説・解き方のコツ

(1) $f(x)=x^3+x^2+2x+9$ とおく． 　$f(-2)=-8+4-4+9=1$
$$f'(x)=3x^2+2x+2$$
だから，$x=\underline{-2}$ における接線 l の傾きは
$$f'(\underline{-2})=12-4+2=10.$$
これと，l が点 $A(-2, 1)$ を通ることから
$$l:y-1=10(x+2) \quad \rightarrow \text{ITEM 68}$$
i.e. $\boldsymbol{y=10x+21}$．

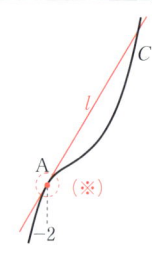

(2) C, l の方程式を連立すると
$$x^3+x^2+2x+9=10x+21.$$
$$x^3+x^2-8x-12=0. \quad \boxed{\text{高次方程式}} \quad \cdots ①$$
$$(x+2)^2(x-3)=0. \quad \cdots ②$$
　　　　　図の(※)より既知！

```
-2 | 1   1   -8   -12
   |    -2    2    12
-2 | 1  -1   -6   | 0
   |    -2    6
     1  -3   | 0
```
組立除法2連発！

よって，接点 A 以外の共有点の x 座標は
$$x=3.$$

補足 3次方程式①を解くために左辺を因数分解するとき，①という「式」だけに没頭してしまうと，ITEM 34「高次方程式」でやったような試行錯誤となります．しかし，ここでは前記 接する と 重解 から，C, l の方程式を連立してできた方程式①が，接点 A の x 座標 -2 を重解としてもつことがわかっています．このことを**見越してやれば**，①の左辺を因数分解することはたやすいですね．

　つまり，図の(※)の部分を見れば，①が「$(x+2)^2(\cdots)=0$」の形になることが，計算する前からわかるのです．微積分(数学Ⅱ)では，**図を見ながら計算する**ことがポイントです．

　さらに…，この事情が完全に見通せるようになった人は，次のように解くこともできます．

別解 C, l は $x=-2$ において**接する**から，①は $x=-2$ を**重解**としてもつ．よって①の3つの解は「$-2, -2, \alpha$」とおけて，**解と係数の関係**(→ ITEM 35)より
$$(-2)+(-2)+\alpha=-\frac{1}{1}.$$
よって，接点 A 以外の共有点の x 座標は
$$\alpha=3.$$

注意 たしかにラクですね．でも，初めの解法を何度も繰り返し，「接点の x 座標が重解として現れること」を何度も"実感"してからにしてください．でないと，使い方を誤る可能性大です．

類題 74 次において，l の方程式，および C と l の共有点の x 座標を求めよ．

[1] $C: y=x^3-2x$ の $x=1$ における接線を l とする．

[2] $C: y=-x^3-4x^2+3x-5$ の $x=1$ における接線を l とする．

[3] $C: y=2x^3-x^2-4x+1$ の $x=-\dfrac{2}{3}$ における接線を l とする．

[4]★ $C: y=x^3+3x^2-6x-2$ の $x=-1$ における接線を l とする．

(解答▶解答編 p.83)

ITEM 75 定積分の計算

よくわかった度チェック！ ① ② ③

数学Ⅱの積分法で扱うのは整関数のみです．覚える公式も少なく，単純な計算ですが，それだけに単純なミスが出やすい分野です．本 ITEM での目標は 2 つ．「素朴な計算力を鍛えること」と，「ミスの出にくい計算法をマスターすること」です．

ここがツボ！ どの因数について整理すべきかを考えて． …「x」？「$x-2$」？…

基本確認

「微分する」と「積分する」

$3x^2$ の原始関数

$x^3+C \xrightarrow{\text{微分する}} 3x^2 \quad \to \quad \int 3x^2\, dx = x^3+C$ と表す．
$\xleftarrow{\text{積分する}}$

積分公式

（以下において，n は自然数，C は積分定数，$x^0=1$ とする．）

❶ $\int x^n\, dx = \dfrac{x^{n+1}}{n+1} + C$ 　　　　任意の定数

❷ $\int (x-\alpha)^n\, dx = \dfrac{(x-\alpha)^{n+1}}{n+1} + C$ 　　「$1 \cdot x - \alpha$」は 1 文字のようにみて

❸ $\int_{-a}^{a} x^n\, dx = 2\int_{0}^{a} x^n\, dx\,(n=0,\ 2,\ \cdots)$ …$\int_{-\triangle}^{\triangle}$ 偶数乗 dx は "$\int_{0}^{\triangle}$" の 2 倍

　$\int_{-a}^{a} x^n\, dx = 0\,(n=1,\ 3,\ \cdots)$ …$\int_{-\triangle}^{\triangle}$ 奇数乗 dx は消えちゃう

❹ $\int_{\alpha}^{\beta} (x-\alpha)(x-\beta)\, dx = -\dfrac{1}{6}(\beta-\alpha)^3$ 　俗称 "6 分の 3 乗公式"

例題 次の定積分を計算せよ．やってみよう！

(1) $\int_{-1}^{5} (x^2+x-5)\, dx$ 　　(2) $\int_{-2}^{2} (x^2+7x+4)\, dx$

(3) $\int_{3}^{5} (x^2-6x+9)\, dx$ 　　(4) $\int_{\alpha}^{\beta} (x-\alpha)(x-\beta)\, dx$（公式❹を導け）

解説・解き方のコツ

(1) $\int_{-1}^{5} (x^2+x-5)\, dx = \left[\dfrac{x^3}{3} + \dfrac{x^2}{2} - 5x\right]_{-1}^{5}$ 　項ごとに積分すればよい 　…①

$= \left[\dfrac{x^3}{3}\right]_{-1}^{5} + \left[\dfrac{x^2}{2}\right]_{-1}^{5} - \left[5x\right]_{-1}^{5}$ 　項ごとに代入 　…②

$= \dfrac{125+1}{3} + \dfrac{25-1}{2} - 5(5+1)$ 　…③

$= 42+12-30 = 24.$

(注意) このように，整関数の定積分計算では，「次数が上がる」「分数係数が現れる」「代入を2回行い一方は引く」と，計算ミスを誘発する要因が多数含まれています．気を抜くとすぐに間違えますよ！

(補足) ②のように(頭の中で)項に分けてから -1 と 5 を代入すれば，③のように初めから**通分された状態**になります．これを①のまま代入すると

$$\left(\frac{125}{3}+\frac{25}{2}-25\right)-\left(\frac{-1}{3}+\frac{1}{2}+5\right)$$

と，$\frac{125}{3}$ と $\frac{-1}{3}$ が離れ離れになってしまうので不利ですね．（いつでも必ず③方式が有利とは限りませんが→類題 75 [2]）

(2) $\int_{-\triangle}^{\triangle}$ の形ですから，公式❸を使って少し楽をしましょう．

$$\int_{-2}^{2}(x^2+7x+4)\,dx = 2\int_{0}^{2}(x^2+4)\,dx \quad \cdots \text{奇数乗は消え，偶数乗は"右半分"の2倍}$$
$$= 2\left[\frac{x^3}{3}+4x\right]_{0}^{2} = 2\left(\frac{8}{3}+8\right) = \frac{64}{3}.$$

(3) $x^2-6x+9=(x-3)^2$ は完全平方式．しかも「**因数 $x-3$**」に積分区間の下端：3 を代入すると0．そこで公式❷を使います．

$$\int_{3}^{5}(x^2-6x+9)\,dx = \int_{3}^{5}(x-3)^2\,dx \quad \text{3を代入した方は0}$$
$$= \left[\frac{(x-3)^3}{3}\right]_{3}^{5} = \frac{2^3}{3} = \frac{8}{3}.$$

(4) α を代入したとき0になる「**因数 $x-\alpha$**」について整理します．

$$\int_{\alpha}^{\beta}(x-\alpha)(x-\beta)\,dx = \int_{\alpha}^{\beta}(x-\alpha)(x-\alpha+\alpha-\beta)\,dx$$

ムリヤリこうして

$(x-\alpha)$ だけで表す $\cdots = \int_{\alpha}^{\beta}\{(x-\alpha)^2+(\alpha-\beta)(x-\alpha)\}\,dx$

α を代入すると0 $= \left[\frac{(x-\alpha)^3}{3}-(\beta-\alpha)\frac{(x-\alpha)^2}{2}\right]_{\alpha}^{\beta}$

$$= \left(\frac{1}{3}-\frac{1}{2}\right)(\beta-\alpha)^3 = -\frac{1}{6}(\beta-\alpha)^3.$$

類題 75 次の定積分を計算せよ．

[1] $\int_{-2}^{1}(2x^2-3x-4)\,dx$

[2]★ $\int_{2}^{3}(x^2-2x+2)\,dx$

[3] $\int_{1}^{\frac{3}{2}}\left(\frac{1}{2}x^2-x+\frac{1}{3}\right)dx$

[4] $\int_{0}^{2}(x^2+2x-5)\,dx$

[5] $\int_{0}^{1}(-5x^2+x+3)\,dx$

[6] $\int_{-1}^{1}(2x^2-17x+3)\,dx$

[7] $\int_{2}^{3}(2x^2-8x+8)\,dx$

[8] $\int_{-\frac{1}{2}}^{1}(2x+3)\,dx$

[9] $\int_{2}^{3}(x-2)(x-1)\,dx$

（解答▶解答編 p.85）

ITEM 76 定積分と面積

よくわかった度チェック！ ① ② ③

数学Ⅱの範囲では，ある領域 D の面積を積分法で求めるとき，その計算法は領域 D の形状によってかなりのところまで予測できます．ここでは，どんな形状の領域がどんな積分計算で求まるかを見抜けるようにしていきましょう．

ここがツボ！　「図形の形状」を見たら，「積分の計算方法」もわかる．

基本確認

面積と定積分　右図の面積 S は

$$S = \int_a^b \{f(x) - g(x)\} dx$$

（左→右，上−下，タテ方向の長さ（≧0））

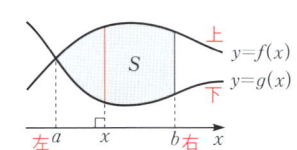

面積を求めるための準備
1°　積分変数を決める．　　数学Ⅱではほとんど「x」
2°　$\begin{cases} 曲線の上下関係を調べる． \\ 曲線の共有点を調べる． \end{cases}$

注意　本 ITEM では，初めから「上下関係」がわかるようにグラフが描いてあります．数学Ⅱ範囲では，多くの場合直感的にわかりますので…

例題　やってみよう！　次の(1)〜(3)において，斜線部の面積 S をそれぞれ求めよ．

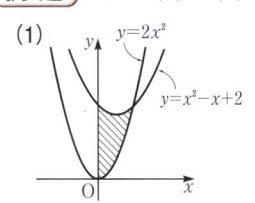

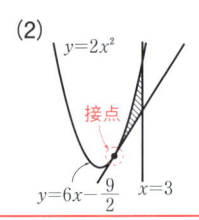

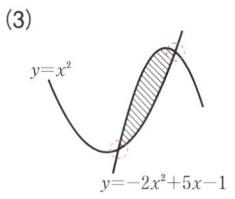

(1) $y = 2x^2$，$y = x^2 - x + 2$

(2) $y = 2x^2$，接点，$y = 6x - \dfrac{9}{2}$，$x = 3$

(3) $y = x^2$，$y = -2x^2 + 5x - 1$

解説・解き方のコツ

(1) $2x^2 = x^2 - x + 2$ を解くと
$x^2 + x - 2 = 0$．$(x+2)(x-1) = 0$．∴ $x = -2, 1$．
∴ $S = \int_0^1 \{(x^2 - x + 2) - (2x^2)\} dx$（左→右，上−下）
$= \int_0^1 (-x^2 - x + 2) dx$　「$\int_0^1$ は暗算しよう」
$= \left[-\dfrac{x^3}{3} - \dfrac{x^2}{2} + 2x\right]_0^1 = -\dfrac{1}{3} - \dfrac{1}{2} + 2 = \dfrac{7}{6}$．

(2) $2x^2 = 6x - \dfrac{9}{2}$ を解くと　　接してるから当然重解
$4x^2 - 12x + 9 = 0$．$(2x - 3)^2 = 0$．∴ $x = \dfrac{3}{2}$．

→ 2·81 → 2·3⁴

$$\therefore\ S=\int_{\frac{3}{2}}^{3}\left\{2x^2-\left(6x-\frac{9}{2}\right)\right\}dx=\int_{\frac{3}{2}}^{3}2\left(x-\frac{3}{2}\right)^2dx\ \cdots\text{①}$$

注意！ 0 は $\frac{3}{2}$ を重解とする． 図の ● より既知！

$$=2\left[\frac{1}{3}\left(x-\frac{3}{2}\right)^3\right]_{\frac{3}{2}}^{3}=\frac{2}{3}\left(\frac{3}{2}\right)^3=\frac{9}{4}.$$

補足 このように，2次以下の関数のグラフどうしが $x=\alpha$ において**接している**とき，その2曲線によって上下からはさまれる部分の面積は，必ず①のような $\int_{\circ}^{\bullet}\triangle(x-\alpha)^2 dx$ の形の積分計算に帰着され，カンタンに求まります．

---

(3) $x^2=-2x^2+5x-1$ i.e. $3x^2-5x+1=0$ を解くと $x=\dfrac{5\pm\sqrt{13}}{6}$. これら2つを $\alpha,\ \beta\ (\alpha<\beta)$ とおくと

ヤヤコシイ値には名前をつけとこう

$$S=\int_{\alpha}^{\beta}\{(-2x^2+5x-1)-x^2\}dx\ \cdots\text{②}$$

注意！ 0 の2解が $\alpha,\ \beta$

$$=\int_{\alpha}^{\beta}(-3)(x-\alpha)(x-\beta)dx\ \cdots\text{③}$$

②をよく見て，x^2 の係数を正しく！

図の ● より既知！

$$=-3\cdot\frac{-1}{6}(\beta-\alpha)^3$$

$$=\frac{1}{2}\left(\frac{5+\sqrt{13}}{6}-\frac{5-\sqrt{13}}{6}\right)^3=\frac{1}{2}\left(\frac{\sqrt{13}}{3}\right)^3=\frac{13\sqrt{13}}{54}.$$

補足 このように，2次以下の関数のグラフどうしで囲まれる部分の面積は，必ず③のような定積分 $\int_{\alpha}^{\beta}\triangle(x-\alpha)(x-\beta)dx$ に帰着され，いわゆる "6分の3乗公式"（前ITEM 公式❹）で片付きます．

類題 76 次の[1]～[6]において，斜線部の面積 S をそれぞれ求めよ．

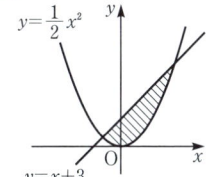

[1] $y=-x+4$, $y=-x^2+3x$

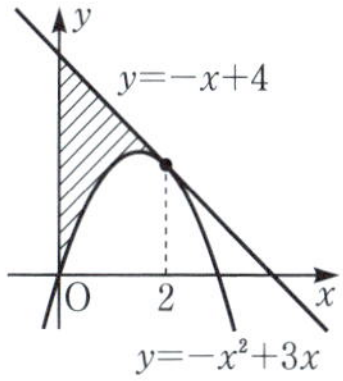

[2] $y=(x-1)^2$, $y=(x-2)^2$

[3] $y=\frac{1}{2}x^2$, $y=-x-\frac{1}{2}$, $y=2x-2$

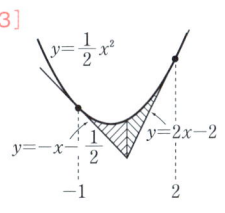

[4] $y=-x^2+3x-1$

[5] $y=\frac{1}{2}x^2$, $y=x+3$

[6] $y=x^2+2x-3$, $y=\frac{3}{2}x$

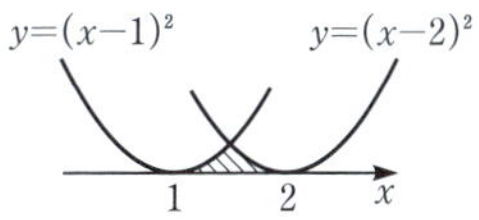

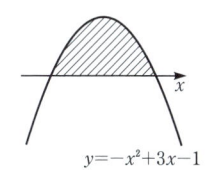

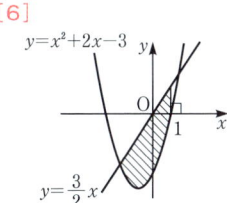

（解答 ▶ 解答編 p.86）

ITEM 77 指数法則

この "肩" の数が「指数」

中学で学んだ 3^2 や $\left(\dfrac{1}{2}\right)^3$ など自然数を指数とする累乗に加えて，高校では新たに，2^0, 2^{-3}, $2^{\frac{1}{3}}$, などを定義します．この「定義の拡張」は，実は中学で学んだ**指数法則**が**そのまま使える**ようになされていますから安心です．<u>易しい</u>問題を，たくさん練習して，息をするような自然さで使えるようにしましょう．

> **ここがツボ！** 指数法則は中学のまんま！数をこなして体で覚える．

基本確認

指数法則　　$a^r a^s = a^{r+s}$　　$(a^r)^s = a^{rs}$　　$(ab)^r = a^r b^r$

$\dfrac{a^r}{a^s} = a^{r-s}$　　$\left(\dfrac{a}{b}\right)^r = \dfrac{a^r}{b^r}$

指数の拡張　　自然数以外の指数についても上記**指数法則**がそのまま使えるようにすると次のようになる．

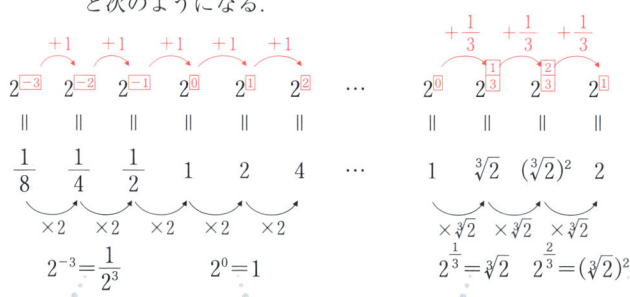

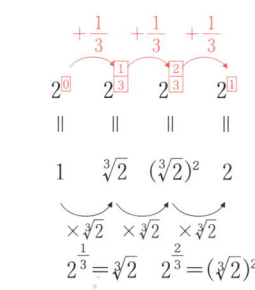

$$2^{-3} \xrightarrow{+1} 2^{-2} \xrightarrow{+1} 2^{-1} \xrightarrow{+1} 2^0 \xrightarrow{+1} 2^1 \xrightarrow{+1} 2^2 \cdots \qquad 2^0 \xrightarrow{+\frac{1}{3}} 2^{\frac{1}{3}} \xrightarrow{+\frac{1}{3}} 2^{\frac{2}{3}} \xrightarrow{+\frac{1}{3}} 2^1$$

$$\parallel \qquad \parallel \qquad \parallel \qquad \parallel \qquad \parallel \qquad \parallel \qquad\qquad \parallel \qquad\quad \parallel \qquad\quad \parallel \qquad \parallel$$

$$\dfrac{1}{8} \xrightarrow{\times 2} \dfrac{1}{4} \xrightarrow{\times 2} \dfrac{1}{2} \xrightarrow{\times 2} 1 \xrightarrow{\times 2} 2 \xrightarrow{\times 2} 4 \cdots \qquad 1 \xrightarrow{\times \sqrt[3]{2}} \sqrt[3]{2} \xrightarrow{\times \sqrt[3]{2}} (\sqrt[3]{2})^2 \xrightarrow{\times \sqrt[3]{2}} 2$$

$2^{-3} = \dfrac{1}{2^3}$　　　　$2^0 = 1$　　　　　$2^{\frac{1}{3}} = \sqrt[3]{2}$　　$2^{\frac{2}{3}} = (\sqrt[3]{2})^2$

$-n$ 乗は n 乗の逆数　　　0 乗は 1　　　　$\dfrac{1}{n}$ 乗は n 乗根　　　$\dfrac{m}{n}$ 乗はその m 乗

2, 3, 5, 6 の累乗　　…… ITEM 1 から再録

指数・対数を扱う上で，次の累乗数を記憶しておくと便利なことが多い．

n	1	2	3	4	**5**	6	7	8	9	**10**
2^n	2	4	8	16	**32**	64	128	256	512	**1024**

n	1	2	3	4	5	6	7
3^n	3	9	27	81	243	729	2187

$\begin{cases} 2^5 = 32, \\ 2^{10} = 1024 \end{cases}$ はとくに暗記！

n	1	2	3	4	5
5^n	5	25	125	625	3125

n	1	2	3	4	5
6^n	6	36	216	1296	7776

例題　次の □ に当てはまる数または式を答えよ．

(1) $\dfrac{9^n}{27} = 3^{\square}$　　　(2) $\dfrac{25}{\sqrt[3]{5}} = 5^{\square}$　　　(3) $2^{\frac{8}{5}} - \dfrac{1}{\sqrt[5]{4}} = \boxed{}\sqrt[5]{8}$

解説・解き方のコツ

(1) $\dfrac{9^n}{27} = \dfrac{(3^2)^n}{3^3}$ … $27 = 3^3$ は瞬間で！

$= 3^{2n} \cdot 3^{-3} = 3^{\boxed{2n-3}}$. … 一気に答えまで行けるように

(2) $\dfrac{25}{\sqrt[3]{5}} = \dfrac{25}{5^{\frac{1}{3}}}$

$= 5^2 \cdot 5^{-\frac{1}{3}} = 5^{2-\frac{1}{3}} = 5^{\boxed{\frac{5}{3}}}$.

(3) $2^{\frac{8}{5}} - \dfrac{1}{\sqrt[5]{4}} = 2^{\frac{8}{5}} - \dfrac{1}{2^{\frac{2}{5}}}$ … $\sqrt[5]{4} = (2^2)^{\frac{1}{5}}$. 累乗根は, 指数表示に直して

$= 2 \cdot 2^{\frac{3}{5}} - \dfrac{2^{\frac{3}{5}}}{2^{\frac{2}{5}} \cdot 2^{\frac{3}{5}}}$ … $\sqrt[5]{8} = 2^{\frac{3}{5}}$ を意識して

$= 2 \cdot 2^{\frac{3}{5}} - \dfrac{2^{\frac{3}{5}}}{2} = \left(2 - \dfrac{1}{2}\right) \cdot 2^{\frac{3}{5}} = \boxed{\dfrac{3}{2}} \sqrt[5]{8}$.

類題 77A 次の □ を埋めよ. ただし, a は正の実数とする.

[1] $\dfrac{1}{8} = 2^{\square}$ [2] $\dfrac{1}{81} = 3^{\square}$ [3] $\dfrac{1}{25} = 5^{\square}$ [4] $\sqrt{8} = 2^{\square}$ [5] $\sqrt[3]{16} = 2^{\square}$

[6] $\sqrt[5]{81} = 3^{\square}$ [7] $\sqrt[3]{10000} = 10^{\square}$ [8] $a^2\sqrt{a} = a^{\square}$ [9] $27\sqrt[3]{3} = 3^{\square}$

[10] $5\sqrt[4]{25} = 5^{\square}$ [11] $\dfrac{3}{\sqrt[3]{3}} = 3^{\square}$ [12] $\dfrac{\sqrt[5]{8}}{4} = 2^{\square}$ [13] $\dfrac{a\sqrt[3]{a}}{\sqrt[4]{a^2}} = a^{\square}$ [14] $\dfrac{3\sqrt[3]{2}}{6\sqrt{2}} = 2^{\square}$

類題 77B 次の □ を埋めよ. ただし, 根号の中はできるだけ小さな**自然数**にすること.

[1] $3^{\frac{3}{2}} = \boxed{}\sqrt{\boxed{}}$ [2] $10^{\frac{7}{3}} = \boxed{}\sqrt[3]{\boxed{}}$ [3] $2^{\frac{11}{4}} = \boxed{}\sqrt[4]{\boxed{}}$ [4] $5^{-\frac{1}{2}} = \sqrt{\boxed{}}$

[5] $2^{-\frac{8}{3}} = \sqrt[3]{\boxed{}}$ [6] $3^{-\frac{8}{5}} = \sqrt[5]{\boxed{}}$ [7] $9^{\frac{5}{4}} - \dfrac{18}{\sqrt{3}} = \boxed{}\sqrt{\boxed{}}$

類題 77C 次の問いに答えよ. ただし, a は正の実数とする.

[1] $\left(\dfrac{2^x + 2^{-x}}{2}\right)^2 - \left(\dfrac{2^x - 2^{-x}}{2}\right)^2$ を簡単にせよ.   [2] $9^x - 9^{-x}$ を 3^x で表せ.

[3] $\dfrac{a^x + 2 + a^{-x}}{a^x - a^{-x}}$ を簡単にせよ.   [4] $6\left(\dfrac{2}{3}\right)^{2n-1} = \boxed{}\left(\dfrac{4}{9}\right)^n$ の □ を埋めよ.

[5] $\sqrt{a} + \dfrac{1}{\sqrt{a}} = 7$ のとき, $a^{\frac{1}{4}} + a^{-\frac{1}{4}}$ の値を求めよ.

ITEM 78 対数の定義

「対数が苦手」という人は，たとえば「$\log_2 8$」の値をほぼ例外なく

$$\log_2 8 = \log_2 2^3 = 3\log_2 2 = 3 \cdot 1 = 3$$

のように，対数に関する「公式」を使って求めようとします．次に述べる**対数の定義**がわかっていれば一瞬なのに…．これでは対数ができなくて当然です．

数学で一番大切なもの．それは定理・公式ではなく，**定義**です．前 ITEM と同様，易しい問題を，たくさん練習して，**対数とは何か**を完全に体得してください．

> **ここがツボ!** $\log_2 8$ とは，ここに入る数．（$2^{\square}=8$）

基本確認

対数の定義

たとえば

$$2^x = 8 \qquad \text{「ログ2底の8」などと読む}$$

を満たす x を，2 を**底**とする 8 の**対数**といい，$\log_2 8$ と表す．つまり

$$2^{\boxed{x}} = 8 \iff x = \log_2 8.$$

ここに入る数が $\log_2 8$ 　　この値はもちろん 3　　これは真数という

(補足) 要するに**対数** $\log_2 8$ は，底：2 の"右肩"に小さな $\square$ をイメージし，

——これが対数の値

底：2 を何乗すれば真数：8 に等しくなるか

を表す数と考えます．これが**対数の定義**です．

例題 次の値を求めよ．

(1) $\log_3 81$ 　　(2) $5 = \log_2 \bigcirc$ を満たす $\bigcirc$ 　　(3) $2^{\log_2 5}$

解説・解き方のコツ

(1) へたな方法

$$\log_3 81 = \log_3 3^4 = 4\log_3 3 = 4 \cdot 1 = 4.$$

この程度の値をワザワザ"公式"（→ ITEM 79）を使って求めてしまうと，「対数の定義」が身に付きません．第一，面倒くさいです！

正しい方法

$3^{\boxed{4}} = 81$ を思い浮かべて…

$\log_3 81 = 4.$
　　ここに入る数

(2) $5=\log_2 2^5=\log_2 32.$ $\quad\therefore\quad \bigcirc =\mathbf{32}.$

ここに入る数が 5 だから…

入試のここで役立つ！

　たとえば対数方程式 $2\log_3 x=2+\log_3(x-1)$ を解く際，左辺を $\log_3 x^2$ とし，右辺もそれと同じ $\log_3 \bigcirc$ の形にする際，キレイな「2」を敢えて $\log_3 \bigcirc$ の形にする必要に迫られます．

(3) $2^{\square}=5\cdots$ ここに入る数が $\log_2 5$ だから
$2^{\log_2 5}=\mathbf{5}.$　…アタリマエなんですが，「わからない」と言う人が多い

（補足）「$\log_2 5$」とは，$2^{\square}=5$ の $\square$ に入る数，つまり
　　　　　2 の"右肩"に乗っかったら 5 になる数
でした．いま，その数をホントに 2 の右肩に乗っけて $2^{\log_2 5}$ としたのですから，この値は「5」に決まってます…アタリマエですね．これがわかりづらいという人は，**対数の定義**が定着していない証拠です．そんな状態では…
とくに理系の人は数学Ⅲで困り果てることに…

〈下手な方法へ〉　$a=2^{\log_2 5}$ とおき，2 を底とする両辺の対数をとると
$\log_2 a=\log_2 2^{\log_2 5}=\log_2 5 \log_2 2=\log_2 5.$
$\therefore\ a=5.$　　次ITEMの"公式"❷

こうやって「対数の定義」から逃げちゃあおしまい！練習あるのみ！！

類題 78A 次の $\square$ を埋めよ．

[1] $2^{\square}=8$ 　　[2] $3^{\square}=\dfrac{1}{9}$ 　　[3] $5^{\square}=\sqrt{5}$ 　　[4] $3^{\square}=7$

[5] $3=\log_2 \square$ 　[6] $31=\log_{10}\square$ 　[7] $-2=\log_3 \square$ 　[8] $2=5^{\square}$

類題 78B 次の値を，「対数の定義」にもとづいて求めよ．

注意：次ITEMの「対数の性質」を用いてはならない．

[1] $\log_3 27$ 　[2] $\log_2 16$ 　[3] $\log_8 1$ 　[4] $\log_5 125$ 　[5] $\log_a a^5$

[6] $\log_{100} 10000$ 　[7] $\log_3 \dfrac{1}{9}$ 　[8] $\log_2 \dfrac{1}{32}$ 　[9] $\log_5 \sqrt{5}$

[10] $\log_2 \sqrt[3]{4}$ 　[11] $\log_{\sqrt{2}} 4$ 　[12] $\log_2 \dfrac{1}{2\sqrt{2}}$ 　[13] $\log_{\frac{1}{3}} 9$ 　⬆[14] $\log_4 8$

[15] $3^{\log_3 7}$ 　　　[16] $6^{\log_6 3}$ 　　　理系[17] $e^{\log 2}$ 　($\log 2 = \log_e 2$)

[18] $4^{\log_2 5}$ 　　　[19] $\left(\dfrac{1}{9}\right)^{\log_3 2}$ 　　[20] $(\sqrt{2})^{\log_2 5}$

（解答▶解答編 p.89）

ITEM 79 対数の計算

対数に関する公式（下記❶〜❸'）は，すべて指数法則から導かれます．これらを用いると，「対数」はまるで違った姿形に変えることができます．本 ITEM では，そのような**変形**が指数法則と同様"息をするような自然さ"で行えるようになることを目指します．ここでも，易しいのを，たくさん練習しましょう．

> **ここがツボ！**
> ○ 和や差に分解するのか，1つにまとめたいのか．目標を明確に．
> ○ 底は統一して！

基本確認

対数の性質

❶ $\log_a P + \log_a Q = \log_a PQ$ … 対数の和↔真数の積

❶' $\log_a P - \log_a Q = \log_a \dfrac{P}{Q}$ … 対数の差↔真数の商

❷ $\log_a P^k = k \log_a P$ … 真数の累乗は前に出る

❸ $\log_a b = \dfrac{\log_c b}{\log_c a}$ … 底の変換公式

❸' $\log_a b = \dfrac{\log_b b}{\log_b a} = \dfrac{1}{\log_b a}$ … 底と真数を入れ換えると逆数

例題 次の□に当てはまる整数を答えよ．

(1) $\log_3 \dfrac{81}{32} = \square - \square \log_3 2$

(2) $\log_9 16 + 3 = \log_3 \square$

(3) $\log_3 4 (\log_2 3 + \log_4 9) = \square$

解説・解き方のコツ

(1) 対数を<u>和や差に分解</u>して，真数をできるだけ簡単な数にします．

$$\log_3 \dfrac{81}{32} = \log_3 81 - \log_3 32$$
$$= \log_3 3^4 - \log_3 2^5$$
$$= \boxed{4} - \boxed{5} \log_3 2.$$

(2) 今度は，和の形を，<u>3</u>を底とする<u>1つの対数にまとめる</u>練習です．まずは底を 3 に変えて…

$\log_3 9 = 2$

$$\log_9 16 + 3 = \dfrac{\log_3 16}{\log_3 9} + \log_3 27$$
$$= \dfrac{1}{2} \log_3 16 + \log_3 27$$

→ $12 \cdot 14$ → $2^3 \cdot 3 \cdot 7$

$$= \log_3(16)^{\frac{1}{2}} + \log_3 27$$
$$= \log_3 4 + \log_3 27$$
$$= \log_3(4 \cdot 27) = \log_3 \boxed{108}$$ 慣れたらぜんぶ暗算？

(3) カッコの中については，底が2と4なので底を2に統一してみます．

$$\log_3 4(\log_2 3 + \log_4 9) = \log_3 4\left(\log_2 3 + \frac{\log_2 9}{\log_2 4}\right) \cdots \log_2 4 = 2$$
$$= \log_3 4\left(\log_2 3 + \frac{1}{2}\log_2 9\right)$$
$$= \log_3 2^2\left(\log_2 3 + \log_2 9^{\frac{1}{2}}\right)$$
$$= (2\log_3 2)(2\log_2 3) \qquad \cdots ①$$
$$= 4 \cdot \frac{1}{\log_2 3}\log_2 3 \cdots 公式❸'$$
$$= \boxed{4}.$$

(補足) ①を書いたら，いちいちマジメに $\log_3 2 = \frac{\log_2 2}{\log_2 3} = \frac{1}{\log_2 3}$ と底を変換するまでもなく，公式❸'：「底と真数を入れ換えると逆数」を使って一気に答えが見えるようにしたいですね．

類題 79A 次の □ を埋めよ．（答えは分数の場合もある）

[1] $\log_2 6 = \boxed{} + \log_2 3$　　[2] $\log_{10} 5 = 1 - \log_{10} \boxed{}$　　[3] $\log_3 8 = \boxed{} \log_3 2$

[4] $\log_3 1000 = \boxed{} \log_3 10$　　[5] $\log_{10} 72 = \boxed{} \log_{10} 2 + \boxed{} \log_{10} 3$

[6] $\log_3 \sqrt{24} = \boxed{} + \boxed{} \log_3 2$　　[7] $\log_3 48 = \boxed{} + \boxed{} \log_3 2$

[8] $\log_5 200 = \boxed{} + \boxed{} \log_5 2$　　[9] $\log_{10} 24^{10} = \boxed{} \log_{10} 2 + \boxed{} \log_{10} 3$

[10] $\log_{10} 45^{20} = \boxed{} - \boxed{} \log_{10} 2 + \boxed{} \log_{10} 3$

類題 79B 次の □ を埋めよ．（答えは分数やマイナス記号「－」の場合もある）

[1] $\log_3 2 + \log_3 5 = \log_3 \boxed{}$　　[2] $\log_2 30 - \log_2 5 = \log_2 \boxed{}$

[3] $\log_2(\sqrt{2}-1) = \boxed{} \log_2(\sqrt{2}+1)$　　[4] $10^{\log_5 2} = \log_5 \boxed{}$

[5] $2 + \log_5 4 = \log_5 \boxed{}$　　[6] $2\log_2 6 - 3 = \log_2 \boxed{}$　　[7] $\frac{1}{2} - 2\log_3 8 = \log_3 \boxed{}$

[8] $\log_8 5 = \boxed{} \log_2 5$　　[9] $\log_4 9 = \log_2 \boxed{}$　　[10] $\log_9 8 = \boxed{} \log_3 2$

[11] $\log_2 3 \cdot \log_3 2 = \boxed{}$　　[12] $\log_4 25 + \frac{2}{\log_5 2} - 2\log_3 9 = \log_2 \boxed{}$

[13] $\log_2 3 \cdot \log_3 5 \cdot \log_5 7 = \log_2 \boxed{}$　　[14] $3^{\frac{1}{\log_5 3}} = \boxed{}$

(解答▶解答編 p.90)

ITEM 80 指数・対数の方程式・不等式

軽めの「方程式・不等式」をパッと解く練習をします．この作業のスピードと正確さによって，より複雑な入試問題が解けるかどうかが大きく左右されます．

なお，方程式・不等式を解く過程では，様々な局面でグラフの助けを借ります．逆にグラフを記憶に定着させる絶好のチャンスともいえます．

> **ここがツボ！** 何かあったらグラフに訊く．

基本確認

指数・対数関数のグラフ

底が $2(>1)$ および $\frac{1}{2}(<1)$ である指数・対数関数のグラフは，次の表をもとにグラフ上の点をいくつかとってみれば，おおよそ下のような形になることがわかる．

〔底：$2(>1)$〕

$y=2^x \cdots$ ❶ $y=\log_2 x \cdots$ ❷

❶
x	-2	-1	0	1	2
2^x	$\frac{1}{4}$	$\frac{1}{2}$	1	2	4

❷
x	$\frac{1}{4}$	$\frac{1}{2}$	1	2	4
$\log_2 x$	-2	-1	0	1	2

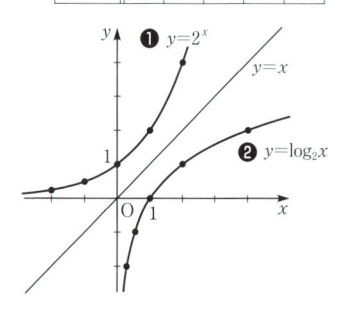

〔底：$\frac{1}{2}(<1)$〕

$y=\left(\frac{1}{2}\right)^x \cdots$ ❸ $y=\log_{\frac{1}{2}} x \cdots$ ❹

❸
x	-2	-1	0	1	2
$\left(\frac{1}{2}\right)^x$	4	2	1	$\frac{1}{2}$	$\frac{1}{4}$

❹
x	$\frac{1}{4}$	$\frac{1}{2}$	1	2	4
$\log_{\frac{1}{2}} x$	2	1	0	-1	-2

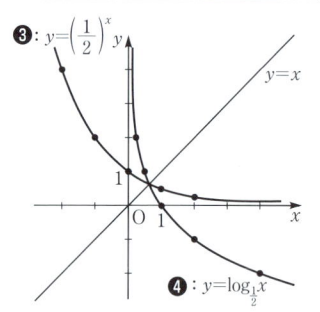

底が1より大きい指数・対数関数
$y=a^x$, $y=\log_a x (a>1)$
のグラフもほぼ同様．

底が1より小さい指数・対数関数
$y=a^x$, $y=\log_a x (0<a<1)$
のグラフもほぼ同様．

理系 自然対数の底：$e(\fallingdotseq 2.7\cdots)$の場合も

(補足) これらのグラフを瞬間で描き，次のことをサッと想起したい！
- x の範囲（**定義域**），y の範囲（**値域**）．　なお，底は1以外の正の数
- 指数・対数関数の**増加・減少**は，底と1との大小関係で決まる．

→ 17・10 → 2・5・17

例題 次の方程式，不等式を解け．
(1) $4^x - 2^{x+1} = 3$
(2) $2 + \log_2(x-2) < \log_2 x$

解説・解き方のコツ

(1) $4^x = (2^2)^x = 2^{2x} = 2^{x\cdot 2} = (2^x)^2$，
$2^{x+1} = 2^x \cdot 2^1 = 2 \cdot 2^x$．

そこで，$t = 2^x$ とおくと，$t > 0$ …① であり，与式は
$t^2 - 2t - 3 = 0$．$(t+1)(t-3) = 0$．

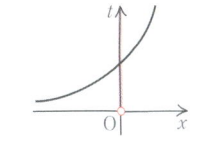

これと①より $t = 3$． 「$t = -1$」は初めから書かない
$2^x = 3$．∴ $x = \log_2 3$．

(補足) $t = 2^x$ と置換する際，サッとグラフを思い浮かべて「$t > 0$」という**前提条件**を確認してから以降の作業を行うのがポイントです．

(2) **まず**，対数の真数は正だから
$x - 2 > 0$，$x > 0$ より $x > 2$．…②

②のもとで，与式は
$\log_2 4 + \log_2(x-2) < \log_2 x$．
$\log_2 4(x-2) < \log_2 x$．…③

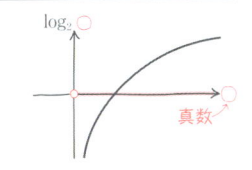

対数の底：$2 > 1$ だから　両辺をそれぞれ1つのlogに"まとめた"
$4(x-2) < x$．…④

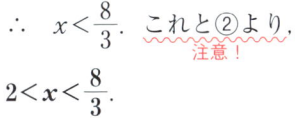

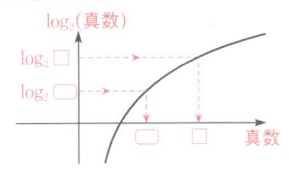

∴ $x < \dfrac{8}{3}$．これと②より，
$2 < x < \dfrac{8}{3}$．

(補足) 対数の場合は，**まず**最初に「真数は正」ということから，②のような前提条件が発生します．

(注意) ③から④へと「logを外す」とき，**底と1との大小**を考えた上でグラフをイメージし，「対数全体の大小」と「真数部分の大小」が一致するか否かを確認する習慣をつけましょう．

類題 80 次の方程式，不等式を解け．

[1] $8^x = \dfrac{1}{1024}$　　[2] $3^{2x-1} > 243$　　[3] $5^{2x+1} = 250$　　[4] $9^x = 3^{x+2}$

[5] $9^x + 3^{x+1} = 4$　　[6] ★ $\left(\dfrac{1}{2}\right)^{1-x} \leq \left(\dfrac{1}{8}\right)^x$　　[7] $\log_{10} x = 4$　　[8] $\log_3(x-1) = -\dfrac{1}{2}$

[9] ★ $\log_{\frac{1}{2}}\left(2x - \dfrac{1}{8}\right) > 3$　　　　　　　　[10] $\log_3(5-x) - \log_3(3x+1) = 0$

[11] $\log_2(2x+5) \geq \log_2(2-x) + 2$　　[12] ★ $\log_4(x+1) = \log_2(2-x) - 1$

ITEM 81 階乗

「場合の数」「確率」では，連続するいくつかの自然数の積がよく現れます．**階乗**記号は，これを簡潔に表すとき使われる便利な記法です．

しかし，たとえば「10!」とコンパクトに表された数の実体は

$$1\cdot 2\cdot 3\cdot 4\cdot 5\cdot 6\cdot 7\cdot 8\cdot 9\cdot 10$$

という，いくつかの自然数の積であることを忘れてはいけません．数列で用いる Σ 記号と同様です．

理系 参考 数学Ⅲの微積分においても，階乗を使った計算がしばしば現れます．

> **ここがツボ!** $n!$ を見たら，頭の中には $n(n-1)(n-2)\cdots 3\cdot 2\cdot 1$ という数の並びをイメージして．

基本確認

自然数の階乗 自然数 n の**階乗**とは

$$n! = n(n-1)(n-2)\cdots 3\cdot 2\cdot 1$$

ちなみに，「$0!=1$」と定められている

補足 $n=2, 3, 4, \cdots$ のとき

$$n! = n\times (n-1)(n-2)\cdots 3\cdot 2\cdot 1$$
$$= n(n-1)!$$

が成り立つ．（$0!=1$ より，これは $n=1$ でも成り立つ．）

階乗の値

n	1	2	3	4	5	6	7	8	9	10
$n!$	1	2	6	24	**120**	720	5040	40320	362880	3628800

この値を暗記しとこう　　　めちゃ大きい！

例題　次の(1)〜(4)に答えよ．

(1) $7!$ の値を求めよ．

(2) $\dfrac{10!}{8!}$ の値を求めよ．

(3) $\dfrac{n!}{n(n-1)}$ ($n=2, 3, 4, \cdots$) を簡単にせよ．

(4) $\dfrac{1}{n!} - \dfrac{1}{(n+1)!}$ ($n=0, 1, 2, \cdots$) を通分せよ．

解説・解き方のコツ

(1) 1から7まで全部掛けるのはさすがに面倒．たとえば $5!=120$ あたりを暗記しておけば，$7!$ の値は

$$7! = 1\cdot 2\cdot 3\cdot 4\cdot 5\times 6\times 7 \quad \text{頭の中で数を並べて}$$
$$= 5!\cdot 6\cdot 7$$
$$= 120\cdot 6\cdot 7 = 720\cdot 7 = \mathbf{5040}.$$

(2) $\dfrac{10!}{8!} = \dfrac{10\cdot 9\cdot 8\cdot 7\cdot 6\cdot 5\cdot 4\cdot 3\cdot 2\cdot 1}{8\cdot 7\cdot 6\cdot 5\cdot 4\cdot 3\cdot 2\cdot 1}$ … 分母，分子とも頭の中で数を並べて

$= 10\cdot 9 = \mathbf{90}.$

(3) $\dfrac{n!}{n(n-1)} = \dfrac{n(n-1)(n-2)\cdots 2\cdot 1}{n(n-1)}$

$= (n-2)(n-3)\cdots 2\cdot 1 = \boldsymbol{(n-2)!}.$

(4) $(n+1)! = (n+1)\times n(n-1)(n-2)\cdots 2\cdot 1 = (n+1)n!$

であることに注目して，分母を $(n+1)!$ に通分する．

$\dfrac{1}{n!} - \dfrac{1}{(n+1)!} = \dfrac{(n+1)-1}{(n+1)!}$

$= \dfrac{\boldsymbol{n}}{\boldsymbol{(n+1)!}}.$

入試のここで役立つ！

数列の和 $\sum_{k=1}^{n}\dfrac{k}{(k+1)!}$ を求める際は，(4)の結果を逆向きに使って，

$\sum_{k=1}^{n}\left\{\dfrac{1}{k!} - \dfrac{1}{(k+1)!}\right\}$ と変形することが役立ちます．（→ ITEM 87）

類題 81A 次の値を求めよ．（なるべく暗算で求めよう．）

[1] $4!$　　　　[2] $6!$　　　　[3] $0!$　　　　[4] $\dfrac{7!}{6!}$

[5] $\dfrac{6!}{4!}$　　　　[6] $\dfrac{3!}{5!}$　　　　[7] $\dfrac{7!}{4!}$　　　　[8] $\dfrac{8!}{5!3!}$

[9] $\dfrac{7!}{3\cdot 4!}$　　　　[10] $\dfrac{2\cdot 4\cdot 6}{7!}$　　　　[11] $\dfrac{9!}{3!3!3!}$

類題 81B 次の式を簡単にせよ．ただし，文字はすべて自然数とする．

[1] $(n+1)! - n!$　　　　[2] $\dfrac{n}{n!}$　　　　[3] $\dfrac{n(n-1)}{n!}\ (n\geqq 2)$

[4] $\dfrac{n(n-1)(n-2)\cdots 5\cdot 4}{n!}\ (n\geqq 4)$　　　　[5] $\dfrac{n(n-1)}{(n+1)!}$

[6] $\dfrac{(n+1)!(99-n)!}{n!(100-n)!}\ (1\leqq n\leqq 99)$　　　　[7] $\dfrac{(2n)(2n-2)(2n-4)\cdots 6\cdot 4\cdot 2}{n!}$

[8] $\dfrac{n!}{(m+1)(m+2)(m+3)\cdots(m+n-1)(m+n)}\cdot\dfrac{1}{m+n+1}$（階乗のみで表せ．）

（解答▶解答編 p.92）

ITEM 82 二項係数 — 二項定理で現れる係数

よくわかった度チェック！ ① ② ③

「場合の数」「確率」の問題では，「組合せ」の個数を表す二項係数 $_nC_r$ が頻繁に登場します．二項係数の中には，前 ITEM の「階乗」(つまり，いくつかの自然数の積)と分数が含まれ，「確率」の問題では，モタモタしてると $\dfrac{_5C_2 \cdot _7C_3}{_{12}C_5} = \dfrac{\dfrac{5\cdot 4}{2}\cdot \dfrac{7\cdot 6\cdot 5}{3\cdot 2}}{\dfrac{12\cdot 11\cdot 10\cdot 9\cdot 8}{5\cdot 4\cdot 3\cdot 2}}$ のようなスゴイモノが出現して圧倒されてしまいます．ですから…

> **ここがツボ！** (できるだけ)頭の中で，どんどん約分！

基本確認

二項係数

❶ $_nC_r = \dfrac{n(n-1)(n-2)\cdots(n-r+1)}{r!}$ … n から始めて r 個並べる．

❷ $_nC_r = \dfrac{n!}{r!(n-r)!}$ … ちなみに $_nC_0 = \dfrac{n!}{0!\,n!} = 1$ ($_nC_n$ も同じ)

(補足) ❶と❷の右辺が一致していることを確認しておきます．

$$\dfrac{n!}{r!(n-r)!} = \dfrac{n(n-1)(n-2)\cdots(n-r+1)\times(n-r)(n-r-1)\cdots 2\cdot 1}{r!\times(n-r)(n-r-1)\cdots 2\cdot 1}$$

$$= \dfrac{n(n-1)(n-2)\cdots(n-r+1)}{r!}.$$

つまり，❷の右辺において $(n-r)!$ を約分して消したのが❶の右辺ですから，通常の数値計算などでは，ほとんど❶を使います．ただし，文字を含んだ場合は❷の方がコンパクトに書き表せて"簡潔"です．どちらも使いこなせるようにしておきましょう．

公式

$_nC_r = _nC_{n-r}$ … 「選ぶ r 個」は「選ばない $n-r$ 個」と1対1に対応

> **例題** 次の(1), (2)を簡単にせよ．
>
> (1) $_7C_4$ (2) $\dfrac{_{12}C_{n+1}}{_{12}C_n}$

解説・解き方のコツ

(1) 上記の **公式** と❶より

$$_7C_4 = {_7C_3}$$

$$= \dfrac{7\cdot 6\cdot 5}{3!} \quad \cdots \text{7 から 3 つ並べて 3! で割る} \quad \cdots \text{①}$$

$$= \dfrac{7\cdot 6\cdot 5}{3\cdot 2} \quad \cdots \text{分母:「3!=3·2·1」の「1」は無駄} \quad \cdots \text{①}'$$

$$= 7\cdot 5 = 35.$$

→ 6·29 → 2·3·29

補足 確率の問題では，このような二項係数が1つの式に3つ4つと現れますから，①や①'を紙に書くことなく，頭の中でパッと約分しちゃいましょう．

(2) 文字 n を含んでいるので，❷を用いてコンパクトに表してみます．

$$\frac{{}_{12}C_{n+1}}{{}_{12}C_n} = \frac{\frac{12!}{(n+1)!(11-n)!}}{\frac{12!}{n!(12-n)!}}$$ ……繁分数は紙に書かずに…(→ ITEM 22)

$$= \frac{12!}{(n+1)!(11-n)!} \cdot \frac{n!(12-n)!}{12!}$$ ……分母の ${}_{12}C_n$ は初めから逆数にして掛ける

$$= \frac{n!}{(n+1)!} \cdot \frac{(12-n)!}{(11-n)!}$$ ……約分しやすそうなものを分母，分子にセットし…

$$= \frac{12-n}{n+1}.$$ ……階乗を頭の中で約分(→前 ITEM)

❶の方を使ってやると，次のようになります．

いまいちな方法

$$\frac{{}_{12}C_{n+1}}{{}_{12}C_n} = \frac{\frac{12\cdot 11\cdot 10\cdots(13-n)(12-n)}{(n+1)n(n-1)\cdots 2\cdot 1}}{\frac{12\cdot 11\cdot 10\cdots(13-n)}{n(n-1)\cdots 2\cdot 1}}$$ ……"繁分数"はなるべく書かない！(→ ITEM 22 例題(1)注意)

$$= \frac{12\cdot 11\cdot 10\cdots(13-n)(12-n)}{(n+1)n(n-1)\cdots 2\cdot 1} \cdot \frac{n(n-1)\cdots 2\cdot 1}{12\cdot 11\cdot 10\cdots(13-n)}$$

$$= \frac{12\cdot 11\cdot 10\cdots(13-n)(12-n)}{12\cdot 11\cdot 10\cdots(13-n)} \cdot \frac{n(n-1)\cdots 2\cdot 1}{(n+1)n(n-1)\cdots 2\cdot 1}$$

$$= \frac{12-n}{n+1}.$$

こちらの方が，「具体的に数が並んでいるのでわかりやすいで〜す」という人もいるかもしれませんが，書くだけで疲れます….

類題 82A 次の[1]〜[16]を簡単にせよ．

[1] ${}_3C_2$　　　　　[2] ${}_5C_2$　　　　　[3] ${}_6C_3$　　　　　[4] ${}_8C_3$

[5] ${}_8C_4$　　　　　[6] ${}_{10}C_3$　　　　[7] ${}_{10}C_1$　　　　[8] ${}_{10}C_{10}$

[9] ${}_{10}C_0$　　　　[10] $\dfrac{{}_5C_2}{{}_7C_3}$　　　[11] $\dfrac{{}_{10}C_5}{{}_{12}C_5}$　　[12] $\dfrac{{}_2C_1\cdot {}_6C_4}{{}_8C_5}$

[13] $\dfrac{{}_4C_2\cdot {}_6C_3}{{}_{10}C_5}$　[14] $\dfrac{{}_nC_3}{{}_{n-1}C_3}$　　[15] $\dfrac{{}_{38}C_{n-2}}{{}_{40}C_n}$　　[16] $\dfrac{{}_{18}C_{n-1}}{{}_{20}C_n}$

類題 82B 次の等式を証明せよ．

[1] ${}_nC_k\cdot k = n\cdot{}_{n-1}C_{k-1}$　　　　⬆[2] ${}_{n-1}C_{r-1} + {}_{n-1}C_r = {}_nC_r$

(解答▶解答編 p. 93, 94)

ITEM 83 等差数列

よくわかった度チェック！ ① ② ③

数列とは**番号をつけて数を並べたもの**です．だから数列を扱うときには，常に数の並びを思い浮かべながら（あるいは紙の上にホントに数を並べて）考えることが大切です．

まずは**等差数列**．この「隣り合う2項の差が一定」というもっとも単純な数列を素材として，公式丸暗記に頼らず，数の並びをイメージして考える習慣をつけましょう．

> **ここがツボ！**　「差が一定」である数の並びをイメージして．
> 和の公式は，字面でなく，意味を覚える．

基本確認

等差数列の一般項　　漸化式は $a_{n+1} - a_n = d$

公差 d の等差数列の第 n 項は

$$a_n = a_1 + d(n-1)$$

初項が0番なら，$a_n = a_0 + d(n-0)$

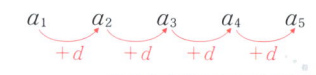

$a_1 \quad a_2 \quad a_3 \quad a_4 \quad a_5$
$+d \quad +d \quad +d \quad +d$

公差 d を $5-1=4$ 回加える

等差数列の和

$$\frac{初め+終わり}{2} \cdot 項数 \qquad \frac{a_1+a_n}{2} \cdot n \text{ と字面を暗記してもダメ}$$

例
$$\begin{array}{l} S = 11+13+15+17+19+21 \\ +)\ S = 21+19+17+15+13+11 \\ \hline 2S = 32+32+32+32+32+32. \end{array}$$
　　　　$\underbrace{\qquad}_{11+21}$

$\therefore\ S = \dfrac{11+21}{2} \cdot 6.$

初め ← → 終わり　　個数

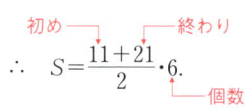

例題　等差数列 (a_n) $(n=1,\ 2,\ 3,\ \cdots)$ が，$a_5 = 14$，$a_8 = 23$ を満たすとき，

高校教科書では「$\{a_n\}$」．どっちもOK．

(1) 数列 (a_n) の一般項を求めよ．

(2) 数列 (a_n) の第5項から第24項までの和を求めよ．

解説・解き方のコツ

(1) 【へたな方法】初学者時代に習った（？）公式ベッタリ依存型解答の見本です．

数列 (a_n) の初項を a，公差を d とおくと，等差数列の一般項の公式より

$$\begin{cases} a_5 = a + d(5-1) = a + 4d = 14, & \cdots ① \\ a_8 = a + d(8-1) = a + 7d = 23. & \cdots ② \end{cases}$$

とにかく公式にアテハメル

（あとはこの連立方程式を，何も考えず機械のように勤勉に解く…）
「数の並び」が，まるでイメージされていません．お先真っ暗です．

正しい方法

右のように考えて

$$\text{公差}=\frac{23-14}{8-5}=3.$$

$$\therefore\quad a_{\boxed{n}}=a_{\boxed{5}}+3(\boxed{n}-\boxed{5}) \quad\cdots\text{③}$$
$$=14+3(n-5)=\mathbf{3n-1}. \quad\cdots\text{④}$$

(補足) ○③は $n<5$ のときも成り立ちます．たとえば③で $n=1$ とすると
$$a_1=a_5+3(1-5)=a_5-3\cdot 4$$
となりますが，右図より確かにこれは正しいですね．

○あるいは，公差$=3$ より，a_n は番号 n が 1 増えるごとに 3 ずつ増えるので，「$a_n=3n+$定数」まではわかります．あとは $a_5=14$ となるように定数項を調節すれば④を得ます．

---

(2) **へたな方法**

等差数列の和の公式を $\dfrac{a_1+a_n}{2}\cdot n$ と"字面"で暗記し，「第 1 項 a_1」からの和でないと使えない公式だと錯覚していると，求める和は

$$\sum_{k=5}^{24}a_k=\sum_{k=1}^{24}a_k-\sum_{k=1}^{4}a_k \quad\text{ワザワザ「}a_1\text{」からの和で表して}$$

$$=\frac{a_1+a_{24}}{2}\cdot 24-\frac{a_1+a_4}{2}\cdot 4=\cdots \quad\text{和の公式を 2 回}$$

正しい方法

$a_5+a_6+\cdots+a_{24}$ は等差数列の和であり

$$\begin{cases} a_5=14, & \text{初め(「}a_1\text{」にこだわる必要はない)} \\ a_{24}=3\cdot 24-1=71, & \text{終わり} \\ \text{項数}=24-4=20. & \text{右図を参照} \end{cases}$$

$$\therefore\quad a_5+a_6+\cdots+a_{24}=\frac{14+71}{2}\cdot 20 \quad\frac{\text{初め}+\text{終わり}}{2}\cdot\text{項数}$$

$$=85\cdot 10=\mathbf{850}.$$

(注意) 公式は，字面ではなく，その**意味**を覚えた方がトクだってわかるでしょ！

類題 83A 次の条件を満たす等差数列 (a_n) の一般項をそれぞれ求めよ．

[1] $a_3=19$, $a_5=15$　　　[2] $a_1=-3$, $a_7=1$　　　[3] $a_1+a_4=12$, $a_1+a_7=18$

[4]★ $a_3+a_5+a_7=21$, $a_6=9$　　　[5]★ $a_1+a_{10}=36$, $a_4+a_5=20$

類題 83B 次の等差数列の和をそれぞれ求めよ．

[1] $12+13+14+\cdots+27+28$　　　[2] $a_n=-3n+67$ のとき，$a_6+a_7+a_8+\cdots+a_{22}$

[3] $a_n=2n-1$ のとき，$a_1+a_2+a_3+\cdots+a_n$

[4] $a_n=53-2n$ のとき，$a_2+a_4+a_6+\cdots+a_{40}$

[5] $100+103+106+\cdots+196+199$

ITEM 84 等比数列

よくわかった度チェック！ ① ② ③

等比数列の規則も，「隣り合う 2 項の比が一定」という実に単純なものです．**数の並びそのもの**を考え，和の公式は"字面"ではなく**意味**を覚える．取り組む姿勢は等差数列とまったく同じです．

> **ここがツボ！** 「比が一定」である数の並びをイメージして，和の公式は，字面でなく，意味を覚える． ……等差数列と一緒やん

基本確認

等比数列の一般項　　漸化式は $a_{n+1} = r a_n$

公比 r の等比数列の第 n 項は

$$a_n = a_1 \cdot r^{n-1}$$

初項が 0 番なら，$a_n = a_0 r^{n-0}$

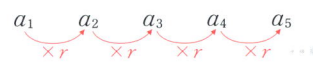

$a_1 \underset{\times r}{\to} a_2 \underset{\times r}{\to} a_3 \underset{\times r}{\to} a_4 \underset{\times r}{\to} a_5$　　公比 r を $5-1=4$ 回掛ける

等比数列の和

初め $\cdot \dfrac{1 - 公比^{項数}}{1 - 公比}$（公比 $\neq 1$）　　……$a_1 \cdot \dfrac{1-r^n}{1-r}$ と字面を暗記してもダメ

例　　$S = 3 + 3\cdot 2 + 3\cdot 2^2 + 3\cdot 2^3 + 3\cdot 2^4$
$\underline{-)\,2S = 3\cdot 2 + 3\cdot 2^2 + 3\cdot 2^3 + 3\cdot 2^4 + 3\cdot 2^5}$　　……公比倍して差をとる
$(1-2)S = 3 - 3\cdot 2^5$．

$\therefore\ S = 3 \cdot \dfrac{1 - 2^5}{1 - 2}$．　　（個数／初め／公比）

（注意）公比が 1 のときは，$\underbrace{a_1 + a_1 + \cdots + a_1}_{\times 1\ \times 1\ \times 1} = a_1 \cdot n$ とカンタン．

例題　公比が実数 r である等比数列 (a_n) が $a_1 + a_2 + a_3 = 21$，$a_4 + a_5 + a_6 = 168$ を満たすとき，

(1) 数列 (a_n) の一般項を求めよ．

(2) 数列 (a_n) の第 4 項から第 13 項までの和を求めよ．

解説・解き方のコツ

(1) 〈へたな方法〉　$a_1 = a$ とおくと，等比数列の和の公式より　　……公比 $\neq 1$ は自明？

$$a_1 + a_2 + a_3 = a \cdot \dfrac{1 - r^3}{1 - r} = 21, \quad \cdots ①$$

……たった 3 個なのに和の公式

また，$a_1 + a_2 + a_3 + a_4 + a_5 + a_6 = 21 + 168 = 189$ だから　　……ワザワザ「a_1」からの和にして…

$$a_1 + a_2 + a_3 + a_4 + a_5 + a_6 = a \cdot \dfrac{1 - r^6}{1 - r} = 189. \quad \cdots ②$$

……また公式

② ÷ ① より

$$\frac{1-r^6}{1-r^3}=9. \quad \frac{(1+r^3)(1-r^3)}{1-r^3}=9. \quad 1+r^3=9. \quad r^3=8.$$

疲れる〜

r は実数だから $r=2$. これと①より, $a \cdot \dfrac{-7}{-1}=21$. ∴ $a=3$. ……

正しい方法

$a_4+a_5+a_6 = a_1 r^3 + a_2 r^3 + a_3 r^3$
$\qquad\qquad\quad = (a_1+a_2+a_3)r^3.$

∴ $168=21r^3.$ $r^3=8.$

r は実数だから, $r=2$.

よって, $a_1+a_2+a_3 = a_1+2a_1+2^2 a_1 = 7a_1$ だから

$7a_1=21.$ ∴ $a_1=3.$

以上より,(a_n) の一般項は

$a_{\boxed{n}} = a_{\boxed{1}} \cdot 2^{\boxed{n}-\boxed{1}} = 3 \cdot 2^{n-1}.$

(2) 等差数列の和と同様, 第1項「a_1」にこだわる必要はありませんよ.

$\begin{cases} 初め = a_4 = 3\cdot 2^3 = 24, \quad \text{(1)の結果より} \\ 公比 = 2, \\ 項数 = 13-3 = 10. \quad \text{終わりの番号-初めの1つ前の番号} \end{cases}$

∴ $a_4+a_5+a_6+\cdots+a_{13} = 24 \cdot \dfrac{2^{10}-1}{2-1}$

公比>1のときは,分母,分子とも引く順序を逆にし,分母が正になるようにしておく

$\qquad\qquad\qquad\qquad\qquad = 24 \cdot 1023 = \mathbf{24552}.$

類題 84A 次の条件を満たす等比数列 (a_n) の一般項をそれぞれ求めよ. ただし, (a_n) の公比 r は実数とする.

[1] $a_1=-3, \ a_4=24$

[2] $a_3=20, \ a_7=\dfrac{5}{4} (r>0)$

[3] $\dfrac{a_5}{a_1}=4, \ a_1+a_5=5\sqrt{2} (r>0)$

[4]★ $a_1+a_3=10, \ a_1+a_5=34 (r<0)$

[5] $a_1+a_3=2, \ a_4+a_6=-16$

[6] $a_0=5, \ r=3$

類題 84B 次の等比数列の和をそれぞれ求めよ.

[1] $5\cdot 3^2 - 5\cdot 3^3 + 5\cdot 3^4 - \cdots + 5(-3)^n$

[2] $a_n = 3\cdot 2^n$ のとき, $a_2+a_3+\cdots+a_n$

[3] $a_n = 3\cdot 2^{n-1}$ のとき, $a_1+a_2+a_3+\cdots+a_n$

[4] $a_n = \left(-\dfrac{1}{2}\right)^n$ のとき, $a_1+a_3+a_5+\cdots+a_{2n+1}$

[5] $\left\{\dfrac{1}{3}-\left(\dfrac{1}{3}\right)^2\right\} + \left\{\left(\dfrac{1}{3}\right)^4 - \left(\dfrac{1}{3}\right)^5\right\} + \cdots + \left\{\left(\dfrac{1}{3}\right)^{3n-2} - \left(\dfrac{1}{3}\right)^{3n-1}\right\}$

[6]★ $\displaystyle\sum_{k=1}^{n} 4^k + \sum_{k=1}^{n} 2^{2k+1}$

(解答 ▶ 解答編 p.95)

ITEM 85 | Σ記号による表記

数列の和を表す方法としては，○+□+△+…+◇のように項を「具体的に書き並べる」やり方と，「Σで簡潔に表記する」方法の2種類があり，状況に応じて使い分けます．大切なのは，これら2つの表し方が，どちらも**同じもの**だと認識できていること．本ITEMでは，これら2つの表現法の間を自在に行き来できることを目指します．しかもなるべく頭の中で，サッと！

ここがツボ！ Σ→"書き並べ"は機械的作業．逆向きは試行錯誤．

基本確認

Σ記号

$$\sum_{k=m}^{n} a_k = a_m + a_{m+1} + a_{m+2} + \cdots + a_n$$ …… kにmからnまでのすべての整数を代入して加える

Σの性質

$$\sum_{k=1}^{n}(a_k+b_k) = \sum_{k=1}^{n}a_k + \sum_{k=1}^{n}b_k$$ …… 和(や差)は分解したりまとめたり

$$\sum_{k=1}^{n}pa_k = p\sum_{k=1}^{n}a_k$$ …… 定数倍は出したり入れたり

補足 上記が成り立つことは，「具体的に書き並べる」ことにより一目瞭然ですね．
$$(a_1+b_1)+(a_2+b_2)+\cdots+(a_n+b_n) = (a_1+a_2+\cdots+a_n)+(b_1+b_2+\cdots+b_n)$$
$$pa_1+pa_2+\cdots+pa_n = p(a_1+a_2+\cdots+a_n)$$

例題　次の問いに答えよ．

(1) $\displaystyle\sum_{k=1}^{n} a_{2k-1}$ をΣ記号を用いずに項を書き並べて表せ．

(2) $4\cdot 1 + 7\cdot 2 + 10\cdot 2^2 + \cdots + 31\cdot 2^9$ をΣ記号を用いて表せ．

(3) $\displaystyle\sum_{k=1}^{n} a_k - \sum_{k=1}^{n-1} a_k$ を簡単にせよ．

解説・解き方のコツ

(1) これは単なる機械的作業．文字kを，数値を代入する器（🥛）とみなし，整数$1, 2, 3, \cdots, n$を代入して加えて行けばよい． ・コップ

$$\sum_{k=1}^{n} a_{2k-1} = a_1 + a_3 + a_5 + \cdots + a_{2n-1}.$$ 　数列(a_n)の奇数番の和

(2) 今度は自然な向きである(1)と逆向きの作業ですから，試行錯誤となります．(「k」をどのようにとるか少し迷いますね．)

・Σの変数

解法1 各項を順に $k=1$, 2, 3, $\cdots$ に対応させることに決める.

積の左側:4, 7, 10, $\cdots$ は公差3の等差数列で $3k+??$(…え～と, $k=1$ のときに4だから…)$3k+1$.

k	1	2	3	$\cdots$
左側	4	7	10	$\cdots$

また, 積の右側:$1(=2^0)$, 2, 2^2, $\cdots$ は, 公比2の等比数列で $2^{k??}$(…え～と, $k=1$ のときに 2^0 だから…)2^{k-1}. 以上より

k に1, 2, …, 10 を代入してチェックすると…OK !

$$4\cdot 1+7\cdot 2+10\cdot 2^2+\cdots+31\cdot 2^9=\sum_{k=1}^{10}(3k+1)\cdot 2^{k-1}.$$

解法2 積の右側:$1(=2^0)$, 2, 2^2, $\cdots$ における2の指数を文字 l で表す. つまり積の右側は 2^l ($l=0$, 1, 2, $\cdots$, 9).

この l を用いると, 積の左側:4, 7, 10, $\cdots$ は $3l+4$ ($l=0$, 1, 2, $\cdots$, 9) と表せる.

この定数項も調整した

∴ $4\cdot 1+7\cdot 2+10\cdot 2^2+\cdots+31\cdot 2^9=\sum_{l=0}^{9}(3l+4)\cdot 2^l$. *これもチェック!*

(注意) このように, ある数列の和を $\sum$ 記号で表す方法はいろいろと考えられます.

(補足) つまり, 決められたマニュアルに従うのではなく, とりあえず $\sum$ で書いてみては, (頭の中で)並べてチェックする…という試行錯誤をして仕上げて行きます. 上記解答でもあちこちで "微調整" がなされていますね.

---

(3) $\displaystyle\sum_{k=1}^{n}a_k-\sum_{k=1}^{n-1}a_k = (a_1+a_2+a_3+\cdots+a_{n-1}+a_n)$
$\qquad\qquad\qquad\qquad -(a_1+a_2+a_3+\cdots+a_{n-1})\qquad\cdots$①
$\qquad\qquad = a_n.$ *a_1 から a_{n-1} までは消えちゃった*

(補足) $\sum$ 記号で表現されていても, ①式の「数の並び」が, (紙に書かなくても)頭の中でイメージできるようにしましょう. 次 ITEM のポイントとなります.

類題 85A 次の数列の和を, $\sum$ 記号を用いて表せ.

[1] $3+6+9+\cdots+3n$　　　　　　　[2] $r^2+r^3+r^4+\cdots+r^n$

[3] $1\cdot 4+2\cdot 5+3\cdot 6+\cdots+(n-1)(n+2)$　　[4] $1\cdot 2+3\cdot 5+5\cdot 8+\cdots+21\cdot 32$

[5] $a_2+a_4+a_6+\cdots+a_{2n}$　　　　[6] $a_1b_n+a_2b_{n-1}+a_3b_{n-2}+\cdots+a_nb_1$

類題 85B 次の □ に当てはまるものを答えよ.

[1] $\displaystyle\sum_{k=2}^{n}a_k=\sum_{k=1}^{n}a_k-\square$　　　　[2] $\displaystyle\sum_{k=1}^{2n}a_k-\sum_{k=1}^{n}a_{2k}=\sum_{k=1}^{n}a_\square$

(解答▶解答編 p.96, 97)

ITEM 86 Σ(多項式)の計算

よくわかった度チェック！ ① ② ③

Σ(3次以下の多項式)の計算は，$\sum_{k=1}^{n} k$, $\sum_{k=1}^{n} k^2$, $\sum_{k=1}^{n} k^3$ の公式を使えばたしかに"機械的"にできてしまいます．だからでしょう．「Σ(多項式)」の形に出会った瞬間，頭から**数の並び**が完全に消え，ものすご〜く遠回りな計算をしてしまう人が多いのです．

「$\sum_{k=1}^{n} a_k$」と「$a_1 + a_2 + \cdots + a_n$」という数の並びが，**まったく同じもの**として認識されていること！前 ITEM で鍛えたこの姿勢をどれだけ保てるかによって，数列の得点力には格段の開きが現れます．

ここがツボ！ Σ記号で表しても，頭の中は「○＋□＋△＋…＋◇」．

基本確認

Σk^p の公式

$$\sum_{k=1}^{n} k = 1 + 2 + \cdots + n = \frac{1}{2}n(n+1) \quad \cdots \text{等差数列の和そのもの}$$

（終わり／初め／個数）

$$\sum_{k=1}^{n} k^2 = 1^2 + 2^2 + \cdots + n^2 = \frac{1}{6}n(n+1)(2n+1) \quad \cdots \text{ITEM 87 で，この証明にふれます}$$

$$\sum_{k=1}^{n} k^3 = 1^3 + 2^3 + \cdots + n^3 = \left\{\frac{1}{2}n(n+1)\right\}^2 \left(= \frac{1}{4}n^2(n+1)^2\right)$$

例題　次の和を求めよ．

(1) $\sum_{k=1}^{n} (k^2 + 3k)$ 　　　(2) $\sum_{k=1}^{n} (2k+3)$

解説・解き方のコツ

(1) $\sum_{k=1}^{n}(k^2+3k) = \sum_{k=1}^{n} k^2 + 3\sum_{k=1}^{n} k$ 　…　和を分解して3倍を前に

$= \frac{1}{6}n(n+1)(2n+1) + 3 \cdot \frac{1}{2}n(n+1)$

$= \frac{1}{6}n(n+1)\{(2n+1) + 9\}$

$= \frac{1}{3}n(n+1)(n+5)$．

(2) 〈いまいちな方法〉 $\sum_{k=1}^{n}(2k+3) = 2\sum_{k=1}^{n} k + \sum_{k=1}^{n} 3$ 　…　(1)とまったく同じ方針

$= 2 \cdot \frac{1}{2}n(n+1) + 3 \cdot n = n(n+4)$．

注意 $\sum_{k=1}^{n} 3 = 3$ はバツ！「3」には「k」が含まれてないのでわかりづらいですが，

$$\sum_{k=1}^{n} 3 = \underbrace{3 + 3 + \cdots + 3}_{n \text{個}} = 3n$$

（$k=1$, $k=2$, $k=n$）

となりますね．

正しい方法 前記のように $2\sum_{k=1}^{n} k$ と $\sum_{k=1}^{n} 3$ に分けて求めるのは損です．k の 1 次式 $2k+3$ 全体が

$$5, 7, 9, \cdots, 2n+3 \quad \cdots \text{数の並びをイメージしよう}$$

という「等差数列」ですから，「等差数列の和の公式」（→ ITEM 83）で**一気**です．

$$\sum_{k=1}^{n} \underbrace{(2k+3)}_{1\text{次式}=\text{等差数列}} = 5 + 7 + \cdots + (2n+3) \quad \text{紙では}\Sigma,\ \text{頭では}\bigcirc + \square + \triangle + \cdots + \diamondsuit$$

$$= \frac{\overset{\text{初め}}{5} + \overset{\text{終わり}}{(2n+3)}}{2} \underset{\text{個数}}{n}$$

$$= \boldsymbol{n(n+4)}.$$

注意 ただし，$\sum_{k=1}^{n}(ak+b)$ のように係数が文字になっている場合は

$$\sum_{k=1}^{n}(ak+b) = a\sum_{k=1}^{n} k + \sum_{k=1}^{n} b = a \cdot \frac{n(n+1)}{2} + bn$$

とした方が，文字 a, b が分離していて見やすいかもしれません．状況に応じて，使い分けられるようにしておきましょう．

類題 86 次の和を求めよ．

[1] $\sum_{k=1}^{n}(3k-2)$ [2] $\sum_{k=1}^{n}\left(2k+\frac{1}{3}\right)$ [3] $\sum_{k=3}^{n}(2k-3)$

[4] $\sum_{k=1}^{n}(2k^2-k+3)$ [5] $\sum_{k=1}^{n+1}(2k^2+3k)$ [6] $\sum_{k=0}^{n}(3k^2+k+1)$

[7]★ $\sum_{k=3}^{n} k^2$ [8] $\sum_{k=1}^{n} k(n-k)$ [9] $\sum_{k=1}^{n} k^2(k+1)$

[10]★ $\sum_{k=1}^{n}(k-1)^3$ [11]★ $\sum_{k=1}^{n}(n+1-k)^2$ ⬆[12] $\sum_{k=0}^{n}(2n+1-2k)^2$

[13] $\sum_{k=1}^{n}(2k-1)^2 + \sum_{k=1}^{n}(2k)^2$

（解答▶解答編 p.97）

ITEM 87 階差から和へ

よくわかった度チェック！ ① ② ③

隣どうしの差

一般に，数列 $(b_{n+1} - b_n)$ のことを，(b_n) の階差数列といい，様々なことに活用されます．本 ITEM では，数列の和を求める有名な手法：**階差への分解**を徹底的にマスターします．

> **ここがツボ！** $\sum_{k=1}^{n} a_k$ は，a_k を別の数列 b_k の階差に分解できれば必ず求まる．

基本確認

階差と和の関係

$$a_k = b_{k+1} - b_k \quad \cdots a_n \text{ は } b_n \text{ の階差}$$

のとき，k に $1, 2, 3, \cdots, n$ を代入して辺々加えると

$$a_1 = b_2 - b_1$$
$$a_2 = b_3 - b_2$$

俗に「パタパタ」と言ったりする

$$a_3 = b_4 - b_3$$
$$\vdots$$
$$+) \ a_n = b_{n+1} - b_n$$
$$\overline{a_1 + a_2 + \cdots + a_n = b_{n+1} - b_1}\ . \quad \cdots b_n \text{ は } a_n \text{ の（ほぼ）和}$$

「主語」をとり換えると，「階差」が「和」に変わる

補足 ここでは扱いませんが，逆に

$$S_n = a_1 + a_2 + \cdots + a_{n-1} + a_n \text{ のとき}$$
$$-) \ S_{n-1} = a_1 + a_2 + \cdots + a_{n-1}$$
$$\overline{S_n - S_{n-1} = a_n} \quad (n \geq 2)\text{ だから}$$

上と同様！
S_n は a_n の和
a_n は S_n の（ほぼ）階差

となります．要するに，「和」と「階差」は表裏一体なのです．

例題 次の和を求めよ．

$$\sum_{k=1}^{n} \frac{1}{k(k+1)(k+2)}$$

やってみよう！

解説・解き方のコツ

これは間違い！

$$\sum_{k=1}^{n} \frac{1}{k(k+1)(k+2)} = \sum_{k=1}^{n} \frac{1}{k^3 + 3k^2 + 2k} = \frac{\cancel{\sum_{k=1}^{n} 1}}{\sum_{k=1}^{n} k^3 + 3\sum_{k=1}^{n} k^2 + 2\sum_{k=1}^{n} k} = \cdots$$

人間，苦しくなると（他に方法が見つからないと），こうして新公式を"発明"してしまいがちです． Σ記号を使わずに項を書き並べてみれば，間違いだとわかります

15章 数列

→ 4·46 → 2^3·23

正しい方法

$$\frac{1}{k(k+1)(k+2)} = \frac{1}{2}\left\{\frac{1}{k(k+1)} - \frac{1}{(k+1)(k+2)}\right\}. \quad \cdots(*)$$

＜階差の形を作った

そこで，$b_k = \dfrac{1}{k(k+1)}$ とおくと

$$\sum_{k=1}^{n} \underbrace{\frac{1}{k(k+1)(k+2)}}_{a_k \text{ とおく}} = \sum_{k=1}^{n} \frac{1}{2}(b_k - b_{k+1}) \quad a_k \text{ は } b_k \text{ のほぼ階差} \quad \cdots ①$$

$$= \frac{1}{2}\{(b_1 - b_2) \qquad \frac{1}{2}\left[\left(\frac{1}{1\cdot 2} - \frac{1}{2\cdot 3}\right)\right.$$
$$+ (b_2 - b_3) \qquad\qquad + \left(\frac{1}{2\cdot 3} - \frac{1}{3\cdot 4}\right)$$

ここでもパタパタ $\cdots$ $\quad + (b_3 - b_4) \qquad\qquad + \left(\frac{1}{3\cdot 4} - \frac{1}{4\cdot 5}\right)$

$$\vdots \qquad\qquad\qquad \vdots$$
$$+ (b_n - b_{n+1})\} \qquad \left.+ \left\{\frac{1}{n(n+1)} - \frac{1}{(n+1)(n+2)}\right\}\right]$$

$$= \frac{1}{2}(b_1 - b_{n+1}) \quad b_k \text{ は } a_k \text{ のほぼ和}$$

$$= \frac{1}{2}\left\{\frac{1}{1\cdot 2} - \frac{1}{(n+1)(n+2)}\right\} \quad \cdots ②$$

$$= \frac{n(n+3)}{4(n+1)(n+2)}. \quad \cdots ③$$

補足 もちろん，右側に赤字で書いたように項の具体的な値を書いてもかまいませんが，「b_k」などの記号で書く方が速く，次の基本構造もよくわかります．

①のように，和を求めたい数列 (a_k) を別の数列 (b_k) の（ほぼ）階差の形に分解すれば，その b_k が**どんな式で表されているかに関わりなく**，(a_k) の和が "パタパタ…" と求まる．

(この "パタパタ" は，いずれ紙に書く必要がなくなるでしょう)

補足 (∗) のように階差の形に分解する際の手順は，次の通りです．

1° 過去の記憶を頼りに，「たしか $\dfrac{1}{k(k+1)} - \dfrac{1}{(k+1)(k+2)}$ だっけ？」と，とりあえず書き… ＜3°の微調整用にチョコッと空けとく

2° 暗算で (あるいは計算用紙で)，「通分」という自然な向きの計算をしてみると

$$\frac{1}{k(k+1)} - \frac{1}{(k+1)(k+2)} = \frac{(k+2)-k}{k(k+1)(k+2)} = \frac{2}{k(k+1)(k+2)}$$

と，分子が 2 となってしまっているので…

3° $\left\{\dfrac{1}{k(k+1)} - \dfrac{1}{(k+1)(k+2)}\right\}$ の前に $\dfrac{1}{2}$ 倍をつけて微調整．

なお，分数式を (∗) のような和や差の形に変形することを，**部分分数展開** (→ ITEM 23) といい，数学Ⅲの積分計算でも活用されます．(→ 数学Ⅲ ITEM 32)

理系 **注意** この和を利用して無限級数

$$\sum_{k=1}^{\infty}\frac{1}{k(k+1)(k+2)}=\lim_{n\to\infty}\sum_{k=1}^{n}\frac{1}{k(k+1)(k+2)}$$ の和を求める際には，

②で止めておいて $n\to\infty$ とすれば簡単に 和$=\dfrac{1}{4}$ が求まりますね．
③まで変形したら遠回りです．

階差への分解例

　前ページの **補足** 1°に書いたように，（＊）のような変形は，「過去の記憶」がないとできません．つまり，"パターンの暗記"が必要です．

　そこで，以下に，代表的な「階差型への分解」のパターンを挙げておきました．両辺が等しいこと，および各式の右辺がある数列の(ほぼ)階差の形になっていることを確認してください．後ろの問題は，これらをヒントにして解いてもかまいませんが，徐々に見ないでもできるよう，**おおまかな形を暗記**していきましょう．

❶ $\dfrac{1}{k(k+1)}=\dfrac{1}{k}-\dfrac{1}{k+1}$　　❶，❷は例題の仲間

❷ $\dfrac{1}{k(k+1)(k+2)(k+3)}=\dfrac{1}{3}\left\{\dfrac{1}{k(k+1)(k+2)}-\dfrac{1}{(k+1)(k+2)(k+3)}\right\}$

❸ $\dfrac{1}{k(k+2)}=\dfrac{1}{2}\left(\dfrac{1}{k}-\dfrac{1}{k+2}\right)$

❹ $k(k+1)(k+2)=\dfrac{1}{4}\{k(k+1)(k+2)(k+3)-(k-1)k(k+1)(k+2)\}$

❺ $k(k+1)(k+2)(k+3)$
$=\dfrac{1}{5}\{k(k+1)(k+2)(k+3)(k+4)-(k-1)k(k+1)(k+2)(k+3)\}$

❻ $k\cdot k!=(k+1)!-k!$

❼ $\dfrac{k}{(k+1)!}=\dfrac{1}{k!}-\dfrac{1}{(k+1)!}$

❽ $\dfrac{1}{\sqrt{k+1}+\sqrt{k}}=\dfrac{\sqrt{k+1}-\sqrt{k}}{(\sqrt{k+1}+\sqrt{k})(\sqrt{k+1}-\sqrt{k})}$
$=\sqrt{k+1}-\sqrt{k}$

❾ $\log_2\left(1+\dfrac{1}{k}\right)=\log_2\dfrac{k+1}{k}$
$=\log_2(k+1)-\log_2 k$

⬆❿ $\cos 2k\theta\sin\theta=\dfrac{1}{2}\{\sin(2k+1)\theta-\sin(2k-1)\theta\}$

類題 87 次の和を求めよ．

[1] $\displaystyle\sum_{k=1}^{n}\dfrac{1}{k(k+1)}$ [2] $\displaystyle\sum_{k=1}^{n}\dfrac{1}{k(k+2)}$ [3] $\displaystyle\sum_{k=1}^{n}k(k+1)(k+2)$

[4] $\displaystyle\sum_{k=1}^{n}\dfrac{1}{\sqrt{k+1}+\sqrt{k}}$ [5] $\displaystyle\sum_{k=1}^{n}\dfrac{k}{(k+1)!}$ [6] $\displaystyle\sum_{k=1}^{n}\log_{2}\!\left(1+\dfrac{2}{k}\right)$

(解答▶解答編 p.99)

参考

ここでは，前 ITEM で用いた公式
$$\sum_{k=1}^{n}k^{2}=1^{2}+2^{2}+\cdots+n^{2}=\dfrac{1}{6}n(n+1)(2n+1)$$
を，本 ITEM で学んだ手法で証明します．この証明法は，やったことがないとまず思いつけないものですが，有名な手法ですのでちゃんと**理解**しておいてください．

等式
$$(k+1)^{3}-k^{3}=3k^{2}+3k+1$$
　　これを使おうって発想は知ってなきゃムリ！

を利用します．左辺：$(k+1)^{3}-k^{3}$ が，数列 $b_k=k^3$ の階差数列になっていることに注目してください．

$$(k+1)^{3}-k^{3}=3k^{2}+3k+1$$

において，k に $1, 2, 3, \cdots, n$ を代入して辺々加えると

$$\begin{aligned}
2^{3}-1^{3}&=3\cdot 1^{2}+3\cdot 1+1\\
3^{3}-2^{3}&=3\cdot 2^{2}+3\cdot 2+1\\
4^{3}-3^{3}&=3\cdot 3^{2}+3\cdot 3+1\\
&\vdots\\
+)\ (n+1)^{3}-n^{3}&=3n^{2}+3n+1\\
\hline
(n+1)^{3}-1^{3}&=3\sum_{k=1}^{n}k^{2}+\sum_{k=1}^{n}(3k+1).
\end{aligned}$$

$$\therefore\ 3\sum_{k=1}^{n}k^{2}=(n+1)^{3}-1^{3}-\dfrac{4+(3n+1)}{2}n$$

$$=n\{(n+1)^{2}+(n+1)+1\}-\dfrac{3n+5}{2}n$$

$$=\dfrac{n}{2}(2n^{2}+3n+1).$$

$$\therefore\ \sum_{k=1}^{n}k^{2}=\dfrac{1}{6}n(n+1)(2n+1).\ \square$$

ITEM 88 階差数列から一般項へ

数列の定め方には，$a_n = 2n-1 \, (n=1, 2, 3, \cdots)$ のように n 番目の項を n で表し，<u>一気に n 番を決める</u>**一般項**と，$\begin{cases} a_1 = 1, \\ a_{n+1} - a_n = 2 \, (n=1, 2, 3, \cdots) \end{cases}$ のように a_1 から a_2, a_2 から a_3, a_3 から a_4, …と，前から順に1つずつ，<u>ドミノ倒しのように項を定める</u>**帰納的定義**とがあります．帰納的定義から一般項を求めることを，俗に「漸化式を解く」と言ったりします．

本 ITEM では，前 ITEM の「階差と和の関係」によって解ける"階差型漸化式"に絞って練習します．これを**理解**すれば，他の漸化式の解法も習得しやすくなるでしょう．

> **ここがツボ！** 公式丸暗記はダメ．ここでも"パタパタ"．

基本確認

階差型漸化式

$a_{n+1} - a_n = b_n \, (n=1, 2, 3, \cdots)$ 　　b_n は a_n の階差

のとき，n を $1, 2, 3, \cdots, n-1$ として辺々加えると

またしても"パタパタ"
$$a_2 - a_1 = b_1$$
$$a_3 - a_2 = b_2$$
$$a_4 - a_3 = b_3$$
$$\vdots$$
$$+) \, a_n - a_{n-1} = b_{n-1}$$
$$a_n - a_1 = b_1 + b_2 + b_3 + \cdots + b_{n-1}.$$

前 ITEM と同じ

a_n は b_n の(ほぼ)和

$$\therefore \quad a_n = a_1 + \sum_{k=1}^{n-1} b_k \, (n \geq 2). \qquad \cdots (*)$$

> **例題** 次の初項と漸化式で定められる数列 (a_n) の一般項を求めよ．
> $a_1 = 3, \, a_n - a_{n-1} = 2^n \, (n=2, 3, 4, \cdots)$

解説・解き方のコツ

これは間違い！ 公式 $(*)$ を何も考えずに当てはめた次式は誤り！
$$a_n = a_1 + \sum_{k=1}^{n-1} 2^k$$

正しい方法

$b_n = 2^n$ とおくと，$a_n - a_{n-1} = b_n$．この等式の n に，$a_1 \sim a_n$ の項のみが現れるよう，2 から n までを代入する．

$$(※)\begin{cases} a_2 - a_1 = b_2 \\ a_3 - a_2 = b_3 \\ a_4 - a_3 = b_4 \\ \quad \vdots \\ +)\ a_n - a_{n-1} = b_n \\ \hline a_n - a_1 = b_2 + b_3 + \cdots + b_n \end{cases}$$

慣れれば暗算？

$a_n = a_1 + \sum_{k=?}^{?} b_k$

よって $n \geq 2$ のとき

$\therefore\ a_n = a_1 + \sum_{k=2}^{n} b_k$ ← $n=1$ だと $\sum_{k=2}^{1}$ となりイミ不明

$\quad = 3 + \sum_{k=2}^{n} 2^k$ ← 等比数列の和

$\quad = 3 + 4 \cdot \dfrac{2^{n-1} - 1}{2 - 1}$ ←初め ←公比 ←項数

n に 1 を代入してみると，$2^{1+1} - 1 = 3 = a_1$

$\quad = 2^{n+1} - 1$（これは $n=1$ でも成り立つ）． …①

補足 ○本問では，漸化式の「n」を「$n+1$」に換えて「$a_{n+1} - a_n = 2^{n+1}$」と変形し，公式（＊）をムリヤリ使うことも可能ですが，そんなことしてると後で困ります（→類題 88B）．そもそも，上のように（＊）の**証明過程**が再現できれば，無理に公式を使おうとする行為がアホラシく見えるはずです．

　なお，漸化式 $a_n - a_{n-1} = b_n$ の n に 2 から n までを代入すればよいことがわかれば，実際には（※）を紙に書く必要はありません．

○①は，本来 $n \geq 2$ のときしか意味を持たない式ですが，結果としては $n=1$ でもちゃんと成り立っていますね．

類題 88A 次の初項と漸化式で定められる数列 (a_n) の一般項を求めよ．

[1] $a_1 = 1,\ a_{n+1} - a_n = 2n + 1$ 　　[2] $a_1 = 1,\ a_n - a_{n-1} = n^2$

[3]★ $a_0 = 1,\ a_{n+1} = a_n - \left(\dfrac{1}{3}\right)^{n+1}$ 　　[4] $a_3 = 0,\ a_{n+1} - a_n = n - 1$

[5] $a_1 = 1,\ a_{n+1} - a_n = \dfrac{1}{n(n+1)}$

[6] $a_1 = 1,\ a_{n+1} = 3a_n + 2^n$（両辺を 3^{n+1} で割る）

類題 88B

$a_1 = 1,\ a_{n+2} - a_n = n$ のとき，a_{2n-1} を求めよ．

（解答▶解答編 p.101, 102）

ITEM 89 平均値・分散

ここでは統計分野の中で計算の仕方によって差がつきやすいものを2つ扱います．どうしても単純ではあるが複雑な数値計算になりがちな分野だけに，工夫できる部分はしっかり工夫していきましょう．

> **ここがツボ！** 平均値→仮平均の利用　分散→2つの方法のどちらが有利か？

基本確認

平均値　データの n 個の値が $x_1,\ x_2,\ \cdots,\ x_n$ …① であるとき，
$$m = \frac{x_1 + x_2 + \cdots + x_n}{n} = \frac{1}{n}\sum_{k=1}^{n} x_k$$
　　　　Σ を習っていない人は 15 章を参照

をこのデータの**平均値**という．

仮平均　①のデータにおいて，平均値に近そうな**仮平均** ω を用いて
$$x_1 = \omega + d_1,\ x_2 = \omega + d_2,\ \cdots,\ x_n = \omega + d_n$$
と表すと，平均値 m は
$$m = \frac{(\omega + d_1) + (\omega + d_2) + \cdots + (\omega + d_n)}{n}$$
$$= \omega + \frac{d_1 + d_2 + \cdots + d_n}{n} \cdots \text{仮平均＋仮平均からの変位の平均}$$

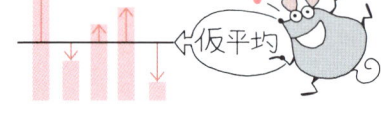

と求まる．

分散　①のデータの平均値を m とするとき　　平均からの変位の2乗の平均

「分散の定義」 $\dfrac{1}{n}\{(x_1-m)^2 + (x_2-m)^2 + \cdots + (x_n-m)^2\} = \dfrac{1}{n}\sum_{k=1}^{n}(x_k - m)^2$

をデータの**分散**という．（ちなみに，**標準偏差**＝$\sqrt{\text{分散}}$ である．）
分散は，次のように変形することもできる：
$$\frac{1}{n}\sum_{k=1}^{n}(x_k - m)^2 = \frac{1}{n}\sum_{k=1}^{n}(x_k^2 - 2mx_k + m^2)$$
$$= \frac{1}{n}\left(\sum_{k=1}^{n} x_k^2 - 2m\sum_{k=1}^{n} x_k + n \cdot m^2\right)$$
$$= \frac{1}{n}\left(\sum_{k=1}^{n} x_k^2 - 2m \cdot nm + n \cdot m^2\right)$$

「分散の公式」　$= \dfrac{1}{n}\sum_{k=1}^{n} x_k^2 - m^2$　　**2乗の平均－平均の2乗**

例題　次の問いに答えよ．

(1) 10個の値 77，69，71，73，66，91，66，78，74，55 からなるデータについて，平均値 m および分散 s^2 を求めよ．

(2) 8個の値 5，-2，3，3，-5，0，3，-1 からなるデータについて，平均値 m および分散 s^2 を求めよ．

解説・解き方のコツ

(1) **いまいちな方法**

$$m = \frac{77+69+71+73+66+91+66+78+74+55}{10} \cdots \begin{array}{l}\text{合計}\\\text{個数}\end{array}$$

$$= \frac{720}{10} = 72.$$

正しい方法

データ全体を見通して,「70」を仮平均として計算する.

$$m = 70 + \frac{7+(-1)+1+3+(-4)+21+(-4)+8+4+(-15)}{10}$$

$$= 70 + \frac{20}{10} = 72.$$

$$\therefore\ s^2 = \frac{1}{10}\{(77-72)^2+(69-72)^2+(71-72)^2+(73-72)^2+(66-72)^2$$

「分散の定義」 $\cdots\ +(91-72)^2+(66-72)^2+(78-72)^2+(74-72)^2+(55-72)^2\}$

$$= \frac{1}{10}(25+9+1+1+36+361+36+36+4+289) = \mathbf{79.8}.$$

(注意)「分散の公式」を使うと,$77^2=5929$ などの大きな数が現れて大変です.

(2) 〈着眼〉 本問で仮平均を使おうとすれば…おそらくその数値は「0」.つまり,仮平均の出番はありません.

$$m = \frac{5+(-2)+3+3+(-5)+0+3+(-1)}{8} = \frac{6}{8} = \frac{3}{4}.$$

〈着眼〉 本問で「分散の定義」を使おうとすると「$\left(5-\frac{3}{4}\right)^2$」など分数だらけになります.そこで「分散の公式」を用います.

$$s^2 = \frac{5^2+(-2)^2+3^2+3^2+(-5)^2+0^2+3^2+(-1)^2}{8} - \left(\frac{3}{4}\right)^2$$

$$= \frac{25+4+9+9+25+9+1}{8} - \frac{9}{16}$$

$$= \frac{82}{8} - \frac{9}{16} = \frac{\mathbf{155}}{\mathbf{16}}.$$

類題 89 次のデータの平均値 m および分散 s^2 を求めよ.

[1] 11.8, 14.3, 13.3, 12.5, 10.8, 12.4, 10.6, 12.7

[2] 1, 4, 7, ⋯, $3n+1$

(解答 ▶ 解答編 p.102)

⇦山折

重要ポイントチェック

各ITEMで学んできた重要ポイントを覚えただろうか？ 以下，左の問いに対し，右の答えが"即答"できるように，繰り返しチェックしよう。赤シートを持っている人は，シートで右側を隠すと使いやすい。また，シートのない人は，点線に沿って折ると，右側部分を隠すことができる。

1章 整数

Q 3が2247の約数であるか否かを判定するには？　☞ ITEM 1　類題1[1]

「各位の数の和」に注目

Q 不定方程式の整数解を求める際に注目するのは？　☞ ITEM 5, 6

約数・倍数，値の範囲

2章 数値計算

Q $\sqrt{196} = \boxed{}$　☞ ITEM 9　例題(2)

14

Q $\sqrt{7}$ の概算値は？　☞ ITEM 12

2.64575…

3章 整式の変形

Q $(x+2)(2x^2-4x+1)$ の展開式における x の係数は？　☞ ITEM 13　例題(1)

-7

Q a, b の対称(な)式は「基本対称式」$\boxed{}$, $\boxed{}$ のみで表せる。　☞ ITEM 16

$a+b$, ab

Q 因数分解とは $\boxed{}$ の逆。　☞ ITEM 18

展開

Q 複数の文字を含む式の因数分解は $\boxed{}$ に注目して．　☞ ITEM 19

低次の文字

→ 4·48 → $2^6 \cdot 3$

4章 分数と分数式

Q $\dfrac{1}{x} + \dfrac{5}{x(x+1)} - \dfrac{4}{x^2-1}$ を通分するとき，分母は何にする？

$x(x+1)(x-1)$

☞ ITEM 21　例題(2)

Q $\dfrac{\dfrac{x+2}{3x-1}+2}{3\cdot\dfrac{x+2}{3x-1}-1}$ を簡単にするにはどうする？

分母，分子に $3x-1$ を掛ける

☞ ITEM 22　例題(2)

5章 簡単な関数のグラフ

Q $-2x^2+5x+3$を平方完成すると，
$-2\left(x-\boxed{}\right)^2+\cdots$

$\dfrac{5}{4}$

☞ ITEM 24　例題(2)

Q 放物線 $y=2(x-3)(x-7)+1$ の軸の方程式は　$x=\boxed{}$

$5\left(=\dfrac{3+7}{2}\right)$

☞ ITEM 26　例題(2)

Q グラフの凹凸がわかっていれば，2次関数の最大，最小は $\boxed{}$ と $\boxed{}$ との位置関係のみで決まる．

定義域

軸

☞ ITEM 27

Q 放物線の平行移動は $\boxed{}$ または $\boxed{}$ で考える．　☞ ITEM 28

方程式

頂点の移動

6章 方程式

Q 2次方程式を解くには $\boxed{}$ または $\boxed{}$ ．　☞ ITEM 32

因数分解

解の公式

Q 「判別式」とは，解の公式における $\boxed{}$ ．　☞ ITEM 33

$\sqrt{}$ の内部

⇦山折

Q α, β を 2 つの解とする 2 次方程式の 1 つは？ ☞ ITEM 35

$(x-\alpha)(x-\beta)=0$

7章 不等式

Q 不等式の基本形とは？ ☞ ITEM 40

積 or 商の形 vs ゼロ

Q 不等式のその他の処理法として，方程式＋□ ☞ ITEM 41

グラフ

Q 不等式 $A \geqq B$ を証明するには，□≧□ を示すのが原則．その際，上記左辺を□の形にするとよい． ☞ ITEM 42

$A-B \geqq 0$

積

8章 三角関数

Q 扇形の中心角 θ（ラジアン）を半径 r と弧長 l で表すと？ ☞ ITEM 43

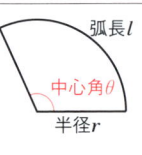

$\theta = \dfrac{l}{r}$

Q 右図の点 P の座標は？ ☞ ITEM 44

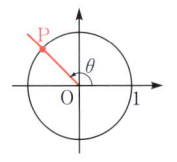

$(\cos\theta, \sin\theta)$

Q 三角方程式・不等式を解くときには点□に注目する． ☞ ITEM 45

$(\cos\theta, \sin\theta)$

Q tan と cos の相互関係公式は？ ☞ ITEM 47

$1+\tan^2\theta = \dfrac{1}{\cos^2\theta}$

Q cos の2倍角公式の3通りの表現は？

$$\cos 2\alpha = \begin{cases} \boxed{}, \\ \boxed{}, \\ \boxed{}. \end{cases}$$

☞ **ITEM 49**

$\cos^2\alpha - \sin^2\alpha$
$2\cos^2\alpha - 1$
$1 - 2\sin^2\alpha$

Q $a\sin\theta + b\cos\theta$ を合成するとき描く図は？　　☞ **ITEM 50**

Q $\sin\alpha\cos\alpha$ などを積和公式で変形すると，必ず角$\boxed{}$, $\boxed{}$が現れる．　　☞ **ITEM 51**

$\alpha+\beta,\ \alpha-\beta$

Q $\sin A + \sin B$ などを和積公式で変形すると，必ず角$\boxed{}$, $\boxed{}$が現れる．　　☞ **ITEM 51**

$\dfrac{A+B}{2}$,
$\dfrac{A-B}{2}$

9章 平面図形・三角比

Q 三平方の定理を用いると右図の3辺比は？
☞ **ITEM 52**　類題 52[3]

$2:3:\sqrt{13}$

Q 角を求めるための3つの手がかりは？　　☞ **ITEM 53**

平行線，三角形，円

Q 右図の長さ x は？

$\dfrac{5}{\sin\theta}$

☞ **ITEM 56**　例題(2)

Q 正弦定理は，主に$\boxed{}$辺と$\boxed{}$角の間の関係として使う．　☞ **ITEM 57**

2，2

195　→ 5・39 → 3・5・13

| Q | 余弦定理は，主に□辺と□角の間の関係として使う． ☞ ITEM 58 | 3，1 |

| Q | 三角形の面積を，3辺の長さa, b, cと内接円の半径rで表すと？ ☞ ITEM 59 | $\frac{1}{2}(a+b+c)r$ |

| Q | 三角形の面積比は，何を共通にして比べる？（全部で4つ） ☞ ITEM 60 | 高さ，底辺，角，形状(相似) |

10章　ベクトル

| Q | 2ベクトルのなす角は□を揃えて測る． ☞ ITEM 63 | 始点 |

| Q | 内積の計算は，なるべく□を集めた状態で行う． ☞ ITEM 64, 65 | 文字 |

| Q | ベクトルは，□と□で定まる．
日常的な概念である□と似ている． ☞ ITEM 61, 66 | 向き，大きさ

移動 |

| Q | xy平面上で，ベクトル$\begin{pmatrix}a\\b\end{pmatrix}$と垂直で大きさの等しいベクトルは？ ☞ ITEM 66 | $\pm\begin{pmatrix}b\\-a\end{pmatrix}$ |

11章　図形と式

| Q | 点(p, q)を通り，傾きmの直線の方程式は？ ☞ ITEM 68 | $y-q=m(x-p)$ |

Q 点 $P(x_1, y_1)$ と直線
$ax+by+c=0$ の距離は？
☞ ITEM 69

$\dfrac{|ax_1+by_1+c|}{\sqrt{a^2+b^2}}$

Q 不等式 $7x-5y>1$ が表す領域は
直線 $7x-5y=1$ の□側．
☞ ITEM 71

下

12章 微分・積分

Q 関数 $f(x)=(x-\alpha)^3$ の導関数
$f'(x)$ は？　☞ ITEM 72

$3(x-\alpha)^2$

Q 3次関数 $f(x)$ が極値をもつため
の条件は，$f'(x)$ が□こ
と．　☞ ITEM 73

符号を変える

Q 2曲線 $y=f(x)$, $y=g(x)$ が
$x=\alpha$ で接するとき，方程式
$f(x)=g(x)$ は $x=\alpha$ を□と
してもつ．　☞ ITEM 74

重解

Q 定積分 $\int_\alpha^\beta (x-\alpha)^2 dx$ を求めると
…．　☞ ITEM 75

$\left[\dfrac{1}{3}(x-\alpha)^3\right]_\alpha^\beta = \dfrac{1}{3}(\beta-\alpha)^3$

Q 定積分 $\int_\alpha^\beta (x-\alpha)(x-\beta) dx$ を求
めると…．　☞ ITEM 75

$-\dfrac{1}{6}(\beta-\alpha)^3$

Q 右図の面積 S
を定積分で表
すと…．
☞ ITEM 76

$\int_a^b \{f(x)-g(x)\} dx$

13章 指数関数・対数関数

Q $\dfrac{1}{2^3} = 2^\square$ 　　　　　　　　　　　　　　　2^{-3}

　$\sqrt[3]{2} = 2^\square$ 　☞ ITEM 77 　　　　　　　　　$2^{\frac{1}{3}}$

Q 「$\log_2 5$」って何？ 　☞ ITEM 78 　　　$2^\square = 5$ の □ に入る値

Q $2^{\log_2 5} = \square$ を簡単にすると． 　　　　　　　　　5
　　　　　☞ ITEM 78　例題(3)

Q $\log_2 \dfrac{7}{3} + \log_2 \dfrac{2}{3} = \log_2 \square$ 　　　　　　$\dfrac{14}{9}$
　　　　　　　☞ ITEM 79

Q 指数関数 $y = a^x$ において，
　底：a は □ であり，□ では 　　　　　　　　正，1
　ない．
　x の範囲(定義域)は □．　　　　　　　　　　実数全体
　y の範囲(値域)は □．　　　　　　　　　　　$y > 0$
　　　　　　☞ ITEM 80

Q 対数関数 $y = \log_a x$ において
　底：a は □ であり，□ では 　　　　　　　　正，1
　ない．
　x の範囲(定義域)は □．　　　　　　　　　　$x > 0$
　y の範囲(値域)は □．　　　　　　　　　　　実数全体
　　　　　　☞ ITEM 80

14章 場合の数・確率

Q $\dfrac{10!}{8!}$ の値は？　☞ ITEM 81　例題(2)　　$\dfrac{10 \cdot 9 \cdot 8 \cdot 7 \cdots 2 \cdot 1}{8 \cdot 7 \cdots 2 \cdot 1} = 90$

Q 二項係数 $_{11}C_9$ の値を求めるとき
　は $_{11}C_\square$ に直してから．　☞ ITEM 82 　　　　$_{11}C_2$

15章　数 列

Q 等差数列の和の公式は？
☞ ITEM 83

$\dfrac{初め+終わり}{2} \cdot 項数$

Q 公比$\neq 1$のとき，等比数列の和の公式は？
☞ ITEM 84

$初め \cdot \dfrac{1-公比^{項数}}{1-公比}$

Q 数列の和：
$4\cdot 1+7\cdot 2+10\cdot 2^2+\cdots+31\cdot 2^9$ は，
$\sum$記号を用いて $\displaystyle\sum_{k=1}^{\square}\boxed{}$，
もしくは $\displaystyle\sum_{l=\square}^{\square}(3l+4)\cdot\boxed{}$
と表せる．　☞ ITEM 85　例題(2)

$\displaystyle\sum_{k=1}^{10}(3k+1)\cdot 2^{k-1}$

$\displaystyle\sum_{l=0}^{9}(3l+4)\cdot 2^l$

Q $\displaystyle\sum_{k=1}^{n}(2k+3)$ を求めると…．
☞ ITEM 86　例題(2)

$\dfrac{5+(2n+3)}{2}\cdot n = n(n+4)$
（等差数列の和）

Q $\dfrac{1}{k(k+1)(k+2)}$ を他の数列の階差の形に分解すると…．　☞ ITEM 87

$\dfrac{1}{2}\left\{\dfrac{1}{k(k+1)}-\dfrac{1}{(k+1)(k+2)}\right\}$

Q $a_n-a_{n-1}=2^n (n=2, 3, 4, \cdots)$のとき，
$a_n=a_1+\displaystyle\sum_{k=\square}^{\square}2^k$．
☞ ITEM 88　例題

$a_n=a_1+\displaystyle\sum_{k=2}^{n}2^k$

16章　データの分析

Q 「分散」を求める公式は
$\boxed{}$の$\boxed{}$－$\boxed{}$の$\boxed{}$．
（平均，2乗のいずれかが入る）
☞ ITEM 89

2乗．平均，平均．2乗

◆著者紹介

●広瀬和之(ひろせ・かずゆき)：河合塾数学科講師

　医学部・東大・東工大などの難関大クラスを中心に授業を担当するかたわら，テストゼミの添削指導，映像授業（河合塾マナビス），各種模試・テキストの作成，高校教員向け講演，著書の執筆と，大学受験関連のありとあらゆる仕事をこなす．当然超多忙ゆえ，満員通勤電車でも散歩しながらでも布団にくるまってでもどこでも問題を解いたり作ったりしている．（これが数学じゃなかったらとっくにストレスで頭がヘンになっている！）

　『あたりまえなことがふつうにできるスキルを身に付ける』ことの重要性・有効性を子供たちに伝えるため，込み入ったパズルのような入試問題を講義する際にも，簡潔で美しい数学的本質を，正しい言葉で，教室の端まで響く声にのせて伝えるという「あたりまえなこと」を日々心掛けている．

　指導の3本柱は
　　「基本にさかのぼる」，
　　「現象そのものをあるがままに見る」，
　　「合理的に計算する」．
　著書に，「合格る計算 数学Ⅲ」，「勝てる！センター試験 数学Ⅰ・A問題集」「勝てる！センター試験 数学Ⅱ・B問題集」（いずれも文英堂）がある．

　また，著者の個人サイト
　　　　http://homepage3.nifty.com/yakuikei
において，受験に役立つ膨大な量のアドバイス・プリント類を公開しており，すべてフリーでダウンロードできる（携帯電話やスマートフォンからも一部は閲覧可能）．著書に関する補足情報もアップされているので，ぜひチェックしよう．

■図版　よしのぶもとこ　㈲Y-Yard

シグマベスト
**合格る計算
数学Ⅰ・A・Ⅱ・B**

本書の内容を無断で複写（コピー）・複製・転載することは，著作者および出版社の権利の侵害となり，著作権法違反となりますので，転載等を希望される場合は前もって小社あて許諾を求めてください．

Ⓒ広瀬和之　2014　　Printed in Japan

編著者	広瀬和之
発行者	益井英郎
印刷所	日本写真印刷株式会社
発行所	株式会社 **文英堂**

〒601-8121　京都市南区上鳥羽大物町28
〒162-0832　東京都新宿区岩戸町17
（代表）03-3269-4231

●落丁・乱丁はおとりかえします．

合格る計算 数学 I・A・II・B

解答編

類題 1～類題 89 の解答

文英堂

1

[1] $a=2247$ の各位の和：$2+2+4+7=15$ が $b=3$ を約数にもつから，a は b を**約数にもつ**．

[2] $a=97058$ の下 2 桁：58 が $b=4$ を約数にもたないから，a は b を**約数にもたない**．

[3] $a=3165$ の下 1 桁：5 が $b=5$ を約数にもつから，a は b を**約数にもつ**．

[4] $a=11111111$（1が8コ）の各位の和：8 が $b=9$ を約数にもたないから，a は b を**約数にもたない**．

[5] $a=9256$ の下 3 桁：$256=8\cdot 32$（2^5）が $b=8$ を約数にもつから，a は b を**約数にもつ**．

[6] $b=6=2\cdot 3$ だから，$a=19218$ が 2，3 を約数にもつか否かを考える．

　a の下 1 桁：8 が 2 を約数にもつから，a は 2 を約数にもつ．

　a の各位の和：$1+9+2+1+8=21$ が 3 を約数にもつから，a は 3 を約数にもつ．

　以上より，a は $b=2\cdot 3$ を**約数にもつ**．

[7] $b=18=2\cdot 9$ だから，$a=49356$ が 2，9 を約数にもつか否かを考える．

　a の下 1 桁：6 が 2 を約数にもつから，a は 2 を約数にもつ．

　a の各位の和：$4+9+3+5+6=27$ が 9 を約数にもつから，a は 9 を約数にもつ．

　以上より，a は $b=2\cdot 9$ を**約数にもつ**．

[8] $100=4\cdot 25=4b$ だから，$a=5375$ の下 2 桁：75 のみに注目する．75 が $b=25$ を約数にもつから，a は b を**約数にもつ**．

[9] $a=7098=7000+98$ のうち，7000 は $b=7$ で割り切れるから，98 のみに注目する．$98=7\cdot 14$ が 7 を約数にもつから，a は b を**約数にもつ**．

2

[1] $12=4\cdot 3=2^2\cdot 3$．
[2] $20=4\cdot 5=2^2\cdot 5$．
[3] $28=4\cdot 7=2^2\cdot 7$．
[4] $45=5\cdot 9=3^2\cdot 5$．
[5] $57=3\cdot 19$．
　　　$5+7=12$ は 3 の倍数
[6] $84=4\cdot 21=2^2\cdot 3\cdot 7$．
　どちらも 4 の倍数
[7] $100=10^2=2^2\cdot 5^2$．
[8] $136=4\cdot 34=2^3\cdot 17$．
　　　下 2 桁が 4 の倍数
[9] $169=13^2$．　…　暗記したい
[10] $187=11\cdot 17$．

[補足]
素数 2，3，5，7，11，…で割り切れるかどうかを順に調べて行く．

[11] $243=3^5$．　…　「243」は 3 の累乗数
[12] $777=7\cdot 111=3\cdot 7\cdot 37$．
　どれも 7 の倍数　　$1+1+1=3$ は 3 の倍数

3

[1] $4(=2^2)$ と 5 は互いに素（共通素因数なし）だから，
最大公約数 $=1$，最小公倍数 $=4\cdot 5=20$．

[2] 正の約数を思い浮かべると，
$\begin{cases} 6\cdots 6,\ 3,\ \boxed{2},\ \cdots \\ 8\cdots 8,\ 4,\ \boxed{2},\ \cdots \end{cases}$

よって，最大公約数 $=2$．
正の倍数を思い浮かべると

$\begin{cases} 6\cdots 6,\ 12,\ 18,\ ㉔,\ \cdots \\ 8\cdots 8,\ 16,\ ㉔,\ \cdots. \end{cases}$

よって，最小公倍数＝**24**.

[3] $8(=2^3)$ と $9(=3^2)$ は互いに素だから，
最大公約数＝**1**，最小公倍数＝$8\cdot 9=$**72**.

[4] 正の約数を思い浮かべると
$\begin{cases} 10\cdots 10,\ 5,\ ②,\ \cdots \\ 6\cdots 6,\ 3,\ ②,\ \cdots. \end{cases}$

よって，最大公約数＝**2**.

正の倍数を思い浮かべると
$\begin{cases} 10\cdots 10,\ 20,\ ㉚,\ \cdots \\ 6\cdots 6,\ 12,\ 18,\ 24,\ ㉚,\ \cdots. \end{cases}$

よって，最小公倍数＝**30**.

[5] 正の約数を思い浮かべると
$\begin{cases} 8\cdots 8,\ ④,\ \cdots \\ 12\cdots 12,\ 6,\ ④,\ \cdots. \end{cases}$

よって，最大公約数＝**4**.

正の倍数を思い浮かべると
$\begin{cases} 8\cdots 8,\ 16,\ ㉔,\ \cdots \\ 12\cdots 12,\ ㉔,\ \cdots. \end{cases}$

よって，最小公倍数＝**24**.

[6] $18=9\cdot 2$ だから
最大公約数＝**9**，最小公倍数＝**18**.

[7] 正の約数を思い浮かべると
$\begin{cases} 24\cdots 24,\ 12,\ 8,\ ⑥,\ \cdots \\ 18\cdots 18,\ 9,\ ⑥,\ \cdots. \end{cases}$

よって，最大公約数＝**6**.

正の倍数を思い浮かべると
$\begin{cases} 24\cdots 24,\ 48,\ ㊆,\ \cdots \\ 18\cdots 18,\ 36,\ 54,\ ㊆,\ \cdots. \end{cases}$

よって，最小公倍数＝**72**.

別解

このくらいの数になると，次の方法も使います．
$\begin{cases} 24=6\cdot 4 \\ 18=6\cdot 3 \end{cases}$ （4 と 3 は互いに素）より，

最大公約数＝**6**，最小公倍数＝$6\cdot 4\cdot 3=$**72**.

[8] 正の約数を思い浮かべると
$\begin{cases} 10\cdots 10,\ ⑤,\ \cdots \\ 15\cdots 15,\ ⑤,\ \cdots. \end{cases}$

よって，最大公約数＝**5**.

正の倍数を思い浮かべると
$\begin{cases} 10\cdots 10,\ 20,\ ㉚,\ \cdots \\ 15\cdots 15,\ ㉚,\ \cdots. \end{cases}$

よって，最小公倍数＝**30**.

[9] $\begin{cases} 14=7\cdot 2 \\ 35=7\cdot 5 \end{cases}$ （2 と 5 は互いに素）より，

最大公約数＝**7**，最小公倍数＝$7\cdot 2\cdot 5=$**70**.

[10] 正の約数を思い浮かべると
$\begin{cases} 27\cdots 27,\ ⑨,\ \cdots \\ 18\cdots 18,\ ⑨,\ \cdots. \end{cases}$

よって，最大公約数＝**9**.

正の倍数を思い浮かべると
$\begin{cases} 27\cdots 27,\ ㊵,\ \cdots \\ 18\cdots 18,\ 36,\ ㊵,\ \cdots. \end{cases}$

よって，最小公倍数＝**54**.

[11] $\begin{cases} 35=5\cdot 7 \\ 20=5\cdot 4 \end{cases}$ （7 と 4 は互いに素）より，

最大公約数＝**5**，
最小公倍数＝$5\cdot 7\cdot 4=20\cdot 7=$**140**.

[12] $\begin{cases} 24=12\cdot 2 \\ 36=12\cdot 3 \end{cases}$ （2 と 3 は互いに素）より，

最大公約数＝**12**，
最小公倍数＝$12\cdot 2\cdot 3=$**72**.

[13] $\begin{cases} 65=13\cdot 5 \\ 26=13\cdot 2 \end{cases}$ （5 と 2 は互いに素）より，

最大公約数＝**13**，
最小公倍数＝$13\cdot 5\cdot 2=13\cdot 10=$**130**.

[14] $\begin{cases} 45=9\cdot 5 \\ 27=9\cdot 3 \end{cases}$ （5 と 3 は互いに素）より，

最大公約数＝**9**，
最小公倍数＝$9\cdot 5\cdot 3=$**135**.

[15] $\begin{cases} 66 = 6\cdot 11 \\ 84 = 6\cdot 14 \end{cases}$ （11 と 14 は互いに素）

より，

最大公約数＝**6**，

最小公倍数＝$6\cdot 11\cdot 14 = 84\cdot 11 = $ **924**．

[16] 12 と 8 については最大公約数＝4，

最小公倍数＝24（→[5]）．

よって，120 と 80 については

最大公約数＝**40**，

最小公倍数＝**240**．

[17] $\begin{cases} 120 = 12\cdot 10 \\ 396 = 36\cdot 11 = 12\cdot 33 \end{cases}$ （10 と 33 は互いに素）

より，

最大公約数＝**12**，

最小公倍数＝$12\cdot 10\cdot 33 = 396\cdot 10 = $ **3960**．

[18] $\begin{cases} 243 = 3^5 \\ 324 = 18^2 = 2^2\cdot 3^4 \end{cases}$ より

最大公約数＝$3^4 = $ **81**，

最小公倍数＝$2^2\cdot 3^5 = $ **972**．

4

[1] $1748 = 988\times 1 + 760$，
 $988 = 760\times 1 + 228$，
 $760 = 228\times 3 + 76$，
 $228 = 76\times 3$．

∴ $(1748, 988) = (988, 760)$
 $= (760, 228)$
 $= (228, 76) = $ **76**．

> 補足
> $\begin{cases} 1748 = 2^2\cdot 19\cdot 23 \\ 988 = 2^2\cdot 19\cdot 13 \end{cases}$ です．

> 参考
> 本冊の[基本確認]にある「互除法の原理」を証明しておきます．（以下，文字はすべて整数とする．）

$a = bq + r$（本冊の①式）…①において…

・d が a と b の公約数だとすると，
 $r = a - bq$ より d は r の約数．よって，d は b と r の公約数でもある．

・d が b と r の公約数だとすると，①より d
 └─上の「d」と同じモノではない
 は a の約数．よって，d は a と b の公約数でもある．

・以上より，「a と b の公約数」と「b と r の公約数」は一致する．したがって，最大公約数について
 $(a, b) = (b, r)$ …②
 が成り立つ．□

> 注意
> 互除法の原理②を導くにあたっては，本冊の①式における「$0 \leq r < b$」は不要である．つまり，「r」は必ずしも「a を b で割った余り」でなくてもよい．

[2] $1071 = 391\times 2 + 289$，
 $391 = 289\times 1 + 102$，
 $289 = 102\times 2 + 85$，
 $102 = 85\times 1 + 17$，
 $85 = 17\times 5$．

∴ $(1071, 391) = (391, 289)$
 $= (289, 102)$
 $= (102, 85)$
 $= (85, 17) = $ **17**．

> 補足
> $\begin{cases} 1071 = 3^2\cdot 7\cdot 17 \\ 391 = 17\cdot 23 \end{cases}$ です．

[3] $1687 = 1617\times 1 + 70$，
 $1617 = 70\times 23 + 7$，
 $70 = 7\times 10$．

∴ $(1687, 1617) = (1617, 70)$
 $= (70, 7) = $ **7**．

(補足)
$\begin{cases} 1687 = 7 \cdot 241, \\ 1617 = 3 \cdot 7^2 \cdot 11 \end{cases}$ です．（241 は素数）

[4] $3793 = 367 \times 10 + 123,$
$367 = 123 \times 2 + 121,$
$123 = 121 \times 1 + 2,$
$121 = 2 \times 60 + 1.$
$\therefore\ (3793,\ 367) = (367,\ 123)$
$= (123,\ 121)$
$= (121,\ 2)$
$= (2,\ 1) = \mathbf{1}.$

(補足)
つまり，3793 と 367 は互いに素です．実は，これら2数はどちらも素数です．

[5] $2k+1 = (2k-1) \times 1 + 2$ より
$(2k+1,\ 2k-1) = (2k-1,\ 2) = \mathbf{1}.$
（∵ $2k-1$ は奇数だから，2 を約数にはもたない．）

(補足)
このように，互除法の原理は文字式にも適用可能です．

5

[1] 4 と 7 は互いに素だから，x は 7 の倍数．よって，$x = 7k$（k は整数）とおける．
このとき与式は
$4 \cdot 7k = 7y$, i.e. $4k = y$.
以上より，$(x,\ y) = \mathbf{(7k,\ 4k)}$（$k$ は整数）

(補足)
$4x = 7y$ より，両辺の値（整数）は 4 の倍数かつ 7 の倍数です．これと 4($= 2^2$) と 7 が互いに素であることより，両辺は $4 \cdot 7$ の倍数なので $4 \cdot 7k$（k は整数）とおけます．すなわち

$4x = 7y = 4 \cdot 7k.$
$\therefore\ (x,\ y) = (7k,\ 4k).$

このようにした方が手軽かもしれません．本書では，本冊(参考)で述べた「考え方」を身につけて欲しいので採用していませんが．

[2]

(準備)
7 の倍数：7, 14, … ｜ 差が 2 (= 与式の右辺)
8 の倍数：8, 16, … ｜ だから，コレを利用する．

$7x - 8y = 2.$ …①
$7 \cdot (-2) - 8(-2) = 2.$ …②
①－②より
$7(x+2) - 8(y+2) = 0.$
$7(x+2) = 8(y+2).$ …①′
7 と 8 は互いに素だから，$x+2$ は 8 の倍数．
よって，$x+2 = 8k$（k は整数）とおける．
このとき①′は
$7 \cdot 8k = 8(y+2)$, i.e. $7k = y+2.$
以上より，$(x+2,\ y+2) = (8k,\ 7k),$
i.e. $(x,\ y) = \mathbf{(8k-2,\ 7k-2)}$
（k は整数）．

(補足)
②の代わりに，例えば
$7 \cdot 6 - 8 \cdot 5 = 2$
を利用して①を変形した場合，前記と同様な過程を経て
$(x,\ y) = (8k+6,\ 7k+5)$（k は整数）
という解を得ます．一見前記解答とは異なる形をしていますが，k に様々な自然数を代入して比べてみれば，実はまったく同じ解であることが確かめられます．[3]以降においても，このような「違った形の正解」が現れる可能性があることを気に留めておいて下さい．

参考

方程式 $7x-8y=2$ は, xy 平面上で傾き $\dfrac{7}{8}$ の直線 l を表し, これを満たす整数解は, l 上にある格子点(x, y 座標がともに整数である点)を表しています。

直線 l 上の点: $(22, 19)$, $(14, 12)$, $(6, 5)$, $(-2, -2)$

[3] $10x+9y=91.$ ……①

$10\cdot 10+9\cdot(-1)=91.$ ……②

↑ この時点では「$y\geqq 0$」は気にしない.

①−② より

$10(x-10)+9(y+1)=0.$

$10(10-x)=9(y+1).$ ……①′

10 と 9 は互いに素だから, $10-x$ は 9 の倍数.

よって, $10-x=9k$ (k は整数)とおける.

このとき①′ は

$10\cdot 9k=9(y+1)$, i.e. $10k=y+1$.

よって, $(10-x,\ y+1)=(9k,\ 10k)$,

 i.e. $(x,\ y)=(10-9k,\ 10k-1)$

  (k は整数). ……③

ただし, x, $y\geqq 0$ より, $10-9k\geqq 0$, $10k-1\geqq 0$.

∴ $\dfrac{1}{10}\leqq k\leqq \dfrac{10}{9}$. k は整数だから $k=1$.

これと③ より, $(x,\ y)=(\mathbf{1,\ 9})$.

[4] まず, 与式の両辺を 3 で割って

$5x+6y=1.$ ……①

$5\cdot(-1)+6\cdot 1=1.$ ……②

①−② より

$5(x+1)+6(y-1)=0.$

$5(x+1)=6(1-y).$ ……①′

5 と 6 は互いに素だから, $x+1$ は 6 の倍数.

よって, $x+1=6k$ (k は整数)とおける.

このとき①′ は

$5\cdot 6k=6(1-y)$, i.e. $5k=1-y$.

以上より, $(x+1,\ 1-y)=(6k,\ 5k)$,

 i.e. $(x,\ y)=(\mathbf{6k-1,\ 1-5k})$

  (k は整数).

[5]

注意

109 の倍数:109, 218, 327, 436, …

29 の倍数:…, 116, …, 232, …, 319, …

と並べてみても, 解は見つかりそうにありません。そこで, ここでは前 ITEM で学んだ「互除法」を用いて解を発見する方法を解説します。

$109x+29y=1,$ ……①

$109=29\cdot 3+22,$

$29=22\cdot 1+7,$

$22=7\cdot 3+1.$ ← この「1」が与式の右辺の 1.

この結果を逆にたどると

$1=22-7\cdot 3$

 $=22-(29-22)\cdot 3$

 $=29\cdot(-3)+22\cdot 4$

 $=29\cdot(-3)+(109-29\cdot 3)\cdot 4$

 $=109\cdot 4+29\cdot(-15),$

i.e. $109\cdot 4+29\cdot(-15)=1.$ ……②

①−② より

$109(x-4)+29(y+15)=0.$

$109(4-x)=29(y+15).$ ……①′

109 と 29 は互いに素だから, $4-x$ は 29 の倍数.

よって, $4-x=29k$ (k は整数)とおける.

このとき①′ は

$109\cdot 29k=29(y+15)$, i.e. $109k=y+15$.

以上より, $(4-x,\ y+15)=(29k,\ 109k)$.

 i.e. $(x,\ y)=(\mathbf{4-29k,\ 109k-15})$

  (k は整数).

> 補足
> たとえば不定方程式 $109x+29y=5$ …③
> を解くために③の1つの解を発見する際にも，まずは右辺を「1」にした不定方程式①の1つの解を②のように見つけ，その両辺を5倍することによって
> $109\cdot 20+29\cdot(-75)=5$ …④
> とすればよいですね．

6

[1] $xy-2x=5$.
$x(y-2)=5$. …… **積＝定数**
よって，x, $y-2$ は 5 の約数だから
$(x, y-2)=(1, 5), (5, 1), (-1, -5), (-5, -1)$.
∴ $(x, y)=(1, 7), (5, 3), (-1, -3), (-5, 1)$.

> 補足
> 与式右辺の5は素数であり，2つの自然数の積として表す方法は $5=1\cdot 5$ しかありません．

[2] $xy-3x-3y=0$ $(x\geqq y\geqq 0)$.
$(x-3)(y-3)=9$ $(x-3\geqq y-3\geqq -3)$.
よって，$x-3$, $y-3$ は 9 の約数だから，右表：

$x-3$	9	3	-1	-3
$y-3$	1	3	-9	-3
x	12	6	2	0
y	4	6	-6	0

[3] $2xy-3x+y=0$.
$xy-\dfrac{3}{2}x+\dfrac{1}{2}y=0$.
$\left(x+\dfrac{1}{2}\right)\left(y-\dfrac{3}{2}\right)=-\dfrac{3}{4}$.
$(2x+1)(2y-3)=-3$.
よって，$2x+1$, $2y-3$ は 3 の約数だから，右表：

$2x+1$	3	1	-1	-3
$2y-3$	-1	-3	3	1
x	1	0	-1	-2
y	1	0	3	2

[4] $x^2-9y^2=7$.
$(x+3y)(x-3y)=7$.
よって，$x+3y$, $x-3y$ は 7 の約数だから右表：

$x+3y$	7	1	-1	-7
$x-3y$	1	7	-7	-1
x	4	4	-4	-4
y	1	-1	1	-1

[5] $x^2-2xy-3y^2=12$ $(x, y\geqq 0)$.
$(x+y)(x-3y)=12$
   $(x+y\geqq 0,\ x+y\geqq x-3y)$.
よって，$x+y$, $x-3y$ は 12 の約数だから右表：

$x+y$	12	6	4
$x-3y$	1	2	3
x		5	
y	$\dfrac{11}{4}$	1	$\dfrac{1}{4}$

[6] $x^2+4y^2=25$.
$x^2\geqq 0$ だから，$(x^2=)25-4y^2\geqq 0$,
i.e. $y^2\leqq\dfrac{25}{4}$. …… **y の大きさを限定**
y は整数だから
$y=0, \pm 1, \pm 2$.
よって，右表：

y	0	± 1	± 2
x	± 5	$\pm\sqrt{21}$	± 3

∴ $(x, y)=(\pm 5, 0), (\pm 3, 2), (\pm 3, -2)$.

[7] $x^2-2xy+4y^2-4x-2y+3=0$.
x について整理すると
$x^2-2(y+2)\cdot x+(4y^2-2y+3)=0$. …①
x について平方完成すると
$\{x-(y+2)\}^2-(y+2)^2+(4y^2-2y+3)$
$=0$.
$\{x-(y+2)\}^2=-3y^2+6y+1$. …②

左辺$\geqq 0$だから，
$\underbrace{-3y^2+6y+1}_{f(y)とおく}\geqq 0.$
$f(y)=-3(y-1)^2+4.$
yは整数だから，右図より，$y=0$, 1, 2.
これと②より，次表：

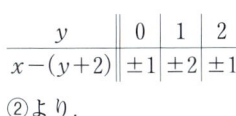

y	0	1	2
$x-(y+2)$	± 1	± 2	± 1

②より，
$y=0$ のとき，$x=2\pm 1=3$, 1.
$y=1$ のとき，$x=3\pm 2=5$, 1.
$y=2$ のとき，$x=4\pm 1=5$, 3.
以上より，
$(x, y)=(3, 0)$, $(1, 0)$, $(5, 1)$,
$\qquad\qquad (1, 1)$, $(5, 2)$, $(3, 2)$.

[別解]
①をxについての2次方程式とみると，xは実数だから
$\dfrac{\text{判別式}}{4}=(y+2)^2-(4y^2-2y+3)$
$\qquad\qquad =-3y^2+6y+1\geqq 0$
　　　　　　　　　　本解答の②と同じ

(以下，本解答と同様にして$y=0$, 1, 2に絞られ，①を解いて得られる
$x=y+2\pm\sqrt{-3y^2+6y+1}$ を用いれば解が求まる．)

[補足]⬆
前記解答とは逆に，⑦「xの大きさを限定」してみましょう．
与式をyについて整理すると
$4y^2-2(x+1)\cdot y+(x^2-4x+3)=0.$
これをyについての2次方程式とみると，yは実数だから

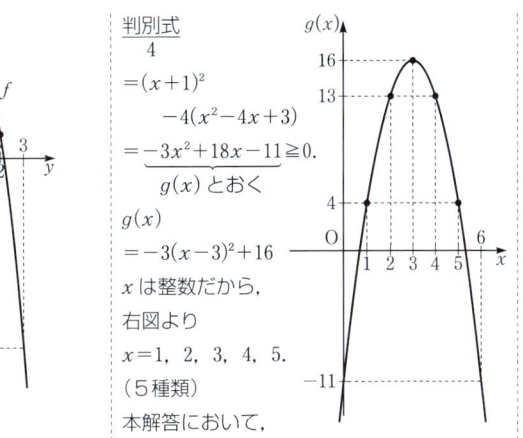

判別式
$\dfrac{}{4}$
$=(x+1)^2$
$\quad -4(x^2-4x+3)$
$=\underbrace{-3x^2+18x-11}_{g(x)とおく}\geqq 0.$
$g(x)$
$=-3(x-3)^2+16$
xは整数だから，
右図より
$x=1$, 2, 3, 4, 5.
(5種類)
本解答において，
④:「yの大きさを限定」して得られたyの値は0, 1, 2の3種類でしたから，本問では⑦より④の方が有利だったことになります．
与式：$1\cdot x^2-2xy+4y^2-\cdots =0$ においてx^2, y^2の係数1, 4を比べると1の方が小さいですね．このようなときは文字xについて整理してyの大きさを限定する方がうまく行きます．

[8] $x^2-4xy+3y^2-x+3y=12$
$\qquad\qquad\qquad (x>y>0).$

(まず，2次式の部分を因数分解します．
→類題19[5]解法2(p.20)参照)
$(x-y)(x-3y)-(x-3y)=12.$
$(x-y-1)(x-3y)=12.\qquad\cdots$①
(12の約数はたくさんあるので，「$x>y>0$」などを有効利用しましょう．)
・$x-y-1\geqq 0 (\because x\geqq y+1)$　　負にならない
・$(x-y-1)-(x-3y)=2y-1\geqq 1$
　　　　　　2つの大小を調べる　$(\because y\geqq 1).\quad\cdots$②
　$\therefore\quad x-y-1>x-3y.$
・また，$2y-1$は奇数だから，$x-y-1$と $x-3y$の奇偶は不一致．　　$\cdots(*)$

上記3つを考慮して，右表：

$x-y-1$	12	4
$x-3y$	1	3
x	19	6
y	6	1

別解

与式の左辺の因数分解は，1文字 x に注目して次のように行うこともできます．
→類題19[5] **解法1**(p.20)参照

$x^2-(4y+1)\cdot x+\underbrace{(3y^2+3y)}_{3y(y+1)}=12.$

$(x-3y)\{x-(y+1)\}=12.$

（以下同様…）

本問では左辺がそのまま因数分解できるのでどちらの解法でもかまいませんが，左辺に適宜定数を補って因数分解しなければならない状況になると，前述の解法の方が少し有利になります．

補足1

（＊）で述べたことについて解説します．
右の例を見てもわかるように，5で割った余りが等しい2数の差は5の倍数となります．

（例）：
$37 = 5\cdot 7 + 2$
$-) \ 22 = 5\cdot 4 + 2$
$37 - 22 = 5\cdot 3$

逆に，差が5の倍数である2数は，5で割った余りが等しくなります．
一般的に書くと，次のようになります．（文字はすべて整数）

「a, b を p で割った余りが等しい．」
$\iff$「$a-b$ が p の倍数」 ・・・**余りが一致する条件**

本問では，①式の左辺にある2つの因数：$A=x-y-1, B=x-3y$ について差をとって得られた②式により，「$A-B$ は奇数」i.e.「$A-B$ は2の倍数でない」ことがわかったので，
「A と B を2で割った余りが等しくない」i.e.「A と B の奇偶は不一致」
であることがわかり，解の候補が減らせたのです．

補足2

類題[7]，[8]は見た目がかなり似通っていますが，解答方針はというと，それぞれ「大きさを限定」，「積＝定数の形」と，まるで異なっていますね．したがって，実際の試験ではどちらで攻めるかという方針選択を迫られることになりますが，どのみち2通りしかありませんから，どちらか片方でやろうとしてみて，駄目なら他方に切り替えるという姿勢でもかまいません．
たとえば[8]（[5]も）では，本解答にあるように「2次式部分を因数分解」することができるので「積＝定数」の形を目指し，[7]ではそれができないので「x について平方完成」することにより「大きさを限定」する方針を選べばよいのです．
参考までに，[8]において[7]の**別解**で用いた手法：「x が実数であることから y の大きさを限定する」を適用してみましょう．

与式を x について整理すると

$x^2-(4y+1)x+(3y^2+3y-12)=0.$

これを x についての2次方程式とみると，x は実数だから

判別式 $= (4y+1)^2-4(3y^2+3y-12)$
$= \underbrace{4y^2-4y+49}_{f(y) \text{とおく}} \geq 0.$

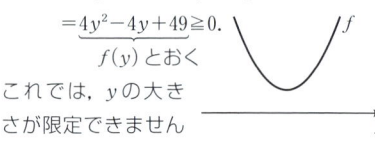

これでは，y の大きさが限定できませんので失敗ですね．やはり[8]は，「約数・倍数」の性質を使うしかありません．

7

[1] $110110_{(2)}$
$= 1\cdot 2^5+1\cdot 2^4+0\cdot 2^3+1\cdot 2^2+1\cdot 2+0\cdot 1$
$= 2^5+2^4+2^2+2$
$= 32+16+4+2 = 54.$

[2] $21012_{(3)}$

$=2\cdot3^4+1\cdot3^3+0\cdot3^2+1\cdot3+2\cdot1$

$=2\cdot3^4+3^3+3+2$

$=162+27+3+2=\mathbf{194}.$

[3] $5555_{(6)}$

$=5\cdot6^3+5\cdot6^2+5\cdot6+5\cdot1$

$=5(216+36+6+1)$

$=5\cdot259=\mathbf{1295}.$

> **参考**
> $5555_{(6)}$ は「4 桁の 6 進整数のうち最大のもの」であり，これに 1 を加えると
> $1295+1=1296(=6^4),$
> i.e. $5555_{(6)}+1=10000_{(6)}$
> と "繰り上がり"「5 桁の 6 進整数のうち最小のもの」が得られます．

[4] $2^{10}=1024,\ 1234-1024=210.$

$2^7=128,\ 210-128=82.$

$2^6=64,\ 82-64=18.$

$2^4=16,\ 18-16=2.$

$\therefore\ 1234=2^{10}+2^7+2^6+2^4+2$

$=1\cdot2^{10}+0\cdot2^9+0\cdot2^8+1\cdot2^7$
$+1\cdot2^6+0\cdot2^5+1\cdot2^4+0\cdot2^3$
$+0\cdot2^2+1\cdot2+0\cdot1$

$=\mathbf{10011010010_{(2)}}.$

[5] $32=2^5$

$=1\cdot2^5+0\cdot2^4+0\cdot2^3+0\cdot2^2$
$+0\cdot2+0\cdot1$

$=\mathbf{100000_{(2)}}.$

> **参考**
> 同様に考えると，自然数 n に対して
> $2^n=\underbrace{1000\cdots0}_{0\ \text{が}\ n\ \text{個}}{}_{(2)}.$

[6] $2^4=16,\ 31-16=15.$

$2^3=8,\ 15-8=7.$

$2^2=4,\ 7-4=3.$

$3-2=1,$

$\therefore\ 31=2^4+2^3+2^2+2+1$

$=\mathbf{11111_{(2)}}.$

> **補足**
> [5]で求めた $32=100000_{(2)}$ は「6 桁の 2 進整数のうち最小のもの」ですから，それから 1 を引いた 31 は，[3]の **参考** で述べたのと同様，「5 桁の 2 進整数のうち最大のもの」：$11111_{(2)}$ となります．

[7] $3^4=81,\ 100-81=19.$

$3^2=9,\ 19-2\cdot9=1.$

$\therefore\ 100=3^4+2\cdot3^2+1$

$=1\cdot3^4+0\cdot3^3+2\cdot3^2+0\cdot3+1\cdot1$

$=\mathbf{10201_{(3)}}.$

[8] $5^4=625,\ 1000-625=375.$

$5^3=125,\ 375-3\cdot125=0.$

$\therefore\ 1000=5^4+3\cdot5^3$

$=1\cdot5^4+3\cdot5^3+0\cdot5^2+0\cdot5+0\cdot1$

$=\mathbf{13000_{(5)}}.$

[9] (いったん，使い慣れている 10 進法に直しましょう．)

$3210_{(5)}=3\cdot5^3+2\cdot5^2+1\cdot5+0\cdot1$

$\phantom{3210_{(5)}}=3\cdot125+2\cdot25+5=430.$

$3^5=243,\ 430-243=187$

$3^4=81,\ 187-2\cdot81=25$

$3^2=9,\ 25-2\cdot9=7$

$7-2\cdot3=1$

$\therefore\ 3210_{(5)}=430=3^5+2\cdot3^4+2\cdot3^2+2\cdot3+1$

$\phantom{\therefore\ 3210_{(5)}}=1\cdot3^5+2\cdot3^4+0\cdot3^3+2\cdot3^2$
$\phantom{\therefore\ 3210_{(5)}=}+2\cdot3+1$

$\phantom{\therefore\ 3210_{(5)}}=\mathbf{120221_{(3)}}$

---

[1] $30\cdot3=90$ と $6\cdot3=18$ を加えて，**108**.

[2] $10\cdot7=70$ と $3\cdot7=21$ を加えて，**91**.

[3] $10\cdot3=30$ と $7\cdot3=21$ を加えて，**51**.

[4] $10\cdot8=80$ と $9\cdot8=72$ を加えて，**152**.

[別解]

$19=20-1$ だから，$20\cdot 8=160$ から
$1\cdot 8=8$ を引いて，**152**.

[5] $40\cdot 7=280$ と $3\cdot 7=21$ を加えて，**301**.

[6] $40\cdot 5=200$ と $8\cdot 5=40$ を加えて，**240**.

[別解] 「10」を作る

$48\cdot 5=24\cdot 2\cdot 5=24\cdot 10=\mathbf{240}$.

[7] $20\cdot 3=60$ と $7\cdot 3=21$ を加えて，**81**.

[8] $80\cdot 3=240$ と $1\cdot 3=3$ を加えて，**243**.

[9] $30\cdot 2=60$ と $2\cdot 2=4$ を加えて，**64**.

[10] $60\cdot 2=120$ と $4\cdot 2=8$ を加えて，**128**.

[11] $120\cdot 2=240$ と $8\cdot 2=16$ を加えて，**256**.

[参考]

[7]～[11]は，3 や 2 の累乗数を求める計算です．何度も繰り返して答えがスッと頭に浮かぶようにしましょう．

[12] $43\cdot 10=430$ と $43\cdot 1=43$ を加える．右のように，2 つの "43" を，位を 1 つズラして加える筆算をイメージして，**473**.

$$\begin{array}{r} 4\,3 \\ +\,)\,4\,3 \\ \hline \end{array}$$

9A

[1] $\sqrt{12}=\sqrt{2^2\cdot 3}=\mathbf{2\sqrt{3}}$.

[2] $\sqrt{27}=\sqrt{3^2\cdot 3}=\mathbf{3\sqrt{3}}$.

[3] $\sqrt{28}=\sqrt{2^2\cdot 7}=\mathbf{2\sqrt{7}}$.

[4] $\sqrt{72}=\sqrt{6^2\cdot 2}=\mathbf{6\sqrt{2}}$.

[5] $\sqrt{75}=\sqrt{5^2\cdot 3}=\mathbf{5\sqrt{3}}$.

[6] $\sqrt{98}=\sqrt{7^2\cdot 2}=\mathbf{7\sqrt{2}}$.

[7] $\sqrt{108}=\sqrt{6^2\cdot 3}=\mathbf{6\sqrt{3}}$.

[8] $\sqrt{125}=\sqrt{5^2\cdot 5}=\mathbf{5\sqrt{5}}$.

[9] $\sqrt{128}=\sqrt{8^2\cdot 2}=\mathbf{8\sqrt{2}}$.

[10] $\sqrt{169}=\sqrt{13^2}=\mathbf{13}$.

[11] $\sqrt{200}=\sqrt{10^2\cdot 2}=\mathbf{10\sqrt{2}}$.

[12] $\sqrt{288}=\sqrt{144\cdot 2}=\sqrt{12^2\cdot 2}=\mathbf{12\sqrt{2}}$.

[13] $\sqrt{512}=\sqrt{2^9}=\sqrt{2^8\cdot 2}=\mathbf{16\sqrt{2}}$.

[14] $\sqrt{2000}=\sqrt{400\cdot 5}=\sqrt{20^2\cdot 5}=\mathbf{20\sqrt{5}}$.

[15] $\sqrt{2178}=\sqrt{9\cdot 242}$
$=\sqrt{9\cdot 121\cdot 2}$
$=\sqrt{3^2\cdot 11^2\cdot 2}=\mathbf{33\sqrt{2}}$.

[16] $\sqrt{0.32}=\sqrt{\dfrac{32}{100}}$
$=\sqrt{\dfrac{4^2\cdot 2}{10^2}}$
$=\dfrac{4\sqrt{2}}{10}=\mathbf{\dfrac{2}{5}\sqrt{2}}$.

[17] $\sqrt{1.75}=\sqrt{\dfrac{175}{100}}$
$=\sqrt{\dfrac{5^2\cdot 7}{10^2}}$
$=\dfrac{5\sqrt{7}}{10}=\mathbf{\dfrac{\sqrt{7}}{2}}$.

9B

[1] $\sqrt{12}\sqrt{6}=\sqrt{2\cdot 6\times 6}=\mathbf{6\sqrt{2}}$.

[2] $\sqrt{18}\sqrt{24}=\sqrt{6\cdot 3\times 2^2\cdot 6}$
$=2\cdot 6\sqrt{3}=\mathbf{12\sqrt{3}}$.

[3] $\sqrt{28}\sqrt{56}=\sqrt{28\times 28\times 2}=\mathbf{28\sqrt{2}}$.

[4] $\dfrac{\sqrt{96}}{\sqrt{8}}=\sqrt{\dfrac{96}{8}}=\sqrt{12}=\sqrt{2^2\cdot 3}=\mathbf{2\sqrt{3}}$.

[5] $\dfrac{6\sqrt{60}}{\sqrt{48}}=6\sqrt{\dfrac{12\cdot 5}{12\cdot 2^2}}=\dfrac{6\sqrt{5}}{2}=\mathbf{3\sqrt{5}}$.

[6] $\sqrt{1-\left(\dfrac{2}{7}\right)^2}=\sqrt{\left(1+\dfrac{2}{7}\right)\left(1-\dfrac{2}{7}\right)}$
$=\sqrt{\dfrac{9}{7}\cdot\dfrac{5}{7}}=\mathbf{\dfrac{3}{7}\sqrt{5}}$.

[7] $\sqrt{a^2-a^4}=\sqrt{a^2(1-a^2)}$
$=\mathbf{|a|\sqrt{1-a^2}}$.

[注意]

$\sqrt{a^2}=a$ ではありません．（$a<0$ のとき，$\sqrt{a^2}=-a$ ですね）
ともに正

[8] $\sqrt{a^2-4a+4} = \sqrt{(a-2)^2}$
$= |a-2| = \bm{2-a}.$
$(\because a<2)$

[9] $\sqrt{\left(a+\dfrac{1}{a}\right)^2+\left(2a+\dfrac{2}{a}\right)^2}$
$= \sqrt{\left(a+\dfrac{1}{a}\right)^2+\left\{2\left(a+\dfrac{1}{a}\right)\right\}^2}$
$= \sqrt{5\left(a+\dfrac{1}{a}\right)^2}$
$= \sqrt{5}\left|a+\dfrac{1}{a}\right| = \sqrt{5}\left(\bm{a+\dfrac{1}{a}}\right).$ $(\because a>0)$

10A

[1] $\dfrac{2}{\sqrt{2}} = \dfrac{(\sqrt{2})^2}{\sqrt{2}} = \bm{\sqrt{2}}.$

[2] $\dfrac{9}{\sqrt{3}} = \dfrac{3(\sqrt{3})^2}{\sqrt{3}} = \bm{3\sqrt{3}}.$

[3] $\dfrac{6}{\sqrt{2}} = \dfrac{3(\sqrt{2})^2}{\sqrt{2}} = \bm{3\sqrt{2}}.$

[4] $\dfrac{12}{\sqrt{6}} = \dfrac{2(\sqrt{6})^2}{\sqrt{6}} = \bm{2\sqrt{6}}.$

[5] $\dfrac{10}{\sqrt{5}} = \dfrac{2(\sqrt{5})^2}{\sqrt{5}} = \bm{2\sqrt{5}}.$

[6] $\dfrac{35}{\sqrt{7}} = \dfrac{5(\sqrt{7})^2}{\sqrt{7}} = \bm{5\sqrt{7}}.$

[7] $\dfrac{55}{\sqrt{11}} = \dfrac{5(\sqrt{11})^2}{\sqrt{11}} = \bm{5\sqrt{11}}.$

[8] $\dfrac{90}{\sqrt{15}} = \dfrac{6(\sqrt{15})^2}{\sqrt{15}} = \bm{6\sqrt{15}}.$

[9] $\dfrac{1}{\sqrt{5}-\sqrt{2}} = \dfrac{\sqrt{5}+\sqrt{2}}{(\sqrt{5}-\sqrt{2})(\sqrt{5}+\sqrt{2})}$
$= \dfrac{\sqrt{5}+\sqrt{2}}{5-2} = \bm{\dfrac{\sqrt{5}+\sqrt{2}}{3}}.$

[10] $\dfrac{1}{\sqrt{3}+\sqrt{2}} = \dfrac{\sqrt{3}-\sqrt{2}}{(\sqrt{3}+\sqrt{2})(\sqrt{3}-\sqrt{2})}$
$= \dfrac{\sqrt{3}-\sqrt{2}}{3-2} = \bm{\sqrt{3}-\sqrt{2}}.$

[11] $\dfrac{2}{\sqrt{3}+\sqrt{5}} = \dfrac{2(\sqrt{5}-\sqrt{3})}{(\sqrt{5}+\sqrt{3})(\sqrt{5}-\sqrt{3})}$
$= \dfrac{2(\sqrt{5}-\sqrt{3})}{5-3} = \bm{\sqrt{5}-\sqrt{3}}.$

[12] $\dfrac{1}{2-\sqrt{3}} = \dfrac{2+\sqrt{3}}{(2-\sqrt{3})(2+\sqrt{3})}$
$= \dfrac{2+\sqrt{3}}{4-3} = \bm{2+\sqrt{3}}.$

[13] $\dfrac{2}{\sqrt{7}-3} = \dfrac{2(\sqrt{7}+3)}{(\sqrt{7}-3)(\sqrt{7}+3)}$
$= \dfrac{2(\sqrt{7}+3)}{7-9} = \bm{-\sqrt{7}-3}.$

[14] $\dfrac{2\sqrt{3}}{\sqrt{3}+3} = \dfrac{2\sqrt{3}}{\sqrt{3}+(\sqrt{3})^2}$
$= \dfrac{2}{1+\sqrt{3}}$
$= \dfrac{2(\sqrt{3}-1)}{(\sqrt{3}+1)(\sqrt{3}-1)}$
$= \dfrac{2(\sqrt{3}-1)}{3-1} = \bm{\sqrt{3}-1}.$

[15] $\dfrac{a^2}{\sqrt{a}} = \dfrac{a(\sqrt{a})^2}{\sqrt{a}} = \bm{a\sqrt{a}}.$

[16] $\dfrac{1}{\sqrt{a^2+1}} + a \cdot \dfrac{a}{\sqrt{a^2+1}}$
$= \dfrac{1+a^2}{\sqrt{a^2+1}} = \dfrac{(\sqrt{a^2+1})^2}{\sqrt{a^2+1}} = \bm{\sqrt{a^2+1}}.$

[17] $\dfrac{1}{\sqrt{k+1}+\sqrt{k}}$
$= \dfrac{\sqrt{k+1}-\sqrt{k}}{(\sqrt{k+1}+\sqrt{k})(\sqrt{k+1}-\sqrt{k})}$
$= \dfrac{\sqrt{k+1}-\sqrt{k}}{(k+1)-k} = \bm{\sqrt{k+1}-\sqrt{k}}.$

入試のここで役立つ！

数列の和：$\displaystyle\sum_{k=1}^{n}\dfrac{1}{\sqrt{k+1}+\sqrt{k}}$ を求める際，このように

$\underset{a_{k+1}}{\sqrt{k+1}} - \underset{a_k}{\sqrt{k}}$ …階差の形

に分解するのが有効です。

（→ ITEM 87）

10B

[1] $\dfrac{\sqrt{2}}{2}=\dfrac{\sqrt{2}}{(\sqrt{2})^2}=\dfrac{1}{\sqrt{2}}.$

[2] $\dfrac{\sqrt{3}}{6}=\dfrac{\sqrt{3}}{2(\sqrt{3})^2}=\dfrac{1}{2\sqrt{3}}.$

[3] $\dfrac{\sqrt{6}}{30}=\dfrac{\sqrt{6}}{5(\sqrt{6})^2}=\dfrac{1}{5\sqrt{6}}.$

[4] $\dfrac{\sqrt{14}}{56}=\dfrac{\sqrt{14}}{4(\sqrt{14})^2}=\dfrac{1}{4\sqrt{14}}.$

11

[1] $\sqrt{3+2\sqrt{2}}=\sqrt{2}+\sqrt{1}=\sqrt{2}+1.$
　　$\underset{2+1}{\|}\quad\underset{2\cdot1}{\|}$

[2] $\sqrt{6-2\sqrt{5}}=\sqrt{5}-\sqrt{1}=\sqrt{5}-1.$
　　$\underset{5+1}{\|}\quad\underset{5\cdot1}{\|}$ 大ー小

[3] $\sqrt{7+2\sqrt{10}}=\sqrt{5}+\sqrt{2}.$
　　$\underset{5+2}{\|}\quad\underset{5\cdot2}{\|}$

[4] $\sqrt{9+4\sqrt{5}}=\sqrt{9+2\sqrt{4\cdot5}}$　必ず「2」を作る！
　　　　　　　　　　$\underset{4+5}{\|}$
　　$=\sqrt{4}+\sqrt{5}=2+\sqrt{5}.$

[5] $\sqrt{6-\sqrt{32}}=\sqrt{6-2\sqrt{8}}$
　　　　　　　$\underset{4+2}{\|}\quad\underset{4\cdot2}{\|}$
　　$=\sqrt{4}-\sqrt{2}=2-\sqrt{2}.$

[6] $\sqrt{\dfrac{5}{2}+\sqrt{6}}=\dfrac{\sqrt{5+2\sqrt{6}}}{\sqrt{2}}$　　$\boxed{5}=3+2$
　　　　　　　　　　　　　　　$\boxed{6}=3\cdot2$
　　$=\dfrac{\sqrt{3}+\sqrt{2}}{\sqrt{2}}=\dfrac{\sqrt{6}}{2}+1.$

[7] $\sqrt{4-\sqrt{15}}=\dfrac{\sqrt{8-2\sqrt{15}}}{\sqrt{2}}$　　$\boxed{8}=5+3$
　　　　　　　　　　　　　　　$\boxed{15}=5\cdot3$
　　$=\dfrac{\sqrt{5}-\sqrt{3}}{\sqrt{2}}=\dfrac{\sqrt{10}-\sqrt{6}}{2}.$

[8] $\sqrt{5+\sqrt{21}}=\dfrac{\sqrt{10+2\sqrt{21}}}{\sqrt{2}}$　　$\boxed{10}=7+3$
　　　　　　　　　　　　　　　$\boxed{21}=7\cdot3$
　　$=\dfrac{\sqrt{7}+\sqrt{3}}{\sqrt{2}}=\dfrac{\sqrt{14}+\sqrt{6}}{2}.$

[9] $\sqrt{a-\sqrt{a^2-1}}$
　　$=\dfrac{\sqrt{2a-2\sqrt{(a+1)(a-1)}}}{\sqrt{2}}$　$\boxed{2a}=(a+1)+(a-1)$
　　$=\dfrac{\sqrt{a+1}-\sqrt{a-1}}{\sqrt{2}}.$
　　　　　　　　　$(\because a+1>a-1>0)$

12

[1] $\sqrt{28}=2\sqrt{7}$
　　　$=2\times2.64\cdots=5.2\cdots$
より，求める整数は，**5**.

[2] $\sqrt{10}=3.1622\cdots,$
　$\dfrac{1}{2}\left(3+\dfrac{10}{3}\right)=\dfrac{19}{6}=3.1666\cdots.$
　$\therefore\ \left|\sqrt{10}-\dfrac{1}{2}\left(3+\dfrac{10}{3}\right)\right|=3.1666\cdots-3.1622\cdots$
　　　　　　　　　　　　$<3.167-3.162$
　　　　　　　　　　　　$=0.005.\ \square$

参考 ⬆

一般に，$\sqrt{a}$（a は正の実数）に対して，それに比較的近い数「b」を用いて「$\dfrac{1}{2}\left(b+\dfrac{a}{b}\right)$」を作ると，この値は $\sqrt{a}$ の概算値（近似値）として「b」より優れたものになります．つまり，$\left|\dfrac{1}{2}\left(b+\dfrac{a}{b}\right)-\sqrt{a}\right|<|b-\sqrt{a}|$ となります．次表の例を見れば一目瞭然ですね．

a	$\sqrt{a}$	b	$\dfrac{1}{2}\left(b+\dfrac{a}{b}\right)$	$\left|b-\sqrt{a}\right|$	$\left|\dfrac{1}{2}\left(b+\dfrac{a}{b}\right)-\sqrt{a}\right|$
3	$1.7320\cdots$	2	$\dfrac{7}{4}=1.75$	$0.2679\cdots$	$0.0179\cdots$
5	$2.2360\cdots$	2	$\dfrac{9}{4}=2.25$	$0.2360\cdots$	$0.0139\cdots$
10	$3.1622\cdots$	3	$\dfrac{19}{6}=3.1666\cdots$	$0.1622\cdots$	$0.0043\cdots$ ←本問
12	$3.4641\cdots$	3	$\dfrac{7}{2}=3.5$	$0.4641\cdots$	$0.0358\cdots$
15	$3.8729\cdots$	4	$\dfrac{31}{8}=3.875$	$0.1270\cdots$	$0.0020\cdots$

[3] $5(3+\sqrt{2})=15+5\times 1.41\cdots$
$=15+7.\cdots=22.\cdots$
より，求める整数は，**22**．

[4] $\begin{cases} \dfrac{4}{3}=1.333\cdots \\ \dfrac{1+\sqrt{3}}{2}=\dfrac{1+1.73\cdots}{2}=\dfrac{2.73\cdots}{2}=1.36\cdots \end{cases}$

より，$\dfrac{4}{3}<\dfrac{1+\sqrt{3}}{2}$．

参考

概算値「$\sqrt{3}=1.73\cdots$」を使わないでやることもできます．

$\dfrac{1+\sqrt{3}}{2}$ と $\dfrac{4}{3}$ の大小関係は，次の大小関係と一致する．

 　　　　　　　　　2倍
$1+\sqrt{3}$ と $\dfrac{8}{3}$
 　　　　　　　1を引く
$\sqrt{3}$ と $\dfrac{5}{3}$
 　　　　　　　3倍
$3\sqrt{3}$ と 5
 　　　　　　　2乗
27 と 25

$27>25$ だから，$\dfrac{1+\sqrt{3}}{2}>\dfrac{4}{3}$．

---

[5] $16(2-\sqrt{2})=16(2-1.41\cdots)$
$<16(2-1.4)=9.6$
$\pi^2=(3.14\cdots)^2>3.1^2=9.61$
$\therefore\ \pi^2>9.61>9.6>16(2-\sqrt{2})$．
$\therefore\ \pi^2>16(2-\sqrt{2})$．□

[6] $\dfrac{e^2}{9}-1=\dfrac{e^2-9}{9}$．

ここで，$e^2=(2.71\cdots)^2<3^2=9$ だから

$\dfrac{e^2}{9}-1$ の符号は **負**．

13A

$(5x^3-3x-2)(3x^2+3x+1)$

「x^2」ができる抜き出し方は，上の ── と ── のみだから，x^2 の係数は

$-3\cdot 3-2\cdot 3=-15$．

13B

[1] $(x+3)(x-1)=\boldsymbol{x^2+2x-3}$．

[2] $(x+3)(2x-5)=\boldsymbol{2x^2+x-15}$．

[3] $(3x-1)(5x-2)=\boldsymbol{15x^2-11x+2}$．

[4] $(2x-3)(x^2+1)=\boldsymbol{2x^3-3x^2+2x-3}$．

[5] $(x+6)(3x^2+2x-4)$
$=\boldsymbol{3x^3+20x^2+8x-24}$．

[6] $(3x^2-2)(6x^2+4x+1)$
$=\boldsymbol{18x^4+12x^3-9x^2-8x-2}$．

13C

[1] $(a+b)^2=(a+b)(a+b)$
$=\boldsymbol{a^2+2ab+b^2}$．

[2] $(a+b)^3=\overset{①}{(a+b)}\overset{②}{(a+b)}\overset{③}{(a+b)}$
$=\boldsymbol{a^3+3a^2b+3ab^2+b^3}$．

　　　　　　　↑上の3通りの抜き出し方

参考

「a^2b」の係数が「3」になる理由は，次のように説明できます．

「a^2b」ができる"抜き出し方"は，因数①，②，③のうち

$\begin{cases} 1\text{つから } b \text{ を抜き出し,} \\ \text{残りの2つから } a \text{ を抜き出す} \end{cases}$

場合です．このような抜き出し方の数は，

「①，②，③のうち，どの1つの因数だけから b を抜き出すか？」

を考えて，

　　$_3C_1=3$（通り）．

よって，a^2b の係数は 3 となります．この考え方が理解できていれば，「二項定理」($\to$ ITEM 15)もカンタンに習得できます！

[3] $(a+b+c)^2 = (a+b+c)(a+b+c)$
$= a^2+b^2+c^2+2ab+2bc+2ca$.

[4] $(a-b)(a+b) = a^2-b^2$.
「ab」の項は消える

[5] $(a-b)(a^2+ab+b^2) = a^3-b^3$.
「a^2b」の項も消える
「ab^2」の項も消える

[6] $(x+a)(x+b) = x^2+(a+b)x+ab$.

14

[1] $(3a-2b)(3a+2b) = (3a)^2-(2b)^2$
$= 9a^2-4b^2$.

参考
この公式は次のような数値計算にも活かせますね．
$51 \cdot 49 = (50+1)(50-1)$
$= 50^2-1^2$
$= 2500-1$
$= 2499$.

[2] $(x-2y)^3$
$= x^3-3x^2 \cdot 2y+3x(2y)^2-(2y)^3$
$= x^3-6x^2y+12xy^2-8y^3$.

[3] $(a-b+2c)^2$
$= \{a+(-b)+(2c)\}^2$
$= a^2+(-b)^2+(2c)^2$
$\quad +2a(-b)+2(-b)(2c)+2(2c)a$
$= a^2+b^2+4c^2-2ab-4bc+4ca$.

[4] $(a-b+c)^2+(a+b-c)^2$
$= \{a-(b-c)\}^2+\{a+(b-c)\}^2$
$= a^2-2a(b-c)+(b-c)^2$
$\quad +a^2+2a(b-c)+(b-c)^2$
$= 2a^2+2(b-c)^2$
$= 2a^2+2b^2+2c^2-4bc$.

[5] $(x-1)(x+1)(x^2+1)(x^4+1)$
$= (x^2-1)(x^2+1)(x^4+1)$
$= (x^4-1)(x^4+1)$ $\quad (x-1)(x+1)=x^2-1$
$= x^8-1$. $\quad (x^2-1)(x^2+1)=(x^2)^2-1$

[6] $(2x-1)(4x^2+2x+1)$
$= (2x-1)\{(2x)^2+2x+1\}$
$= (2x)^3-1^3 = 8x^3-1$.

[7] $(\sqrt{a}+\sqrt{a-1})(\sqrt{a}-\sqrt{a-1})$
$= (\sqrt{a})^2-(\sqrt{a-1})^2$
$= a-(a-1) = 1$.

[8] $(\sqrt{x^2-1}-1)^2$
$= (\sqrt{x^2-1})^2-2\sqrt{x^2-1}+1$
$= x^2-2\sqrt{x^2-1}$.

[9] $\left(x-\dfrac{3}{2}\right)^2 = x^2-2 \cdot \dfrac{3}{2}x+\left(\dfrac{3}{2}\right)^2$
$= x^2-3x+\dfrac{9}{4}$.

[10] $2\left(x-\dfrac{5}{4}\right)^2 = 2\left\{x^2-2 \cdot \dfrac{5}{4}x+\left(\dfrac{5}{4}\right)^2\right\}$
$= 2x^2-5x+\dfrac{25}{8}$.

参考
2次関数を平方完成するとき，[9]や[10]のような展開を(頭の中で)行います．($\to$ ITEM 24)

[11] $(a-b+c)(a+b-c)$
$= \{a-(b-c)\}\{a+(b-c)\}$
$= a^2-(b-c)^2$
$= a^2-(b^2-2bc+c^2)$
$= a^2-b^2-c^2+2bc$.

[12] $(2a-b)(4a^2+4ab+b^2)$
$=(2a-b)(2a+b)^2$
$=(4a^2-b^2)(2a+b)$
　　$(2a-b)(2a+b)$
$=8a^3+4a^2b-2ab^2-b^3$.

[13] $(2a+3b)^2-3(a+2b)^2$
$=(4-3)a^2+(12-3\cdot 4)ab+(9-3\cdot 4)b^2$
$=a^2-3b^2$.　　各項毎に一気に展開

[14] $(3k-1)^3=(3k)^3-3(3k)^2+3\cdot 3k-1$
　　　　　$=27k^3-27k^2+9k-1$.

> **参考** 整数を3で割った余りを考える際，このような展開をよく行います．

[15] $(\sqrt{3}+\sqrt{2})^2=(\sqrt{3})^2+2\sqrt{3}\sqrt{2}+(\sqrt{2})^2$
　　　　　　　　$=5+2\sqrt{6}$.

> **参考** この計算を逆にたどると
> $\sqrt{5+2\sqrt{6}}=\sqrt{3}+\sqrt{2}$
> 　3+2　3・2
> と2重根号が外せる理由がわかりますね．
> (→ ITEM 11)

[16] $(\sqrt{3}-2)^3$
$=(\sqrt{3})^3-3(\sqrt{3})^2\cdot 2+3\sqrt{3}\cdot 2^2-2^3$
$=(-18-8)+(3+12)\sqrt{3}$　　$\sqrt{3}$ について整理
$=-26+15\sqrt{3}$.

15A

[1] $(a+b)^4$
$=(a+b)(a+b)(a+b)(a+b)$
　　　① ② ③ ④
$={}_4C_0 a^4+{}_4C_1 a^3 b+{}_4C_2 a^2 b^2$
　　　　　　　　　　　$+{}_4C_3 ab^3+{}_4C_4 b^4$
①〜④のうち，どの1つから b の方を抜き出すか？
$=a^4+4a^3b+6a^2b^2+4ab^3+b^4$.

$\Big($ [2] 以降も，これと同じイメージをもちながら展開します． $\Big)$

[2] $(x+1)^4$
$=x^4+{}_4C_1 x^3+{}_4C_2 x^2+{}_4C_3 x+1$
$=x^4+4x^3+6x^2+4x+1$.

[3] $(x-2y)^5$
$=\{x+(-2y)\}^5$　　${}_5C_2$
$=x^5+5x^4(-2y)+10x^3(-2y)^2$
　　$+10x^2(-2y)^3+5x(-2y)^4+(-2y)^5$
$=x^5-10x^4y+40x^3y^2-80x^2y^3$
　　　　　　　　　　　$+80xy^4-32y^5$.

[4] $(x-1)^6$
$=\{x+(-1)\}^6$
$=x^6+{}_6C_1 x^5(-1)+{}_6C_2 x^4(-1)^2$
　　　　　　　　$+\cdots+(-1)^6$
$=x^6-{}_6C_1 x^5+{}_6C_2 x^4-{}_6C_3 x^3$
　　　　　　　$+{}_6C_4 x^2-{}_6C_5 x+1$
$=x^6-6x^5+15x^4-20x^3$
　　　　　　$+15x^2-6x+1$.

[5] $(a+h)^n=\sum_{i=0}^{n}{}_nC_i a^{n-i}h^i$.
$(a^n+na^{n-1}h+{}_nC_2 a^{n-2}h^2+\cdots+h^n$
でも可.$)$

[6] $(1+h)^n=\sum_{i=0}^{n}{}_nC_i\cdot 1^{n-i}h^i=\sum_{i=0}^{n}{}_nC_i h^i$.
$(1+nh+{}_nC_2 h^2+\cdots+h^n$ でも可.$)$

15B

[1] $(2a+b)^8$ の展開式において「$a^2 b^6$」の項になるものは
${}_8C_2(2a)^2 b^6={}_8C_2\cdot 2^2\times a^2 b^6$.
よって求める係数は
${}_8C_2\cdot 2^2=28\cdot 4=112$.

[2] $(x-3)^n=\{x+(-3)\}^n$ の展開式において「x^{n-2}」の項になるものは
${}_nC_2 x^{n-2}(-3)^2={}_nC_2\cdot 3^2\times x^{n-2}$.
よって求める係数は
${}_nC_2\cdot 3^2=\dfrac{9}{2}n(n-1)$.

[3] $(3k-1)^{2n}=\{(-1)+3k\}^{2n}$ を二項定理で展開すると
$(3k-1)^{2n}$
$=(-1)^{2n}+{}_{2n}C_1(-1)^{2n-1}\cdot 3k$
$\quad +\underline{{}_{2n}C_2(-1)^{2n-2}(3k)^2+\cdots+(3k)^{2n}}$
すべて3でくくれる
$=1+3\times(整数)$.
よって，$(3k-1)^{2n}$ を3で割った余りは，1.

16A

[1] $(a-1)(b-1)=ab-(a+b)+1$.

[2] $(a+3)^2+(b+3)^2$
$=a^2+b^2+6(a+b)+18$
$=(a+b)^2-2ab+6(a+b)+18$.

[3] $a^2+ab+b^2=\underset{a^2+b^2+2ab}{(a+b)^2}-ab$.

[4] $\dfrac{1}{a}+\dfrac{1}{b}=\dfrac{a+b}{ab}$.

[5] $\dfrac{1}{a-1}+\dfrac{1}{b-1}=\dfrac{(b-1)+(a-1)}{(a-1)(b-1)}$
$\qquad\qquad\qquad =\dfrac{(a+b)-2}{ab-(a+b)+1}$.

[6] $\dfrac{a}{b^2}+\dfrac{b}{a^2}=\dfrac{a^3+b^3}{a^2b^2}$
$\qquad\qquad =\dfrac{(a+b)^3-3ab(a+b)}{(ab)^2}$.

[7] $(\sqrt{a}+\sqrt{b})^2=(\sqrt{a})^2+(\sqrt{b})^2+2\sqrt{a}\sqrt{b}$
$\qquad\qquad\qquad =(a+b)+2\sqrt{ab}$.

[8] $(a-b)(a^3-b^3)$
$=(a-b)\cdot(a-b)(a^2+ab+b^2)$
$=(a-b)^2(a^2+ab+b^2)$
$=\{(a+b)^2-4ab\}\{(a+b)^2-ab\}$.

[9] $(b-a)^2+\left(\dfrac{b^2}{2}-\dfrac{a^2}{2}\right)^2$
$=(b-a)^2+\dfrac{\{(b-a)(b+a)\}^2}{4}$
$=\dfrac{1}{4}(b-a)^2\{4+(b+a)^2\}$
$=\dfrac{1}{4}\{(a+b)^2-4ab\}\{(a+b)^2+4\}$.

[10] $(a-2)(b-2)(c-2)$
$=abc-2(ab+bc+ca)$
$\qquad\qquad +4(a+b+c)-8$.

[11] $\dfrac{1}{a}+\dfrac{1}{b}+\dfrac{1}{c}=\dfrac{bc+ca+ab}{abc}$.

[12] $\dfrac{a}{bc}+\dfrac{b}{ca}+\dfrac{c}{ab}$
$=\dfrac{a^2+b^2+c^2}{abc}$
$=\dfrac{(a+b+c)^2-2(ab+bc+ca)}{abc}$.

[13] $a^2+b^2+c^2-ab-bc-ca$
$=(a+b+c)^2-2(ab+bc+ca)$
$\qquad\qquad -(ab+bc+ca)$
$=(a+b+c)^2-3(ab+bc+ca)$.

[14] 公式❹より
$a^3+b^3+c^3$
$=(a+b+c)(a^2+b^2+c^2-ab-bc-ca)$
$\qquad\qquad +3abc$
$=(a+b+c)\{(a+b+c)^2$
$\qquad -3(ab+bc+ca)\}+3abc$.

16B

[1] a^4-b^4
$=(a^2)^2-(b^2)^2$
$=(a^2-b^2)(a^2+b^2)$
$=(a-b)(a+b)\{(a+b)^2-2ab\}$.

参考

「a^4-b^4」において，aとbを入れ換えると「b^4-a^4」となり，もとの式と符号が反対になります。このような式をaとbの**交代式**といい，$a-b$，$a+b$，abだけで表せることが知られています。

[2] $t^2+\dfrac{1}{t^2}=t^2+\left(\dfrac{1}{t}\right)^2$ を，t と $\dfrac{1}{t}$ の対称式とみて変形すると

$t^2+\dfrac{1}{t^2}=t^2+\left(\dfrac{1}{t}\right)^2$
$=\left(t+\dfrac{1}{t}\right)^2-2t\cdot\dfrac{1}{t}=\left(t+\dfrac{1}{t}\right)^2-2.$

[3] $t^3+\dfrac{1}{t^3}=t^3+\left(\dfrac{1}{t}\right)^3$
$=\left(t+\dfrac{1}{t}\right)^3-3t\cdot\dfrac{1}{t}\left(t+\dfrac{1}{t}\right)$
$=\left(t+\dfrac{1}{t}\right)^3-3\left(t+\dfrac{1}{t}\right).$

補足

[2]や[3]のような「t と $\dfrac{1}{t}$ の対称式」は，$t+\dfrac{1}{t}$（和）と $t\cdot\dfrac{1}{t}$（積）だけで表すことができ，$t\cdot\dfrac{1}{t}=1$（定数）なので，結局 $t+\dfrac{1}{t}$（和）のみで表すことができるわけです．

17

[1] $x^2+6x+5=(x+1)(x+5).$
     $1+5\ \ 1\cdot 5$

[2] $x^2+5x-6=(x+6)(x-1).$
     $6+(-1)\ \ 6\cdot(-1)$

[3] $x^2+8x+12=(x+2)(x+6).$
     $2+6\ \ 2\cdot 6$

[4] $x^2+8x-20=(x+10)(x-2).$
     $10+(-2)\ \ 10\cdot(-2)$

[5] $x^2-28x+52=(x-2)(x-26).$
     $(-2)+(-26)\ \ (-2)(-26)$

[6] $x^2+32x+87=(x+3)(x+29).$
     $3+29\ \ 3\cdot 29$

[7] $2x^2+x-1$　$(2x-1)(x-1)$
とりあえず「−」にしておいて…
$=(2x-1)(x+1).$
展開したとき「+x」になるように．

[8] $3x^2-7x+2$　$(3x-\dfrac{2}{1})(x-\dfrac{1}{2})$
どっちにすれば「$-7x$」ができるか？
$=(3x-1)(x-2).$

[9] $5x^2+12x-9$　$(5x-\dfrac{1}{9})(x-\dfrac{9}{1})$ ダメっぽい

$(5x-3)(x-3)$ よさそう！ とりあえず「−」にしておく

$=(5x-3)(x+3).$

[10] 6，12 とも積への分解法が何通りもありますから，"タスキがけ"をしてもよいでしょう．

$\begin{array}{c}1\\6\end{array}\times\begin{array}{c}1\\12\end{array}$ ダメ　$\begin{array}{c}1\\6\end{array}\times\begin{array}{c}2\\6\end{array}$ ダメ　$\begin{array}{c}1\\6\end{array}\times\begin{array}{c}3\\4\end{array}$ ダメ ←入れ換えてみる

$\begin{array}{c}2\\3\end{array}\times\begin{array}{c}1\\12\end{array}$ ダメ　$\begin{array}{c}2\\3\end{array}\times\begin{array}{c}2\\6\end{array}$ ダメ　$\begin{array}{c}2\\3\end{array}\times\begin{array}{c}3\\4\end{array}\rightarrow\dfrac{9}{8}(+$
成功！　$\overline{17}$

$6x^2+17x+12=(2x+3)(3x+4).$

別解

上のように"タスキがけ"に手間取るくらいなら，方程式の解を利用する方が速いかもしれません．
$6x^2+17x+12=0$ の2つの解は
$x=\dfrac{-17\pm\sqrt{17^2-4\cdot 6\cdot 12}}{12}$
$=\dfrac{-17\pm\sqrt{289-288}}{12}$　$17^2=289$ は暗記
$=\dfrac{-17\pm 1}{12}=-\dfrac{4}{3},\ -\dfrac{3}{2}.$

よって
$6x^2+17x+12=6\left(x-\dfrac{-4}{3}\right)\left(x-\dfrac{-3}{2}\right)$
注意！　$=(3x+4)(2x+3).$

[11] 1 ╳ 2 → 12
     6   5 → 5 (+
     成功!   17

$6x^2+17x+10=(x+2)(6x+5)$.

> 補足
> 今度は1回で成功しました．何回目で成功するかは，運とカン次第です．

[12] 2 ╳ -3 → -12
     4   5 → 10

$8x^2-2x-15=(2x-3)(4x+5)$.

[13] これは「89」がずいぶん大きいので…
$9x \cdot 10 = 90x$ を作るしかなさそう…
$9x^2-89x-10$ $(9x-1)(x-10)$
                とりあえず「-」にしておく
$=(9x+1)(x-10)$.

[14] $x^2-7ax+10a^2=(x-2a)(x-5a)$.
     $2a \cdot 5a$

[15] $ax^2-(a^2-1)x-a$ $(ax-\dfrac{1}{a})(x-\dfrac{a}{1})$
                        とりあえず「-」にしておく
$=(ax+1)(x-a)$.

[16] $3x^2-xy-2y^2$
$=3x^2-y \cdot x-2y^2$ …x の2次式とみる
$(3x-\square y)(x-\square y)$
  $\square$ に1と2のどっちが入るか？
$(3x-2y)(x-y)$ どっちを「+」にするか？
与式$=(3x+2y)(x-y)$.

[17] $6x^2+(a-3)x-2a(a+1)$
$=\{2x-(a+1)\}(3x+2a)$
$=(2x-a-1)(3x+2a)$. 定数「3」があるから
                    たぶんこうだろう

18

[1] $x^2-3x+\dfrac{9}{4}=\left(x-\dfrac{3}{2}\right)^2$.
    $\left(\dfrac{3}{2}\right)^2$ 展開してみるとOK!

[2] $8a^3+12a^2b+6ab^2+b^3=(2a+b)^3$.
    $(2a)^3$ 展開してみるとOK!

[3] $9x^2-4y^2=(3x)^2-(2y)^2$
$=(3x+2y)(3x-2y)$.

> 参考
> この公式は，次のような数値計算にも活かせますね．
> $101^2-99^2=(101+99)(101-99)$
> $=200 \cdot 2$
> $=400$.

[4] $27x^3+y^3=(3x)^3+y^3$
$=(3x+y)\{(3x)^2-3x \cdot y+y^2\}$
$=(3x+y)(9x^2-3xy+y^2)$.

[5] x^n-1
$=x^n-1^n$ 公式❼
$=(x-1)(x^{n-1}+x^{n-2}+\cdots+x+1)$.

[6] $(3+\sqrt{1+x^2})^2-(3-\sqrt{1+x^2})^2$
$= 6 \cdot 2\sqrt{1+x^2}=12\sqrt{1+x^2}$.

[7] $a^4-b^4=(a^2)^2-(b^2)^2$
$=(a^2+b^2)(a^2-b^2)$
$=(a^2+b^2)(a+b)(a-b)$.

別解
$a^4-b^4=(a-b)(a^3+a^2b+ab^2+b^3)$
$=(a-b)\{a^2(a+b)+b^2(a+b)\}$
$=(a-b)(a+b)(a^2+b^2)$.

[8] x^6-1
$=(x^3)^2-1^2$
$=(x^3+1)(x^3-1)$
$=(x+1)(x^2-x+1)(x-1)(x^2+x+1)$.

別解
x^6-1
$=(x-1)(x^5+x^4+x^3+x^2+x+1)$
$=(x-1)\{x^3(x^2+x+1)+(x^2+x+1)\}$
$=(x-1)(x^2+x+1)(x^3+1)$
$=(x-1)(x^2+x+1)(x+1)(x^2-x+1)$.

(補足)
次の方針でいくと，独特なテクニックが必要となります．
$x^6-1=(x^2)^3-1^3$
$=(x^2-1)\{(x^2)^2+x^2+1\}$
$=(x+1)(x-1)(x^4+x^2+1).$
ここで
$x^4+x^2+1=x^4+2x^2+1-x^2$ ←x^2を加えて　x^2を引く
$=(x^2+1)^2-x^2$
$=(x^2+1+x)(x^2+1-x).$
　　　　⋮

[9] $\dfrac{c^2}{a^2}x^2-2cx+a^2=\left(\dfrac{c}{a}x-a\right)^2.$
　　　$\left(\dfrac{c}{a}x\right)^2$　　　展開してみるとOK！

入試のここで役立つ！ 理系

楕円（数学Ⅲ）において，焦点と曲線上の点の距離を求めるときに現れる計算です．

[10] $(a+b)^4-(a-b)^4$
$=\{(a+b)^2\}^2-\{(a-b)^2\}^2$
$=\{(a+b)^2+(a-b)^2\}\{(a+b)^2-(a-b)^2\}$
$=2(a^2+b^2)\cdot 2a\cdot 2b=\boldsymbol{8ab(a^2+b^2)}.$

[11] $\underset{1^3}{1}-3\sqrt{t}+3t-\underset{(\sqrt{t})^3}{t\sqrt{t}}=\boldsymbol{(1-\sqrt{t})^3}.$
　　　　展開してみるとOK！

[12] $ax^2-x+\dfrac{1}{4a}=a\left(x^2-\dfrac{1}{a}x+\dfrac{1}{4a^2}\right)$
　　　展開してみるとOK！　　　　　$\left(\dfrac{1}{2a}\right)^2$
$\phantom{ax^2-x+\dfrac{1}{4a}}=\boldsymbol{a\left(x-\dfrac{1}{2a}\right)^2}.$

[13] $\left(\dfrac{x^2}{4}-1\right)^2+x^2=\left(\dfrac{x^2}{4}\right)^2-\dfrac{x^2}{2}+1+x^2$
$\phantom{\left(\dfrac{x^2}{4}-1\right)^2+x^2}=\left(\dfrac{x^2}{4}\right)^2+\dfrac{x^2}{2}+1$
「−」が「＋」に変わっただけ！
$\phantom{\left(\dfrac{x^2}{4}-1\right)^2+x^2}=\left(\dfrac{x^2}{4}+1\right)^2.$

(補足)
この等式が成り立つことを証明するなら，
$\left(\dfrac{x^2}{4}+1\right)^2-\left(\dfrac{x^2}{4}-1\right)^2=\dfrac{x^2}{2}\cdot 2=x^2$
　　　○＋□　　○−□
とするのがカンタンです．

19

[1] $ab-a-b+1=\boldsymbol{(a-1)(b-1)}.$
　　　　展開してチェック

[2] $4ab+2a+2b+1=\boldsymbol{(2a+1)(2b+1)}.$
　　　　展開してチェック

[3] $3ab-a+b-\dfrac{1}{3}\quad(3a-\ \ )(b-\ \ )$
　　　展開して左辺と一致するには…？
$=\boldsymbol{(3a+1)\left(b-\dfrac{1}{3}\right)}.$

別解
とりあえず ab の係数を1にしてからやる手もあります．
$3ab-a+b-\dfrac{1}{3}=3\left(ab-\dfrac{1}{3}a+\dfrac{1}{3}b-\dfrac{1}{9}\right)$
$\phantom{3ab-a+b-\dfrac{1}{3}}\quad 3(a-\ \ )(b-\ \ )$
$\phantom{3ab-a+b-\dfrac{1}{3}}=\boldsymbol{3\left(a+\dfrac{1}{3}\right)\left(b-\dfrac{1}{3}\right)}.$

(補足)
$\left(a+\dfrac{1}{3}\right)(3b-1)$ でも正解です．

[4] 解法1
$2ax^2-3(3a-2)x+9(a-1)$
　　　$-9a+6$
$(2x-\ \ )(ax-\ \ )$
　とりあえず「−」にしとく
$=(2x-3)\{ax-3(a-1)\}$
$=\boldsymbol{(2x-3)(ax-3a+3)}.$

[解法2]

上記の分解が難しそうに感じたら，低次の文字：a について整理します．
$$2ax^2-3(3a-2)x+9(a-1)$$
$$=(2x^2-9x+9)a+(6x-9)$$
$$=(x-3)(2x-3)a+3(2x-3)$$
$$=(2x-3)\{(x-3)a+3\}$$
$$=\boldsymbol{(2x-3)(ax-3a+3)}.$$

[5] [解法1]

1つの文字について整理します．ここでは，2乗の係数が1である y を中心に考えましょう．
$$2x^2-3xy+y^2+3x-y-2$$
$$=y^2-(3x+1)y+(2x^2+3x-2)$$
$$=y^2-(3x+1)y+(2x-1)(x+2)$$
$$=\{y-(2x-1)\}\{y-(x+2)\}$$
$$=\boldsymbol{(y-2x+1)(y-x-2)}.$$

[解法2]

まず，2次式の部分を因数分解します．
$$2x^2-3xy+y^2+3x-y-2$$
$$=(2x-y)(x-y)+3x-y-2$$

$(2x-y-\underset{2}{\overset{1}{*}})(x-y-\underset{1}{\overset{2}{*}})$　$\begin{array}{l}2x-y\to -1\to -(x-y)\\x-y\underset{}{\times}2\to4x-2y\\\hline3x-y\end{array}$

とりあえず「-」にしとく

$$=\boldsymbol{(2x-y-1)(x-y+2)}.$$

[注意]

解法1，2の答えにおいて，各々の因数の符号が反対になっています．（全体としては一致）

[6] x^2，y^2 とも係数が1ではないので，

[5]の[解法2]の方針でやってみます．
$$3x^2-5xy-2y^2+5x+4y-2$$
$$=(3x+y)(x-2y)+5x+4y-2$$

$(3x+y-\underset{1}{\overset{1}{*}})(x-2y-\underset{1}{\overset{2}{*}})$　$\begin{array}{l}3x+y\to -1\to -(x-2y)\\x-2y\underset{}{\times}2\to6x+2y\\\hline5x+4y\end{array}$

$$=\boldsymbol{(3x+y-1)(x-2y+2)}.$$

[7] 2次式の部分が「完全平方式」であることが見えますので…
$$a^2-4ab+4b^2+2a-4b+1$$
$$=(a-2b)^2+2(a-2b)+1=\boldsymbol{(a-2b+1)^2}.$$

[別解]

与式全体が完全平方式になることを知ってしまうと，次の方法が思い浮かびます．
$$a^2-4ab+4b^2+2a-4b+1$$
$$=a^2+(-2b)^2+1^2-4ab-4b+2a$$
$$=\{a+(-2b)+1\}^2 \quad \text{展開してみるとOK！}$$
$$=\boldsymbol{(a-2b+1)^2}.$$

[8] $n^5-n=n(n^4-1)$
$$=n\{(n^2)^2-1\}$$
$$=n(n^2-1)(n^2+1)$$
$$=\boldsymbol{n(n-1)(n+1)(n^2+1)}.$$

[9] $x^{n+4}-x^n=x^n(x^4-1)$
$$=x^n(x^2+1)(x^2-1)$$
$$=\boldsymbol{x^n(x^2+1)(x+1)(x-1)}.$$

[10] a，b，c の対称式です．　**a について整理**
$$(ab+bc+ca)(a+b+c)-abc$$
$$=\{(b+c)a+bc\}\{a+(b+c)\}-bc\cdot a$$
消し合う！
$$=(b+c)a^2+(b+c)^2a+bc(b+c)$$
上の赤線—部
$$=(b+c)\{a^2+(b+c)a+bc\}$$
$$=(b+c)(a+b)(a+c)$$
$$=\boldsymbol{(a+b)(b+c)(c+a)}.$$

[参考]

実は，ここで得られた結果は，例題(3)の結果において「abc」の項を移項しただけのものです．

[11] ITEM 16 の公式❹を，因数分解によって証明しようという趣旨です．

$a^3+b^3+c^3-3abc$
$=(a+b)^3-3ab(a+b)+c^3-3abc$ 　ITEM 16公式❷
$=(a+b)^3+c^3-3ab(a+b+c)$
$=(a+b+c)\{(a+b)^2-(a+b)c+c^2\}$
　　　　　　　　　　　$-3ab(a+b+c)$
$=(a+b+c)(a^2+b^2+c^2-ab-bc-ca)$.

[12] $(a+b+c)^3-(a^3+b^3+c^3)$
$=(a+b+c)^3-a^3-(b^3+c^3)$
$=(a+b+c-a)\{(a+b+c)^2$
　　$+(a+b+c)a+a^2\}-(b+c)(b^2-bc+c^2)$
$=(b+c)\{(a+b+c)^2+(a+b+c)a+a^2$
　　　　　　　　　　　$-(b^2-bc+c^2)\}$
$=(b+c)\{3a^2+3(b+c)a$
　　　　　$+(b+c)^2-(b^2-bc+c^2)\}$
$=(b+c)\cdot 3\{a^2+(b+c)a+bc\}$
$=3(b+c)(a+b)(a+c)$
$=3(a+b)(b+c)(c+a)$.

20

[1] 係数のみを抜き出して筆算を行います．

```
            1   4
1 -1 3 ) 1   3  -6  12
         1  -1   3
         ─────────
             4  -9  12
             4  -4  12
             ────────
                -5   0
```

商：$x+4$，余り：$-5x$．

[2] （注意！）
```
            2   2
1 -1 3 ) 2   0   5   1
         2  -2   6
         ─────────
             2  -1   1
             2  -2   6
             ────────
                 1  -5
```

商：$2x+2$，余り：$x-5$．

[3]
```
              2  -6
1 1 ½ ) 2  -4   0  -3
        2   2   1
        ──────────
           -6  -1  -3
           -6  -6  -3
           ──────────
                5   0
```

商：$2x-6$，余り：$5x$．

[4] 　　　　　　　　　　0 ←注意！
```
                 1   4   0
1 -5 -1 ) 1  -1  -21   7  -5
          1  -5   -1
          ──────────
              4  -20   7
              4  -20  -4
              ──────────
                   0  11  -5
```

商：x^2+4x，余り：$11x-5$．

4次式を2次式で割った商は2次式

[5]
```
             2    a+2
1 -1 3 ) 2    a    5        b
         2   -2    6
         ──────────────
             a+2  -1        b
             a+2  -a-2     3a+6
             ──────────────
                  a+1   -3a+b-6
```

商：$2x+a+2$，
余り：$(a+1)x-3a+b-6$．

補足
係数に文字が入っているときは，次数が低い方（筆算の右の方）ほど広いスペースが必要となることが多いので，初めからそれを見越して 2, a, 5, b を配置しています．

3つの＿＿の幅に注目

[6]
```
             1    a+2
1 -1 1 ) 1   a+1    b     a
        1   -1      1
        ──────────────
            a+2    b-1    a
            a+2   -a-2   a+2
            ──────────────
                  a+b+1  -2
```

商：$x+a+2$，余り：$(a+b+1)x-2$．

[7] 1次式 $B=x-3$ で割るので，組立除法を用います．

$\underline{3}\,|\,2\quad -5\quad -3\quad 1$
$\phantom{\underline{3}\,|\,2}\quad\;\; 6\quad\;\; 3\quad\; 0$
$\phantom{\underline{3}\,|}\,\overline{2\quad\;\; 1\quad\;\; 0\;|\; 1}$

　…加える
　…3倍

商：$\bm{2x^2+x}$，余り：$\bm{1}$．

参考
余りだけなら，「剰余の定理」により，A の x に 3 を代入して
　$2\cdot 3^3-5\cdot 3^2-3\cdot 3+1$
　$=3^2(6-5-1)+1=1$
と求めることもできます．

[8] $B=x+2=x-(-2)$ ですから…（注意）

$\underline{-2}\,|\,1\quad 0\quad 1\quad\;\; 3\quad\;\; 1$
$\phantom{\underline{-2}\,|\,1}\;\;\; -2\quad 4\quad -10\quad 14$
$\phantom{\underline{-2}\,|}\,\overline{1\quad -2\quad 5\quad -7\;|\;15}$

商：$\bm{x^3-2x^2+5x-7}$，余り：$\bm{15}$．

[9] $\underline{1}\,|\,2\quad 1\quad -3\quad 0$
$\phantom{\underline{1}\,|\,2}\quad\;\; 2\quad\;\; 3\quad 0$
$\phantom{\underline{1}\,|}\,\overline{2\quad 3\quad\;\; 0\;|\; 0}$

商：$\bm{2x^2+3x}$，余り：$\bm{0}$．

[10] $B=2x-3=2\left(x-\dfrac{3}{2}\right)$ なので，とりあえず A を「$x-\dfrac{3}{2}$」で割ります．

$\underline{\dfrac{3}{2}}\,|\,1\quad 1\quad -3\quad -1$
$\phantom{\underline{\dfrac{3}{2}}\,|\,1}\quad\;\; \dfrac{3}{2}\quad \dfrac{15}{4}\quad \dfrac{9}{8}$
$\phantom{\underline{\dfrac{3}{2}}\,|}\,\overline{1\quad \dfrac{5}{2}\quad \dfrac{3}{4}\;|\; \dfrac{1}{8}}$

$A=\left(x-\dfrac{3}{2}\right)\left(x^2+\dfrac{5}{2}x+\dfrac{3}{4}\right)+\dfrac{1}{8}$　…①
　$=(2x-3)\left(\dfrac{1}{2}x^2+\dfrac{5}{4}x+\dfrac{3}{8}\right)+\dfrac{1}{8}$　…②

よって A を B で割ったとき，

商：$\bm{\dfrac{1}{2}x^2+\dfrac{5}{4}x+\dfrac{3}{8}}$，余り：$\bm{\dfrac{1}{8}}$．

別解
①を②にする手間がメンドウなら，筆算の方でやってしまいましょう．

$$\begin{array}{r}\dfrac{1}{2}\quad \dfrac{5}{4}\quad \dfrac{3}{8}\\ 2-3\,\overline{)\,1\quad\;\; 1\quad -3\quad -1}\\ 1\;-\dfrac{3}{2}\\ \hline \dfrac{5}{2}\quad -3\\ \dfrac{5}{2}\;-\dfrac{15}{4}\\ \hline \dfrac{3}{4}\quad -1\\ \dfrac{3}{4}\;-\dfrac{9}{8}\\ \hline \dfrac{1}{8}\end{array}$$

[11] $\underline{-3}\,|\,2\quad 11\quad -3$
$\phantom{\underline{-3}\,|\,2}\quad\;\; -6\quad -15$
$\phantom{\underline{-3}\,|}\,\overline{2\quad\;\; 5\;|\;-18}$

商：$\bm{2x+5}$，余り：$\bm{-18}$．

[12] この程度なら，筆算も組立除法も使いません．

$3x+1=\underbrace{(x-2)\cdot 3}_{3x-6}+7$ より

商：$\bm{3}$，余り：$\bm{7}$．

21A

[1] $\dfrac{1}{4}+\dfrac{1}{2}=\dfrac{1+2}{4}=\bm{\dfrac{3}{4}}$．

[2] $\dfrac{1}{3}-\dfrac{1}{2}=\dfrac{2-3}{6}=\bm{-\dfrac{1}{6}}$．

[3] $\dfrac{3}{8}-\dfrac{1}{6}=\dfrac{9-4}{24}=\bm{\dfrac{5}{24}}$．

[4] $\dfrac{2}{15}+\dfrac{5}{12}=\dfrac{8+25}{60}=\dfrac{33}{60}=\bm{\dfrac{11}{20}}$．

[5] $\dfrac{21}{14}-\dfrac{1}{6}=\dfrac{3}{2}-\dfrac{1}{6}=\dfrac{9-1}{6}=\dfrac{8}{6}=\bm{\dfrac{4}{3}}$．

[6] $\dfrac{7}{36}+\dfrac{10}{216}=\dfrac{7}{36}+\dfrac{5}{108}$
$=\dfrac{21+5}{108}=\dfrac{26}{108}=\boldsymbol{\dfrac{13}{54}}.$

別解
$\dfrac{7}{36}+\dfrac{10}{216}=\dfrac{42+10}{216}=\dfrac{52}{216}=\boldsymbol{\dfrac{13}{54}}.$

[7] $2\left(\dfrac{1}{3}\right)^3-5\left(\dfrac{1}{3}\right)^2-4\cdot\dfrac{1}{3}+2$
$=\dfrac{2-15}{27}+\dfrac{2}{3}=\dfrac{-13+18}{27}=\boldsymbol{\dfrac{5}{27}}.$

[8] $\dfrac{1}{2}+\dfrac{1}{\sqrt{2}}=\boldsymbol{\dfrac{1+\sqrt{2}}{2}}.$

[9] $\dfrac{\sqrt{3}}{3}+\dfrac{4}{\sqrt{3}}=\dfrac{1}{\sqrt{3}}+\dfrac{4}{\sqrt{3}}=\boldsymbol{\dfrac{5}{\sqrt{3}}}.$

[10] $\dfrac{1}{2+\sqrt{3}}+\dfrac{1}{2-\sqrt{3}}$
$=\dfrac{(2-\sqrt{3})+(2+\sqrt{3})}{(2+\sqrt{3})(2-\sqrt{3})}=\dfrac{4}{4-3}=\boldsymbol{4}.$

21B

[1] $t-\dfrac{1}{2}\left(t+\dfrac{1}{t}\right)=\dfrac{1}{2}\left\{2t-\left(t+\dfrac{1}{t}\right)\right\}$
$=\dfrac{t^2-1}{2t}=\boldsymbol{\dfrac{(t+1)(t-1)}{2t}}.$

[2] $\dfrac{1}{k}-\dfrac{1}{k+1}=\dfrac{(k+1)-k}{k(k+1)}=\boldsymbol{\dfrac{1}{k(k+1)}}.$

[3] $\dfrac{1}{k(k+1)}-\dfrac{1}{(k+1)(k+2)}$
$=\dfrac{(k+2)-k}{k(k+1)(k+2)}=\boldsymbol{\dfrac{2}{k(k+1)(k+2)}}.$

入試 のここで 役立つ！

[2]，[3]の結果を逆向きに使うと，数列の和：
$\displaystyle\sum_{k=1}^{n}\dfrac{1}{k(k+1)},\ \sum_{k=1}^{n}\dfrac{1}{k(k+1)(k+2)}$
を求めるのに役立ちます．
(→ ITEM 87)

[4] $\dfrac{1}{2+x}+\dfrac{1}{2-x}=\dfrac{(2-x)+(2+x)}{(2+x)(2-x)}$
$=\dfrac{4}{(2+x)(2-x)}.$

[5] $\dfrac{1}{k}-\dfrac{2}{k+1}+\dfrac{1}{k+2}$
$=\dfrac{(k+1)(k+2)-2k(k+2)+k(k+1)}{k(k+1)(k+2)}$
$=\boldsymbol{\dfrac{2}{k(k+1)(k+2)}}.$

補足
$\dfrac{1}{k}-\dfrac{2}{k+1}+\dfrac{1}{k+2}$
$=\left(\dfrac{1}{k}-\dfrac{1}{k+1}\right)-\left(\dfrac{1}{k+1}-\dfrac{1}{k+2}\right)$
$=\dfrac{1}{k(k+1)}-\dfrac{1}{(k+1)(k+2)}$
ですから，[3]と同じ答えになるわけです．

[6] $1-\dfrac{4}{(x-2)^2}=\dfrac{(x-2)^2-4}{(x-2)^2}$
$=\dfrac{(x-2+2)(x-2-2)}{(x-2)^2}$
$=\boldsymbol{\dfrac{x(x-4)}{(x-2)^2}}.$

[7] $\dfrac{1}{x}+\dfrac{1}{x^2-x}+\dfrac{1}{x^2-2x+1}$
$=\dfrac{1}{x}+\dfrac{1}{x(x-1)}+\dfrac{1}{(x-1)^2}$
$=\dfrac{(x-1)^2+(x-1)+x}{x(x-1)^2}$
$=\dfrac{x^2}{x(x-1)^2}=\boldsymbol{\dfrac{x}{(x-1)^2}}.$

補足
「部分分数展開」(→ ITEM 23)を用いれば
$\dfrac{1}{x}+\dfrac{1}{x(x-1)}+\dfrac{1}{(x-1)^2}$
$=\dfrac{1}{x}+\left(\dfrac{1}{x-1}-\dfrac{1}{x}\right)+\dfrac{1}{(x-1)^2}$
$=\dfrac{(x-1)+1}{(x-1)^2}=\boldsymbol{\dfrac{x}{(x-1)^2}}.$

[8] $\dfrac{x^2-2x+1}{x^2-x}-\dfrac{x^2-4x+4}{x^2-3x+2}$

$=\dfrac{(x-1)^2}{x(x-1)}-\dfrac{(x-2)^2}{(x-1)(x-2)}$

$=\dfrac{x-1}{x}-\dfrac{x-2}{x-1}$ ……①

$=\dfrac{(x-1)^2-x(x-2)}{x(x-1)}=\dfrac{1}{x(x-1)}.$

補足
①のあと
$\left(1-\dfrac{1}{x}\right)-\left(1-\dfrac{1}{x-1}\right)=\dfrac{1}{x-1}-\dfrac{1}{x}$
$=\dfrac{1}{(x-1)x}$
とすることもできます．(→ITEM 23)

[9] **へたな方法**
$\dfrac{1}{x}-\dfrac{1}{\sqrt{x}}=\dfrac{\sqrt{x}-x}{x\sqrt{x}}.$

$x=(\sqrt{x})^2$ が見えていないとこうなっちゃいます．

正しい方法 $\dfrac{1}{\sqrt{x}}=\dfrac{\sqrt{x}}{\sqrt{x}\sqrt{x}}=\dfrac{\sqrt{x}}{x}$

$\dfrac{1}{x}-\dfrac{1}{\sqrt{x}}=\dfrac{1-\sqrt{x}}{x}.$

[10] $\dfrac{(x-1)^3}{2\sqrt{x+2}}+3(x-1)^2\sqrt{x+2}$

$=\dfrac{(x-1)^3+6(x-1)^2(x+2)}{2\sqrt{x+2}}$

$=\dfrac{(x-1)^2}{2\sqrt{x+2}}\{(x-1)+6(x+2)\}$

$=\dfrac{(x-1)^2(7x+11)}{2\sqrt{x+2}}.$

22

[1] $\dfrac{\tfrac{5}{6}}{\tfrac{3}{8}}=\dfrac{5}{6}\cdot\dfrac{8}{3}=\dfrac{20}{9}.$

[2] $\dfrac{\tfrac{1}{3}}{\tfrac{1}{2}}=\dfrac{1}{3}\cdot 2=\dfrac{2}{3}.$

[3] $\dfrac{\tfrac{2}{3}}{\tfrac{5}{6}}=\dfrac{2}{3}\cdot\dfrac{6}{5}=\dfrac{4}{5}.$

別解
分母，分子を6倍して
$\dfrac{\tfrac{2}{3}}{\tfrac{5}{6}}=\dfrac{4}{5}.$

[4] $\dfrac{\tfrac{4}{5}}{\tfrac{6}{10}}=\dfrac{\tfrac{4}{5}}{\tfrac{3}{5}}=\dfrac{4}{3}.$ 　分母，分子を5倍

[5] $\dfrac{\tfrac{1}{2}+\tfrac{1}{3}}{1-\tfrac{1}{2}\cdot\tfrac{1}{3}}=\dfrac{3+2}{6-1}=1.$ 　分母，分子を6倍

[6] $\dfrac{1+\tfrac{1}{\sqrt{3}}}{1-\tfrac{1}{\sqrt{3}}}=\dfrac{\sqrt{3}+1}{\sqrt{3}-1}$ 　分母，分子を$\sqrt{3}$倍

$=\dfrac{(\sqrt{3}+1)^2}{(\sqrt{3}-1)(\sqrt{3}+1)}$

$=\dfrac{3+1+2\sqrt{3}}{3-1}$

$=\dfrac{4+2\sqrt{3}}{2}=2+\sqrt{3}.$

[7] $\dfrac{1+\tfrac{1}{\sqrt{2}}}{2}=\dfrac{\sqrt{2}+1}{2\sqrt{2}}=\dfrac{2+\sqrt{2}}{4}.$

分母，分子を$\sqrt{2}$倍

[8] $\dfrac{a+b+\dfrac{a+b}{2}}{3} = \dfrac{2(a+b)+(a+b)}{6}$
$= \dfrac{3(a+b)}{6} = \dfrac{a+b}{2}.$

[9] $\dfrac{a+b+c+\dfrac{a+b+c}{3}}{4}$
$= \dfrac{3(a+b+c)+(a+b+c)}{12}$
$= \dfrac{4(a+b+c)}{12}$
$= \dfrac{a+b+c}{3}.$

[10] $\dfrac{\dfrac{1}{3k-2}}{1+\dfrac{3}{3k-2}} = \dfrac{1}{(3k-2)+3} = \dfrac{1}{3k+1}.$

[11] $\dfrac{x-\dfrac{3x-1}{2}}{x+\dfrac{3x-1}{2}} = \dfrac{2x-(3x-1)}{2x+(3x-1)}$ このカッコを忘れずに！
$= \dfrac{-x+1}{5x+1}.$

[12] $\dfrac{\dfrac{1}{6}\left\{1-\left(\dfrac{5}{6}\right)^{n-1}\right\}}{1-\dfrac{5}{6}} = \dfrac{1-\left(\dfrac{5}{6}\right)^{n-1}}{6-5}$
$= 1-\left(\dfrac{5}{6}\right)^{n-1}.$

> **参考**
> 等比数列の和の公式を使ったときに現れる式です．自分で式を立てるときは
> $\dfrac{1}{6} \cdot \dfrac{1-\left(\dfrac{5}{6}\right)^{n-1}}{1-\dfrac{5}{6}}$
> と書く方がトクです．

[13] $\dfrac{\dfrac{1-x^n}{1-x}-nx^n}{1-x} = \dfrac{(1-x^n)-nx^n(1-x)}{(1-x)^2}$
$= \dfrac{nx^{n+1}-(n+1)x^n+1}{(1-x)^2}.$

[14] $\dfrac{\dfrac{(n+1)(n+2)(n+3)}{4^n}}{\dfrac{n(n+1)(n+2)}{4^{n-1}}} = \dfrac{n+3}{4n}.$ 分母，分子を $(n+1)(n+2)$ で割り，4^n 倍する

[15] $\dfrac{\dfrac{(n+1)n(n-1)}{6}\left(\dfrac{1}{3}\right)^{n-2}\left(\dfrac{2}{3}\right)^3}{\dfrac{n(n-1)(n-2)}{6}\left(\dfrac{1}{3}\right)^{n-3}\left(\dfrac{2}{3}\right)^3}$
$= \dfrac{(n+1)\cdot\dfrac{1}{3}}{n-2} = \dfrac{n+1}{3(n-2)}.$

[16] $\dfrac{\sqrt{x^2+3}-x\cdot\dfrac{x}{\sqrt{x^2+3}}}{x^2+3}$
$= \dfrac{(x^2+3)-x^2}{(x^2+3)\sqrt{x^2+3}} = \dfrac{3}{(x^2+3)^{\frac{3}{2}}}.$

[17] $\dfrac{\dfrac{2}{a}}{1+\dfrac{3}{a^2}} = \dfrac{2a}{a^2+3}.$ 分母，分子を a^2 倍

> **参考**
> この式を $\dfrac{2}{a+\dfrac{3}{a}}$ として，a を分母にだけ集めた方がよいこともあります．

[18] $\dfrac{\left(\dfrac{x}{y}\right)^2 - \dfrac{x}{y}+1}{\left(\dfrac{x}{y}\right)^2 + \dfrac{x}{y}+1} = \dfrac{x^2-xy+y^2}{x^2+xy+y^2}.$ 分母，分子を y^2 倍

> **参考**
> 逆に，この答えのように，すべての項の次数が等しい分数式は，比 $\dfrac{x}{y}$ のみで表すことができます．

[19] $1+\left(\dfrac{x-\dfrac{1}{x}}{2}\right)^2 = \dfrac{4+\left(x-\dfrac{1}{x}\right)^2}{4}$

$= \dfrac{4+x^2-2x\cdot\dfrac{1}{x}+\left(\dfrac{1}{x}\right)^2}{4}$

$= \dfrac{x^2+2+\left(\dfrac{1}{x}\right)^2}{4}$

$= \left(\dfrac{x+\dfrac{1}{x}}{2}\right)^2.$

補足
類題 18 [13] と同じパターンです。

23A

[1] $\dfrac{x^2-x+1}{x-2}$

$\begin{array}{r|rrr} 2 & 1 & -1 & 1 \\ & & 2 & 2 \\ \hline & 1 & 1 & 3 \end{array}$

$= \dfrac{(x-2)(x+1)+3}{x-2}$

$= x+1+\dfrac{3}{x-2}.$

[2] $\dfrac{x^2}{x+1}$

$\begin{array}{r|rrr} -1 & 1 & 0 & 0 \\ & & -1 & 1 \\ \hline & 1 & -1 & 1 \end{array}$

$= \dfrac{(x+1)(x-1)+1}{x+1}$

$= x-1+\dfrac{1}{x+1}.$

[3]

$\begin{array}{r} 3 \quad -1 \\ 1\ 2\ -4\ )\overline{3\quad 5\quad 0\quad 1} \\ 3\quad 6\ -12 \\ \hline -1\quad 12\quad 1 \\ -1\ -2\quad 4 \\ \hline 14\ -3 \end{array}$

$\dfrac{3x^3+5x^2+1}{x^2+2x-4}$

$= \dfrac{(x^2+2x-4)(3x-1)+(14x-3)}{x^2+2x-4}$

$= 3x-1+\dfrac{14x-3}{x^2+2x-4}.$

[4]

$\begin{array}{r} 1\quad -\dfrac{1}{2}\quad \dfrac{7}{4} \\ 2\ 1\ )\overline{2\quad 0\quad 3\quad 1} \\ 2\quad 1 \\ \hline -1\quad 3 \\ -1\ -\dfrac{1}{2} \\ \hline \dfrac{7}{2}\quad 1 \\ \dfrac{7}{2}\quad \dfrac{7}{4} \\ \hline -\dfrac{3}{4} \end{array}$

$\dfrac{2x^3+3x+1}{2x+1} = \dfrac{(2x+1)\left(x^2-\dfrac{1}{2}x+\dfrac{7}{4}\right)-\dfrac{3}{4}}{2x+1}$

$= x^2-\dfrac{1}{2}x+\dfrac{7}{4}-\dfrac{3}{4(2x+1)}.$

[5] これ以降は，整式の除法をマジメに実行するまでもなく変形できます。

$\dfrac{3x^2+x+3}{x^2+1} = \dfrac{3(x^2+1)+x}{x^2+1} = 3+\dfrac{x}{x^2+1}.$

[6] $\dfrac{x^3+x^2+x+1}{x^2+x+1} = \dfrac{(x^2+x+1)x+1}{x^2+x+1}$

$= x+\dfrac{1}{x^2+x+1}.$

とりあえず商を前に書き…

[7] $\dfrac{x-2}{x+1}$ $1+\dfrac{???}{x+1}$

$\underset{\parallel}{} \dfrac{x+1}{x+1}$ 合わせて $x-2$ になるから…

$= 1-\dfrac{3}{x+1}.$

[8] $\dfrac{4x-3}{x-2}$ $4+\dfrac{???}{x-2}$

$\underset{\parallel}{} \dfrac{4x-8}{x-2}$

$= 4+\dfrac{5}{x-2}.$

[9] $\dfrac{5x+3}{2x+1} \underset{=}{\dfrac{5}{2}} + \dfrac{???}{2x+1}.$

$\dfrac{5x+\frac{5}{2}}{2x+1}\dfrac{\frac{1}{2}}{}$

$ = \dfrac{5}{2} + \dfrac{\frac{1}{2}}{2x+1}.$

[10] これは分母が単項式なのでカンタンです.

$\dfrac{(x-1)(2x+1)}{2x} = \dfrac{2x^2-x-1}{2x}$

$\phantom{\dfrac{(x-1)(2x+1)}{2x}} = x - \dfrac{1}{2} - \dfrac{1}{2x}.$

23B

[1] $\dfrac{k}{k+1} - \dfrac{k+1}{k+2}$

$= \left(1 - \dfrac{1}{k+1}\right) - \left(1 - \dfrac{1}{k+2}\right)$

$= \dfrac{1}{k+2} - \dfrac{1}{k+1} = \dfrac{-1}{(k+2)(k+1)}.$

[2] $\dfrac{k^2+k+1}{k^2+k} - \dfrac{k^2-k+1}{k^2-k}$

$= \left\{1 + \dfrac{1}{k(k+1)}\right\} - \left\{1 + \dfrac{1}{(k-1)k}\right\}$

$= \dfrac{(k-1)-(k+1)}{(k-1)k(k+1)} = \dfrac{-2}{(k-1)k(k+1)}.$

24

[1] $y = x^2 - 2x - 2$

$ = (x-1)^2 - 1 - 2 = (x-1)^2 - 3.$

[2] $y = x^2 + 4x + 5$

$ = (x+2)^2 - 4 + 5 = (x+2)^2 + 1.$

[3] $y = -x^2 - 6x + 2$

$ -(x+3)^2 \cdots ??$ 　ココまでは暗算でガンバル！

$ = -(x+3)^2 + 3^2 + 2 = -(x+3)^2 + 11.$

[4] $y = x^2 - 6x + 9 = (x-3)^2.$

[5] $y = 2x^2 + 4x + 1$

$ 2(x+1)^2 \cdots ??$

$ = 2(x+1)^2 - 2 + 1 = 2(x+1)^2 - 1.$

[6] $y = 3x^2 - 2x - 2$

$ 3\left(x - \dfrac{1}{3}\right)^2 \cdots ??$

$ = 3\left(x - \dfrac{1}{3}\right)^2 - 3\left(\dfrac{1}{3}\right)^2 - 2$

$ = 3\left(x - \dfrac{1}{3}\right)^2 - \dfrac{1}{3} - 2 = 3\left(x - \dfrac{1}{3}\right)^2 - \dfrac{7}{3}.$

[7] $y = -2x^2 + 6x - 4$

$ -2\left(x - \dfrac{3}{2}\right)^2 \cdots ??$

$ = -2\left(x - \dfrac{3}{2}\right)^2 + 2\left(\dfrac{3}{2}\right)^2 - 4$

$ = -2\left(x - \dfrac{3}{2}\right)^2 + \dfrac{9}{2} - 4$

$ = -2\left(x - \dfrac{3}{2}\right)^2 + \dfrac{1}{2}.$

> [注意]
> 係数がすべて偶数だからといって
> $y = 2(-x^2 + 3x - 2)$
> としても,「平方完成」においては役立ちません.

[8] $y = 3x^2 + 5x + 1$

$ 3\left(x + \dfrac{5}{6}\right)^2 \cdots ??$

$ = 3\left(x + \dfrac{5}{6}\right)^2 - 3\left(\dfrac{5}{6}\right)^2 + 1$

$ = 3\left(x + \dfrac{5}{6}\right)^2 - \dfrac{25}{12} + 1$

$ = 3\left(x + \dfrac{5}{6}\right)^2 - \dfrac{13}{12}.$

[9] $y = -4x^2 + 6x + 3$

$= -4\left(x^2 - \dfrac{6}{4}x\right) + 3$

$-4\left(x - \dfrac{3}{4}\right)^2 \cdots ??$

$= -4\left(x - \dfrac{3}{4}\right)^2 + 4\left(\dfrac{3}{4}\right)^2 + 3$

$= -4\left(x - \dfrac{3}{4}\right)^2 + \dfrac{9}{4} + 3$

$= -4\left(x - \dfrac{3}{4}\right)^2 + \dfrac{21}{4}.$

[10] $y = \dfrac{1}{3}x^2 + x - 4$

$\dfrac{1}{3}\left(x + \dfrac{3}{2}\right)^2 \cdots ??$

$= \dfrac{1}{3}\left(x + \dfrac{3}{2}\right)^2 - \dfrac{1}{3}\left(\dfrac{3}{2}\right)^2 - 4$

$= \dfrac{1}{3}\left(x + \dfrac{3}{2}\right)^2 - \dfrac{3}{4} - 4$

$= \dfrac{1}{3}\left(x + \dfrac{3}{2}\right)^2 - \dfrac{19}{4}.$

[11] $y = -\dfrac{2}{3}x^2 + 3x - 2$

$= -\dfrac{2}{3}\left(x^2 - \dfrac{9}{2}x\right) - 2$

$-\dfrac{2}{3}\left(x - \dfrac{9}{4}\right)^2 \cdots ??$

$= -\dfrac{2}{3}\left(x - \dfrac{9}{4}\right)^2 + \dfrac{2}{3}\left(\dfrac{9}{4}\right)^2 - 2$

$= -\dfrac{2}{3}\left(x - \dfrac{9}{4}\right)^2 + \dfrac{27}{8} - 2$

$= -\dfrac{2}{3}\left(x - \dfrac{9}{4}\right)^2 + \dfrac{11}{8}.$

[12] $y = -2x^2 + 3ax + a^2$

$-2\left(x - \dfrac{3a}{4}\right)^2 \cdots ??$

$= -2\left(x - \dfrac{3a}{4}\right)^2 + 2\left(\dfrac{3a}{4}\right)^2 + a^2$

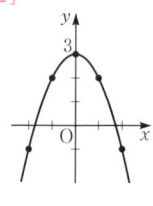

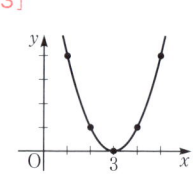

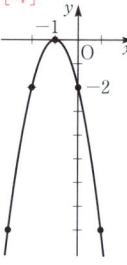

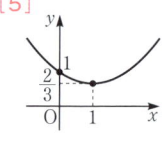

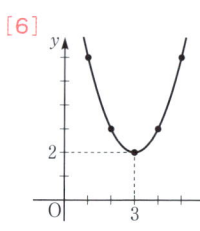

$= -2\left(x - \dfrac{3a}{4}\right)^2 + \dfrac{9}{8}a^2 + a^2$

$= -2\left(x - \dfrac{3a}{4}\right)^2 + \dfrac{17}{8}a^2.$

25

[1] (グラフ: $y = x^2$, $y = 2x^2$, $y = -x^2$, $y = -2x^2$)

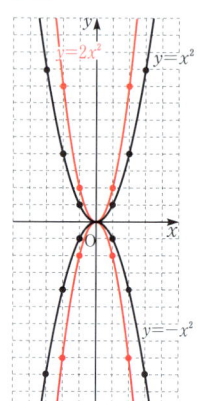

[2] (グラフ: 頂点 $(0, 3)$ 上に凸)

[3] (グラフ: 頂点 $(3, 0)$ 下に凸)

[4] (グラフ: 頂点 $(-1, 0)$, y切片 -2, 上に凸)

[5] (グラフ: 頂点 $\left(1, \dfrac{2}{3}\right)$, y切片 1, 下に凸)

[6] (グラフ: 頂点 $(3, 2)$ 下に凸)

[7] (グラフ: 頂点 $(-2, 4)$, x切片 -4, 上に凸)

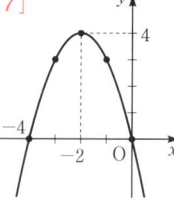

$y = 0$ のとき,
$(x + 2)^2 = 4$ より
$x = -2 \pm 2 = 0, \; -4.$

[8] (グラフ: 頂点 $(-1, -3)$, y切片 -1, 下に凸)

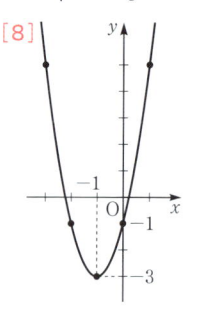

[9]

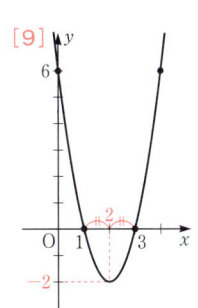

頂点の y 座標は
$2(2-1)(2-3)=-2.$

[10]

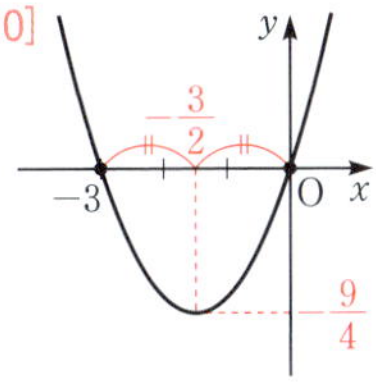

頂点の y 座標は
$-\dfrac{3}{2}\left(-\dfrac{3}{2}+3\right)=-\dfrac{9}{4}.$

[11]

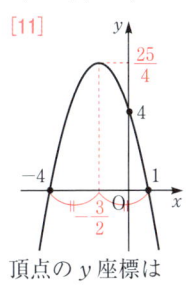

頂点の y 座標は
$-\left(-\dfrac{3}{2}+4\right)\left(-\dfrac{3}{2}-1\right)$
$=\dfrac{25}{4}.$

[12] $y=-\dfrac{1}{2}x^2+3x+1$
$=-\dfrac{1}{2}(x-3)^2+\dfrac{11}{2}.$

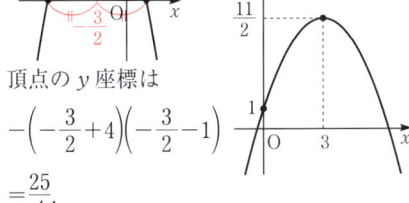

[13] 直線 $y=3$ との交点の x 座標は
$x(x-2)+3=3$
より $x=0,\ 2.$

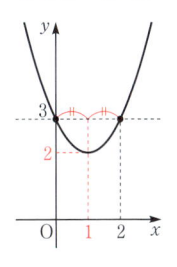

[14] $y=x^2-3ax+2a^2$
$=(x-a)(x-2a).$
$(0<)a<2a$ だから,次図のようになる.

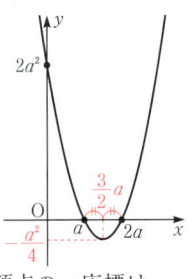

頂点の y 座標は
$1(1-2)+3=2.$

頂点の y 座標は
$\left(\dfrac{3}{2}a-a\right)\left(\dfrac{3}{2}a-2a\right)$
$=-\dfrac{a^2}{4}.$

26

[1] $x=0.$ [2] $x=-\dfrac{2}{3}.$

[3] $y=\left(x-\dfrac{3}{2}\right)^2\cdots$?? を思い浮かべて,
$x=\dfrac{3}{2}.$

[4] $y=-(x+2)^2\cdots$?? を思い浮かべて,
$x=-2.$

[5] $y=-3\left(x-\dfrac{1}{2}\right)^2\cdots$??
を思い浮かべて,
$x=\dfrac{1}{2}.$

[6] $y=\dfrac{1}{2}(x+11)^2\cdots$??
を思い浮かべて,
$x=-11.$

[7]

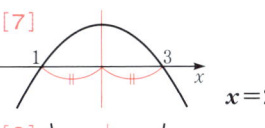

$x=2.$

[8]

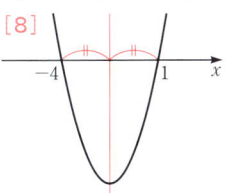

$x=\dfrac{-4+1}{2}$
i.e. $x=-\dfrac{3}{2}.$

[9]

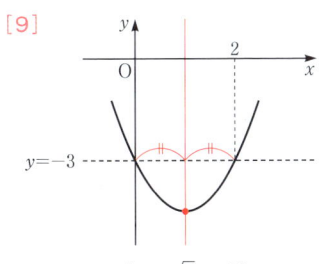

$x=1.$

[10] $y=-3\left(x-\dfrac{\sqrt{3}+1}{6}\right)^2\cdots$??
を思い浮かべて,$x=\dfrac{\sqrt{3}+1}{6}.$

|別 解|

本冊❷の「$x=-\dfrac{b}{2a}$」を公式のように使っ
て，$x=-\dfrac{\sqrt{3}+1}{2(-3)}=\dfrac{\sqrt{3}+1}{6}$.

[11] $y=a\left(x+\dfrac{a+1}{2a}\right)^2\cdots$?? を思い浮かべ
て，$x=-\dfrac{a+1}{2a}$.

[12] $x=-\dfrac{1-2\pi}{2\pi}$　i.e.　$x=1-\dfrac{1}{2\pi}$.

27

[1] 軸：$x=\dfrac{3}{2}$.

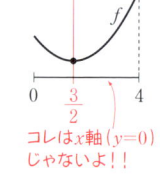

最大値$=f(4)$
$\qquad=16-12+4=8$.

$f(x)=\left(x-\dfrac{3}{2}\right)^2+\dfrac{7}{4}$ より

最小値$=\dfrac{7}{4}$.

|補 足|

最小値は平方完成せずに
$f\left(\dfrac{3}{2}\right)=\dfrac{9}{4}-\dfrac{9}{2}+4=\dfrac{7}{4}$ と求めることもでき
ます．

[2] 軸：$x=\dfrac{1}{4}$．　上に凸

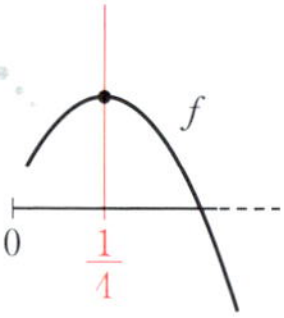

$f(x)=-2\left(x-\dfrac{1}{4}\right)^2+\dfrac{33}{8}$
より

最大値$=\dfrac{33}{8}$．最小値：なし．

[3] 軸：$x=\dfrac{5}{2}$.

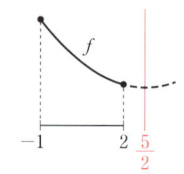

最大値$=f(-1)$
$\qquad=1+5+1=7$.

最小値$=f(2)$
$\qquad=4-10+1=-5$.

[4] 軸：$x=2$.

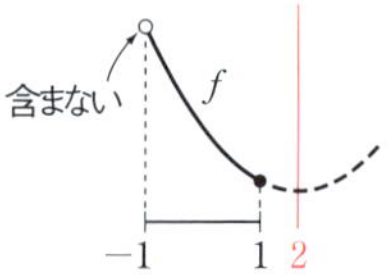

最小値$=f(1)$
$\qquad=1-4+7=4$.

最大値：なし．

[5] 一部だけ平方完成
されていてもダメです． 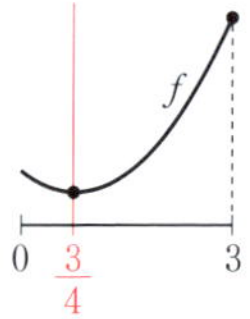
$f(x)=2(x-1)^2+x+1$
$\qquad=2x^2-3x+3$.

軸：$x=\dfrac{3}{4}$ より右図．

最大値$=f(3)=18-9+3=12$.

$f(x)=2\left(x-\dfrac{3}{4}\right)^2+\dfrac{15}{8}$ より

最小値$=\dfrac{15}{8}$．　　定義域には含まれる

[6] 軸：$x=-\dfrac{4}{3}=-1.333\cdots$.

定義域の中央は $\dfrac{-4+1}{2}=-\dfrac{3}{2}=-1.5$

だから，右図．

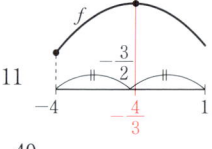

最小値$=f(-4)$
$\qquad=-48+32+11$
$\qquad=-5$.

$f(x)=-3\left(x+\dfrac{4}{3}\right)^2+\dfrac{49}{3}$ より

最大値$=\dfrac{49}{3}$.

[7] 軸：$x=\dfrac{4}{3}=1.333\cdots$.

定義域の中央は，
$\dfrac{1+\sqrt{3}}{2}=\dfrac{2.73\cdots}{2}=1.36\cdots$.

よって右図．

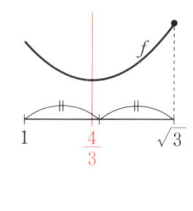

最大値$=f(\sqrt{3})$
$\qquad=\dfrac{9}{4}-2\sqrt{3}+1$
$\qquad=\dfrac{13}{4}-2\sqrt{3}$.

$f(x) = \dfrac{3}{4}\left(x - \dfrac{4}{3}\right)^2 - \dfrac{1}{3}$ より

最小値 $= -\dfrac{1}{3}$.

[8] 軸：$x = 3$.

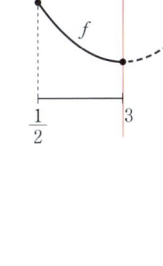

最大値 $= f\left(\dfrac{1}{2}\right)$

$= \dfrac{1}{8} - \dfrac{3}{2} - 1$

$= \dfrac{1 - 12 - 8}{8}$

$= -\dfrac{19}{8}$.

最小値 $= f(3) = \dfrac{9}{2} - 9 - 1 = -\dfrac{11}{2}$.

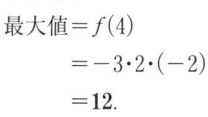

[9] 軸：$x = 4$.

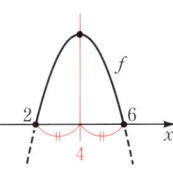

最大値 $= f(4)$

$= -3 \cdot 2 \cdot (-2)$

$= 12$.

最小値 $= 0$.

[10] 軸：$x = \dfrac{5}{2}$.

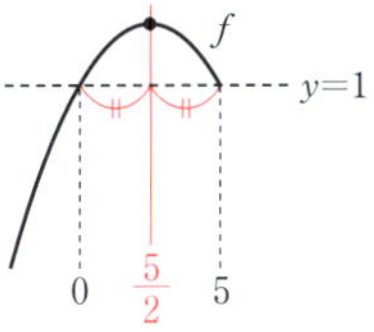

最大値 $= f\left(\dfrac{5}{2}\right)$

$= \dfrac{5}{2} \cdot \dfrac{5}{2} + 1$

$= \dfrac{29}{4}$.

最小値：なし.

28A

解法1

$C : y = 2x^2 - 4x + 5$ …①

[1] ①において，「x」を「$x+2$」で，「y」を「$y-1$」でそれぞれ置き換えて，

$C_1 : y - 1 = 2(x+2)^2 - 4(x+2) + 5$.

i.e. $y = 2x^2 + 4x + 6$.

[2] ①において，「y」を「$-y$」で置き換えて，

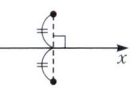

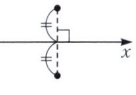

$C_2 : -y = 2x^2 - 4x + 5$.

i.e. $y = -2x^2 + 4x - 5$.

[3] ①において，「x」を「$-x$」で置き換えて，

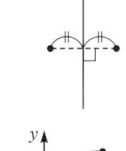

$C_3 : y = 2(-x)^2 - 4(-x) + 5$.

i.e. $y = 2x^2 + 4x + 5$.

[4] ①において，「x」を「$-x$」で，「y」を「$-y$」でそれぞれ置き換えて，

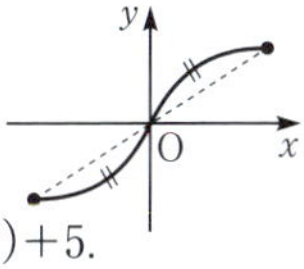

$C_4 : -y = 2(-x)^2 - 4(-x) + 5$.

i.e. $y = -2x^2 - 4x - 5$.

解法2

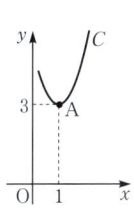

$C : y = 2x^2 - 4x + 5$
$ = 2(x-1)^2 + 3$

より，C の頂点は A(1, 3)

[1] C_1 の頂点は，A(1, 3) をベクトル $\begin{pmatrix} -2 \\ 1 \end{pmatrix}$ だけ移動して $(-1, 4)$.

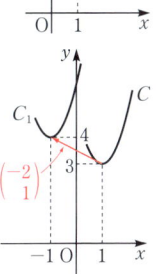

C_1 と C の凹凸は一致するから

$C_1 : y = 2(x+1)^2 + 4$.

[2]〜[4] [2]，[3]，[4] の各移動により，C は右図のような放物線にうつされる．頂点の座標と凹凸に注意して，

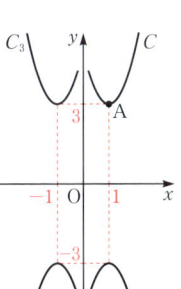

$C_2 : y = -2(x-1)^2 - 3$.
$C_3 : y = 2(x+1)^2 + 3$.
$C_4 : y = -2(x+1)^2 - 3$.

28B

右図を用いて考える.

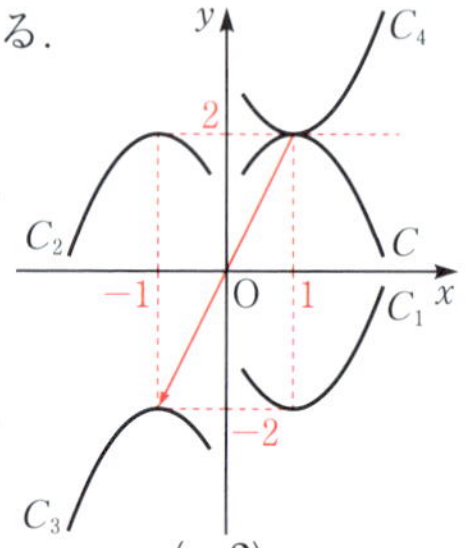

[1] C_1 は, C を **x軸に関して対称移動**したもの.

[2] C_2 は, C を **y軸に関して対称移動**したもの.

[3] C_3 は, C をベクトル $\begin{pmatrix} -2 \\ -4 \end{pmatrix}$ だけ平行移動したもの.

[4] C_4 は, C を**直線 $y=2$ に関して対称移動**したもの.

29

[1] (図)

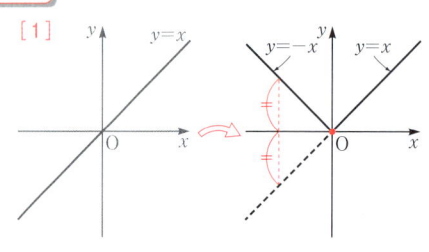

[2] (図)

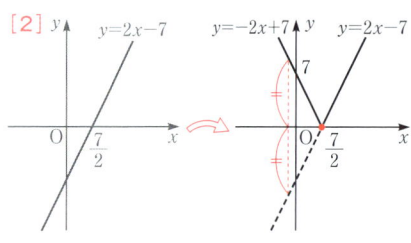

[3] $y = x + |x|$
$= \begin{cases} x+x = 2x \ (x \geq 0), \\ x-x = 0 \ (x \leq 0). \end{cases}$

よって右図を得る.

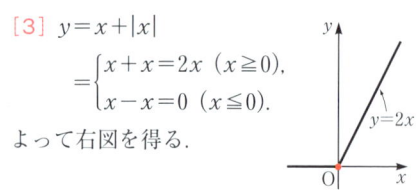

[4] $y = |x-3| - |x-5|$
$= \begin{cases} (x-3)-(x-5) = 2 \ (x \geq 5), \\ (x-3)+(x-5) = 2x-8 \ (3 \leq x \leq 5), \\ -(x-3)+(x-5) = -2 \ (x \leq 3). \end{cases}$

よって右図を得る.

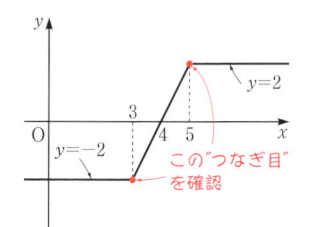

補足
$|x-3|-|x-5|$ は, 数直線における 3 と x の距離から 5 と x の距離を引いたものです. よって, たとえば $x \geq 5$ のとき, 上図よりこの関数の値は 2(一定)であることがわかります.

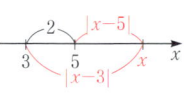

[5] $y = 2|x-1| + |x-3|$
$= \begin{cases} 2(x-1)+(x-3) = 3x-5 \ (x \geq 3), \\ 2(x-1)-(x-3) = x+1 \ (1 \leq x \leq 3), \\ -2(x-1)-(x-3) = -3x+5 \ (x \leq 1). \end{cases}$

よって右図を得る.

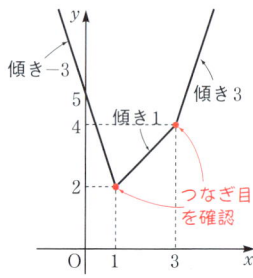

[6] (図)

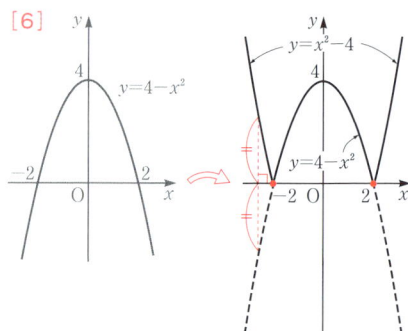

[7]

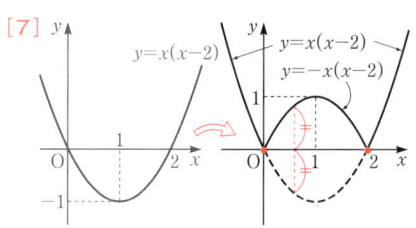

[8] $y=x|x-2|$
$=\begin{cases} x(x-2) & (x\geqq 2), \\ -x(x-2) & (x\leqq 2). \end{cases}$

よって右図を得る.

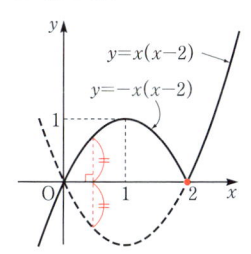

> [注 意]
> [7]と違い，「x」には絶対値がついていないので，$x=0$のところでグラフは折れ曲がりません．

[9] x^2-4 の符号を右図によって調べて，

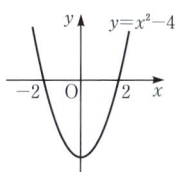

$y=|x^2-4|+2x$
$=\begin{cases} (x^2-4)+2x=(x+1)^2-5 \\ \qquad\qquad (x\leqq -2,\ 2\leqq x), \\ -(x^2-4)+2x=-(x-1)^2+5 \\ \qquad\qquad (-2\leqq x\leqq 2). \end{cases}$

よって右図を得る．

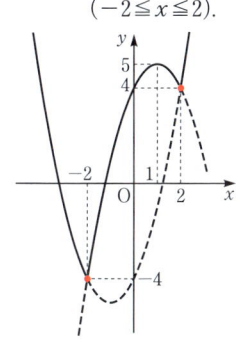

[10] [1]で描いた $y=|x|$ のグラフを y 軸方向に -1 だけ平行移動することにより，右図を得る．

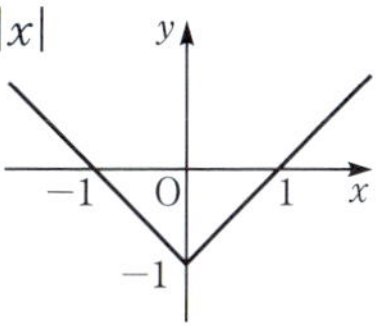

[11] $y=||x|-1|$ のグラフは，[10]のグラフのうち，y座標が負である部分を x 軸に関して折り返したものだから，右上図を得る．

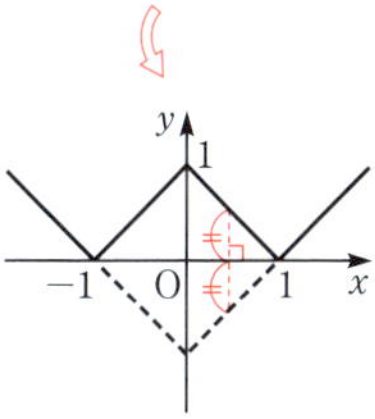

30

[1] $3x-1=5$. $3x=6$. $\boldsymbol{x=2}$.

[2] $2=7+4x$. $-5=4x$. $\boldsymbol{x=-\dfrac{5}{4}}$.

[3] $5+x=4x-1$. $6=3x$. $\boldsymbol{x=2}$.

[4] $-3x+5=7x+1$.
$4=10x$. $\boldsymbol{x=\dfrac{4}{10}=\dfrac{2}{5}}$.

[5] $\dfrac{x}{2}=x-1$. $1=\dfrac{x}{2}$. $\boldsymbol{x=2}$.

[6] $1=\dfrac{2x-3}{5}$. $5=2x-3$.
$8=2x$. $\boldsymbol{x=4}$.

[7] $\dfrac{x}{3}-\dfrac{x-3}{4}=1$.
$4x-3(x-3)=12$. $\boldsymbol{x=3}$.
カッコがつく！

[8] $s(1+x)=1-x$.
$(s+1)x=1-s$. $\boldsymbol{x=\dfrac{1-s}{1+s}}$.

31

[1] $i^4=(i^2)^2=(-1)^2=\mathbf{1}$.
[2] $i^9=(i^2)^4 i=(-1)^4 i=\boldsymbol{i}$.
[3] $(3+4i)+(3-4i)=\mathbf{6}$.
[4] $(3+4i)(3-4i)=3^2-(4i)^2$
$\qquad = 9+16=\mathbf{25}$.

> **参考**
> 共役な複素数どうしの和,積は,いずれも実数となります.

[5] $(2+3i)(i-2)=(-4-3)+i(2-6)$
$\qquad =\boldsymbol{-7-4i}$.
[6] $(1+i)^3=1+3i+3i^2+i^3$
$\qquad =(1-3)+i(3-1)=\boldsymbol{-2+2i}$.
[7] $\left(\dfrac{-1+\sqrt{3}i}{2}\right)^2=\dfrac{(-1)^2+(\sqrt{3}i)^2-2\sqrt{3}i}{4}$
$\qquad =\dfrac{(1-3)-2\sqrt{3}i}{4}$
$\qquad =\dfrac{\boldsymbol{-1-\sqrt{3}i}}{\mathbf{2}}$.

> **参考**
> $\dfrac{-1+\sqrt{3}i}{2}$ は 1 の 3 乗根($x^3=1$ を満たす x)の 1 つで,よく「ω」と表されます.本問からわかるように,ω と ω^2 は互いに共役です.

[8] $\dfrac{2+i}{3-i}=\dfrac{(2+i)(3+i)}{(3-i)(3+i)}$
$\qquad =\dfrac{(6-1)+i(2+3)}{3^2-i^2}$
$\qquad =\dfrac{5+5i}{10}=\dfrac{\mathbf{1+i}}{\mathbf{2}}$.
[9] $\dfrac{\sqrt{3}-i}{\sqrt{3}+i}=\dfrac{(\sqrt{3}-i)^2}{(\sqrt{3}+i)(\sqrt{3}-i)}$
$\qquad =\dfrac{(3-1)-2\sqrt{3}i}{3-i^2}$
$\qquad =\dfrac{2-2\sqrt{3}i}{4}=\dfrac{\mathbf{1-\sqrt{3}i}}{\mathbf{2}}$.

32

[1] $x^2-x-2=0$. $(x+1)(x-2)=0$.
$x+1=0$ or $x-2=0$. $\therefore$ $\boldsymbol{x=-1, 2}$.
[2] 左辺は一瞬因数分解できそうな気もしますが…
$x=\dfrac{3\pm\sqrt{9+8}}{4}=\dfrac{\mathbf{3\pm\sqrt{17}}}{\mathbf{4}}$.
[3] 今度はホントに因数分解できます.
$3x^2-2x-1=0$. $(3x+1)(x-1)=0$.
$\therefore$ $\boldsymbol{x=-\dfrac{1}{3}, 1}$.
[4] $3x^2-4x+2=0$.
$x=\dfrac{2\pm\sqrt{4-6}}{3}=\dfrac{2\pm\sqrt{-2}}{3}=\dfrac{\mathbf{2\pm\sqrt{2}i}}{\mathbf{3}}$.

> **参考**
> 試しに,本問を「解の公式」を使わず,その証明過程を再現する形で解いてみましょう.
> $3x^2-4x+2=0$.
> $x^2-\dfrac{4}{3}x+\dfrac{2}{3}=0$.
> $\left(x-\dfrac{2}{3}\right)^2=-\dfrac{2}{9}$. …(*)
> $x-\dfrac{2}{3}=\pm\dfrac{\sqrt{2}}{3}i$.
> $\therefore$ $x=\dfrac{2}{3}\pm\dfrac{\sqrt{2}}{3}i=\dfrac{2\pm\sqrt{2}i}{3}$.
>
> これを上記解答の 部と比べてみると,「$\sqrt{-2}=\sqrt{2}i$」のように約束しておけば,虚数解のときでも解の公式が使えることがわかりますね.
>
> なお,(*)以降の変形は,より厳密には次のようにします.
> $\left(x-\dfrac{2}{3}\right)^2+\dfrac{2}{9}=0$.
> $\left(x-\dfrac{2}{3}\right)^2-\left(\dfrac{\sqrt{2}}{3}i\right)^2=0$.
> $\left(x-\dfrac{2}{3}-\dfrac{\sqrt{2}}{3}i\right)\left(x-\dfrac{2}{3}+\dfrac{\sqrt{2}}{3}i\right)=0$.

$x - \frac{2}{3} - \frac{\sqrt{2}}{3}i = 0$ or $x - \frac{2}{3} + \frac{\sqrt{2}}{3}i = 0$.

(これ以外の場合はない！)

[5] $x^2 + 6x - 5 = 0$.

2・3 コレが「b'」

$x = -3 \pm \sqrt{9+5}$
$= -3 \pm \sqrt{14}$.

[6] $4x^2 - 2x + 6 = 0$. 両辺を 2 で割ると
$2x^2 - x + 3 = 0$.
∴ $x = \frac{1 \pm \sqrt{1-24}}{4} = \frac{1 \pm \sqrt{23}i}{4}$.

[7] $4x^2 - 12x + 9 = 0$. $(2x-3)^2 = 0$.
∴ $x = \frac{3}{2}$ …重解

[8] $-2x^2 + 3x - 2 = 0$. 両辺に -1 を掛けると
$2x^2 - 3x + 2 = 0$.

x^2の係数が正の方がやりやすい(？)

$x = \frac{3 \pm \sqrt{9-16}}{4}$
$= \frac{3 \pm \sqrt{7}i}{4}$.

[9] 展開したら遠回りです.
$(x+3)^2 + 5 = 0$. $(x+3)^2 = -5$.
$x + 3 = \pm\sqrt{5}i$.   ∴ $x = -3 \pm \sqrt{5}i$.

[10] $x^2 - (a+1)x + a = 0$.
$(x-1)(x-a) = 0$.
∴ $x = 1, a$.

補足
$a = 1$ のときは「重解」です.

[11] $x^2 - 4ax + 8a = 0$.

2・(−2a) コレが「b'」

$x = 2a \pm \sqrt{4a^2 - 8a}$.

補足
$\sqrt{}$ 内：$4a^2 - 8a$ の符号によって解の虚実は分かれますが，どちらにせよ，与式の解はとりあえずこのように表せるのです.

[12] $(4 - 3c^2)x^2 - \sqrt{3}cx - \frac{1}{4} = 0$.

$x = \frac{\sqrt{3}c \pm \sqrt{3c^2 + (4-3c^2)}}{2(4-3c^2)}$
$= \frac{\sqrt{3}c \pm 2}{2\{2^2 - (\sqrt{3}c)^2\}}$
$= \frac{\sqrt{3}c \pm 2}{2(2+\sqrt{3}c)(2-\sqrt{3}c)}$.

$\frac{\sqrt{3}c+2}{2(2+\sqrt{3}c)(2-\sqrt{3}c)}$, $\frac{\sqrt{3}c-2}{2(2+\sqrt{3}c)(2-\sqrt{3}c)}$

$= \frac{1}{2(2-\sqrt{3}c)}$, $\frac{-1}{2(2+\sqrt{3}c)}$.

別解

「$\sqrt{}$ がキレイに外れた」ということは，「因数分解可能」なハズですね.

$(2+\sqrt{3}c)(2-\sqrt{3}c)x^2 - \sqrt{3}cx - \frac{1}{4} = 0$.
$\{(2+\sqrt{3}c)x + \frac{1}{2}\}\{(2-\sqrt{3}c)x - \frac{1}{2}\} = 0$.
∴ $x = -\frac{1}{2(2+\sqrt{3}c)}, \frac{1}{2(2-\sqrt{3}c)}$.

注意
問題文に「2次方程式」とあるときは，x^2 の係数は 0 でないという前提のもとで解答してかまいません.

33A

[1] 判別式 $= 5^2 - 4\cdot3\cdot3$
$= 25 - 36 = -11 < 0$.
よって実数解は **0 個**.

[2] $\frac{判別式}{4} = (-\sqrt{6})^2 - 2\cdot3 = 0$.

よって異なる実数解は **1 個**. …重解

補足
この方程式は，実は
$(\sqrt{2}x)^2 - 2\sqrt{6}x + (\sqrt{3})^2 = 0$
$(\sqrt{2}x - \sqrt{3})^2 = 0$
と変形できるのでした.

[3] $\dfrac{判別式}{4} = 1 + 2(a^2+1) > 0.$

よって異なる実数解は **2個**.

> 補足
> 左辺を $f(x)$ とおくと，
> $f(0) = -a^2 - 1 < 0$
> より，$y = f(x)$ のグラフは右のようになります．
> よってグラフは x 軸と異なる2点で交わりますから，与式は異なる2つの実数解をもちます．

[4] 係数があまりにキレイなので，「判別式」と漢字を書く方がメンドウです．
$x^2 - 2x + 2 = 0$ を変形すると
$(x-1)^2 + 1 = 0.$ ← x が実数なら左辺は正

よって実数解は **0個**.

[5] $\dfrac{判別式}{4} = 4 - a(2-a)$
$\hspace{3em} = a^2 - 2a + 4 = (a-1)^2 + 3 > 0.$

よって異なる実数解は **2個**.

33B

[1] この方程式が重解をもつ条件は，$a \neq 0$ のもとで

$\dfrac{判別式}{4} = (a+1)^2 - \underset{(2a)^2}{4a^2}$ ← 展開しちゃったら損
$\hspace{3em} = (3a+1)(-a+1) = 0.$

$\therefore\ a = -\dfrac{1}{3},\ 1.$ (これは $a \neq 0$ も満たす)

[2] この2次関数のグラフは上に凸だから，頂点の y 座標が正となるための条件は，方程式
$-\dfrac{5}{3}x^2 - 3x + 3a = 0$
i.e. $5x^2 + 9x - 9a = 0$ $\cdots$ ①

が異なる2実数解をもつこと，すなわち
①の判別式 $= 9^2 + 4\cdot5\cdot9a > 0.$

$\therefore\ a > -\dfrac{9}{20}.$

[3] 係数10, 6 の約数が多いので，タスキがけによる因数分解が少しメンドウ．そこで「解の公式」を用いるのですが…，とりあえず解の公式における $\sqrt{}$ 内：判別式のみサラッと計算してみると
判別式 $= 19^2 - 4\cdot10\cdot6$
$\hspace{4em} = 361 - 240 = 121 = 11^2.$

平方数になったので，この方程式の解は $\sqrt{}$ を含まない有理数であり，整数解をもつかも．

そこで，解の公式を用いると，
$x = \dfrac{-19 \pm \sqrt{11^2}}{20} = \dfrac{-8}{20},\ \dfrac{-30}{20} = -\dfrac{2}{5},\ -\dfrac{3}{2}.$

よってこの方程式は**整数解をもたない**.

> 参考
> 結果として与式は
> $(5x+2)(2x+3) = 0$
> と因数分解によって解くこともできたのですが，そのような分解が可能か否かをサッと見抜くためにも，「判別式」が役立つわけです．

34

[1] $x = 1$ が1つの解であることが容易にわかるので，これを利用して左辺を因数分解すると，与式は

$\begin{array}{r|rrrr} 1 & 1 & 0 & -3 & 2 \\ & & 1 & 1 & -2 \\ \hline & 1 & 1 & -2 & 0 \end{array}$

$(x-1)(x^2 + x - 2) = 0.$
$(x-1)^2(x+2) = 0.$
$\therefore\ x = 1,\ -2.$ ← 1は重解

> 補足
> 「1」と「−1」は，どんな整数係数の方程式においても解となる可能性がありますから，とりあえず試してみましょう．入試問題では，高い頻度で解になっています！

[2] $f(x)=\underline{1}x^3+2x^2-9x-\underline{18}$ とおく．
方程式 $f(x)=0$ の有理数解となる可能性があるのは，
$\pm\dfrac{18 の約数}{1 の約数}=\pm 1, 2, 3, 6, 9, 18$ のみ．
$f(\pm 1)$ では「18」が大きすぎて 0 になりそうにない．
そこで…
$f(2)=8+8-18-18 \neq 0$
$f(-2)=-8+8+18-18=0$.
これを用いると，
与式は
$(x+2)(x^2-9)=0$.
$(x+2)(x+3)(x-3)=0$.
$\therefore\ x=-2,\ \pm 3$.

```
−2 | 1  2  −9  −18
   |   −2   0   18
   ─────────────────
     1  0  −9 | 0
```

> 補足
> $f(x)$ の因数分解は，次のようにもできます．
> $f(x)=x^3+2x^2-9x-18$
> $=x^2(x+2)-9(x+2)$
> $=(x+2)(x^2-9)=\cdots$

[3] $f(x)=3x^3-7x^2-x+1$ とおく．
方程式 $f(x)=0$ の有理数解となる可能性があるのは
$\pm\dfrac{1 の約数}{3 の約数}=\pm 1,\ \pm\dfrac{1}{3}$ のみ．
$f(1)=3-7-1+1 \neq 0$,
$f(-1)=-3-7+1+1 \neq 0$,
$f\left(\dfrac{1}{3}\right)=\dfrac{1}{9}-\dfrac{7}{9}-\dfrac{1}{3}+1=0$.

これを用いると，与式は
$\left(x-\dfrac{1}{3}\right)(3x^2-6x-3)=0$.
$\left(x-\dfrac{1}{3}\right)(x^2-2x-1)=0$. ←直接書いちゃおう
$\therefore\ x=\dfrac{1}{3},\ 1\pm\sqrt{2}$.

```
1/3 | 3  −7  −1   1
    |     1  −2  −1
    ─────────────────
      3  −6  −3 | 0
```

[4] 各項の係数の和が 0，つまり $x=1$ が与式の 1 つの解であることを見抜き，左辺を $x-1$ で割ります．
すると，商の部分の係数の和がまたしても 0 なので，もう 1 度 $x-1$ で割ります．
けっきょく与式は
$(x-1)^2(x^2+4)=0$. $\therefore\ x=1,\ \pm 2i$.
　　　　　　　　　　1 は重解

```
1 | 1  −2   5  −8   4
  |      1  −1   4  −4
  ────────────────────
1 | 1  −1   4  −4 | 0
  |      1   0   4
  ────────────────────
    1   0   4 | 0
```

> 補足
> $x-1$ で 1 度割った商の因数分解は，次のようにもできます．
> $x^3-x^2+4x-4=x^2(x-1)+4(x-1)$
> $=(x-1)(x^2+4)$

[5] 上記 補足 と同様にして因数分解できます．
$x^3+3x^2-x-3=0$.
$x^2(x+3)-(x+3)=0$.
$(x+3)(x^2-1)=0$. $\therefore\ x=-3,\ \pm 1$.

> 補足
> もちろん，「$x=1$」などの解を見つけて解くこともできます．

[6] $x^3+x^2+x+1=0$.
$x^2(x+1)+(x+1)=0$.
$(x+1)(x^2+1)=0$. $\therefore\ x=-1,\ \pm i$.

[7] $x^3=1$. $x^3-1^3=0$.
$(x-1)(x^2+x+1)=0$.
$\therefore\ x=1,\ \dfrac{-1\pm\sqrt{3}i}{2}$.

> **参考**
> ここで求めた1の虚3乗根の1つ $\dfrac{-1+\sqrt{3}i}{2}$
> (もしくは $\dfrac{-1-\sqrt{3}i}{2}$) は,しばしば「ω オメガ」と表されて入試でよく現れます.
> (→類題31 [7])

[8] $x^4=1$. $(x^2)^2-1^2=0$.
$(x^2-1)(x^2+1)=0$.
$(x-1)(x+1)(x^2+1)=0$.
$\therefore\ x=\pm 1,\ \pm i$.

別解
$x^4-1^4=0$.
$(x-1)(x^3+x^2+x+1)=0$.
$\vdots$(あとは[6]と同様に…)

[9] $x^4-x^2-2=0$. $(x^2)^2-(x^2)-2=0$.
$(x^2+1)(x^2-2)=0$. $\therefore\ x=\pm i,\ \pm\sqrt{2}$.

35A

[1] $2x^2-4x+5=0$
解と係数の関係より
$\begin{cases}\alpha+\beta=-\dfrac{-4}{2}=2,\\ \alpha\beta=\dfrac{5}{2}.\end{cases}$

$2x^2-4x+5$
$=2(x-\alpha)(x-\beta)$ から
導かれることを忘れずに

[2] 求める方程式は
$\left(x-\dfrac{\alpha^2}{\beta}\right)\left(x-\dfrac{\beta^2}{\alpha}\right)=0$.
$x^2-\left(\dfrac{\alpha^2}{\beta}+\dfrac{\beta^2}{\alpha}\right)x+\dfrac{\alpha^2}{\beta}\cdot\dfrac{\beta^2}{\alpha}=0$. …①
ここで
$\dfrac{\alpha^2}{\beta}+\dfrac{\beta^2}{\alpha}=\dfrac{\alpha^3+\beta^3}{\alpha\beta}$
$=\dfrac{(\alpha+\beta)^3-3\alpha\beta(\alpha+\beta)}{\alpha\beta}$
$=\dfrac{(\alpha+\beta)^3}{\alpha\beta}-3(\alpha+\beta)$
$=2^3\cdot\dfrac{2}{5}-3\cdot 2=-\dfrac{14}{5}$.
$\dfrac{\alpha^2}{\beta}\cdot\dfrac{\beta^2}{\alpha}=\alpha\beta=\dfrac{5}{2}$.
よって求める①は
$x^2+\dfrac{14}{5}x+\dfrac{5}{2}=0$.
(i.e. $10x^2+28x+25=0$.)

35B

[1] $3x^3+0x^2+2x-6=0$
解と係数の関係より
$\begin{cases}\alpha+\beta+\gamma=-\dfrac{0}{3}=0,\\ \alpha\beta+\beta\gamma+\gamma\alpha=\dfrac{2}{3},\\ \alpha\beta\gamma=-\dfrac{-6}{3}=2.\end{cases}$

$3x^3+2x-6$
$=3(x-\alpha)(x-\beta)(x-\gamma)$
から導かれることを
忘れずに

[2] 求める方程式は
$\left(x-\dfrac{1}{\alpha}\right)\left(x-\dfrac{1}{\beta}\right)\left(x-\dfrac{1}{\gamma}\right)=0$.
$x^3-\left(\dfrac{1}{\alpha}+\dfrac{1}{\beta}+\dfrac{1}{\gamma}\right)x^2+\left(\dfrac{1}{\alpha\beta}+\dfrac{1}{\beta\gamma}+\dfrac{1}{\gamma\alpha}\right)x$
$-\dfrac{1}{\alpha\beta\gamma}=0$. …①
ここで
$\dfrac{1}{\alpha}+\dfrac{1}{\beta}+\dfrac{1}{\gamma}=\dfrac{\beta\gamma+\gamma\alpha+\alpha\beta}{\alpha\beta\gamma}=\dfrac{2}{3}\cdot\dfrac{1}{2}=\dfrac{1}{3}$,
$\dfrac{1}{\alpha\beta}+\dfrac{1}{\beta\gamma}+\dfrac{1}{\gamma\alpha}=\dfrac{\gamma+\alpha+\beta}{\alpha\beta\gamma}=0$,
$\dfrac{1}{\alpha\beta\gamma}=\dfrac{1}{2}$.
よって求める①は
$x^3-\dfrac{1}{3}x^2-\dfrac{1}{2}=0$.
(i.e. $6x^3-2x^2-3=0$.)

36

[1] $x=\pm 3$.

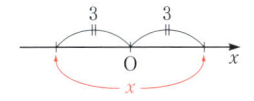

[2] $x-3=\pm\sqrt{2}$.
∴ $x=3\pm\sqrt{2}$.

注意
両辺を 2 乗するのは遠回りです.

[3] $3x-2=\pm 2$. $x=\dfrac{4}{3}$, 0.

別解
与式の両辺を 3 で割ると
$\left|x-\dfrac{2}{3}\right|=\dfrac{2}{3}$.
∴ $x=0$, $\dfrac{4}{3}$.

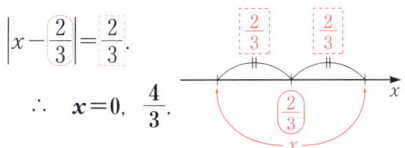

[4] メンドウな場合分けは，なるべく避けたいですね.

解法1
数直線上において，
「0 と x」,「2 と x」
の距離が等しいことから
$x=1$.   ITEM 29 参照

解法2
2 つの関数
$y=|x|$, $y=|x-2|$
のグラフの共有点を
考えて, $x=1$.

[5] 解法1
$|x+1|\geqq 0$ より,
$2x-1\geqq 0$ i.e. $x\geqq\dfrac{1}{2}$ …①
のもとで考えると, 与式は
$x+1=\pm(2x-1)$. $x=2$, 0.
これと①より, $x=2$.

解法2
2 つの関数
$y=|x+1|$,
$y=2x-1$
のグラフの共有
点を考える.
右図より
$x+1=2x-1$
の解を求めればよく, $x=2$.

[6] グラフを利用する.
$y=|x-1|+|x-3|$
$=\begin{cases} 2x-4 & (x\geqq 3) \\ 2 & (1\leqq x\leqq 3) \\ -2x+4 & (x\leqq 1) \end{cases}$
より右図を得る.
$2x-4=6$,
$-2x+4=6$ を
解いて
$x=5$, -1.

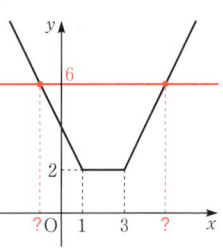

[7] 両辺とも 0 以上だから，2 乗して
$5-x^2=1$. $x^2=4$. ∴ $x=\pm 2$.

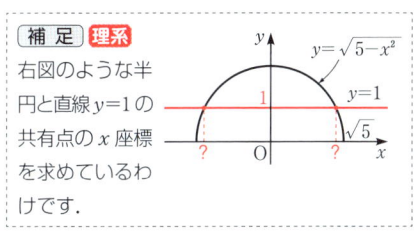

補足 理系
右図のような半
円と直線 $y=1$ の
共有点の x 座標
を求めているわ
けです.

[8] 分母（＞0）を払い，両辺とも 0 以上
なので 2 乗すると
$(-1+4a)^2=1+4a^2$. $12a^2-8a=0$.
$a(3a-2)=0$. ∴ $a=0$, $\dfrac{2}{3}$.

[9] 分母(>0)を払うと
$\sqrt{2}(2+m)=\sqrt{5}\sqrt{1+m^2}$.
右辺>0 より,
$2+m>0$ i.e. $m>-2$ …①
のもとで両辺を2乗すると
$2(2+m)^2=5(1+m^2)$.
$3m^2-8m-3=0$.
$(3m+1)(m-3)=0$.
$m=-\dfrac{1}{3}$, 3.
これらはいずれも①を満たしているから,
$m=-\dfrac{1}{3}$, 3.

[10] (このままで両辺を2乗しても,
$\sqrt{}$ は消えてくれません.)
与式は $\sqrt{1-2t^2}=1-2t$.
左辺≧0 より,
$1-2t\geqq 0$ i.e. $t\leqq\dfrac{1}{2}$ …①
のもとで両辺を2乗すると
$1-2t^2=(1-2t)^2$. $6t^2-4t=0$.
$t(3t-2)=0$. $t=0$, $\dfrac{2}{3}$.
これと①より, $t=0$.

[11] 2つの関数
$y=|x^2-1|$,
$y=3x-3$
のグラフの共有点を
考える.
右図より,
$x^2-1=3x-3$
の解を求めればよく
$(x+1)(x-1)-3(x-1)=0$.
$(x-1)(x-2)=0$. ∴ $x=1$, 2.

[12]

> [注意]
> 安易に分母を払ってはいけません.

$x\neq 2$ …①
のもとで分母を払うと
$x(x-2)+1=0$. $(x-1)^2=0$. $x=1$.
これは④を満たすから, **$x=1$**.

> [補足]
> ①を書くのがメンドウなら, 分母を払わず,
> 左辺を通分して商の形にします.
> $\dfrac{x(x-2)+1}{x-2}=0$. $\dfrac{(x-1)^2}{x-2}=0$.
> ∴ $x=1$.
> 分母を見れば $x\neq 2$ はわかる

[13] $\dfrac{x}{x+1}+\dfrac{1}{x-2}=\dfrac{3}{(x+1)(x-2)}$.

$x\neq -1$, 2 …⑤のもとで両辺を
$(x+1)(x-2)$ 倍すると
$x(x-2)+(x+1)=3$. $x^2-x-2=0$.
$(x+1)(x-2)=0$.
⑤のときこれは成り立たないから,
解なし.

> [補足]
> 与式を変形すると
> $1-\dfrac{1}{x+1}+\dfrac{1}{x-2}=\dfrac{1}{x-2}-\dfrac{1}{x+1}$
> 分子の低次化   部分分数展開
> i.e. $1=0$
> となり, 解をもつハズがないことがわかります.

[1] ${-)}x-3y=7$ …①
$4x-3y=1$ …②
②−①より $3x=-6$. $x=-2$.
これと①より $-2-3y=7$. $y=-3$.
以上より, $(x, y)=(-2, -3)$.

[2] $-x+6y+4=0$ …①
$3x-3y-7=0$ …②
$6x-6y-14=0$ …②×2
①+②×2 より $5x-10=0$. $x=2$.

これと①より $6y+2=0$. $y=-\dfrac{1}{3}$.

以上より, $(x, y)=\left(2, -\dfrac{1}{3}\right)$.

[3]
$$\begin{array}{rl} 5x-8y=7 & \cdots ① \\ 2x-3y=3 & \cdots ② \\ \hline 10x-16y=14 & \cdots ①\times 2 \\ 10x-15y=15 & \cdots ②\times 5 \\ \hline y=1. & \end{array}$$

これと②より, $2x-3=3$. $x=3$.

以上より, $(x, y)=(3, 1)$.

補足 **理系**
仮に y の方を消去しようとすると
「②×8−①×3」を実行することになり, 計算過程で現れる数が少し大きくなってしまいますね.

[4] $\dfrac{3x-y}{\sqrt{10}}\underset{②}{\overset{①}{=}}\dfrac{x-2y}{\sqrt{5}}=\sqrt{5}$

①: $3x-y=5\sqrt{2}$ $\cdots$①′
②: $x-2y=5$
①′×2: $6x-2y=10\sqrt{2}$
$ 5x=10\sqrt{2}-5$. $x=2\sqrt{2}-1$.

これと①′より,
$y=3(2\sqrt{2}-1)-5\sqrt{2}=\sqrt{2}-3$.

以上より, $(x, y)=(2\sqrt{2}-1, \sqrt{2}-3)$.

[5] y を消去すると,
$2x^2=3x-1$. $2x^2-3x+1=0$.
$(2x-1)(x-1)=0$. $x=\dfrac{1}{2}$, 1.

これと②より, $(x, y)=(1, 2)$, $\left(\dfrac{1}{2}, \dfrac{1}{2}\right)$.

[6] x^2 を消去すると
$41-40y=61+60y$. $y=\dfrac{-20}{100}=-\dfrac{1}{5}$.

これと①より, $x^2=41+8=49$. $x=\pm 7$.

以上より, $(x, y)=\left(\pm 7, -\dfrac{1}{5}\right)$.

注意
本問では, y を消去するのは遠回りです.

[7] ②は $y=3x-3$. $\cdots$②′
これを①に代入して
$x^2+(3x-3)^2=1$. $10x^2-18x+8=0$.
$5x^2-9x+4=0$. $(5x-4)(x-1)=0$.
$x=\dfrac{4}{5}$, 1. これと②′より

$(x, y)=(1, 0)$, $\left(\dfrac{4}{5}, -\dfrac{3}{5}\right)$.

[8] ①は $u=t^2$. $\cdots$①′
これを②に代入して $t^3=-1$.
t は実数だから $t=-1$.
これと①′より, $(t, u)=(-1, 1)$.

[9] ①, ②の左辺はどちらも対称な式(→ITEM 16)なので, 和と積について考えます.

$u=x+y$, $v=xy$ とおく.
①は, $x, y \neq 0$ のもとで
$y+x=xy$, すなわち $u=v$. $\cdots$①′
②は, $(x+y)^2-2xy=3$,
すなわち $u^2-2v=3$. $\cdots$②′
①′, ②′より,
$u^2-2u-3=0$. $(u+1)(u-3)=0$.
$u=-1$, 3. これと①′より,
$(u, v)=(-1, -1)$, $(3, 3)$.

次に, x と y を 2 解とする t の方程式:
$$(t-x)(t-y)=0$$
i.e. $t^2-\underset{u}{(x+y)}t+\underset{v}{xy}=0$ $\cdots$③を作る.

 i) $(u, v)=(-1, -1)$ のとき, ③は
  $t^2+t-1=0$. $t=\dfrac{-1\pm\sqrt{5}}{2}$.

 ii) $(u, v)=(3, 3)$ のとき, ③は
  $t^2-3t+3=0$.
  判別式 $=9-12<0$ より, これは実数解をもたない.

以上より，
$$(x, y) = \left(\frac{-1+\sqrt{5}}{2}, \frac{-1-\sqrt{5}}{2}\right),$$
$$\left(\frac{-1-\sqrt{5}}{2}, \frac{-1+\sqrt{5}}{2}\right).$$

[10] ①～③において c の係数がすべて等しいので，まず c を消去する．
①－②：$2 - 3a + b = 0$ …④
②－③：$6 + a + 3b = 0$ …⑤
④×3：$6 - 9a + 3b = 0$ （－
　　　　　$10a = 0$．$a = 0$．
これと④より $b = -2$．
これらと③より，$2 + 2 + c = 0$．$c = -4$．
以上より，$(a, b, c) = (0, -2, -4)$．

補足
大学入試では，このような3元連立1次方程式を解くことは，めったにありません．

38

[1] $3x + 1 > 7$．$3x > 6$．∴ $x > 2$．
[2] $1 \geq 5 - 2x$．$2x \geq 4$．∴ $x \geq 2$．
[3] $x + 3 \geq 6x$．$3 \geq 5x$．∴ $x \leq \dfrac{3}{5}$．
[4] $2(1 - 2x) > 3x - 1$．
$3 > 7x$．∴ $x < \dfrac{3}{7}$．
[5] $-\dfrac{x}{2} < x - 3$．$-x < 2x - 6$．
$6 < 3x$．∴ $x > 2$．
[6] $\dfrac{x}{2} > \dfrac{x}{3} + 2$．$3x > 2x + 12$．
∴ $x > 12$．
[7] $\dfrac{-x+2}{3} \geq \dfrac{3x-1}{6}$．$-2x + 4 \geq 3x - 1$．
$5 \geq 5x$．∴ $x \leq 1$．

[8] $\dfrac{3x+5}{2} < 5 - \dfrac{x}{4}$．$6x + 10 < 20 - x$．
$7x < 10$．∴ $x < \dfrac{10}{7}$．　定数も4倍すること

[9] $-1 < 3x + 2 < 7$．
　　$-3 < 3x < 5$．　各辺から2を引く
　∴ $-1 < x < \dfrac{5}{3}$．　各辺を3で割る

[10]

注意
[10] 以降は，[9] のように「各辺に～」という変形だけでは解けません．

$x \leq 7 < x + 1$
$6 < x$
$6 < x \leq 7$．

[11] $1 - 2x \leq 5 \leq 3 - 2x$
$-4 \leq 2x$　　　$2x \leq -2$
$-2 \leq x \leq -1$．

[12] $\dfrac{x}{2} < 1 < \dfrac{x+3}{2}$
$x < 2$　　　$2 < x + 3$
$-1 < x < 2$．

[13] $\dfrac{7-x}{3} < 2 < \dfrac{x+4}{3}$　各辺を3倍
$7 - x < 6 < x + 4$
$1 < x$，$2 < x$
∴ $x > 2$．

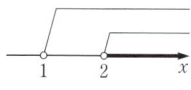

39

[1] $x^2 - 7x + 10 < 0$．$y = (x-2)(x-5)$
$(x-2)(x-5) < 0$．
∴ $2 < x < 5$．

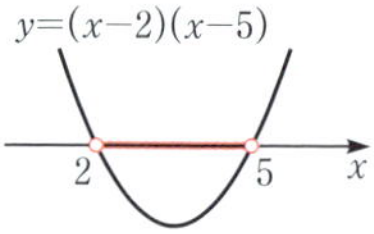

[2] $x^2+2x-15\geqq 0$.
$(x+5)(x-3)\geqq 0$.
∴ $\boldsymbol{x\leqq -5,\ 3\leqq x}$.

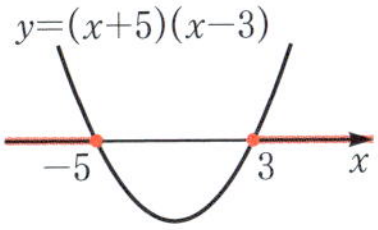

[3] $x^2-5x-5\leqq 0$.
左辺$=0$ を解くと
$x=\dfrac{5\pm\sqrt{25+20}}{2}$
$=\dfrac{5\pm 3\sqrt{5}}{2}$.
∴ $\dfrac{5-3\sqrt{5}}{2}\leqq \boldsymbol{x}\leqq \dfrac{5+3\sqrt{5}}{2}$. 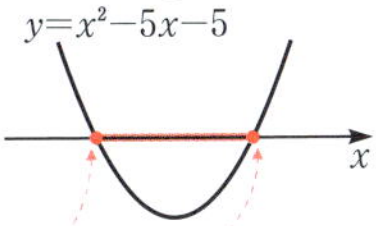

[4] $2x^2-3x+1<0$.
$(2x-1)(x-1)<0$.
∴ $\dfrac{1}{2}<\boldsymbol{x}<1$.

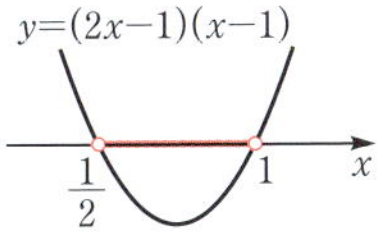

[5] $-x^2-4x+12<0$.
$x^2+4x-12>0$.
$(x+6)(x-2)>0$.
∴ $\boldsymbol{x<-6,\ 2<x}$.

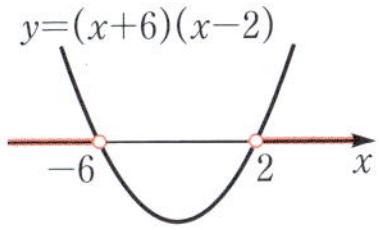

[6] $-3x^2+2x+4\geqq 0$.
$3x^2-2x-4\leqq 0$.
左辺$=0$ を解くと
$x=\dfrac{1\pm\sqrt{13}}{3}$.
∴ $\dfrac{1-\sqrt{13}}{3}\leqq \boldsymbol{x}\leqq \dfrac{1+\sqrt{13}}{3}$. 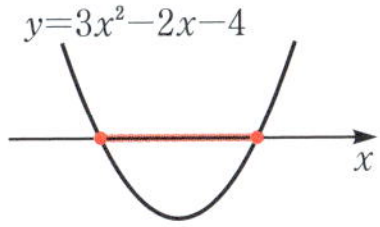

[7] $x^2-4x+4\leqq 0$.
$(x-2)^2\leqq 0$.
∴ $\boldsymbol{x=2}$.

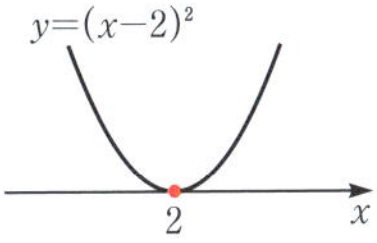

[8] $-2x^2+6x-\dfrac{9}{2}<0$.
両辺を $-\dfrac{1}{2}$ 倍
$x^2-3x+\dfrac{9}{4}>0$.
$\left(x-\dfrac{3}{2}\right)^2>0$. 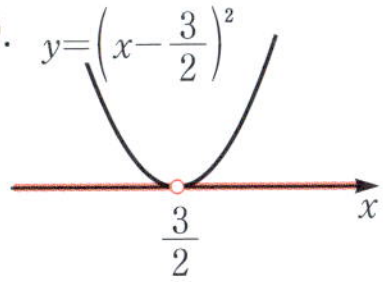
∴ $\boldsymbol{x\neq \dfrac{3}{2}}$. … $\dfrac{3}{2}$ 以外の任意の実数

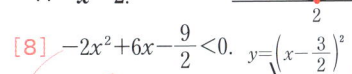

[9] $2x^2+2x+1\leqq 0$.
$f(x)$ とおく.
$f(x)=0$ の判別式を D として,
$\dfrac{D}{4}=1-2<0$.
よって, 放物線 $y=f(x)$ は, x 軸と共有点をもたないから図のようになる. …(∗) 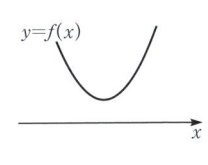
よって, **解なし**.

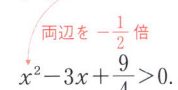

補足
(∗)を示すには,
$f(x)=2\left(x+\dfrac{1}{2}\right)^2+\dfrac{1}{2}$
と平方完成する方が, "答案"で書く分量は少なくて済みます. (自分でナットクするには判別式が手早いですが…)

[10] $(x+a)(x-2a)<0$.
$a>0$ より $-a<2a$
だから
$\boldsymbol{-a<x<2a}$.

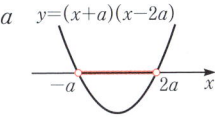

40

[1] $\dfrac{x+1}{x-2}\geqq 0$. 分母$\neq 0$ より 左辺
∴ $\boldsymbol{x\leqq -1,\ 2<x}$.

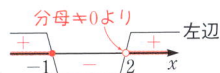

[2] $\dfrac{x-4}{3-2x}>0$. 左辺
$\dfrac{x-4}{x-\dfrac{3}{2}}<0$. 両辺を -2 倍
∴ $\dfrac{3}{2}<\boldsymbol{x}<4$.

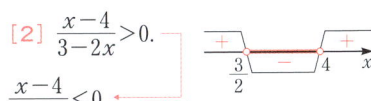

[3] $(x^2-4)(2x-3)\geqq 0$.
$(x+2)(x-2)\left(x-\dfrac{3}{2}\right)\geqq 0$.

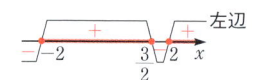

$$\therefore\quad -2\leqq x\leqq \frac{3}{2},\ 2\leqq x.$$

[4] $\dfrac{x-3}{2x+3}+1\leqq 0.$

$\dfrac{3x}{2x+3}\leqq 0.$

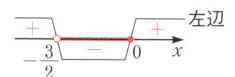

$\therefore\quad -\dfrac{3}{2}<x\leqq 0.$

[5] $(x-1)(x^2-4x+1)<0.$

方程式 $x^2-4x+1=0$ を解くと
$x=2-\sqrt{3},\ 2+\sqrt{3}$
（約 0.3，約 3.7）

よって与式は （頭の中でイメージ）
$\{x-(2-\sqrt{3})\}(x-1)\{x-(2+\sqrt{3})\}<0.$

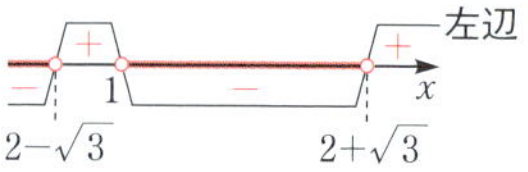

$\therefore\quad x<2-\sqrt{3},\ 1<x<2+\sqrt{3}.$

[6] （今度は分母の符号が確定しないので，分母を払いたくなる気持ちをグッとこらえて…）

$\dfrac{x+1}{x-2}-1\geqq 0.$ （通分）

$\dfrac{3}{x-2}\geqq 0.\quad \therefore\quad x>2.$

商の形 vs ゼロ　分母 $\neq 0$ より等号はつかない

[7] $\dfrac{x-9}{x+3}\geqq x-3.$

$x-3-\dfrac{x-9}{x+3}\leqq 0.$

$\dfrac{(x^2-9)-(x-9)}{x+3}\leqq 0.$

$\dfrac{x(x-1)}{x+3}\leqq 0.$

商の形 vs ゼロ

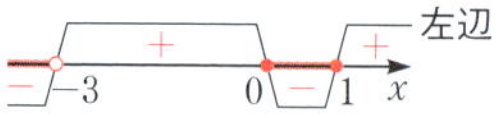

$\therefore\quad x<-3,\ 0\leqq x\leqq 1.$

[8] $(x-1)^2(2x-1)>0.$

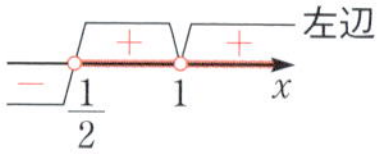

$\therefore\quad \dfrac{1}{2}<x<1,\ 1<x.$

$\left(x>\dfrac{1}{2},\ x\neq 1\ \text{と答えてもよい．}\right)$

注意
「$(x-1)^2$ は 0 以上だから，これで両辺を割って $2x-1>0$」なんてやっちゃダメです．
$(x-1)^2=0$ のときは割れませんから！

[9] $x^3-2x^2-x+2\geqq 0.$

$x^2(x-2)-(x-2)\geqq 0.$

$(x^2-1)(x-2)\geqq 0.$

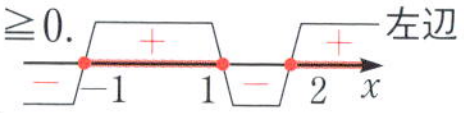

$(x+1)(x-1)(x-2)\geqq 0.$

$\therefore\quad -1\leqq x\leqq 1,\ 2\leqq x.$

41

[1] $|x|>2.$

$\therefore\quad x<-2,\ 2<x.$

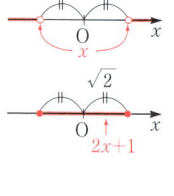

[2] $|2x+1|\leqq \sqrt{2}.$

$-\sqrt{2}\leqq 2x+1\leqq \sqrt{2}.$

$\dfrac{-1-\sqrt{2}}{2}\leqq x\leqq \dfrac{-1+\sqrt{2}}{2}.$

別解

両辺とも 0 以上だから，2 乗して
$(2x+1)^2\leqq 2.\quad 4x^2+4x-1\leqq 0.$
（あとはこの 2 次不等式を解けばよい．）

[3] グラフを利用します．

$y=|x+1|+|x-1|$
$=\begin{cases} 2x & (x\geqq 1), \\ 2 & (-1\leqq x\leqq 1), \\ -2x & (x\leqq -1) \end{cases}$

より，右図を得る．

$\therefore\quad -\dfrac{3}{2}<x<\dfrac{3}{2}.$

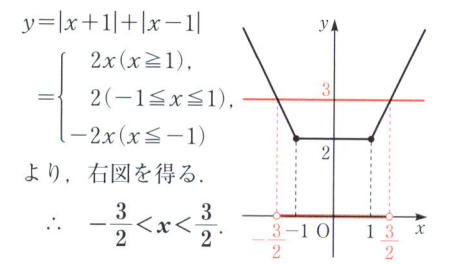

[4] $\sqrt{5-x} \geq 3$. …①
　　$\sqrt{}$ 内は 0 以上
$5-x \geq 0$ i.e. $x \leq 5$ …② のもとで考える.
①の両辺はともに 0 以上だから, 2 乗して
$5-x \geq 9$. …①′
$x \leq -4$.
これと②より, $x \leq -4$.

|補 足|
①′ のとき, 自ずと $5-x \geq 0$ も成り立ちますから, 本問では結果として②は不要です.
（次問ではこうは行きません）

[5] $\sqrt{5-x} - x - 1 < 0$. …①
$5-x \geq 0$ i.e. $x \leq 5$ …② のもとで考える.
①を変形すると, $\sqrt{5-x} < x+1$. …①′
$\sqrt{5-x} \geq 0$ より, $x+1 > 0$ i.e. $x > -1$
…③
のもとで考えればよく, このとき①′ の両辺を 2 乗して
$5-x < (x+1)^2$. $x^2 + 3x - 4 > 0$.
$(x+4)(x-1) > 0$. $x < -4, 1 < x$.
これと②, ③より, $1 < x \leq 5$.

|補 足|
前問とは違い, 「$\sqrt{}$ 内 ≥ 0」から出てきた条件②が最後に効いていますね.

|参 考| 理系
右図のようにグラフが利用できると安心ですね.
（あとは, 方程式 $\sqrt{5-x} = x+1$ を解いて図の α を求めるだけです.）

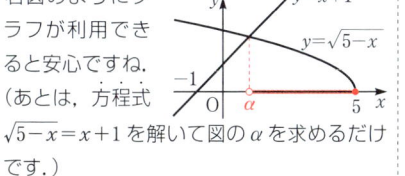

[6] $|\sqrt{3-x} - 2| < 1$. …①
$3-x \geq 0$ i.e. $x \leq 3$ …② のもとで考える.
①を変形すると
$-1 < \sqrt{3-x} - 2 < 1$.

$1 < \sqrt{3-x} < 3$.
各辺とも 0 以上だから, 2 乗して
$1 < 3-x < 9$.
∴ $-6 < x < 2$.
これと②より, $-6 < x < 2$.

|補 足|
$1 < \sqrt{3-x}$ のとき, 自ずと $3-x \geq 0$ も成り立ちます.

[7] $\sqrt{x^2 - 5} \leq \dfrac{1}{2}|x+1|$. …①
$x^2 - 5 \geq 0$ i.e. $x \leq -\sqrt{5}, \sqrt{5} \leq x$ …②
のもとで考える.
①を変形すると, $2\sqrt{x^2-5} \leq |x+1|$.
両辺はともに 0 以上だから, 2 乗して
$4(x^2-5) \leq (x+1)^2$. $3x^2 - 2x - 21 \leq 0$.
$(3x+7)(x-3) \leq 0$. $-\dfrac{7}{3} \leq x \leq 3$.
これと②より
$-\dfrac{7}{3} \leq x \leq -\sqrt{5}$,
$\sqrt{5} \leq x \leq 3$.

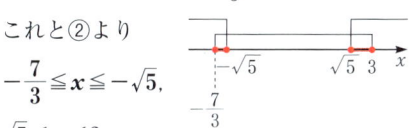

[8] グラフを利用します.
$y = -x^2 + 4x + 1 = -(x-2)^2 + 5$ より, 下図を得る.
そこで, α を求める.
$-x^2 + 4x + 1 = x + 1$
より
$x^2 - 3x = 0$.
$x(x-3) = 0$.
これと $\alpha > 0$ より $\alpha = 3$.
以上より, $0 \leq x \leq 3$.

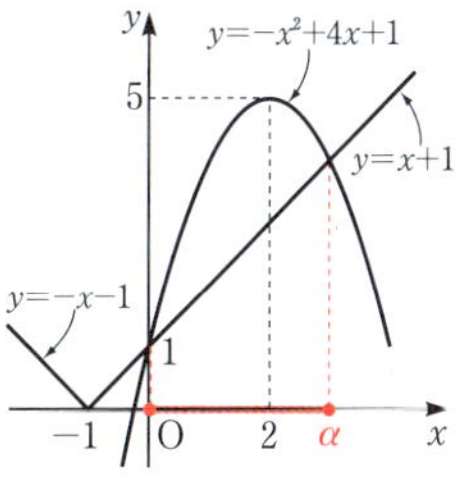

|補 足|
$x+1$ の符号に応じて場合分けしても OK です.

[9] 右図より，$x \leqq 1$．

$y=x^3$ は単調増加

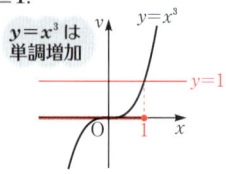

別解

与式を変形すると
$x^3 - 1 \leqq 0$．
$(x-1)(x^2+x+1) \leqq 0$．
$(x-1)\underbrace{\left\{\left(x+\dfrac{1}{2}\right)^2 + \dfrac{3}{4}\right\}}_{\text{正}} \leqq 0$．

両辺を $\left(x+\dfrac{1}{2}\right)^2 + \dfrac{3}{4}$ (>0) で割る．

$x - 1 \leqq 0$．
∴ $x \leqq 1$．

42

（式の終わりの「□」は「証明終」を表す．）

[1] $x^2 + x + 1 = \underbrace{\left(x+\dfrac{1}{2}\right)^2}_{\geqq 0} + \underbrace{\dfrac{3}{4}}_{>0} > 0$．□

[2] $x^2 + xy + y^2 = \underbrace{\left(x+\dfrac{y}{2}\right)^2}_{\geqq 0} + \underbrace{\dfrac{3}{4}y^2}_{\geqq 0} \geqq 0$．□

参考
この不等式の等号は
 $x + \dfrac{y}{2} = 0$，$y = 0$ i.e. $x = y = 0$
のときに限って成立します．

[3] 左辺 − 右辺
 $= x^2 - x + y^2 - y + 1$
 $= \left(x - \dfrac{1}{2}\right)^2 + \left(y - \dfrac{1}{2}\right)^2 + \dfrac{1}{2} > 0$．
∴ 左辺 > 右辺．□

[4] 左辺 − 右辺
 $= \dfrac{a+b}{2} - \sqrt{ab}$
 $= \dfrac{a + b - 2\sqrt{ab}}{2}$ ……通分して商の形にする

 $= \dfrac{(\sqrt{a})^2 + (\sqrt{b})^2 - 2\sqrt{a}\sqrt{b}}{2}$
 $= \dfrac{(\sqrt{a} - \sqrt{b})^2}{2} \geqq 0$．

$a, b > 0$ のとき $\sqrt{ab} = \sqrt{a}\sqrt{b}$

∴ 左辺 ≧ 右辺．□

参考
この不等式のことを「相加平均と相乗平均の大小関係」といいます．与式の左辺　与式の右辺
等号は，$a = b$ のときに限って成り立ちます．

[5] 左辺 − 右辺
 $= 2(a^4 + b^4) - (a+b)(a^3 + b^3)$
 $= a^4 + b^4 - ab^3 - ba^3$
 $= a(a^3 - b^3) - b(a^3 - b^3)$
 $= (a - b)(a^3 - b^3)$ …①

ここで，$(*)\begin{cases} a - b \geqq 0 \Longrightarrow a^3 - b^3 \geqq 0 \\ a - b < 0 \Longrightarrow a^3 - b^3 < 0 \end{cases}$

だから，左辺 − 右辺 ≧ 0．
∴ 左辺 ≧ 右辺．□

補足
①式をさらに因数分解して
 $(a-b) \cdot (a-b)(a^2 + ab + b^2)$
 $= (a-b)^2(a^2 + ab + b^2)$
とし，[2]の結果を用いて示す手もあります．
（$(*)$ 自体が，まさにこの因数分解
 $a^3 - b^3 = (a-b)(a^2 + ab + b^2)$
によって示されます．)

[6] $a^2 + b^2 + c^2 + 2ab + 2bc + 2ca$
 $= (a + b + c)^2 \geqq 0$．□

[7] $a^2 + b^2 + c^2 - ab - bc - ca$
 $= \dfrac{1}{2}(2a^2 + 2b^2 + 2c^2 - 2ab - 2bc - 2ca)$
 $= \dfrac{1}{2}\{(a-b)^2 + (b-c)^2 + (c-a)^2\} \geqq 0$．□

補足
等号は，$a - b = b - c = c - a = 0$ i.e.
$a = b = c$ のときに限って成り立ちます．

[8] 与式の両辺を9倍した不等式:
$3(a^2+b^2+c^2) \geq (a+b+c)^2$ …①
を示せばよい．①において
　左辺−右辺
$= 3(a^2+b^2+c^2)-(a+b+c)^2$
$= 2a^2+2b^2+2c^2-2ab-2bc-2ca$
$= (a-b)^2+(b-c)^2+(c-a)^2 \geq 0.$
よって①が成り立ち，与式も示せた． □

[9] 左辺−右辺
$= a^3+b^3+c^3-3abc$
$= (a+b+c)(a^2+b^2+c^2-ab-bc-ca)$
$= (a+b+c) \cdot \dfrac{(a-b)^2+(b-c)^2+(c-a)^2}{2}$
$\geq 0 (\because\ a,\ b,\ c\text{ は正}).$
∴　左辺 ≧ 右辺． □

> **参考**
> $A=a^3,\ B=b^3,\ C=c^3$ とおくと，
> $A,\ B,\ C$ は正であり
> $A+B+C \geq 3abc$
> 　　　　$= 3\sqrt[3]{A}\sqrt[3]{B}\sqrt[3]{C}$
> 　　　　$= 3\sqrt[3]{ABC}.$
> ∴　$\dfrac{A+B+C}{3} \geq \sqrt[3]{ABC}.$
> （等号は，$A=B=C$ のときに限って成立）
> 　　　　　　　$a=b=c$ より
> これを（3文字の）「相加平均と相乗平均の大小関係」といいます．

[10] 右辺−左辺
$= (a^2+b^2+c^2)(x^2+y^2+z^2)-(ax+by+cz)^2$
$= a^2y^2+a^2z^2+b^2x^2+b^2z^2+c^2x^2+c^2y^2$
$\qquad\qquad\qquad -2axby-2bycz-2czax$
$= (ay-bx)^2+(bz-cy)^2+(cx-az)^2 \geq 0.$
　　∴　左辺 ≦ 右辺． □

> **参考**
> 例題(1)の 補足 で述べたように，ベクトルの長さと内積の関係としてみれば当然の結果です．

[11] 両辺はともに0以上なので，辺々2乗した
$(a+b)^2 \leq (|a|+|b|)^2$ …①
を示せばよい．①において，
　右辺−左辺
$= (|a|+|b|)^2-(a+b)^2$
$= (a^2+2|a||b|+b^2)-(a^2+2ab+b^2)$
$= 2(|ab|-ab)$
$\geq 0\ (\because\ ab \leq |ab|).$
よって①は成り立つから，与式も示せた． □

> **参考**
> 「三角不等式」と呼ばれる有名不等式です．

[12] 両辺はともに0以上なので，辺々2乗した
$(\sqrt{x}+\sqrt{x+3})^2 < (\sqrt{x+1}+\sqrt{x+2})^2$ …①
を示せばよい．①において，
　右辺−左辺
$= (\sqrt{x+1}+\sqrt{x+2})^2-(\sqrt{x}+\sqrt{x+3})^2$
$= (2x+3+2\sqrt{x+1}\sqrt{x+2})$
$\qquad\qquad -(2x+3+2\sqrt{x}\sqrt{x+3})$
$= 2\sqrt{(x+1)(x+2)}-2\sqrt{x(x+3)}$
$= 2(\sqrt{x^2+3x+2}-\sqrt{x^2+3x})$
> 0
よって①は成り立つから，与式も示せた． □

[13] 左辺−右辺
$= ac+bd-ad-bc$
$= a(c-d)-b(c-d)$
$= (a-b)(c-d)$
$> 0\ (\because\ a-b>0,\ c-d>0).$
∴　左辺 > 右辺． □

[14] 与式の両辺を $ab(>0)$ 倍した不等式：
$b+a < ab+1$ …①
を示せばよい．
①において

右辺－左辺＝$ab+1-a-b$
   ＝$(a-1)(b-1)$
   $>0(\because a-1<0, b-1<0)$.

よって①は成り立つから，与式も示せた． □

[別 解]

右辺－左辺＝$1+\dfrac{1}{ab}-\dfrac{1}{a}-\dfrac{1}{b}$

   ＝$\left(\dfrac{1}{a}-1\right)\left(\dfrac{1}{b}-1\right)$.

ここで，$0<a<1$ より $\dfrac{1}{a}>1$.

同様に $\dfrac{1}{b}>1$.

すなわち，$\dfrac{1}{a}-1>0$, $\dfrac{1}{b}-1>0$.

したがって
右辺－左辺>0,　i.e.　左辺<右辺．□

[15] 右辺－左辺
 ＝$ab+bc+ca+1-abc-a-b-c$
 ＝$(1-a)(1-b)(1-c)$ 　展開してみるとOK！
 $>0(\because 1-a>0, 1-b>0, 1-c>0)$.
 ∴ 左辺<右辺．□

[補 足]
一気に因数分解できなければ，1文字 a について整理して，次のようにすればよいですね．
　右辺－左辺
＝$(b+c-bc-1)a+(bc+1-b-c)$
＝$(1-a)(bc-b-c+1)$
＝$(1-a)(1-b)(1-c)$．

43A

[1] 一区画分の角は $\dfrac{\pi}{2}$.
 $\alpha=\dfrac{\pi}{2}$, $\beta=\dfrac{3}{2}\pi$.

[2] 一区画分の角は $\dfrac{\pi}{4}$.
 $\alpha=\dfrac{3}{4}\pi$, $\beta=\dfrac{7}{4}\pi$.

[3] 一区画分の角は $\dfrac{\pi}{3}$.
 $\alpha=\dfrac{\pi}{3}$, $\beta=\dfrac{4}{3}\pi$.

[4] 一区画分の角は $\dfrac{\pi}{6}$.
 $\alpha=\dfrac{\pi}{6}$, $\beta=\dfrac{7}{6}\pi$.

43B

類題 43A の図を見ながら，目で考えてくださいね．

[1] $360°$ は 2π.

[2] $\dfrac{2}{3}\pi$ は $120°$.

[3] $\dfrac{7}{4}\pi$ は $315°$.

[4] $210°$ は $\dfrac{7}{6}\pi$.

[5] $\dfrac{3}{2}\pi$ は $270°$.

[6] $\dfrac{5}{6}\pi$ は $150°$.

[7] $135°$ は $\dfrac{3}{4}\pi$.

[8] $300°$ は $\dfrac{5}{3}\pi$.

[9] $\dfrac{5}{4}\pi$ は $225°$.

[10] $240°$ は $\dfrac{4}{3}\pi$.

[11] $330°$ は $\dfrac{11}{6}\pi$.

[12] 0〔rad〕は $0°$.

43C

[1] $+270°$, $+\dfrac{3}{2}\pi$.

[2] $-225°$, $-\dfrac{5}{4}\pi$.

[3] 回転移動量の絶対値は
$360°+60°=420°$, $2\pi+\dfrac{\pi}{3}=\dfrac{7}{3}\pi$.
回転の向きは正だから,求める一般角は
$+420°$, $+\dfrac{7}{3}\pi$.

[4] 回転移動量の絶対値は
$360°+150°=510°$, $2\pi+\dfrac{5}{6}\pi=\dfrac{17}{6}\pi$.
回転の向きは負だから,求める一般角は
$-510°$, $-\dfrac{17}{6}\pi$.

44

[1] タテ座標が $\dfrac{1}{2}$ になるように,単位円周上の点 $P\left(\cos\dfrac{\pi}{6},\ \sin\dfrac{\pi}{6}\right)$ を正確にとります. 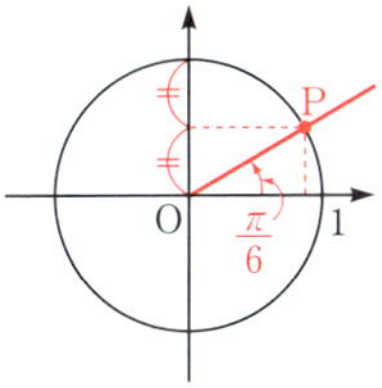
$\cos\dfrac{\pi}{6}=\dfrac{\sqrt{3}}{2}$, $\sin\dfrac{\pi}{6}=\dfrac{1}{2}$.
$\tan\dfrac{\pi}{6}=\dfrac{1}{\sqrt{3}}$. … **"なだらか"**

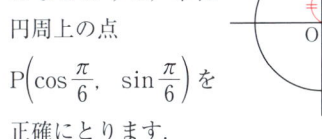

[2] 動径が座標軸のなす角を2等分するように,単位円周上の点 $P\left(\cos\dfrac{\pi}{4},\ \sin\dfrac{\pi}{4}\right)$ を正確にとります. 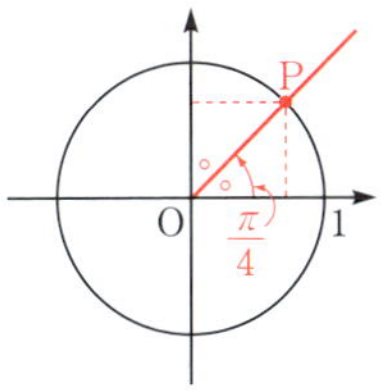
$\cos\dfrac{\pi}{4}=\dfrac{1}{\sqrt{2}}$, $\sin\dfrac{\pi}{4}=\dfrac{1}{\sqrt{2}}$.
$\tan\dfrac{\pi}{4}=1$.

[3] $P\left(\cos\dfrac{\pi}{3},\ \sin\dfrac{\pi}{3}\right)$ は右図の位置. 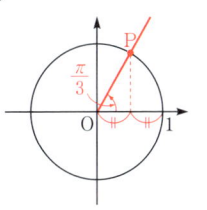
$\cos\dfrac{\pi}{3}=\dfrac{1}{2}$,
$\sin\dfrac{\pi}{3}=\dfrac{\sqrt{3}}{2}$.
$\tan\dfrac{\pi}{3}=\sqrt{3}$. … **"急"**

[4] $P(\cos 135°,\ \sin 135°)$ は右図. 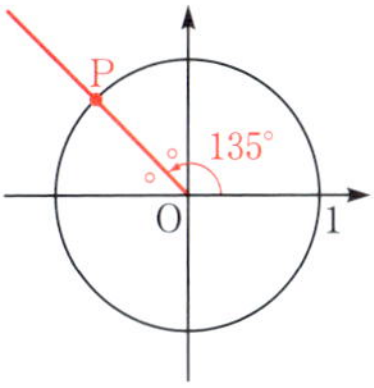
$\cos 135°=-\dfrac{1}{\sqrt{2}}$,
$\sin 135°=\dfrac{1}{\sqrt{2}}$.
$\tan 135°=-1$.

[5] $P\left(\cos\left(-\dfrac{5}{6}\pi\right),\ \sin\left(-\dfrac{5}{6}\pi\right)\right)$ は右図. 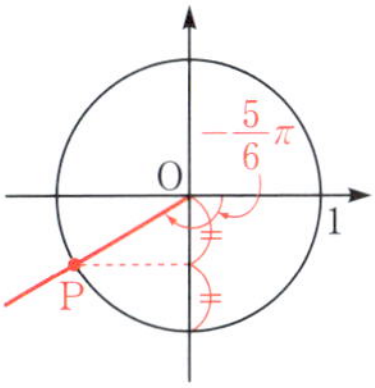
$\cos\left(-\dfrac{5}{6}\pi\right)=-\dfrac{\sqrt{3}}{2}$,
$\sin\left(-\dfrac{5}{6}\pi\right)=-\dfrac{1}{2}$.
$\tan\left(-\dfrac{5}{6}\pi\right)=\dfrac{1}{\sqrt{3}}$.

[6] $\dfrac{7}{2}\pi=\underset{2\cdot 2\pi}{4\pi}-\dfrac{\pi}{2}$ だから,$\theta=-\dfrac{\pi}{2}$ に対応する $P(\cos\theta,\ \sin\theta)$ を考えればよく,その位置は右図. 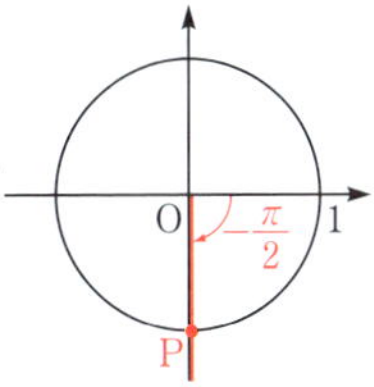
$\cos\dfrac{7}{2}\pi=0$, $\sin\dfrac{7}{2}\pi=-1$.
$\tan\dfrac{7}{2}\pi$ は**存在しない**.

[7] $P\left(\cos\dfrac{5}{4}\pi,\ \sin\dfrac{5}{4}\pi\right)$ は右図.

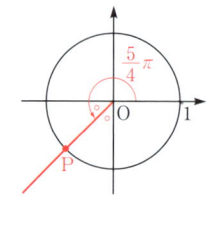

$\cos\dfrac{5}{4}\pi = -\dfrac{1}{\sqrt{2}}$,

$\sin\dfrac{5}{4}\pi = -\dfrac{1}{\sqrt{2}}$,

$\tan\dfrac{5}{4}\pi = 1$.

[8] $P(\cos(-210°),\ \sin(-210°))$ は右図.

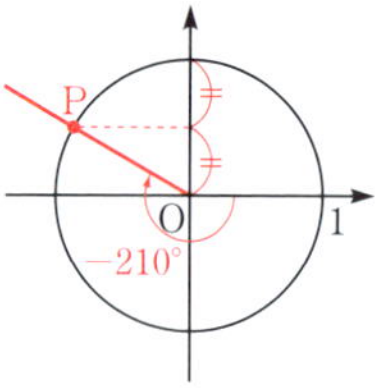

$\cos(-210°) = -\dfrac{\sqrt{3}}{2}$,

$\sin(-210°) = \dfrac{1}{2}$,

$\tan(-210°) = -\dfrac{1}{\sqrt{3}}$.

[9] $P(\cos n\pi,\ \sin n\pi)$ の位置は, n の奇・偶によって右のように決まるから 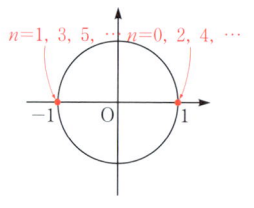
$\cos n\pi = (-1)^n$.

たとえば $n=1$ のとき, 両辺とも -1

$\sin n\pi = 0$, $\tan n\pi = 0$.

注意 理系の人は [9] の結果を暗記するべし！

45A

[1] 単位円周上の点 $P(\cos\theta,\ \sin\theta)$ の位置は, そのヨコ座標 $\cos\theta$ が $\dfrac{1}{2}$ であることより, 右図の2か所が考えられる.

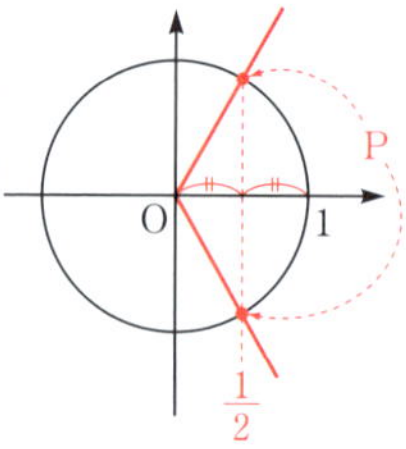

これと $0 \leqq \theta < 2\pi$ より
$\theta = \dfrac{\pi}{3},\ \dfrac{5}{3}\pi$.

注意 たとえ問題に「$\cos\theta$」の方しかないときでも, 必ず点 $P(\cos\theta,\ \sin\theta)$ の位置を考えましょう. さもないと, [6] 以降が急に難しく感じられることになりますよ！

[2] $P(\cos\theta,\ \sin\theta)$ の位置は, そのタテ座標 $\sin\theta$ が「$\dfrac{1}{\sqrt{2}}$」という"有名値"なので, 動径 OP が座標軸のなす角を 2 等分するよう正確にとります.

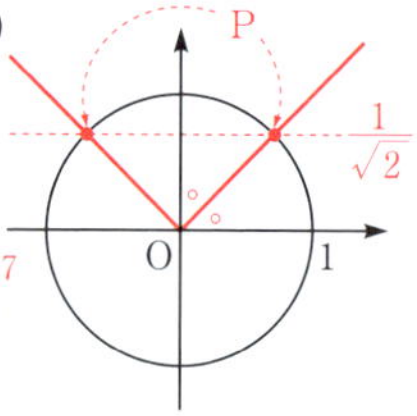

図と $0 \leqq \theta < 2\pi$ より
$\theta = \dfrac{\pi}{4},\ \dfrac{3}{4}\pi$.

[3] $P(\cos\theta,\ \sin\theta)$ の位置は, そのヨコ座標 $\cos\theta$ が「$-\dfrac{\sqrt{3}}{2}$」という"有名値"なので, タテ座標 $\sin\theta$ の絶対値が $\dfrac{1}{2}$ になるよう正確にとります. $0 \leqq \theta < 2\pi$ より
$\theta = \dfrac{5}{6}\pi,\ \dfrac{7}{6}\pi$.

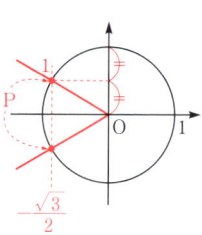

[4] 動径 OP の傾きが 1 になる単位円周上の点 P の位置は右図の 2 か所. $0 \leqq \theta < 2\pi$ より
$\theta = \dfrac{\pi}{4},\ \dfrac{5}{4}\pi$.

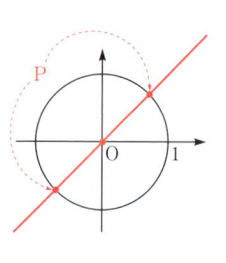

[5] $\sin\theta \geqq \dfrac{1}{2}$ を満たす $P(\cos\theta, \sin\theta)$ の存在範囲は右図の太線部.

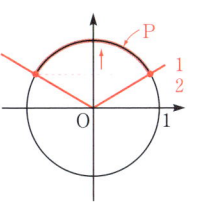

$0 \leqq \theta < 2\pi$ より,

$\dfrac{\pi}{6} \leqq \theta \leqq \dfrac{5}{6}\pi.$

[6] $\sin\theta = \cos\theta + 1$ より,単位円周上の点 $P(\cos\theta, \sin\theta)$ は,xy 平面上で直線

$y = x + 1$

上にもある.
よって右図. 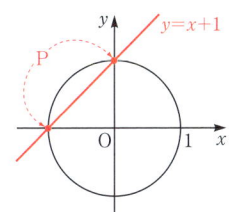
$0 \leqq \theta < 2\pi$ より,

$\theta = \dfrac{\pi}{2},\ \pi.$

【補足】
「合成」を用いるやり方もありますが,本問では遠回りです.

[7] $\cos\theta(2\sin\theta - 1) > 0$ より,単位円周上の点 $P(\cos\theta, \sin\theta)$ は,xy 平面上で領域

$x(2y - 1) > 0$

薄く色をつけた部分
内にもある.
よって,P の存在範囲は図の太線部. 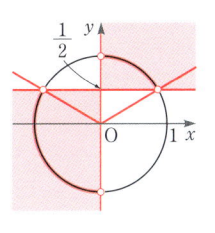
$0 \leqq \theta < 2\pi$ より,

$\dfrac{\pi}{6} < \theta < \dfrac{\pi}{2},\ \dfrac{5}{6}\pi < \theta < \dfrac{3}{2}\pi.$

【注意】
[5]までに比べて,[6]と[7]が極端に難しく感じるという人へ![1]〜[5]をもう1度**よく理解**してください.

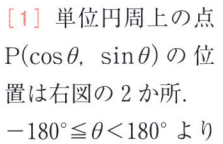

45B

[1] 単位円周上の点 $P(\cos\theta, \sin\theta)$ の位置は右図の2か所. 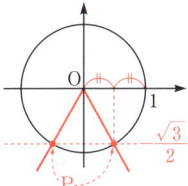
$-180° \leqq \theta < 180°$ より
$\theta = -120°,\ -60°.$

[2] $P(\cos\theta, \sin\theta)$ の位置は右図の2か所. 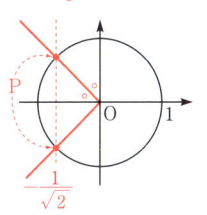
$-180° \leqq \theta < 180°$ より
$\theta = \pm 135°.$

[3] $P(\cos\theta, \sin\theta)$ として,θ に対応する動径 OP の傾きが -1 より大きくなるような点 P の存在範囲は図の太線部. 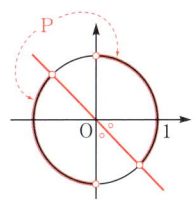
$-180° \leqq \theta < 180°$ より
$\begin{cases} -180° \leqq \theta < -90°,\ -45° < \theta < 90°, \\ 135° < \theta < 180°. \end{cases}$

【注意】
単位円周上の点 $P(\cos\theta, \sin\theta)$ の存在範囲は2つの部分に分かれていますが,
「$-180° \leqq \theta < 180°$」を考慮すると,角 θ の範囲は3つの部分に分かれます.

[4] $P(\cos\theta, \sin\theta)$ の存在範囲は右図の太線部. 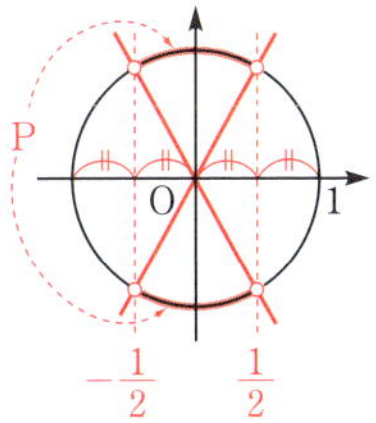
$-180° \leqq \theta < 180°$ より
$-120° < \theta < -60°,$
$\quad 60° < \theta < 120°.$

[5] $P(\cos\theta, \sin\theta)$ は右図の位置.
$-180°\leq\theta<180°$ より
$\theta=90°$.

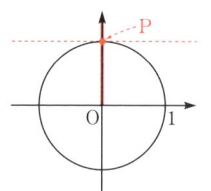

[6] $\sin\theta\geq\cos\theta$ より,単位円周上の点 $P(\cos\theta, \sin\theta)$ は, xy 平面上で領域 $y\geq x$ … 薄く色をつけた部分 内にもある.よって P の存在範囲は右図の太線部.
$-180°\leq\theta<180°$ より
$-180°\leq\theta\leq-135°$, $45°\leq\theta<180°$.

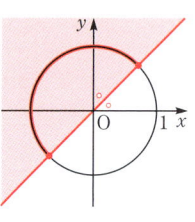

45C

[1] $P(\cos\theta, \sin\theta)$ は右図.偏角 θ の範囲に制限はないので
$\theta=\dfrac{\pi}{6}+2n\pi$,
$\dfrac{5}{6}\pi+2n\pi$ (n は整数).

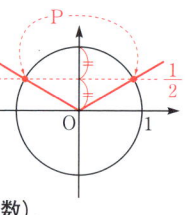

補足
度数法で答えてもかまいません.

[2] $P(\cos\theta, \sin\theta)$ は右図.よって
$\theta=\pm\dfrac{\pi}{6}+2n\pi$
(n は整数).

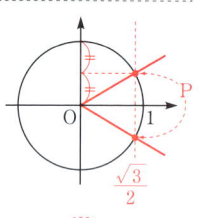

[3] $P(\cos\theta, \sin\theta)$ は右図.よって
$\theta=\dfrac{\pi}{3}+n\pi$
(n は整数).

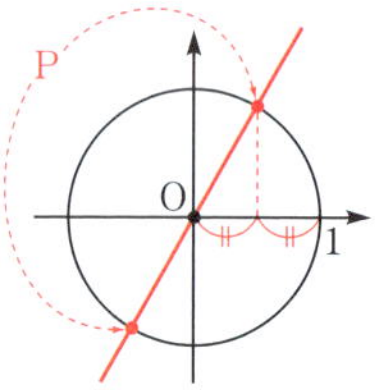

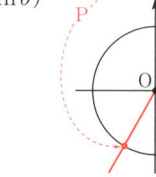

補足
n が偶数のとき第 1 象限の点 P, n が奇数のとき第 3 象限の点 P にそれぞれ対応します.

[4] $P(\cos\theta, \sin\theta)$ は右図.よって
$\theta=n\pi$ (n は整数).

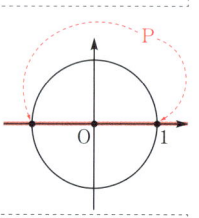

補足
n が偶数のとき $P(1, 0)$.
n が奇数のとき $P(-1, 0)$ です.

46

[1] 「$\dfrac{\pi}{2}-\theta$」を θ に変える公式だけは丸暗記して下さい!
$\cos\left(\dfrac{\pi}{2}-\theta\right)=\sin\theta$.

[2] tan は $\dfrac{\sin}{\cos}$ で,「$\dfrac{\pi}{2}-\theta$」を θ に変えると cos と sin が入れ替わりますから…
$\tan\left(\dfrac{\pi}{2}-\theta\right)=\dfrac{1}{\tan\theta}$.

[3] いつでも「$\theta=30°$ くらいのつもり」でしたね.
$\cos(-\theta)=\cos\theta$.

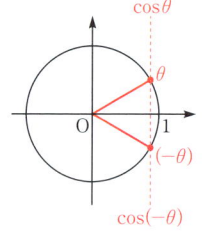

注意
角「θ」や「$-\theta$」を,それに対応する単位円周上の点の所に書いてしまっています.正式な表現ではありませんが,"公式を自分で思い出す" 場面においてはこうしちゃいましょう.

[4] $\sin(-\theta) = -\sin\theta$.

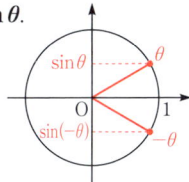

[5] $\sin(\pi-\theta) = \sin\theta$.
[6] $\tan(\pi-\theta)$
　　$= -\tan\theta$.

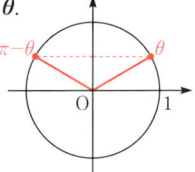

[7] $\cos(\theta+\pi) = -\cos\theta$.
[8] $\sin(\theta+\pi)$
　　$= -\sin\theta$.
[9] $\tan(\theta+\pi)$
　　$= \tan\theta$.

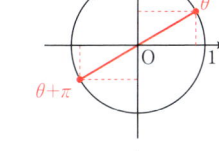

[10] $\cos\left(\theta+\dfrac{\pi}{2}\right)$
　　$= -\sin\theta$.
[11] $\tan\left(\theta+\dfrac{\pi}{2}\right)$
　　$= -\dfrac{1}{\tan\theta}$.

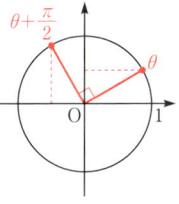

(補足)
垂直な直線の傾きどうしの積は -1 でしたね.

[12] $\sin\left(\theta-\dfrac{\pi}{2}\right) = -\sin\left(\dfrac{\pi}{2}-\theta\right) = -\cos\theta$.
　　　　　　　[4]を利用　　　暗記!

(補足)
もちろん, 単位円によって一気に求めることもできますが…

[13] $\cos\left(\dfrac{3}{2}\pi-\theta\right) = \cos\left(\pi+\dfrac{\pi}{2}-\theta\right)$ [7]を利用
　　　$= -\cos\left(\dfrac{\pi}{2}-\theta\right)$ 暗記!
　　　$= -\sin\theta$.

[14] $\sin\left(\theta+\dfrac{3}{2}\pi\right) = \sin\left(\theta+\dfrac{\pi}{2}+\pi\right)$ [8]を利用
　　　$= -\sin\left(\theta+\dfrac{\pi}{2}\right)$ 例題(2)を利用
　　　$= -\cos\theta$.

[15] $\cos(\theta+2\pi) = \cos\theta$.
[16] $\sin(\theta-4\pi) = \sin\theta$.
[17] $\tan(2\pi-\theta) = \tan(-\theta)$
　　　$= -\tan\theta$.

(補足)
[15]〜[17]は, 角が周期分ズレても, 値は一緒というだけの話です.

47A

[1] θ は右図のような角だから
$\cos\theta = \dfrac{2}{\sqrt{5}}$, $\tan\theta = \dfrac{1}{2}$.

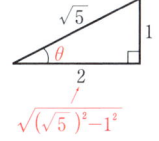

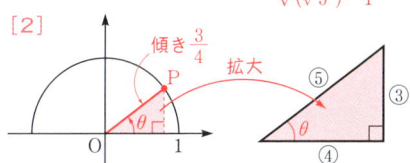

[2] $\tan\theta > 0$ と $0 < \theta < \pi$ より, 上左図のように θ は鋭角であり, OPの傾きが $\dfrac{3}{4}$ であることより, 直角三角形の3辺比は上図右のようになる.

∴ $\cos\theta = \dfrac{4}{5}$, $\sin\theta = \dfrac{3}{5}$.

[3]

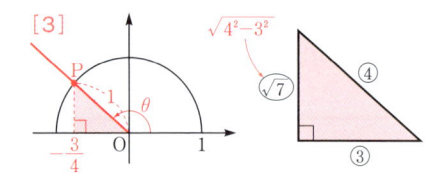

上左図より $\tan\theta<0$ である．上右図と合わせて

$\tan\theta=\text{OP の傾き}=-\dfrac{\sqrt{7}}{3}$．

別解

$1+\tan^2\theta=\dfrac{1}{\cos^2\theta}$ より

$\tan^2\theta=\dfrac{1}{\cos^2\theta}-1$

$=\dfrac{1}{\left(-\dfrac{3}{4}\right)^2}-1$

$=\dfrac{16}{9}-1=\dfrac{7}{9}$．

ここで，$0<\theta<\pi$ と $\cos\theta<0$ より

$\dfrac{\pi}{2}<\theta<\pi$ だから，$\tan\theta<0$．以上より

$\tan\theta=-\sqrt{\dfrac{7}{9}}=-\dfrac{\sqrt{7}}{3}$．

[4] $(\sin\theta+\cos\theta)^2=1+2\sin\theta\cos\theta$ と $\overset{\sin^2\theta+\cos^2\theta}{}$

$\sin\theta+\cos\theta=\dfrac{1}{2}$ より

$\left(\dfrac{1}{2}\right)^2=1+2\sin\theta\cos\theta$．

$\therefore \sin\theta\cos\theta=-\dfrac{3}{8}$．

47B

$\sin\theta=s$，$\cos\theta=c$ と略記する．

[1] $(s+2c)^2+(2s-c)^2$

$=(s^2+4sc)+(4s^2+c^2)+(4sc-4sc)$

$=5(s^2+c^2)=5$．　同類項をカタメて計算

ちゃんと断ること！

[2] $\dfrac{c}{1+s}+\dfrac{c}{1-s}=c\cdot\dfrac{1-s+1+s}{(1+s)(1-s)}$

$=\dfrac{2c}{1-s^2}=\dfrac{2c}{c^2}=\dfrac{2}{\cos\theta}$．

[3] $\tan\theta+\dfrac{1}{\tan\theta}=\dfrac{s}{c}+\dfrac{c}{s}$

$=\dfrac{s^2+c^2}{cs}=\dfrac{1}{\cos\theta\sin\theta}$．

補足

「$\tan\theta$」は $\dfrac{\sin\theta}{\cos\theta}$ にしてみるのが1つの原則です．

[4] $(1+\cos\theta)(\tan\theta-\sin\theta)$

$=(1+c)\left(\dfrac{s}{c}-s\right)$

$=(1+c)\cdot\dfrac{s}{c}(1-c)$

$=(1-c^2)\cdot\dfrac{s}{c}$

$=\dfrac{\sin^3\theta}{\cos\theta}$．　□

[5] $(1+\tan^2\theta)\sin^2\theta=\dfrac{1}{\cos^2\theta}\cdot\sin^2\theta$

$=\dfrac{\sin^2\theta}{\cos^2\theta}=\left(\dfrac{\sin\theta}{\cos\theta}\right)^2$

$=\tan^2\theta$

48A

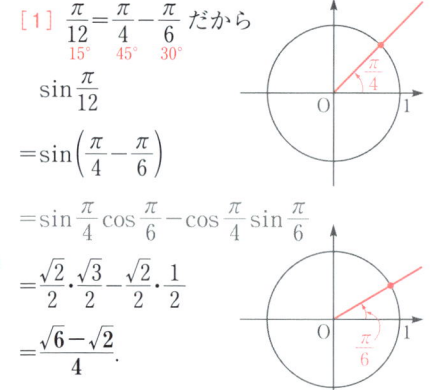

[1] $\dfrac{\pi}{12}=\dfrac{\pi}{4}-\dfrac{\pi}{6}$ だから
　　$\underset{15°}{}$ $\underset{45°}{}$ $\underset{30°}{}$

$\sin\dfrac{\pi}{12}$

$=\sin\left(\dfrac{\pi}{4}-\dfrac{\pi}{6}\right)$

$=\sin\dfrac{\pi}{4}\cos\dfrac{\pi}{6}-\cos\dfrac{\pi}{4}\sin\dfrac{\pi}{6}$

$=\dfrac{\sqrt{2}}{2}\cdot\dfrac{\sqrt{3}}{2}-\dfrac{\sqrt{2}}{2}\cdot\dfrac{1}{2}$

$=\dfrac{\sqrt{6}-\sqrt{2}}{4}$．

[2] 今度は $\dfrac{\pi}{12}\underset{15°}{=}\dfrac{\pi}{3}\underset{60°}{-}\dfrac{\pi}{4}\underset{45°}{}$ を利用してみます．

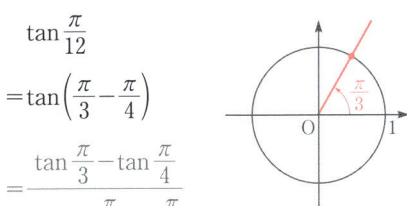

$\tan\dfrac{\pi}{12}$
$=\tan\left(\dfrac{\pi}{3}-\dfrac{\pi}{4}\right)$
$=\dfrac{\tan\dfrac{\pi}{3}-\tan\dfrac{\pi}{4}}{1+\tan\dfrac{\pi}{3}\tan\dfrac{\pi}{4}}$
$=\dfrac{\sqrt{3}-1}{1+\sqrt{3}\cdot 1}$
$=\dfrac{(\sqrt{3}-1)^2}{(\sqrt{3}+1)(\sqrt{3}-1)}$
$=\dfrac{4-2\sqrt{3}}{3-1}=2-\sqrt{3}.$

補足
$\dfrac{\pi}{12}=\dfrac{\pi}{4}-\dfrac{\pi}{6}$ を用いると，$\tan\dfrac{\pi}{6}=\dfrac{1}{\sqrt{3}}$ なので繁分数が現れます．

[3] $\cos 105°$
$=\cos(60°+45°)$
$=\cos 60°\cos 45°$
$\quad -\sin 60°\sin 45°$
$=\dfrac{1}{2}\cdot\dfrac{\sqrt{2}}{2}-\dfrac{\sqrt{3}}{2}\cdot\dfrac{\sqrt{2}}{2}$
$=\dfrac{\sqrt{2}-\sqrt{6}}{4}.$

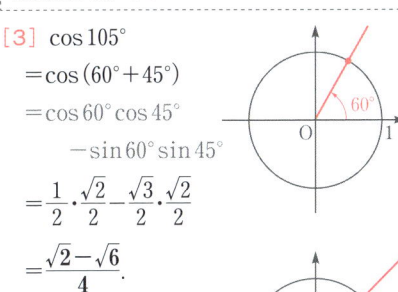

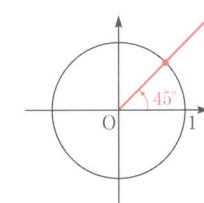

[4] $\sin\dfrac{13}{12}\pi=\sin\left(\dfrac{\pi}{12}+\pi\right)$
$\qquad\qquad =-\sin\dfrac{\pi}{12}=\dfrac{\sqrt{2}-\sqrt{6}}{4}.$

注意
ここでは，[1]の結果を利用しました．

48B

[1] $\sin(\theta+30°)+2\cos\theta$
$=\sin\theta\cos 30°+\cos\theta\sin 30°+2\cos\theta$
$=\sin\theta\times\dfrac{\sqrt{3}}{2}+\cos\theta\times\dfrac{1}{2}+2\cos\theta$
$=\dfrac{\sqrt{3}}{2}\sin\theta+\dfrac{5}{2}\cos\theta.$

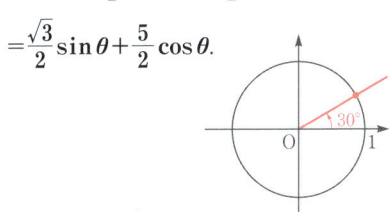

[2] $\tan\left(\theta+\dfrac{\pi}{3}\right)+\tan\left(\theta-\dfrac{\pi}{3}\right)$
$=\dfrac{\tan\theta+\tan\dfrac{\pi}{3}}{1-\tan\theta\tan\dfrac{\pi}{3}}+\dfrac{\tan\theta-\tan\dfrac{\pi}{3}}{1+\tan\theta\tan\dfrac{\pi}{3}}$

($t=\tan\theta$ と略記すると)

$=\dfrac{t+\sqrt{3}}{1-\sqrt{3}t}+\dfrac{t-\sqrt{3}}{1+\sqrt{3}t}$

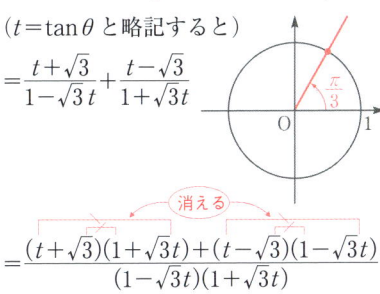

消える

$=\dfrac{(t+\sqrt{3})(1+\sqrt{3}t)+(t-\sqrt{3})(1-\sqrt{3}t)}{(1-\sqrt{3}t)(1+\sqrt{3}t)}$
$=\dfrac{8\tan\theta}{1-3\tan^2\theta}.$

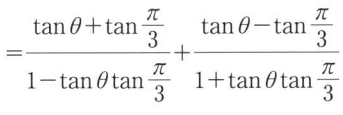

49A

[1] $\cos\dfrac{7}{8}\pi=\cos\left(\pi-\dfrac{\pi}{8}\right)=-\cos\dfrac{\pi}{8}.$
$\qquad\qquad\qquad\qquad\qquad\cdots ①$

ここで，半角公式より

$\cos^2\dfrac{\pi}{8}=\dfrac{1+\cos\dfrac{\pi}{4}}{2}=\dfrac{1+\dfrac{\sqrt{2}}{2}}{2}=\dfrac{2+\sqrt{2}}{4}.$

$\cos\dfrac{\pi}{8} > 0$ だから

> この2重根号は外れない

$\cos\dfrac{\pi}{8} = \sqrt{\dfrac{2+\sqrt{2}}{4}} = \dfrac{\sqrt{2+\sqrt{2}}}{2}.$

これと①より，$\cos\dfrac{7}{8}\pi = -\dfrac{\sqrt{2+\sqrt{2}}}{2}.$

[2] $2 \times 67.5° = 135°$（有名角）であることに注目します．

$\theta = 67.5°$ とおく．

> 書くのがメンドウな値には，名前をつけて

$\tan^2\theta = \dfrac{\sin^2\theta}{\cos^2\theta}$

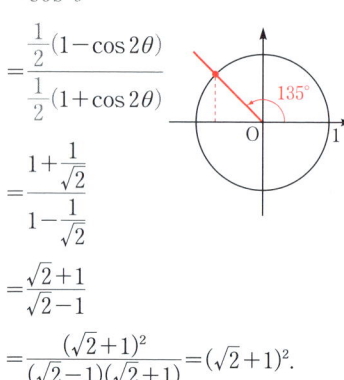

$= \dfrac{\frac{1}{2}(1-\cos 2\theta)}{\frac{1}{2}(1+\cos 2\theta)}$

$= \dfrac{1+\frac{1}{\sqrt{2}}}{1-\frac{1}{\sqrt{2}}}$

$= \dfrac{\sqrt{2}+1}{\sqrt{2}-1}$

$= \dfrac{(\sqrt{2}+1)^2}{(\sqrt{2}-1)(\sqrt{2}+1)} = (\sqrt{2}+1)^2.$

これと $\tan\theta > 0$ より，$\tan\theta = \sqrt{2}+1.$

[3]

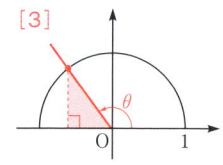

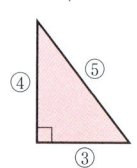

$\sin\theta = \dfrac{4}{5}$，$\cos\theta = -\dfrac{3}{5}$ だから

$\sin 2\theta = 2\sin\theta\cos\theta = 2 \cdot \dfrac{4}{5} \cdot \dfrac{-3}{5} = -\dfrac{24}{25}.$

49B

[1] $\cos 3\alpha = \cos(\alpha+2\alpha)$

$= \cos\alpha\cos 2\alpha - \sin\alpha\sin 2\alpha$

（$\sin\alpha = s$，$\cos\alpha = c$ と略記すると）

$= c(2c^2-1) - s \cdot 2sc$

$= 2c^3 - c - 2c(1-c^2)$

$= 4\cos^3\alpha - 3\cos\alpha.$ □

> 補足
> 上と同様にして
> $\sin 3\alpha = 3\sin\alpha - 4\sin^3\alpha$
> も示せます．これらを**3倍角公式**といいます．

[2] $\sin\theta = s$，$\cos\theta = c$ と略記すると

$\dfrac{1-\tan^2\theta}{1+\tan^2\theta} = \dfrac{1-\frac{s^2}{c^2}}{1+\frac{s^2}{c^2}} = \dfrac{c^2-s^2}{c^2+s^2} = \cos 2\theta.$ □

[3] $\sin\theta = s$，$\cos\theta = c$ と略記すると

$\sin 2\theta = 2sc$

$= 2 \cdot \dfrac{s}{c} \cdot c^2 = \dfrac{2\tan\theta}{1+\tan^2\theta}.$

> $1+\tan^2\theta = \dfrac{1}{\cos^2\theta}$ より

$\cos 2\theta = c^2 - s^2$

$= c^2\left(1-\dfrac{s^2}{c^2}\right) = \dfrac{1-\tan^2\theta}{1+\tan^2\theta}.$

> 補足
> 後半は，[2]と同じ等式を反対向きに変形したものです．

[4] $\sqrt{2(1+\cos t)} = \sqrt{2^2 \cdot \dfrac{1+\cos t}{2}}$

$= 2\sqrt{\cos^2\dfrac{t}{2}} = 2\left|\cos\dfrac{t}{2}\right|.$

[5] $1-\cos\theta = 2 \cdot \dfrac{1-\cos\theta}{2} = 2\sin^2\dfrac{\theta}{2}.$

$\sin\theta = 2\sin\dfrac{\theta}{2}\cos\dfrac{\theta}{2}$ より

$\begin{pmatrix}1-\cos\theta \\ \sin\theta\end{pmatrix} = 2\sin\dfrac{\theta}{2}\begin{pmatrix}\sin\dfrac{\theta}{2} \\ \cos\dfrac{\theta}{2}\end{pmatrix}.$

[6] $\sin\theta = s$，$\cos\theta = c$ と略記すると

$c(-9s+\sqrt{3}c) + s(-\sqrt{3}s+7c)$

$= \sqrt{3}(c^2-s^2) - 2sc = \sqrt{3}\cos 2\theta - \sin 2\theta.$

50A

[1] $\sqrt{3}\sin\theta + 1\cos\theta$
$= 2\sin\left(\theta + \dfrac{\pi}{6}\right).$

30° でも可

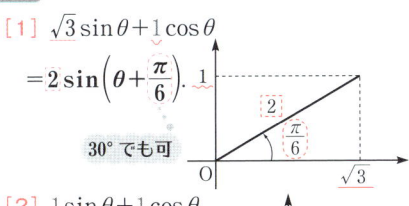

[2] $1\sin\theta + 1\cos\theta$
$= \sqrt{2}\sin\left(\theta + \dfrac{\pi}{4}\right).$

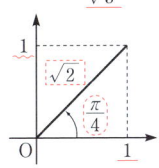

[3] $\sqrt{3}\cos\theta - 1\sin\theta$
$= 2\sin\left(\theta + \dfrac{2}{3}\pi\right).$

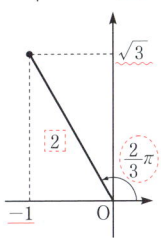

[4] $2\sqrt{3}\sin\theta - 6\cos\theta$
$= 2\sqrt{3}(1\sin\theta - \sqrt{3}\cos\theta)$
$= 2\sqrt{3}\cdot 2\sin\left(\theta - \dfrac{\pi}{3}\right)$
　　　　　$\theta + \left(-\dfrac{\pi}{3}\right)$
$= 4\sqrt{3}\sin\left(\theta - \dfrac{\pi}{3}\right).$

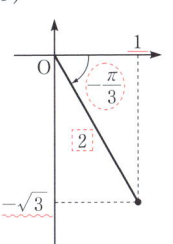

[5] $1\sin\theta + 3\cos\theta$
$= \sqrt{10}\sin(\theta + \alpha)$
　　(α は右図の角).

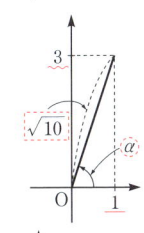

[6] $1\sin\theta - \sqrt{2}\cos\theta$
$= \sqrt{3}\sin(\theta + \alpha)$
　　(α は右図の角).

負の角です

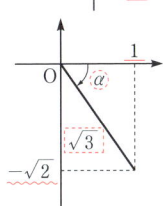

50B

[1] $f(\theta) = \sqrt{3}\sin\theta + 2\cos\theta$ …①
　　　　$= \sqrt{7}\sin(\theta + \alpha)$　…②
　　(α は右図の角).

度数法だと約 50°

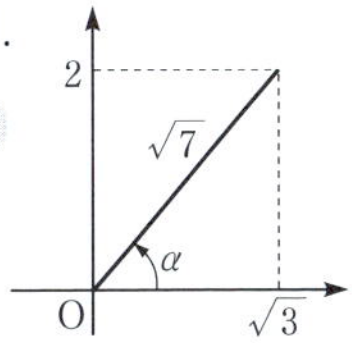

$\alpha \leq \theta + \alpha \leq \dfrac{\pi}{2} + \alpha$

より, $\sin(\theta + \alpha)$ の変域は右図のようになる. よって, 最大値は②より

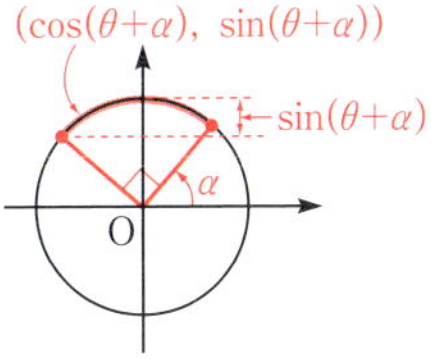

$\sqrt{7}\cdot 1 = \sqrt{7}.$

忘れずに！

最小値は①より, $f\left(\dfrac{\pi}{2}\right) = \sqrt{3}.$

補足

○「角 α は $\dfrac{\pi}{4}$ より少〜し大きい」ことが目に見えていたからこそ, 単位円周上太線部の "左端"$\left(\theta = \dfrac{\pi}{2}\right)$ において最小になることが読み取れました！

○最小値は, 次のようにしても求められます.
$\sqrt{7}\sin\left(\dfrac{\pi}{2} + \alpha\right) = \sqrt{7}\cos\alpha = \sqrt{7}\cdot\dfrac{\sqrt{3}}{\sqrt{7}} = \sqrt{3}.$

少し遠回りですけど… 初めの図より

[2] $\sqrt{3}\cos\theta + 1\sin\theta$ を
　　$r\cos(\theta - \beta)$
$= r(\cos\theta\cos\beta + \sin\theta\sin\beta)$
$= (r\cos\beta)\cos\theta + (r\sin\beta)\sin\theta$
の形に変形するには
$\begin{cases} r\cos\beta = \sqrt{3} \\ r\sin\beta = 1 \end{cases}$
であればよく, r, β を右図のように

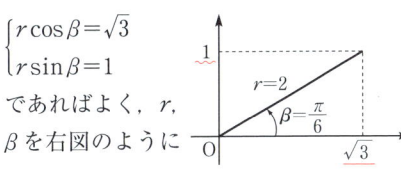

とればOK．以上より
$$\sqrt{3}\cos\theta+\sin\theta=2\cos\left(\theta-\frac{\pi}{6}\right).$$

> [補足]
> cosに合成するときも，考え方は同じですね．

51

[1] $\sin\underset{\alpha}{3x}\cos\underset{\beta}{x}$　　　　　角… $\alpha\beta\quad\alpha\beta$
$=\dfrac{1}{2}(\sin\underset{\alpha+\beta}{4x}+\sin\underset{\alpha-\beta}{2x}).$　　$s_{\alpha+\beta}=s\,c+c\,s$
$\phantom{=\dfrac{1}{2}(\sin 4x+\sin 2x).}$　+)$s_{\alpha-\beta}=s\,c-c\,s$

[2] $\cos\underset{\alpha}{x}\cos\underset{\beta}{3x}$
$=\cos\underset{\alpha}{3x}\cos\underset{\beta}{x}$　　　$c_{\alpha+\beta}=c\,c-s\,s$
$=\dfrac{1}{2}(\cos\underset{\alpha+\beta}{4x}+\cos\underset{\alpha-\beta}{2x}).$　+)$c_{\alpha-\beta}=c\,c+s\,s$

> [補足]
> $\cos\underset{\alpha}{x}\cos\underset{\beta}{3x}$ のままで変形すると
> 「$\cos(\underset{\alpha-\beta}{-2x})$」が現れ，一手間よけいにかかります．

[3] $\cos\underset{\alpha}{\left(\dfrac{\pi}{6}-x\right)}\sin\underset{\beta}{x}$　　$s_{\alpha+\beta}=s\,c+c\,s$
　−)$s_{\alpha-\beta}=s\,c-c\,s$
$=\dfrac{1}{2}\left\{\sin\underset{\alpha+\beta}{\dfrac{\pi}{6}}-\sin\underset{\alpha-\beta}{\left(\dfrac{\pi}{6}-2x\right)}\right\}$
$=\dfrac{1}{4}-\dfrac{1}{2}\sin\left(\dfrac{\pi}{6}-2x\right).$

> [補足]
> ○ $\sin\underset{\alpha}{x}\cos\underset{\beta}{\left(\dfrac{\pi}{6}-x\right)}$　　$s_{\alpha+\beta}=s\,c+c\,s$
> 　+)$s_{\alpha-\beta}=s\,c-c\,s$
> $=\dfrac{1}{2}\left\{\sin\underset{\alpha+\beta}{\dfrac{\pi}{6}}+\sin\underset{\alpha-\beta}{\left(2x-\dfrac{\pi}{6}\right)}\right\}$
> $=\dfrac{1}{4}+\dfrac{1}{2}\sin\left(2x-\dfrac{\pi}{6}\right).$
> とした方がよかったかも．このへんになると結果論ですが…

○ 2つの角の和(もしくは差)が一定であるとき，積和公式を使うと x が1か所に集まります．

[4] $\sin\underset{\alpha}{\dfrac{A+B}{2}}\sin\underset{\beta}{\dfrac{A-B}{2}}$　　−)$c_{\alpha+\beta}=c\,c-s\,s$
　$c_{\alpha-\beta}=c\,c+s\,s$
$=\dfrac{1}{2}(\cos\underset{\alpha-\beta}{B}-\cos\underset{\alpha+\beta}{A}).$

[5] $\sin\underset{A}{5x}+\sin\underset{B}{x}$　　$s_{\alpha+\beta}=s\,c+c\,s$
　+)$s_{\alpha-\beta}=s\,c-c\,s$
$=2\sin\underset{\frac{A+B}{2}}{3x}\cos\underset{\frac{A-B}{2}}{2x}.$

[6] $\sin\underset{A}{(x+h)}-\sin\underset{B}{x}$　　$s_{\alpha+\beta}=s\,c+c\,s$
　−)$s_{\alpha-\beta}=s\,c-c\,s$
$=2\cos\underset{\frac{A+B}{2}}{\left(x+\dfrac{h}{2}\right)}\sin\underset{\frac{A-B}{2}}{\dfrac{h}{2}}$

> 入試のここで役立つ！ 理系
> $\sin x$ の導関数を導く際に行われる変形です．

[7] $\cos\underset{B\text{注意}}{x}-\cos\underset{}{3x}$　　−)$c_{\alpha+\beta}=c\,c-s\,s$
　$c_{\alpha-\beta}=c\,c+s\,s$
$=2\sin\underset{\frac{A+B}{2}}{2x}\sin\underset{\frac{A-B}{2}}{x}.$

> [別解]
> 上のようにやると α，β，A，B の関係がわかりづらくなるという人は，次のようにやってもかまいません．
> $\cos\underset{A}{x}-\cos\underset{B}{3x}$　　$c_{\alpha+\beta}=c\,c-s\,s$
> 　−)$c_{\alpha-\beta}=c\,c+s\,s$
> $=-2\sin\underset{\frac{A+B}{2}}{2x}\sin\underset{\frac{A-B}{2}}{(-x)}$
> $=2\sin 2x\sin x.$

[8] これは「和積公式」を使うというより…
$\cos(\underset{\theta}{\theta}+\underset{\alpha}{\alpha})+\cos(\underset{\theta}{\theta}-\underset{\alpha}{\alpha})=c\,c-s\,s+c\,c+s\,s$
$=2\cos\theta\cos\alpha.$

52

[1] $x=\sqrt{2^2+1^2}=\sqrt{5}$.

[2] 斜辺が 2，他の 1 辺が $\sqrt{3}$ なので，$x=1$． …有名三角形

補足
$x=\sqrt{2^2-(\sqrt{3})^2}=1$ としても求まりますが，上のようにズバッと見抜けるように！

[3] 右図のように比を考えると
$y=\sqrt{3^2+2^2}=\sqrt{13}$.
実際の長さは比の値の $\dfrac{6}{2}=3$ 倍
だから，$x=3\sqrt{13}$．

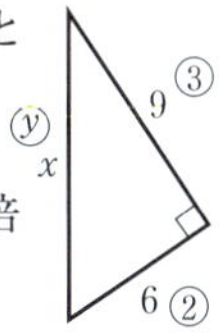

[4] $x=\sqrt{11^2-7^2}=\sqrt{18\cdot 4}=\sqrt{2\cdot 3^2\cdot 2^2}$
$=6\sqrt{2}$．

[5] 右図のように比を考える．
斜辺が $\sqrt{2}$，他の 1 辺が ① なので，この三角形は直角二等辺三角形． ∴ $x=\sqrt{3}$．

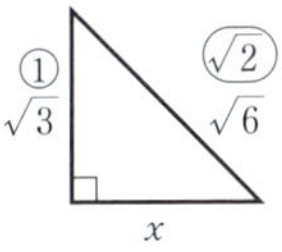

[6] $y=$ ②．
∴ $x=4\sqrt{3}$．

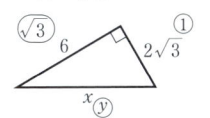

[7] $y=\sqrt{4^2-3^2}=\sqrt{7}$.
∴ $x=2\sqrt{7}$．

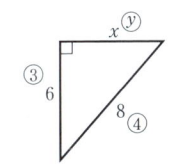

注意
ウッカリ「3：4：5」の直角三角形と間違えないように．

[8] $y=\sqrt{3^2-1^2}=2\sqrt{2}$.
∴ $x=2\sqrt{2}\cdot\dfrac{a}{2\sqrt{3}}$
$=\dfrac{\sqrt{6}}{3}a$．

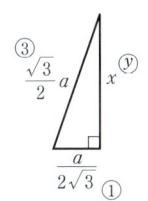

[9] $y=\sqrt{8^2-3^2}=\sqrt{11\cdot 5}$
$=\sqrt{55}$．
∴ $x=\dfrac{\sqrt{55}}{2}$．

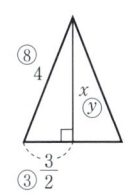

[10] $x=\dfrac{1}{2}\sqrt{5^2+3^2}=\dfrac{\sqrt{34}}{2}$．

[11] 右の直角三角形に注目して
$x=\sqrt{7^2-3^2}$
$=\sqrt{10\cdot 4}=2\sqrt{10}$．

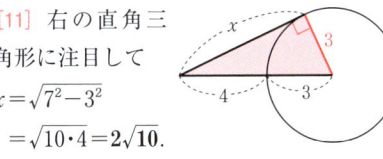

[12] 右の直角三角形に注目して
$x=\sqrt{7^2-1^2}$
$=\sqrt{8\cdot 6}=4\sqrt{3}$．

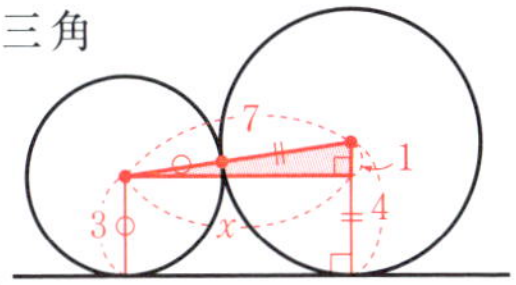

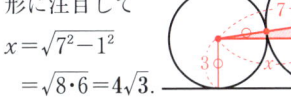

53

[1] 右の三角形に注目して
$x=30°+100°=\mathbf{130°}$．

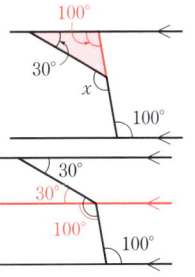

別解
右の平行線を利用して
$x=30°+100°=\mathbf{130°}$．

[2] $x=45°+\theta$．

[3] $x+30°=\theta$．
∴ $x=\theta-30°$．

[4] $x=180°-2\times 72°=\mathbf{36°}$．

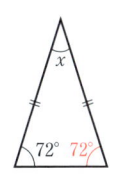

[5] $x = \theta + \theta = 2\theta$.

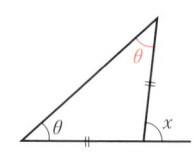

[6] 2つの三角形において，内角の和に注目すると
$\begin{cases} 2a + 2b + \theta = 180°, & \cdots ① \\ a + b + x = 180°. & \cdots ② \end{cases}$

①より，$a + b = 90° - \dfrac{\theta}{2}$.

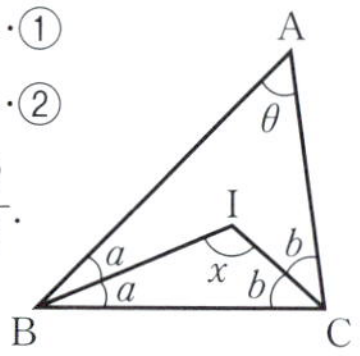

これと②より
$x = 180° - (a+b) = 180° - \left(90° - \dfrac{\theta}{2}\right)$
$= 90° + \dfrac{\theta}{2}$.

参考
Iは△ABCの内心です．

[7] 右図のように角 a, b をとると 
$2a + 2b + 60° = 180°$.
$a + b = 60°$.
∴ $x = a + b + 60° = 60° + 60° = 120°$.

[8] $x = \dfrac{90°}{2} = 45°$.

[9] $x = \dfrac{210°}{2} = 105°$.

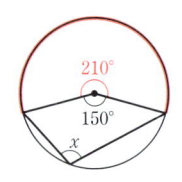

[10] $x = 30°$.

[11] 右図の色のついた三角形に注目して
$x = 30° + 45° = 75°$.

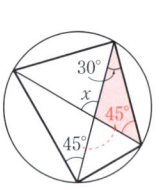

[12] 右図の色のついた三角形に注目して
$x + 30° = 80°$.
∴ $x = 80° - 30°$
$= 50°$.

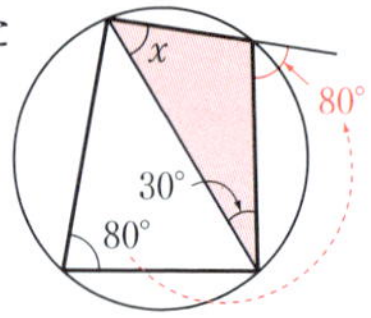

[13] 右図において，「接弦定理」により，$\alpha = \theta$. よって $\beta = \alpha = \theta$ だから，
$x = 180° - 2\theta$.

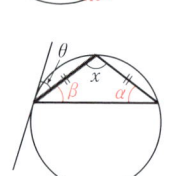

[14] 右図において，円に内接する2つの四角形を利用する．左の四角形より，$\alpha = \theta$.
よって右の四角形より，$x = 180° - \theta$. 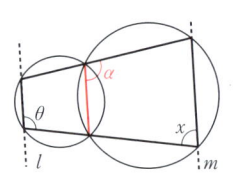

参考
右図のように平行線ができているわけです．

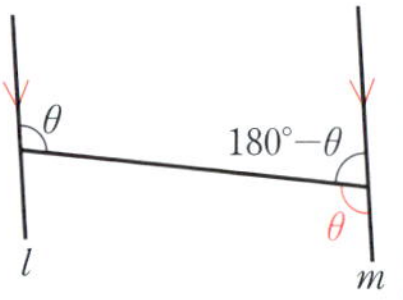

[15] 下図において，右の円に内接する四角形に注目すると
$\alpha = \theta$.
次に，左の円で接弦定理を用いると，$x = \theta$.

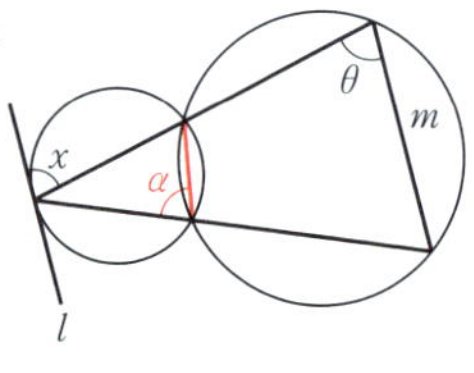

参考
2直線 l, m は平行であることがわかりました．

ここでは，合同，相似などの詳しい証明は，あえて行いません．図を見て自分で納得できればOKです．

[1]
△AFC≡△ABE.
(2辺夾角相等)
(∠Aはどちら
も θ+90°)

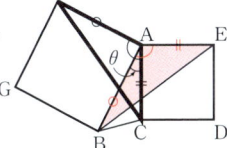

[2]
△ABC∽△CDE.
(2角相等) 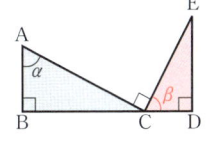
$\begin{pmatrix}△ABCの∠Cの外角に注目すれば, \\ α+90°=β+90°. ∴ α=β.\end{pmatrix}$

[3]
△ABC∽△CDE.
(2角相等) 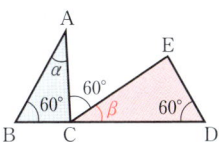
$\begin{pmatrix}△ABCの∠Cの外角に注目すれば, \\ α+60°=β+60°. ∴ α=β.\end{pmatrix}$

[4] △SAP≡△PBQ
≡△QCR≡△RDS.
(2角夾辺相等)

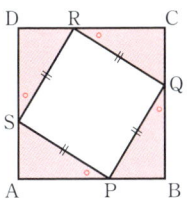

$\begin{pmatrix}まず, 上記4つの三角形は, [2]と同\\様にして相似(つまり, 対応する角は\\すべて等しい). これと\\SP=PQ=QR=RS より, 合同といえ\\る.\end{pmatrix}$

[5] ○△BAD∽△BEC.
(2角相等)
(AD∥EC より)
○△ACE は AC=AE
の二等辺三角形. 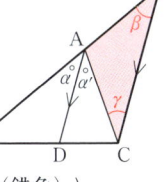
$\begin{pmatrix}β=α(同位角), γ=α'(錯角).\\これと α=α' より β=γ.\end{pmatrix}$

参考
この二等辺三角形を利用して
BD : DC=BA : AE
　　　　=AB : AC
(角の二等分線の性質)が導かれます.

[6] △EAB∽△EDC.
(2角相等) 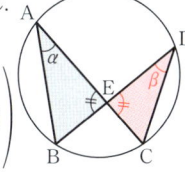
$\begin{pmatrix}α=β(\overset{\frown}{BC}の円周角)\\双方の∠Eは対頂角\\で等しい.\end{pmatrix}$

参考
この相似から AE : EB=DE : EC
i.e.　EA・EC=EB・ED(方べきの定理)が導
かれます.

[7] ○△FBC∽△FED. (2角相等)
(前問と同様)

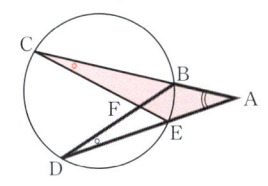

○△ABD∽△AEC. (2角相等)
(∠A は共通)

[8]
△ABD∽△ADC.
(2角相等) 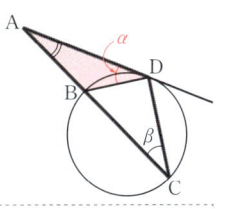
$\begin{pmatrix}α=β(接弦定理)\\∠A は共通\end{pmatrix}$

参考
この相似から AB : AD=AD : AC
i.e.　AB・AC=AD²(方べきの定理)が導か
れます.

[9] △**BPQ** は BP=BQ の二等辺三角形.

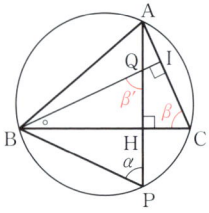

理由：右図のように α, β, β' をとると,
 $\alpha = \beta$.
（$\overparen{AB}$ の円周角）

また,
 △BCI∽△BQH
（∠B を共有する直角三角形）
∴ $\beta = \beta'$.

以上より, $\alpha = \beta'$.

55

[1] $x : 4 = 5 : 3$ ✐ $x = 4 \cdot \dfrac{5}{3} = \dfrac{20}{3}$.

[2] ∽ ◁ に注目する.
$x : 3 = 4 : 5$. ✐
$x = 3 \cdot \dfrac{4}{5} = \dfrac{12}{5}$.

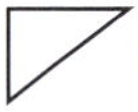

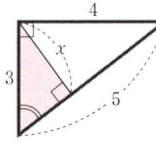

[3] 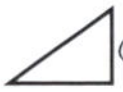 ◁ の 3 辺比に注目する.
$x : 3\sqrt{2} = ① : \sqrt{3}$. ✐
$x = 3\sqrt{2} \cdot \dfrac{1}{\sqrt{3}}$
 $= \sqrt{6}$.

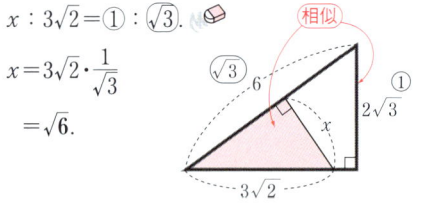

[4]  $x : 2 = 5 : x$.
　長　短　長　短
$x^2 = 10$. ∴ $x = \sqrt{10}$.

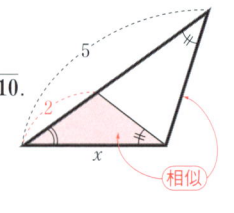

[5] $x : 7 = ⑤ : ②$ ✐
$x = 7 \cdot \dfrac{5}{2} = \dfrac{35}{2}$.

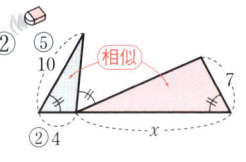

[6] 右図の △CAD において,
∠D = 36° + 36°
 = 72°.
∠A = 180° − 72° − 36° = 72° = ∠D. 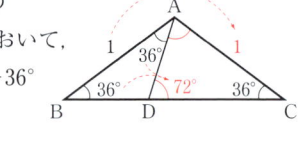
∴ CD = CA = 1.

よって右図の相似な二等辺三角形に注目して 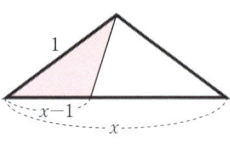
$x : 1 = 1 : (x − 1)$.
$x(x − 1) = 1$. $x^2 − x − 1 = 0$.
$x = \dfrac{1 \pm \sqrt{5}}{2}$. $x > 0$ より $x = \dfrac{1 + \sqrt{5}}{2}$.

> **参考**
> ここで求めた x は, 1 辺の長さが 1 である正五角形の対角線の長さです.

[7] $x : 3 = 5 : 2$. ✐
$x = 3 \cdot \dfrac{5}{2} = \dfrac{15}{2}$.

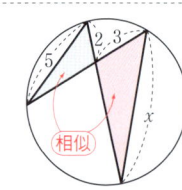

[8] $x : 2 = 11 : 5$. ✐
$x = 2 \cdot \dfrac{11}{5} = \dfrac{22}{5}$.

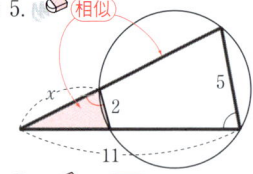

[9] $x : 3 = ② : ①$. ✐
$x = 3 \cdot 2 = 6$.

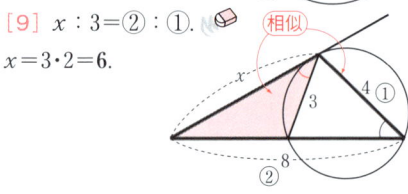

[10] ここでは，相似な三角形で考えるというより，「平行線は比を保存する」という感覚で

$3:4=2:x.$ $x=2\cdot\dfrac{4}{3}=\dfrac{8}{3}.$

[11] まず，太線部で平行線の性質（前問）を使うと

$2:y=①:①.$

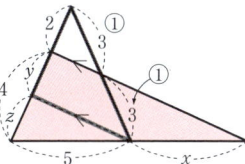

$\therefore\ y=2.$

次に赤色の部分に目を移すと，同様に

$5:x=z:y=(4-2):2=1:1.$ $\therefore\ x=5.$

[12] まず，
$\triangle FAB \backsim \triangle FDE$ より
$FA:FD=2:3.$
これと
$\triangle DAB \backsim \triangle DFC$ より

$x:2=③:⑤.$ $x=2\cdot\dfrac{3}{5}=\dfrac{6}{5}.$

56A

$\cos\theta=\dfrac{3}{5},\ \sin\theta=\dfrac{4}{5},$

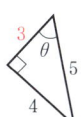

$\tan\theta=\dfrac{4}{3}.$

56B

[1] $\sin\theta=\dfrac{x}{2}.$ $\therefore\ x=2\sin\theta.$

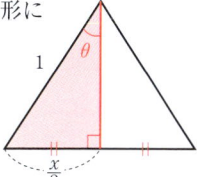

[2] $\tan\theta=\dfrac{x}{3}.$ $\therefore\ x=3\tan\theta.$

[3] $\cos\theta=\dfrac{5}{x}.$ $\therefore\ x=\dfrac{5}{\cos\theta}.$

[4] $\cos\theta=\dfrac{x}{2}.$ $\therefore\ x=2\cos\theta.$

[5] $\sin\theta=\dfrac{1}{x}.$ $\therefore\ x=\dfrac{1}{\sin\theta}.$

[6] $\tan\theta=\dfrac{5}{x}.$ $\therefore\ x=\dfrac{5}{\tan\theta}.$

[7] $\cos\theta=\dfrac{x}{3}.$ $\therefore\ x=3\cos\theta.$

[8] $\sin\theta=\dfrac{3}{x}.$ $\therefore\ x=\dfrac{3}{\sin\theta}.$

[9] $\cos\theta=\dfrac{2}{x}.$ $\therefore\ x=\dfrac{2}{\cos\theta}.$

[10] 右図の直角三角形に注目して

$\dfrac{x}{2}=1\cdot\sin\theta.$

$\therefore\ x=2\sin\theta.$

> 補足
>
> もとの二等辺三角形において余弦定理（ITEM 58）を用いると
>
> $x^2=1^2+1^2-2\times 1\cdot 1\cdot \cos 2\theta$
> $=2(1-\cos 2\theta).$
>
> $x>0$ だから
>
> $x=\sqrt{2(1-\cos\theta)}$ （これでもいちおうは"表せてる"けど…）
>
> $=\sqrt{2^2\cdot\dfrac{1-\cos 2\theta}{2}}$
>
> $=2\sqrt{\sin^2\theta}$ ← 半角公式 (ITEM 49)
>
> $=2|\sin\theta|$
>
> $=2\sin\theta.$ $\left(\because\ 0<\theta<\dfrac{\pi}{2}\ \text{より}\ \sin\theta>0\right)$
>
> 本問においてはかなり遠回りですね．

[11] $\triangle AHB \backsim \triangle ABC$ である．

まず，$\triangle ABC$ に注目して，

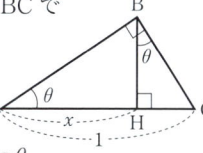

$AB=AC\cos\theta=\cos\theta.$

次に $\triangle AHB$ に注目して，

$x=AH=AB\cos\theta=\cos^2\theta.$

[12] まず，△AHB に注目して，

$$AB = \frac{BH}{\sin\theta} = \frac{1}{\sin\theta}.$$

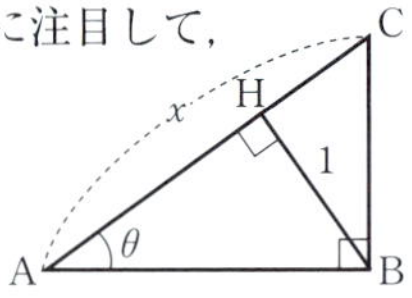

次に△ABC に注目して，

$$x = AC = \frac{AB}{\cos\theta} = \frac{1}{\sin\theta\cos\theta}.$$

57

[1] $\dfrac{x}{\sin 30°} = \dfrac{2}{\sin 135°}$ より

$$x = \frac{2}{\frac{1}{\sqrt{2}}}\sin 30° = 2\cdot\sqrt{2}\cdot\frac{1}{2} = \sqrt{2}.$$

[2] $\dfrac{x}{\sin 60°} = \dfrac{2}{\sin 45°}$ より

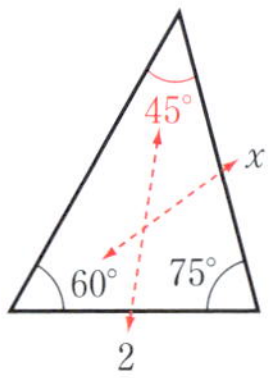

$$x = \frac{2}{\frac{1}{\sqrt{2}}}\sin 60°$$
$$= 2\cdot\sqrt{2}\cdot\frac{\sqrt{3}}{2} = \sqrt{6}.$$

[3] $\dfrac{2\sqrt{3}}{\sin x} = \dfrac{6}{\sin 120°}$ より

$$\sin x = 2\sqrt{3}\cdot\frac{\sin 120°}{6} = 2\sqrt{3}\cdot\frac{1}{6}\cdot\frac{\sqrt{3}}{2} = \frac{1}{2}.$$

これと
$x < 180° - 120° = 60°$
より
$x = 30°.$

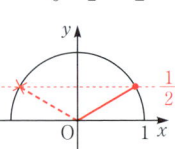

(注意)
与えられた条件は「三角形の決定条件」にはなっていませんでしたが，結果として角 x は 1 つに決まりました．

[4] $\dfrac{x}{\sin 15°} = \dfrac{2}{\sin 45°}$ より

$$x = \frac{2}{\sin 45°}\sin 15°$$
$$\quad\quad\quad\,\, 45°-30°$$
$$= 2\cdot\sqrt{2}(\sin 45°\cos 30° - \cos 45°\sin 30°)$$

$$= 2\sqrt{2}\left(\frac{1}{\sqrt{2}}\cdot\frac{\sqrt{3}}{2} - \frac{1}{\sqrt{2}}\cdot\frac{1}{2}\right) = \sqrt{3} - 1.$$

[5] $\dfrac{x}{\sin(120° - \theta)} = \dfrac{1}{\sin 60°}$ より

$$x = \frac{1}{\frac{\sqrt{3}}{2}}\sin(120° - \theta)$$

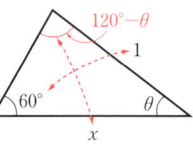

$$= \frac{2}{\sqrt{3}}\sin(120° - \theta).$$

[6] $\dfrac{x}{\sin 120°} = 2\cdot 3$ より，

$$x = 6\sin 120° = 6\cdot\frac{\sqrt{3}}{2} = 3\sqrt{3}.$$

[7] $\dfrac{3}{\sin 60°} = 2x$ より

$$x = \frac{1}{2}\cdot\frac{3}{\sin 60°} = \frac{1}{2}\cdot 3\cdot\frac{2}{\sqrt{3}} = \sqrt{3}.$$

(参考)
右図の直角三角形に注目して

$$x = \frac{3}{2}\cdot\frac{2}{\sqrt{3}} = \sqrt{3}$$

としてもよいですね．

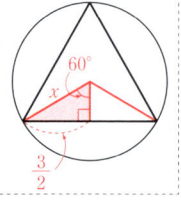

[8]

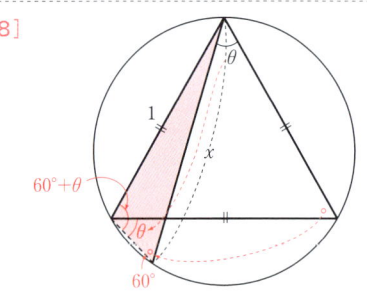

$$\frac{x}{\sin(\theta + 60°)} = \frac{1}{\sin 60°} \text{ より}$$

$$x = \frac{1}{\frac{\sqrt{3}}{2}}\sin(\theta + 60°)$$

$$= \frac{2}{\sqrt{3}}\sin(\theta + 60°).$$

[9] 外接円の半径を R とおくと

$\dfrac{2}{\sin x} = 2R$, $\dfrac{\sqrt{2}}{\sin 30°} = 2R$.

∴ $\dfrac{2}{\sin x} = \dfrac{\sqrt{2}}{\sin 30°}$.

∴ $\sin x = \dfrac{2}{\sqrt{2}} \sin 30° = \dfrac{2}{\sqrt{2}} \cdot \dfrac{1}{2} = \dfrac{1}{\sqrt{2}}$.

これと $x < 90°$ より, $x = \mathbf{45°}$.

58A

[1] $x^2 = 3^2 + (2\sqrt{2})^2 - 2 \times 3 \cdot 2\sqrt{2} \cos 45°$

$= 9 + 8 - 2 \times 3 \cdot 2\sqrt{2} \cdot \dfrac{1}{\sqrt{2}} = 5$.

∴ $x = \boldsymbol{\sqrt{5}}$.

[2] 右図の比を用いる.

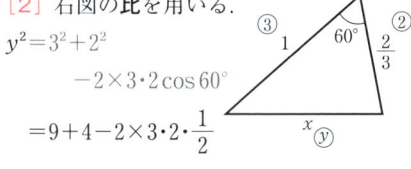

$y^2 = 3^2 + 2^2 - 2 \times 3 \cdot 2 \cos 60°$

$= 9 + 4 - 2 \times 3 \cdot 2 \cdot \dfrac{1}{2}$

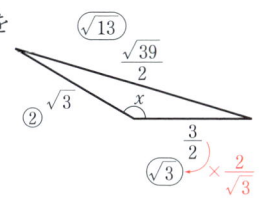

$= 7$.

∴ ⓨ = √7. よって, $x = \dfrac{\sqrt{7}}{3}$.

[3] $x^2 = 4 + 2 - 2 \times 2 \cdot \sqrt{2} \cos 105°$.

ここで

$\cos 105°$
$= \cos(60° + 45°)$
$= \cos 60° \cos 45° - \sin 60° \sin 45°$
$= \dfrac{1}{2} \cdot \dfrac{\sqrt{2}}{2} - \dfrac{\sqrt{3}}{2} \cdot \dfrac{\sqrt{2}}{2} = \dfrac{\sqrt{2} - \sqrt{6}}{4}$ だから,

$x^2 = 6 - 4\sqrt{2} \cdot \dfrac{\sqrt{2} - \sqrt{6}}{4} = 4 + 2\sqrt{3}$.

$x = \sqrt{4 + 2\sqrt{3}} = \boldsymbol{\sqrt{3} + 1}$.
　　　　3+1　3×1

→ ITEM 11「2重根号の外し方」

[4] $(2\sqrt{3})^2$
$= (3\sqrt{2})^2 + x^2 - 2 \times 3\sqrt{2} \cdot x \cos 45°$.

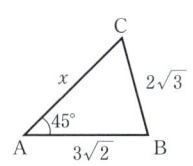

$12 = 18 + x^2 - 2 \times 3\sqrt{2} \cdot x \cdot \dfrac{1}{\sqrt{2}}$.

$x^2 - 6x + 6 = 0$. $x = \boldsymbol{3 \pm \sqrt{3}}$.

補足　与えられた条件は,「三角形の決定条件」にはなっていないので, 右図のような2つの三角形(黒, 赤)に対応して, 2つの CA が求まったわけです.

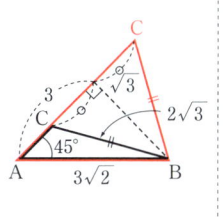

58B

[1] $\cos x = \dfrac{2^2 + (1 + \sqrt{3})^2 - (\sqrt{6})^2}{2 \times 2(1 + \sqrt{3})}$

$= \dfrac{4 + (1 + \sqrt{3})^2 - 6}{2 \times 2(1 + \sqrt{3})}$

$= \dfrac{-2 + 4 + 2\sqrt{3}}{2 \cdot 2(1 + \sqrt{3})}$

$= \dfrac{2(1 + \sqrt{3})}{2 \cdot 2(1 + \sqrt{3})}$

$= \dfrac{1}{2}$.

∴ $x = \boldsymbol{60°}$.

[2] $\cos x = \dfrac{5^2 + 7^2 - 8^2}{2 \times 5 \cdot 7}$　　$7^2 - 8^2 = (7+8)(7-8)$

$= \dfrac{25 - 15}{2 \cdot 5 \cdot 7} = \dfrac{1}{7}$.

[3] 右図の比を用いる.

$$\cos x = \frac{2^2+(\sqrt{3})^2-(\sqrt{13})^2}{2\times 2\cdot\sqrt{3}}$$

$$=\frac{4+3-13}{2\times 2\cdot\sqrt{3}}$$

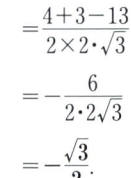

$$=-\frac{6}{2\cdot 2\sqrt{3}}$$

$$=-\frac{\sqrt{3}}{2}.$$

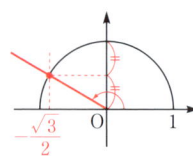

$$\therefore\quad x=\mathbf{150°}.$$

59

[1] $\dfrac{1}{2}\cdot 2\cdot 3\sin 135°=\dfrac{1}{2}\cdot 2\cdot 3\cdot\dfrac{\sqrt{2}}{2}=\boldsymbol{\dfrac{3}{2}\sqrt{2}}.$

[2] $\dfrac{1}{2}\cdot a\cdot a\sin 60°=\dfrac{1}{2}a^2\cdot\dfrac{\sqrt{3}}{2}=\boldsymbol{\dfrac{\sqrt{3}}{4}a^2}.$

参考
この結果を、「1辺の長さが a である正三角形の面積公式」として覚えてしまってもよいでしょう…

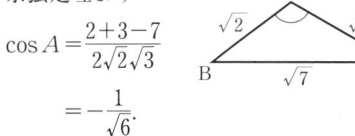

[3] (ヘロンの公式を使うと、「$\sqrt{\ }$」がたくさん並んで、かえってメンドウかも…)
余弦定理より
$$\cos A=\frac{2+3-7}{2\sqrt{2}\sqrt{3}}$$
$$=-\frac{1}{\sqrt{6}}.$$
$$\sin A=\sqrt{1-\cos^2\theta}=\sqrt{1-\frac{1}{6}}=\sqrt{\frac{5}{6}}.$$
$$\therefore\quad \triangle ABC=\frac{1}{2}\cdot\sqrt{2}\sqrt{3}\cdot\sqrt{\frac{5}{6}}=\boldsymbol{\dfrac{\sqrt{5}}{2}}.$$

別解
ベクトルの内積を使うと、少しだけ近道できます。
余弦定理より
$$7=2+3-2\times\underbrace{\sqrt{2}\cdot\sqrt{3}\cos A}_{\vec{AB}\cdot\vec{AC}}.$$
$$\therefore\quad \vec{AB}\cdot\vec{AC}=-1.$$

$$\therefore\quad \triangle ABC$$
$$=\frac{1}{2}\sqrt{|\vec{AB}|^2|\vec{AC}|^2-(\vec{AB}\cdot\vec{AC})^2}$$
$$=\frac{1}{2}\sqrt{2\cdot 3-(-1)^2}=\boldsymbol{\dfrac{\sqrt{5}}{2}}.$$

参考
本問の解答と同じ流れで「ヘロンの公式」が証明されます。
$S=\triangle ABC$ とおくと、 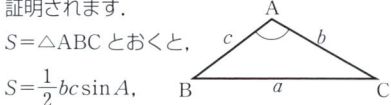
$S=\dfrac{1}{2}bc\sin A$,
i.e. $(2S)^2=b^2c^2\sin^2 A$
$=b^2c^2(1-\cos^2 A)$
$=b^2c^2-(bc\cos A)^2.$
ここで、余弦定理より
$a^2=b^2+c^2-2\cdot bc\cos A.$
$\therefore\quad bc\cos A=\dfrac{b^2+c^2-a^2}{2}.$
したがって、
$(2S)^2=b^2c^2-\left(\dfrac{b^2+c^2-a^2}{2}\right)^2$
$=\left(bc+\dfrac{b^2+c^2-a^2}{2}\right)\left(bc-\dfrac{b^2+c^2-a^2}{2}\right)$
$=\dfrac{(b+c)^2-a^2}{2}\cdot\dfrac{a^2-(b-c)^2}{2}$
$=\dfrac{(b+c+a)(b+c-a)}{2}$
$\qquad\times\dfrac{(a+b-c)(a-b+c)}{2}.$
$\therefore\quad S^2=\dfrac{a+b+c}{2}\cdot\dfrac{-a+b+c}{2}\cdot\dfrac{a-b+c}{2}$
$\qquad\times\dfrac{a+b-c}{2}.$
よって、$s=\dfrac{a+b+c}{2}$ とおけば
$S=\sqrt{s(s-a)(s-b)(s-c)}.\quad\square$

[4] 直角三角形を利用して高さ 4 を求めて、 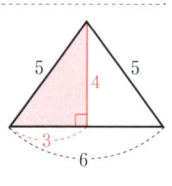
$\dfrac{1}{2}\cdot 6\cdot 4=\boldsymbol{12}.$

[5] $\boldsymbol{\dfrac{1}{2}r^2\sin\theta}.$

参考
右図の直角三角形を利用して，

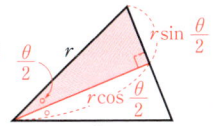

$$2 \times \frac{1}{2} r \sin\frac{\theta}{2} \cdot r\cos\frac{\theta}{2} = r^2 \sin\frac{\theta}{2}\cos\frac{\theta}{2}$$

と求めることもできます．（2つの結果が等しいことは，2倍角公式によって確認できますね．）

[6] $\frac{1}{2}\underset{\text{共通底辺}}{(7-3)}\underset{\text{高さの和}}{(5+3)}$
$= \mathbf{16}.$

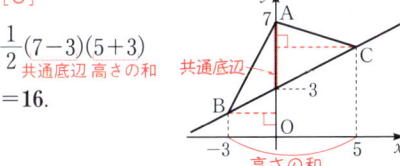

別解
$A(0, 7),\ B\left(-3, \frac{3}{2}\right),\ C\left(5, \frac{11}{2}\right)$ より

$\vec{BA} = \begin{pmatrix} 3 \\ \frac{11}{2} \end{pmatrix}$，$\vec{BC} = \begin{pmatrix} 8 \\ 4 \end{pmatrix}$，　マイナス　プラス

$\therefore\ \triangle ABC = \frac{1}{2}\left|3\cdot 4 - 8\cdot\frac{11}{2}\right| = \mathbf{16}.$

[7] $\frac{1}{2}\cdot 1 \cdot 2 \sin(\beta - \alpha)$
$= \sin(\beta - \alpha).$

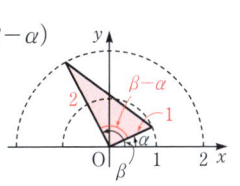

別解
$\vec{OA} = \begin{pmatrix} \cos\alpha \\ \sin\alpha \end{pmatrix}$，$\vec{OB} = \begin{pmatrix} 2\cos\beta \\ 2\sin\beta \end{pmatrix}$ より　マイナス　プラス

$\frac{1}{2}|\cos\alpha \cdot 2\sin\beta - 2\cos\beta \cdot \sin\alpha|$
$= |\cos\alpha\sin\beta - \sin\alpha\cos\beta|$
$= |\sin(\beta - \alpha)|$
$= \sin(\beta - \alpha).\ (\because\ 0 < \beta - \alpha < \pi)$
（絶対値内の符号の吟味もあり，ここでは不利ですね．）

[8] $\vec{AB} = \begin{pmatrix} 1 \\ -2 \\ 2 \end{pmatrix}$，$\vec{AC} = \begin{pmatrix} 1 \\ 0 \\ 1 \end{pmatrix}$ より

$\triangle ABC$
$= \frac{1}{2}\sqrt{|\vec{AB}|^2|\vec{AC}|^2 - (\vec{AB}\cdot\vec{AC})^2}$
$= \frac{1}{2}\sqrt{(1+4+4)(1+1) - (1+0+2)^2}$
$= \frac{1}{2}\sqrt{9\cdot 2 - 3^2} = \frac{\mathbf{3}}{\mathbf{2}}.$

[9] $\frac{8+7+5}{2} = 10$ だから，ヘロンの公式より

$\sqrt{10(10-8)(10-7)(10-5)}$
$= \sqrt{10\cdot 2\cdot 3\cdot 5} = \mathbf{10\sqrt{3}}.$

また，面積を2通りに表すことにより
$\frac{1}{2}(8+7+5)r = 10\sqrt{3}.\ \ \therefore\ \ r = \sqrt{3}.$

60

[1] $S_1 : S_2 = \mathbf{1} : \sqrt{\mathbf{2}}.$

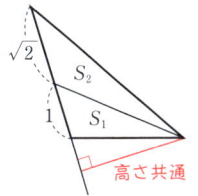

[2] $S_1 : S_2 = a : b$　角の二等分線の性質
$= \mathbf{4} : \mathbf{3}.$

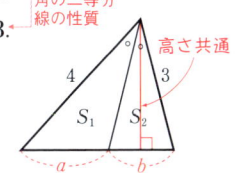

[3] $S_1 : S_2 = 4 : 6$
$= \mathbf{2} : \mathbf{3}.$

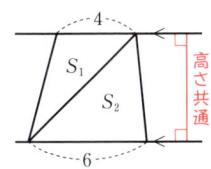

[4] $S_1 : S_2 =$ BH : CI   ←色の三角形の相似より
　　　　　$=$ BP : PC
　　　　　$= 2 : 1$.

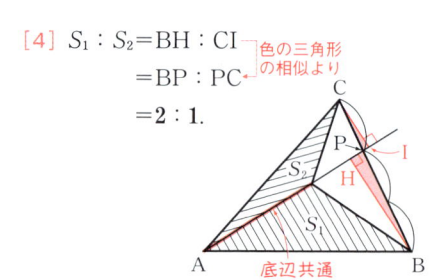

〔補足〕
○補助線 BH, CI など引かず，一気に
$S_1 : S_2 = 2 : 1$
が見えるようにしておきましょう．
○$S_1 : S_2 = 2 : 1$
は次のようにしても
導けます． 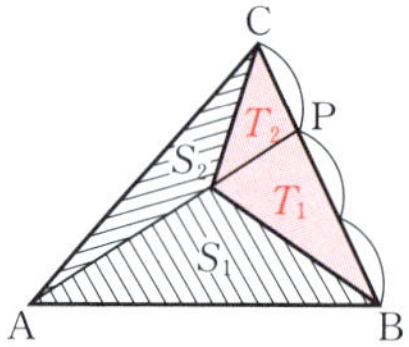
$\begin{cases} S_1 + T_1 = 2a \\ S_2 + T_2 = a \end{cases}$
$\begin{cases} T_1 = 2b \\ T_2 = b \end{cases}$
とおけるから，
$S_1 : S_2 = (2a - 2b) : (a - b)$
　　　　　$= 2 : 1$.

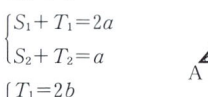

[5] $S_1 : S_2 =$ AH : CI   ←相似な直角三角形より
　　　　　$=$ AP : PC
　　　　　$= 3 : 7$.

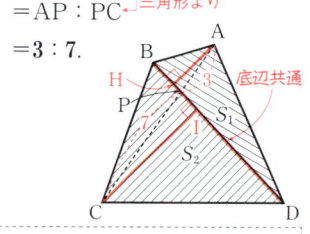

〔補足〕
[4]と並ぶ基本形です．スパッと
$S_1 : S_2 = 3 : 7$
が見えるように！

[6] ❸を用いる．
$S_1 : S_2 = 2 \cdot 3 : 4 \cdot 5 = 3 : 10$.

〔補足〕
右図のように角 θ を
とると 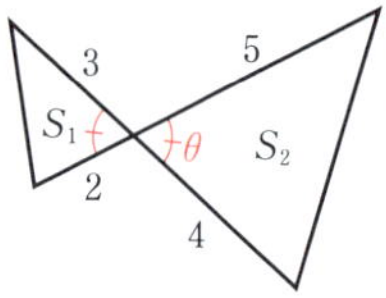
$\begin{cases} S_1 = \dfrac{1}{2} \cdot 2 \cdot 3 \sin\theta, \\ S_2 = \dfrac{1}{2} \cdot 4 \cdot 5 \sin\theta. \end{cases}$
よって
$S_1 : S_2 = 2 \cdot 3 : 4 \cdot 5$
となるわけです．

[7] 前問と同様です．
$S_1 : (S_1 + S_2)$
$= 1 \cdot 3 : 3 \cdot 4 = 1 : 4$.
∴ $S_1 : S_2 = 1 : 3$.

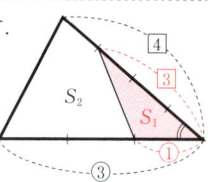

[8] ❹を用いる．
$S_1 : (S_1 + S_2)$
$= 1^2 : 3^2 = 1 : 9$.
∴ $S_1 : S_2 = 1 : 8$.

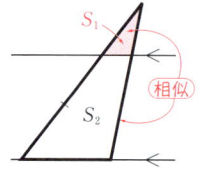

[9] 右図のように
面積 a, b をとる
($S_1 = a + b$).
△PBC に注目して，
$b = 3a$.
△CAQ に注目して，$S_2 = 2a$. 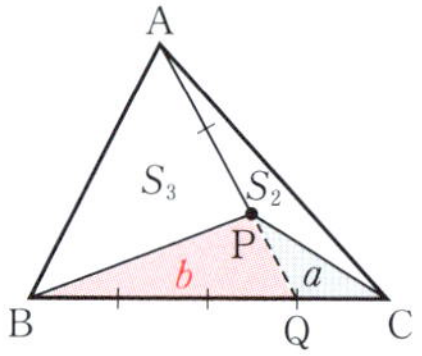
△BAQ に注目して，$S_3 = 2b = 6a$.
以上より
$S_1 : S_2 : S_3 = (a + 3a) : 2a : 6a$
　　　　　　　$= 4 : 2 : 6 = 2 : 1 : 3$.

〔補足〕
$S_2 : S_3$ だけなら，[4]と同様，
$S_2 : S_3 =$ CQ : QB $= 1 : 3$
とパッと求まるように！

[10] いちばん外側の三角形の面積を T とする．

❸より

$S_1 : T = 3 \cdot 2 : 5 \cdot 3 = 2 : 5.$ …①

❶より

$S_2 : T = 2 : 5.$

よって

$S_1 : S_2 = \dfrac{2}{5}T : \dfrac{2}{5}T = 1 : 1.$

補足
①式のような「比例式」にこだわらず，直接
$$S_1 = \dfrac{3}{5} \cdot \dfrac{2}{3}T = \dfrac{2}{5}T$$
←左の辺の比　←右の辺の比
が書けるようにしましょう．

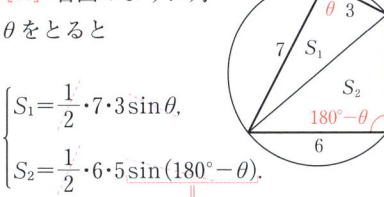

[11] 右図のように角 θ をとると

$\begin{cases} S_1 = \dfrac{1}{2} \cdot 7 \cdot 3 \sin\theta, \\ S_2 = \dfrac{1}{2} \cdot 6 \cdot 5 \sin(180° - \theta). \end{cases}$

$\underbrace{\sin(180°-\theta)}_{\parallel \sin\theta}$

∴ $S_1 : S_2 = 7 \cdot 3 : 6 \cdot 5 = \mathbf{7 : 10}.$

補足
[6]とよく似た考え方ですね．

[12] △APQ∽△ACB より

$S_1 : (S_1 + S_2)$
$= \triangle APQ : \triangle ACB$
$= AP^2 : AC^2.$

ここで直角三角形 APC に注目すると
$AP : AC = \cos\theta : 1.$

∴ $S_1 : (S_1 + S_2) = \cos^2\theta : 1.$

$S_1 : S_2 = \cos^2\theta : (1 - \cos^2\theta)$
$= \mathbf{\cos^2\theta : \sin^2\theta}.$

61

[1] ○ $\overrightarrow{OP} = \dfrac{4}{3}\overrightarrow{OA}.$

○ Q は線分 AB を 2:3 に内分するから

$\overrightarrow{OQ} = \dfrac{3\overrightarrow{OA} + 2\overrightarrow{OB}}{2+3} = \dfrac{3}{5}\overrightarrow{OA} + \dfrac{2}{5}\overrightarrow{OB}.$

○ $\overrightarrow{PQ} = \overrightarrow{OQ} - \overrightarrow{OP}$ ←差に分解

$= \left(\dfrac{3}{5}\overrightarrow{OA} + \dfrac{2}{5}\overrightarrow{OB}\right) - \dfrac{4}{3}\overrightarrow{OA}$

$= \left(\dfrac{3}{5} - \dfrac{4}{3}\right)\overrightarrow{OA} + \dfrac{2}{5}\overrightarrow{OB}$

$= -\dfrac{11}{15}\overrightarrow{OA} + \dfrac{2}{5}\overrightarrow{OB}.$

別解
$\overrightarrow{PQ} = \overrightarrow{PA} + \overrightarrow{AQ}$ ←和に分解

$= -\dfrac{1}{3}\overrightarrow{OA} + \dfrac{2}{5}\overrightarrow{AB}$

$= -\dfrac{1}{3}\overrightarrow{OA} + \dfrac{2}{5}(\overrightarrow{OB} - \overrightarrow{OA})$

$= \left(-\dfrac{1}{3} - \dfrac{2}{5}\right)\overrightarrow{OA} + \dfrac{2}{5}\overrightarrow{OB}$

$= -\dfrac{11}{15}\overrightarrow{OA} + \dfrac{2}{5}\overrightarrow{OB}.$

[2] ○ $\overrightarrow{AP} = t\overrightarrow{AB}.$

○ $\overrightarrow{OP} = \overrightarrow{OA} + \overrightarrow{AP}$ ←和に分解
$= \overrightarrow{OA} + t\overrightarrow{AB}.$

○ $\overrightarrow{OP} = \overrightarrow{OA} + t(\overrightarrow{OB} - \overrightarrow{OA})$
←差に分解
$= (1-t)\overrightarrow{OA} + t\overrightarrow{OB}.$

参考
この3つの等式は，点 P が直線 AB 上にあるための条件（共線条件）として頻繁に使います．

62A

[1] $\vec{OF} = \vec{OA} + \vec{AB} + \vec{BF} = \vec{a} + \vec{c} + \vec{d}.$

[2] $\vec{OP} = \vec{OA} + \vec{AP}$
$= \vec{OA} + \frac{1}{2}\vec{AB} = \vec{a} + \frac{1}{2}\vec{c}.$

[3] $\vec{PQ} = \vec{PB} + \vec{BF} + \vec{FQ}$ …①
$= \frac{1}{2}\vec{c} + \vec{d} - \frac{1}{3}\vec{a}.$

補足

$\vec{OQ} = \vec{OC} + \vec{CG} + \vec{GQ}$
$= \vec{OC} + \vec{CG} + \frac{2}{3}\vec{GF}$
$= \vec{c} + \vec{d} + \frac{2}{3}\vec{a}$ より,

$\vec{PQ} = \vec{OQ} - \vec{OP}$
$= \left(\vec{c} + \vec{d} + \frac{2}{3}\vec{a}\right) - \left(\vec{a} + \frac{1}{2}\vec{c}\right)$
$= -\frac{1}{3}\vec{a} + \frac{1}{2}\vec{c} + \vec{d}$

と求めることもできますが,文字通り"遠回り"です。①のように,PからQまで近道で**移動して下さい**。

62B

[1] $\vec{AP} = \vec{AQ} + \vec{AR}$
$= s\vec{AB} + t\vec{AC}.$

[2] $\vec{OP} = \vec{OA} + \vec{AP}$
$= \vec{OA} + s\vec{AB} + t\vec{AC}.$

[3] $\vec{OP} = \vec{OA} + s(\vec{OB} - \vec{OA}) + t(\vec{OC} - \vec{OA})$
$= (1 - s - t)\vec{OA} + s\vec{OB} + t\vec{OC}.$

参考

[1]～[3]の3つの等式は,点Pが平面ABC上にあるための条件(共面条件)として頻繁に用いられます。

63

[1] $\vec{AB}, \vec{AC}$ のなす角(始点をそろえて測った角)が $135°$ だから,
$\vec{AB} \cdot \vec{AC} = 3 \cdot 2 \cos 135°$
$= 3 \cdot 2 \cdot \frac{-1}{\sqrt{2}} = -3\sqrt{2}.$

[2] $\vec{AB}, \vec{BC}$ のなす角は,右図より $60°$ だから,
$\vec{AB} \cdot \vec{BC} = 3 \cdot 5 \cos 60°$
$= 3 \cdot 5 \cdot \frac{1}{2} = \frac{15}{2}.$

[3] 余弦定理より
$(5\sqrt{2})^2 = 5^2 + 3^2 - 2 \times \underbrace{5 \cdot 3 \cos B}_{\vec{BA} \cdot \vec{BC}}$

$\therefore \vec{BA} \cdot \vec{BC} = \frac{25 + 9 - 50}{2} = -8.$

[4] $\vec{OA} = \begin{pmatrix} \cos\alpha \\ \sin\alpha \end{pmatrix},$ $\vec{OB} = \begin{pmatrix} \cos\beta \\ \sin\beta \end{pmatrix}$ より
$\vec{OA} \cdot \vec{OB} = \cos\alpha\cos\beta + \sin\alpha\sin\beta$
$= \cos(\alpha - \beta).$

補足

下の左図の場合は,
$\vec{OA} \cdot \vec{OB} = 1 \cdot 1 \cos(\beta - \alpha)$
$= \cos(\alpha - \beta).$

下の右図の場合は
$\vec{OA} \cdot \vec{OB} = 1 \cdot 1 \cos(2\pi - (\alpha - \beta))$
$= \cos(\alpha - \beta).$

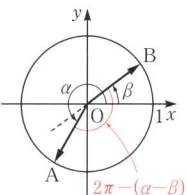

その他にも様々な位置関係が考えられますが,結局どの場合にも
$\vec{OA} \cdot \vec{OB} = \cos(\alpha - \beta)$ となります。

64A

[1] $|\vec{b}-\vec{a}|^2 = (\vec{b}-\vec{a})\cdot(\vec{b}-\vec{a})$
$\qquad\qquad = |\vec{b}|^2 - 2\vec{a}\cdot\vec{b} + |\vec{a}|^2$
$\qquad\qquad = 3 - 2\cdot 3 + 4 = 1.$
$\therefore\ |\vec{b}-\vec{a}| = 1.$

[2] $\left(\dfrac{\vec{a}}{2}-\vec{b}\right)\cdot\left(\dfrac{2}{3}\vec{b}-\vec{a}\right)$

$= -\dfrac{1}{2}|\vec{a}|^2 + \dfrac{4}{3}\vec{a}\cdot\vec{b} - \dfrac{2}{3}|\vec{b}|^2$

$= -\dfrac{1}{2}\cdot 4 + \dfrac{4}{3}\cdot 3 - \dfrac{2}{3}\cdot 3 = 0.$

(補足)
つまり，$\dfrac{\vec{a}}{2}-\vec{b}$ と $\dfrac{2}{3}\vec{b}-\vec{a}$ は垂直です．

[3] 解法1 (ベクトルについて整理)

$\left\{\dfrac{t}{2}\vec{a}+(1-t)\vec{b}\right\}\cdot\left\{(1-t)\vec{a}+\dfrac{2}{3}t\vec{b}\right\}$

$= \dfrac{t}{2}(1-t)|\vec{a}|^2 + \left\{\dfrac{t^2}{3}+(1-t)^2\right\}\vec{a}\cdot\vec{b}$
$\qquad\qquad\qquad\qquad + \dfrac{2}{3}t(1-t)|\vec{b}|^2$

$= \dfrac{t}{2}(1-t)\cdot 4 + \left\{\dfrac{t^2}{3}+(1-t)^2\right\}\cdot 3$
$\qquad\qquad\qquad\qquad + \dfrac{2}{3}t(1-t)\cdot 3$

$= 2t(1-t) + \{t^2+3(1-t)^2\} + 2t(1-t)$

$= -2t+3 = 0.\quad \therefore\ t = \dfrac{3}{2}.$

解法2 (文字 t について整理)

$\left\{\dfrac{t}{2}\vec{a}+(1-t)\vec{b}\right\}\cdot\left\{(1-t)\vec{a}+\dfrac{2}{3}t\vec{b}\right\}$

$= \left\{t\left(\dfrac{\vec{a}}{2}-\vec{b}\right)+\vec{b}\right\}\cdot\left\{t\left(\dfrac{2}{3}\vec{b}-\vec{a}\right)+\vec{a}\right\}$

$= t^2\left(\dfrac{\vec{a}}{2}-\vec{b}\right)\cdot\left(\dfrac{2}{3}\vec{b}-\vec{a}\right)$ ← t について整理
$\qquad + t\left\{\left(\dfrac{\vec{a}}{2}-\vec{b}\right)\cdot\vec{a}+\vec{b}\cdot\left(\dfrac{2}{3}\vec{b}-\vec{a}\right)\right\}+\vec{a}\cdot\vec{b}$

$= t^2\cdot 0 + t\left(\dfrac{4}{2}-3+\dfrac{2}{3}\cdot 3 - 3\right)+3$ ← 展開しながら値を代入 [2]より

$= -2t+3 = 0.\quad \therefore\ t = \dfrac{3}{2}.$

(補足)
t について整理すると[2]の結果が使えたので，本問では 解法2 が有利でした．

[4] 最初から文字 t について整理されていますから，t を集めたままで計算しましょう．

$\left|\vec{a}+t\left(\dfrac{2}{3}\vec{b}-\vec{a}\right)\right|^2$

$= \left\{\vec{a}+t\left(\dfrac{2}{3}\vec{b}-\vec{a}\right)\right\}\cdot\left\{\vec{a}+t\left(\dfrac{2}{3}\vec{b}-\vec{a}\right)\right\}$

$= |\vec{a}|^2 + 2t\vec{a}\cdot\left(\dfrac{2}{3}\vec{b}-\vec{a}\right) + t^2\left|\dfrac{2}{3}\vec{b}-\vec{a}\right|^2$

$= |\vec{a}|^2 + 2t\left(\dfrac{2}{3}\vec{a}\cdot\vec{b}-|\vec{a}|^2\right)$
$\qquad\qquad + t^2\left(\dfrac{4}{9}|\vec{b}|^2 - \dfrac{4}{3}\vec{a}\cdot\vec{b} + |\vec{a}|^2\right)$

$= 4 + 2t\left(\dfrac{2}{3}\cdot 3 - 4\right) + t^2\left(\dfrac{4}{9}\cdot 3 - \dfrac{4}{3}\cdot 3 + 4\right)$

$= 4 - 4t + \dfrac{4}{3}t^2$

$= \dfrac{4}{3}\left(t-\dfrac{3}{2}\right)^2 + 1.\qquad t=\dfrac{3}{2}$ のとき

よって求める最小値は，$\sqrt{1} = 1.$

64B

[1] $\left|\dfrac{\vec{a}+\vec{b}+\vec{c}}{3}\right| = \dfrac{1}{3}|\vec{a}+\vec{b}+\vec{c}|.\quad \cdots ①$

ここで
$|\vec{a}+\vec{b}+\vec{c}|^2$
$= (\vec{a}+\vec{b}+\vec{c})\cdot(\vec{a}+\vec{b}+\vec{c})$
$= |\vec{a}|^2+|\vec{b}|^2+|\vec{c}|^2+2\vec{a}\cdot\vec{b}+2\vec{b}\cdot\vec{c}+2\vec{c}\cdot\vec{a}$
$= 1+1+1+2\cdot\dfrac{1}{2}+2\cdot\dfrac{1}{2}+2\cdot\dfrac{1}{2} = 6.$

これと①より
$\left|\dfrac{\vec{a}+\vec{b}+\vec{c}}{3}\right| = \dfrac{\sqrt{6}}{3}.$

> **参考**
> 本問の結果は，右図のような1辺の長さが1である正四面体において，頂点Oからその対面ABCの重心Gへ至るベクトル$\overrightarrow{OG}$の長さ，つまりこの正四面体の「高さ」を表しています．

[2] 文字tについて整理してやります．
$|(1-2t)\vec{a}+t\vec{b}+t\vec{c}|^2$
$=|\vec{a}+t(\vec{b}+\vec{c}-2\vec{a})|^2$
$=\{\vec{a}+t(\vec{b}+\vec{c}-2\vec{a})\}\cdot\{\vec{a}+t(\vec{b}+\vec{c}-2\vec{a})\}$
$=|\vec{a}|^2+2t\vec{a}\cdot(\vec{b}+\vec{c}-2\vec{a})+t^2|\vec{b}+\vec{c}-2\vec{a}|^2$
$=|\vec{a}|^2+2t(\vec{a}\cdot\vec{b}+\vec{a}\cdot\vec{c}-2|\vec{a}|^2)$
$\qquad +t^2(|\vec{b}|^2+|\vec{c}|^2+4|\vec{a}|^2$
$\qquad\qquad +2\vec{b}\cdot\vec{c}-4\vec{c}\cdot\vec{a}-4\vec{a}\cdot\vec{b})$
$=1+2t\left(\dfrac{1}{2}+\dfrac{1}{2}-2\right)$
$\qquad +t^2\left(1+1+4+2\cdot\dfrac{1}{2}-4\cdot\dfrac{1}{2}-4\cdot\dfrac{1}{2}\right)$
$=1-2t+3t^2$
$=3\left(t-\dfrac{1}{3}\right)^2+\dfrac{2}{3}$. $t=\dfrac{1}{3}$ のとき

よって求める最小値は，$\sqrt{\dfrac{2}{3}}=\dfrac{\sqrt{6}}{3}$.

> **注意**
> ベクトル$\vec{a}, \vec{b}, \vec{c}$について整理された形のままで展開すると，文字$t$が6か所に散らばった形となり，同類項をまとめるのも一苦労です．

65A

[1] $\left\{\begin{pmatrix}4\\0\\-1\end{pmatrix}+t\begin{pmatrix}2\\-1\\1\end{pmatrix}\right\}\cdot\begin{pmatrix}2\\-1\\1\end{pmatrix}=0.$

$\begin{pmatrix}4\\0\\-1\end{pmatrix}\cdot\begin{pmatrix}2\\-1\\1\end{pmatrix}+t\left|\begin{pmatrix}2\\-1\\1\end{pmatrix}\right|^2=0.$

$(8+0-1)+t(4+1+1)=0.$

$7+t\cdot 6=0.\quad\therefore\ t=-\dfrac{7}{6}.$

> **注意**
> $\begin{pmatrix}4+2t\\-t\\-1+t\end{pmatrix}$ と，ワザワザtをバラまいてはいけません！

[2] **解法1**
$\begin{pmatrix}2t\\3-t\\1\end{pmatrix}\cdot\begin{pmatrix}t+2\\-1\\t-1\end{pmatrix}=0.$

$2t(t+2)-(3-t)+(t-1)=0.$

$2t^2+6t-4=0.$

$t^2+3t-2=0.$

$\therefore\ t=\dfrac{-3\pm\sqrt{17}}{2}.$

解法2 t^2の項
$\left\{t\begin{pmatrix}2\\-1\\0\end{pmatrix}+\begin{pmatrix}0\\3\\1\end{pmatrix}\right\}\cdot\left\{t\begin{pmatrix}1\\0\\1\end{pmatrix}+\begin{pmatrix}2\\-1\\-1\end{pmatrix}\right\}=0.$
   tの項

$t^2\cdot 2+t(5+1)-4=0.$

⋮ (以下同様)

> **補足**
> 本問では，どちらの解法でも大差ないと思います．

[3] 成分全体を眺めると…x, y, zのすべての成分に共通な「$\dfrac{t}{2}-1$」$\left(\text{or } 1-\dfrac{t}{2}\right)$があることに気づきます．

本問は $\dfrac{t}{2}\begin{pmatrix}1\\2\\-1\end{pmatrix}+\begin{pmatrix}-1\\5\\1\end{pmatrix}$ などとtをまとめると不利です．

$$\begin{pmatrix} \frac{t}{2}-1 \\ 5+t \\ 1-\frac{t}{2} \end{pmatrix} \cdot \begin{pmatrix} \frac{t}{2}-1 \\ 1-\frac{t}{2} \\ 5-t \end{pmatrix} = 0.$$

$$\left(\frac{t}{2}-1\right)^2 + (5+t)\left(1-\frac{t}{2}\right)$$
$$\qquad\qquad + \left(1-\frac{t}{2}\right)(5-t) = 0.$$

$$\left(\frac{t}{2}-1\right)\left(\frac{t}{2}-1-5-t-5+t\right) = 0.$$

$$\left(\frac{t}{2}-1\right)\left(\frac{t}{2}-11\right) = 0. \quad \therefore \quad t = \mathbf{2},\ \mathbf{22}.$$

よって $|\vec{b}|$ の最小値は，$\sqrt{\dfrac{98}{5}} = \dfrac{7}{5}\sqrt{10}$.

[3] $|\vec{c}|^2$

$$= \left| \begin{pmatrix} 2 \\ 0 \\ -1 \end{pmatrix} + t\begin{pmatrix} 2 \\ -1 \\ 1 \end{pmatrix} \right|^2$$

$$= \left| \begin{pmatrix} 2 \\ 0 \\ -1 \end{pmatrix} \right|^2 + 2t\begin{pmatrix} 2 \\ 0 \\ -1 \end{pmatrix} \cdot \begin{pmatrix} 2 \\ -1 \\ 1 \end{pmatrix} + t^2 \left| \begin{pmatrix} 2 \\ -1 \\ 1 \end{pmatrix} \right|^2$$

$$= (4+0+1) + 2t(4+0-1) + t^2(4+1+1)$$
$$= 5 + 2t \cdot 3 + t^2 \cdot 6$$
$$= 6t^2 + 6t + 5$$
$$= 6\left(t+\frac{1}{2}\right)^2 + \frac{7}{2}. \quad t=-\frac{1}{2} \text{ のとき}$$

よって $|\vec{c}|$ の最小値は，$\sqrt{\dfrac{7}{2}}$.

65B

[1] $|\vec{a}|^2 = (2t+3)^2 + (-t+2)^2 + (t-1)^2$
$\qquad = 6t^2 + 6t + 14$
$\qquad = 6\left(t+\dfrac{1}{2}\right)^2 + \dfrac{25}{2}. \quad t=-\dfrac{1}{2}$ のとき

よって $|\vec{a}|$ の最小値は，$\sqrt{\dfrac{25}{2}} = \dfrac{5}{\sqrt{2}}$.

[別解]

$$|\vec{a}|^2 = \left| t\begin{pmatrix} 2 \\ -1 \\ 1 \end{pmatrix} + \begin{pmatrix} 3 \\ 2 \\ -1 \end{pmatrix} \right|^2$$

$$= t^2 \left| \begin{pmatrix} 2 \\ -1 \\ 1 \end{pmatrix} \right|^2 + 2t\begin{pmatrix} 2 \\ -1 \\ 1 \end{pmatrix} \cdot \begin{pmatrix} 3 \\ 2 \\ -1 \end{pmatrix} + \left| \begin{pmatrix} 3 \\ 2 \\ -1 \end{pmatrix} \right|^2$$

$$= t^2(4+1+1) + 2t(6-2-1)$$
$$\qquad\qquad + (9+4+1)$$
$$= t^2 \cdot 6 + 2t \cdot 3 + 14$$
$\qquad\qquad\vdots \quad$ （以下同様）

[2] 平面ベクトルは成分が2つしかありませんから，成分公式だけで押し通してもなんとかなってしまいます。

$|\vec{b}|^2 = (3t+2)^2 + (4-t)^2$
$\qquad = 10t^2 + 4t + 20$
$\qquad = 10\left(t+\dfrac{1}{5}\right)^2 + \dfrac{98}{5}.$

65C

$$\left\{ \begin{pmatrix} 1 \\ 1 \\ 3 \end{pmatrix} + \alpha\begin{pmatrix} 2 \\ 1 \\ 1 \end{pmatrix} + \beta\begin{pmatrix} 1 \\ 2 \\ 2 \end{pmatrix} \right\} \cdot \begin{pmatrix} 2 \\ 1 \\ 1 \end{pmatrix} = 0.$$

$(2+1+3) + \alpha(4+1+1) + \beta(2+2+2) = 0.$
$6 + \alpha \cdot 6 + \beta \cdot 6 = 0. \quad \cdots ①$

$$\left\{ \begin{pmatrix} 1 \\ 1 \\ 3 \end{pmatrix} + \alpha\begin{pmatrix} 2 \\ 1 \\ 1 \end{pmatrix} + \beta\begin{pmatrix} 1 \\ 2 \\ 2 \end{pmatrix} \right\} \cdot \begin{pmatrix} 1 \\ 2 \\ 2 \end{pmatrix} = 0.$$

$(1+2+6) + \alpha(2+2+2) + \beta(1+4+4) = 0.$
$9 + \alpha \cdot 6 + \beta \cdot 9 = 0. \quad \cdots ②$

①，②より，$\alpha = \mathbf{0},\ \beta = \mathbf{-1}.$

66

[1] $\vec{u} = \begin{pmatrix} 2 \\ 3 \end{pmatrix}, \begin{pmatrix} -2 \\ -3 \end{pmatrix}.$

x と y を入れ換えて片方を符号反対に

[2] $\vec{u} /\!/ \begin{pmatrix} 1 \\ -\frac{1}{3} \end{pmatrix} /\!/ \begin{pmatrix} 3 \\ -1 \end{pmatrix}$.

$\left|\begin{pmatrix} 3 \\ -1 \end{pmatrix}\right| = \sqrt{10}$ で,

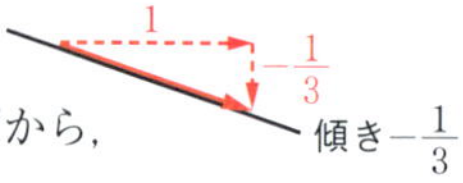

$\vec{u}$ の x 成分は正だから,

$\vec{u} = \begin{pmatrix} 3 \\ -1 \end{pmatrix}$.

傾き $-\frac{1}{3}$

これと長さが等しく垂直なベクトル $\vec{v}$ は, その y 成分が正であることも考慮して

$\vec{v} = \begin{pmatrix} 1 \\ 3 \end{pmatrix}$. ・・・ x と y を入れ換えて片方を符号反対に

[3] $\vec{u}$ は, 直線 $3x+4y=1$ の法線ベクトルの 1 つ: $\begin{pmatrix} 3 \\ 4 \end{pmatrix}$ と平行. (→ ITEM 68 ❷)

これと $\begin{cases} \vec{u} \text{ の } y \text{ 成分が正,} \\ |\vec{u}| = 2 \end{cases}$ より

$\vec{u} = +2 \times \frac{1}{5} \begin{pmatrix} 3 \\ 4 \end{pmatrix} = \frac{2}{5} \begin{pmatrix} 3 \\ 4 \end{pmatrix}$.

符号付長さ　単位ベクトル

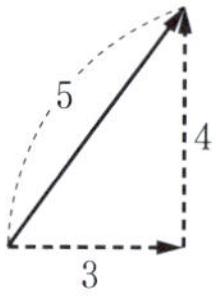

これと長さが等しく垂直なベクトル $\vec{v}$ は, その x 成分が正であることも考慮して

$\vec{v} = \frac{2}{5} \begin{pmatrix} 4 \\ -3 \end{pmatrix}$.

[4] $\begin{cases} \vec{u} \text{ の偏角は } \theta, \\ |\vec{u}| = 2 \end{cases}$ より, $\vec{u} = 2 \begin{pmatrix} \cos\theta \\ \sin\theta \end{pmatrix}$.

[5] $\begin{cases} \vec{u} \text{ の偏角は } \pi-\alpha, \\ |\vec{u}| = 3 \end{cases}$ より

$\vec{u} = 3 \begin{pmatrix} \cos(\pi-\alpha) \\ \sin(\pi-\alpha) \end{pmatrix}$

$= 3 \begin{pmatrix} -\cos\alpha \\ \sin\alpha \end{pmatrix}$.

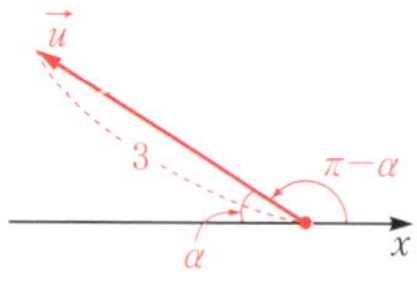

[6] $\begin{cases} \vec{u} \text{ の偏角は } 2\theta, \\ |\vec{u}| = r \end{cases}$ より

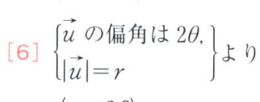

$\vec{u} = r \begin{pmatrix} \cos 2\theta \\ \sin 2\theta \end{pmatrix}$.

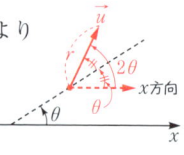

[7] 右図のように単位ベクトル $\overrightarrow{OA'}$, $\overrightarrow{OB'}$ をとると, $\vec{u}$ は

$\vec{v} = \overrightarrow{OA'} + \overrightarrow{OB'}$

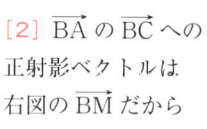

と平行である.

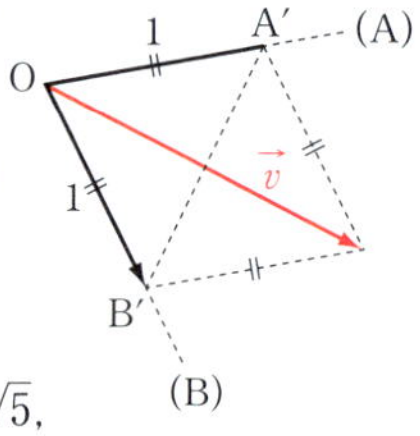

$|\overrightarrow{OA}| = \sqrt{11^2 + 2^2} = 5\sqrt{5}$,

$|\overrightarrow{OB}| = \sqrt{1^2 + 2^2} = \sqrt{5}$ だから

$\vec{v} = \frac{1}{5\sqrt{5}} \begin{pmatrix} 11 \\ 2 \end{pmatrix} + \frac{1}{\sqrt{5}} \begin{pmatrix} 1 \\ -2 \end{pmatrix}$

$/\!/ \begin{pmatrix} 11 \\ 2 \end{pmatrix} + 5 \begin{pmatrix} 1 \\ -2 \end{pmatrix}$ $5\sqrt{5}$ 倍

$= \begin{pmatrix} 16 \\ -8 \end{pmatrix} = 8 \begin{pmatrix} 2 \\ -1 \end{pmatrix} /\!/ \begin{pmatrix} 2 \\ -1 \end{pmatrix}$.

よって, $\vec{u}$ は $\begin{pmatrix} 2 \\ -1 \end{pmatrix}$ と同じ向き.

これと $|\vec{u}| = 10$ より

$\vec{u} = +10 \times \frac{1}{\sqrt{5}} \begin{pmatrix} 2 \\ -1 \end{pmatrix} = 2\sqrt{5} \begin{pmatrix} 2 \\ -1 \end{pmatrix}$.

符号付長さ　単位ベクトル

67

[1] $\overrightarrow{CB}$ の $\overrightarrow{CA}$ への正射影ベクトルは $\overrightarrow{CA}$ だから

$\overrightarrow{CA} \cdot \overrightarrow{CB} = 3 \cdot 3 = 9$.

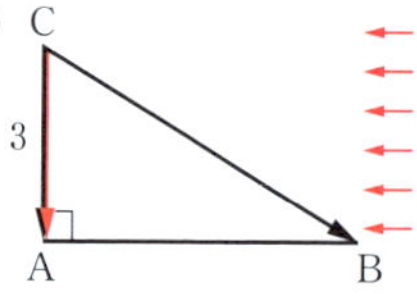

[2] $\overrightarrow{BA}$ の $\overrightarrow{BC}$ への正射影ベクトルは右図の $\overrightarrow{BM}$ だから

$\overrightarrow{BA} \cdot \overrightarrow{BC} = 3 \cdot \frac{3}{2} = \frac{9}{2}$.

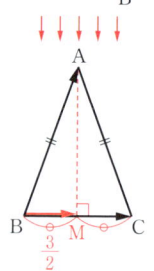

[3] $\overrightarrow{AO}$ の $\overrightarrow{AB}$ への正射影ベクトルは右図の $\overrightarrow{AM}$ だから

$\overrightarrow{AB} \cdot \overrightarrow{AO} = 2 \cdot 1 = 2$.

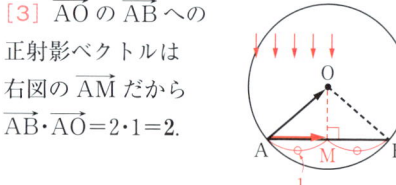

[4] Cから直線ABへ下ろした垂線の足をHとすると，

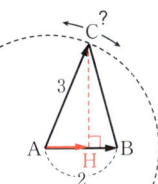

$$\underbrace{\overrightarrow{AB}\cdot\overrightarrow{AC}}_{2}=\underbrace{|\overrightarrow{AB}|}_{2}\times(\overrightarrow{AH}\text{の符号付長さ}).$$

よって，$\overrightarrow{AH}$ の符号付長さは 1 だから，右図のようになる。
(△ABC は CA=CB の二等辺三角形)

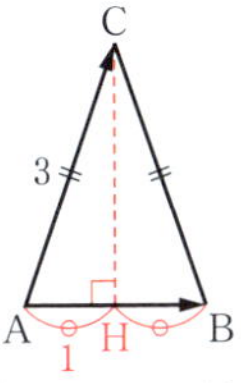

[5] $\vec{h}$ は，$\vec{b}$ の $\vec{a}$ への正射影ベクトルだから

$$\vec{h}=\underbrace{\frac{\vec{a}\cdot\vec{b}}{|\vec{a}|}}_{\text{符号付長さ}}\cdot\underbrace{\frac{\vec{a}}{|\vec{a}|}}_{\text{単位ベクトル}}=\frac{\vec{a}\cdot\vec{b}}{|\vec{a}|^2}\vec{a}.$$

これと $\vec{h}=\dfrac{\vec{b}+\vec{c}}{2}$ より

$$\vec{c}=2\vec{h}-\vec{b}=2\cdot\frac{\vec{a}\cdot\vec{b}}{|\vec{a}|^2}\vec{a}-\vec{b}.$$

[6] $\overrightarrow{AH}$ は，$\overrightarrow{AP}=\begin{pmatrix}3\\3\end{pmatrix}$ の $\vec{v}=\begin{pmatrix}3\\1\end{pmatrix}$ への正射影ベクトルだから

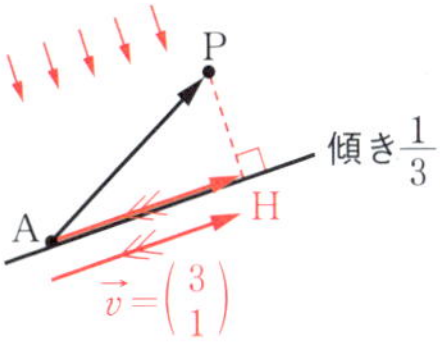

$$\overrightarrow{AH}=\frac{\overrightarrow{AP}\cdot\vec{v}}{|\vec{v}|}\cdot\frac{\vec{v}}{|\vec{v}|}$$
$$=\frac{\overrightarrow{AP}\cdot\vec{v}}{|\vec{v}|^2}\vec{v}=\frac{12}{10}\begin{pmatrix}3\\1\end{pmatrix}=\frac{6}{5}\begin{pmatrix}3\\1\end{pmatrix}.$$

[7] この直線の法線ベクトルの1つは $\vec{v}=\begin{pmatrix}1\\-2\end{pmatrix}$ である。

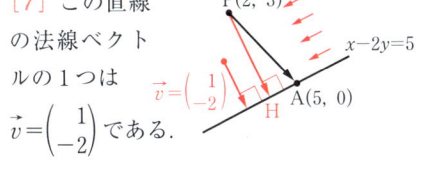

$\overrightarrow{PH}$ は，$\overrightarrow{PA}=\begin{pmatrix}3\\-3\end{pmatrix}$ の $\vec{v}=\begin{pmatrix}1\\-2\end{pmatrix}$ への正射影ベクトルだから

$$\overrightarrow{PH}=\frac{\overrightarrow{PA}\cdot\vec{v}}{|\vec{v}|}\cdot\frac{\vec{v}}{|\vec{v}|}$$
$$=\frac{\overrightarrow{PA}\cdot\vec{v}}{|\vec{v}|^2}\vec{v}=\frac{9}{5}\begin{pmatrix}1\\-2\end{pmatrix}.$$

[8]

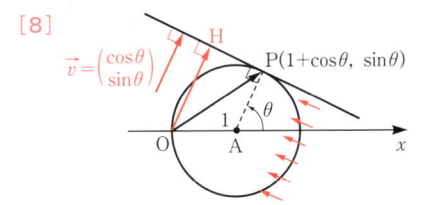

$\overrightarrow{OH}$ は，$\overrightarrow{OP}=\begin{pmatrix}1+\cos\theta\\\sin\theta\end{pmatrix}$ の $\vec{v}=\begin{pmatrix}\cos\theta\\\sin\theta\end{pmatrix}$ への正射影ベクトルだから

$$\overrightarrow{OH}=\frac{\overrightarrow{OP}\cdot\vec{v}}{|\vec{v}|}\cdot\frac{\vec{v}}{|\vec{v}|}$$
$$=\frac{\overrightarrow{OP}\cdot\vec{v}}{|\vec{v}|^2}\vec{v}\quad\because|\vec{v}|=1$$
$$=\{(1+\cos\theta)\cos\theta+\sin^2\theta\}\begin{pmatrix}\cos\theta\\\sin\theta\end{pmatrix}$$
$$=(1+\cos\theta)\begin{pmatrix}\cos\theta\\\sin\theta\end{pmatrix}.$$

すなわち，

$H((1+\cos\theta)\cos\theta,\ (1+\cos\theta)\sin\theta).$

[9] $\overrightarrow{PH}$ は，$\overrightarrow{PA}=\begin{pmatrix}1\\-1\\-6\end{pmatrix}$ の $\vec{n}=\begin{pmatrix}1\\1\\1\end{pmatrix}$ への正射影ベクトルだから

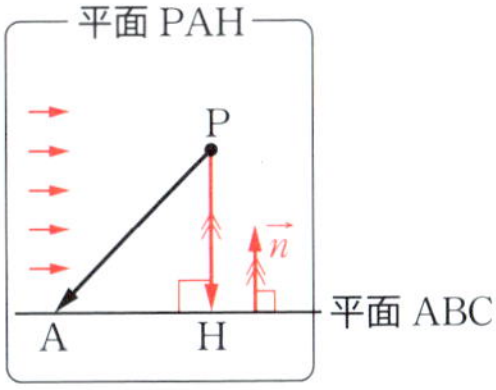

$$\overrightarrow{PH}=\frac{\overrightarrow{PA}\cdot\vec{n}}{|\vec{n}|}\cdot\frac{\vec{n}}{|\vec{n}|}$$
$$=\frac{\overrightarrow{PA}\cdot\vec{n}}{|\vec{n}|^2}\vec{n}=\frac{-6}{3}\begin{pmatrix}1\\1\\1\end{pmatrix}=-2\begin{pmatrix}1\\1\\1\end{pmatrix}.$$

68A

[1] $l : y - 4 = \dfrac{2}{3}(x - 3)$

　i.e. $y = \dfrac{2}{3}x + 2$.

(補足)
y 切片が 2 であることは，右図のように目でわかりますが…

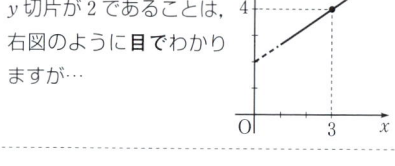

[2] l の傾き $= \dfrac{-2-1}{2-(-3)} = -\dfrac{3}{5}$.

　∴ $l : y + 2 = -\dfrac{3}{5}(x - 2)$.

　i.e. $y = -\dfrac{3}{5}x - \dfrac{4}{5}$.

[3] l の方向ベクトルの 1 つが $\begin{pmatrix}1\\2\end{pmatrix}$ だから，l の傾きは 2.

　∴ $l : y = 2x - 3$.

[4] l の傾き $= \tan 30°$
$= \dfrac{1}{\sqrt{3}}$.

　∴ $l : y = \dfrac{1}{\sqrt{3}}(x + 2)$.

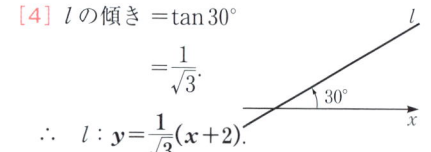

[5] $l : x = 3$.

(注意)
このような y 軸に平行な直線は，「傾き」をもちません．

[6] 切片に注目して

$l : \dfrac{x}{2} + \dfrac{y}{-3} = 1$.　i.e. $\dfrac{x}{2} - \dfrac{y}{3} = 1$. …①

(補足)
上記直線①が 2 点 $(2, 0)$, $(0, -3)$ を通ることを確かめて下さい．

[7] l 上の任意の点 (x, y) が満たすべき条件は

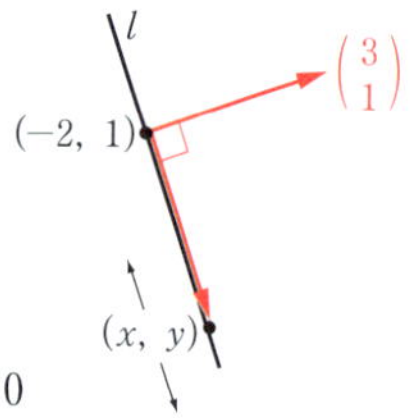

$\begin{pmatrix}3\\1\end{pmatrix} \cdot \begin{pmatrix}x+2\\y-1\end{pmatrix} = 0$.

$3(x+2) + 1 \cdot (y-1) = 0$

i.e. $3x + y + 5 = 0$.

[8] $\sin\theta = s$, $\cos\theta = c$ と略記する．

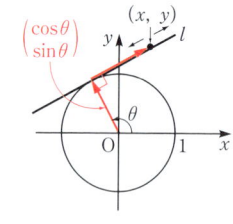

l 上の任意の点 (x, y) が満たすべき条件は

$\begin{pmatrix}c\\s\end{pmatrix} \cdot \left\{\begin{pmatrix}x\\y\end{pmatrix} - \begin{pmatrix}c\\s\end{pmatrix}\right\} = 0$.

i.e. $cx + sy - (c^2 + s^2) = 0$.

　∴ $l : (\cos\theta)x + (\sin\theta)y = 1$.

(補足)
「円の接線公式」を証明したわけです．

[9] l の法線ベクトルの 1 つは

l と垂直なベクトル

$\vec{AB} = \begin{pmatrix}2\\4\end{pmatrix} /\!/ \begin{pmatrix}1\\2\end{pmatrix}$.

また，l は線分 AB の中点

$\left(\dfrac{1+3}{2}, \dfrac{1+5}{2}\right) = (2, 3)$ を通るから，

$l : \begin{pmatrix}1\\2\end{pmatrix} \cdot \begin{pmatrix}x-2\\y-3\end{pmatrix} = 0$.

$1 \cdot (x-2) + 2(y-3) = 0$.

i.e. $x + 2y = 8$.

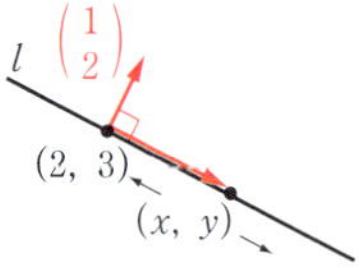

(別解)
AB の傾きは $\dfrac{5-1}{3-1} = 2$. これと $l \perp$ AB より l の傾きは $-\dfrac{1}{2}$.　積$=-1$

また，l は AB の中点 $(2, 3)$ を通るから

$l : y - 3 = -\dfrac{1}{2}(x - 2)$.

i.e. $y=-\dfrac{1}{2}x+4.$

68B

直線を描く際に注目したものを赤色で示しました．

[1]

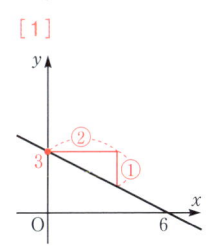

[2]

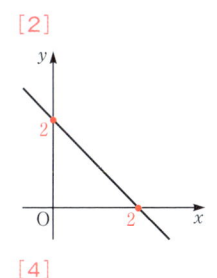

[3] $\left(\dfrac{1}{\sqrt{3}}=\tan 30°\right)$

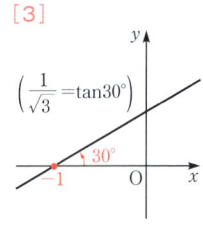

[4]

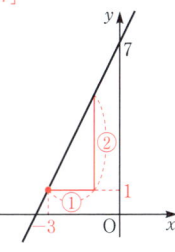

[5]

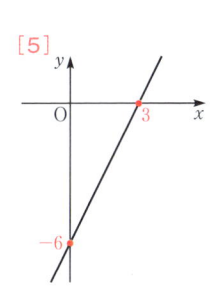

[6]

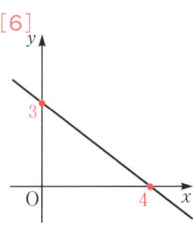

69A

[1] $\overrightarrow{AB}=\begin{pmatrix}2\\3\end{pmatrix}$ より，$AB=\sqrt{2^2+3^2}=\sqrt{13}.$

[2] $\overrightarrow{AB}=\begin{pmatrix}6\\-3\end{pmatrix}=3\begin{pmatrix}2\\-1\end{pmatrix}$ より

$AB=|\overrightarrow{AB}|=3\sqrt{2^2+(-1)^2}=3\sqrt{5}.$

[3] $\overrightarrow{AB}=\begin{pmatrix}-3a\\4a\end{pmatrix}=a\begin{pmatrix}-3\\4\end{pmatrix}$ より

$AB=|\overrightarrow{AB}|=|a|\sqrt{(-3)^2+4^2}=5|a|.$

|注意|
$a<0$ のこともあり得るので，絶対値記号は欠かせません．

[4] $A(\alpha,\ \alpha^2),\ B(\beta,\ \beta^2)$ より

$\overrightarrow{AB}=\begin{pmatrix}\beta-\alpha\\\beta^2-\alpha^2\end{pmatrix}=(\beta-\alpha)\begin{pmatrix}1\\\alpha+\beta\end{pmatrix}.$

∴ $AB=|\overrightarrow{AB}|=|\beta-\alpha|\sqrt{1+(\alpha+\beta)^2}.$

|参考|
$\overrightarrow{AB}\parallel \begin{pmatrix}1\\\alpha+\beta\end{pmatrix}$ より，

直線 AB の傾きは $\alpha+\beta$ です．

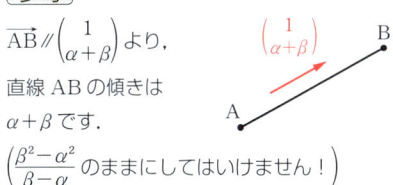

$\left(\dfrac{\beta^2-\alpha^2}{\beta-\alpha}\right.$ のままにしてはいけません！$\left.\right)$

[5] 右の直角三角形の3辺比を利用して

$AB=\sqrt{5}(6-3)=3\sqrt{5}.$

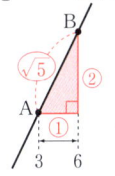

[6] $AB=\dfrac{\sqrt{1+m^2}}{m}(3-1)$

$=\dfrac{2\sqrt{1+m^2}}{m}.$

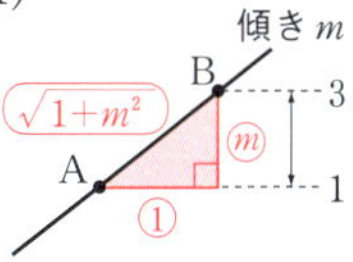

[7] $0<\theta<2\theta<\pi$ より

$\cos\theta>\cos 2\theta.$

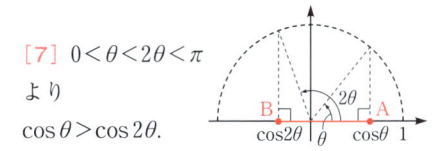

∴ $AB=\cos\theta-\cos 2\theta.$

|注意|
$\cos 2\theta$ の符号による場合分けなど不要です．座標軸に平行な線分については

　(長さ) = (大きな座標) − (小さな座標)

によって求まります．

69B

[1] $d = \dfrac{|0+0-2|}{\sqrt{1^2+1^2}} = \dfrac{|-2|}{\sqrt{2}} = \sqrt{2}$.

[2] $l : 2x - y + 3 = 0$ だから 〔右辺を0にする〕

$d = \dfrac{|2\cdot 3 - 0 + 3|}{\sqrt{2^2+(-1)^2}} = \dfrac{|6+3|}{\sqrt{5}} = \dfrac{9}{\sqrt{5}}$.

[3] $l : 3x - 4y - 1 = 0$ だから

$d = \dfrac{|3\cdot 1 - 4\cdot 2 - 1|}{\sqrt{3^2+(-4)^2}} = \dfrac{|3-8-1|}{5} = \dfrac{6}{5}$.

〔補足〕
l の方程式において,右辺の1を移項する程度なら,頭の中でイメージするだけで充分でしょう。(イメージだけは必ずしてくださいね!)

[4] $l : m(x-1) - (y-2) = 0$ だから

$d = \dfrac{|m\cdot 1 - (-1)|}{\sqrt{m^2+(-1)^2}} = \dfrac{|m+1|}{\sqrt{m^2+1}}$.

〔補足〕
直線の方程式は,必ずしも
○x+△y+□=0 〔右辺が0なら可〕
の形にしなくてもOKです。

[5] $d = \dfrac{|-p|}{\sqrt{\cos^2\theta + \sin^2\theta}} = |p|$.

70A

[1] C の半径は2だから
$C : (x-3)^2 + (y-2)^2 = 2^2$.

[2] 中心の座標は $(2,\ -2)$ だから
$C : (x-2)^2 + (y+2)^2 = 2^2$.

[3] 中心は AB の中点 $\left(\dfrac{7}{2},\ 2\right)$. また,

$\vec{AB} = \begin{pmatrix} 3 \\ -6 \end{pmatrix} = 3\begin{pmatrix} 1 \\ -2 \end{pmatrix}$ より, $|\vec{AB}| = 3\sqrt{5}$.

よって C の半径は,$\dfrac{1}{2}|\vec{AB}| = \dfrac{3}{2}\sqrt{5}$.

以上より,
$C : \left(x - \dfrac{7}{2}\right)^2 + (y-2)^2 = \dfrac{45}{4}$.

[4] C の中心 P は,弦 OA,OB の垂直二等分線の交点だから,

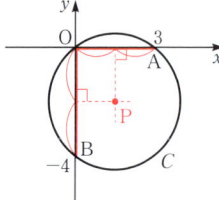

$P\left(\dfrac{3}{2},\ -2\right)$.

C の半径は

$|\vec{OP}| = \left|\dfrac{1}{2}\begin{pmatrix} 3 \\ -4 \end{pmatrix}\right| = \dfrac{5}{2}$.

∴ $C : \left(x - \dfrac{3}{2}\right)^2 + (y+2)^2 = \left(\dfrac{5}{2}\right)^2$.

〔別解〕
∠AOB = 90° より,線分 AB は円 C の直径だから,C の中心 P は AB の中点 $\left(\dfrac{3}{2},\ -2\right)$.

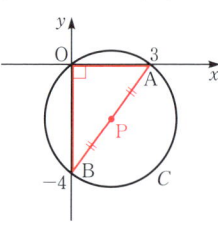

また,C の半径は $\dfrac{1}{2}$AB $= \dfrac{5}{2}$. …(以下同様…)

[5] [4]の〔別解〕と同様である.
右図より,C の中心 P は AD の中点 $(3,\ 3)$. C の半径は

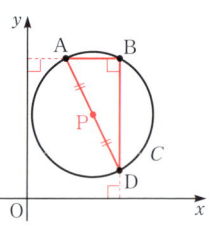

$|\vec{AP}| = \left|\begin{pmatrix} 1 \\ -2 \end{pmatrix}\right| = \sqrt{5}$.

∴ $C : (x-3)^2 + (y-3)^2 = 5$.

[6] 〔解法1〕
$C : x^2 + y^2 + ax + by + c = 0$ とおくと, C が3点 $A(0,\ 5)$, $B(2,\ 6)$, $D(4,\ 2)$ を通ることから

$$\begin{cases} 25+5b+c=0, & \cdots ① \\ 40+2a+6b+c=0, & \cdots ② \\ 20+4a+2b+c=0, & \cdots ③ \end{cases}$$

②×2−③より，$60+10b+c=0$．$\cdots$ ④
④−①より，$35+5b=0$．$b=-7$．
これと①より，$c=10$．
また，②より $a=-4$．
以上より，$C: x^2+y^2-4x-7y+10=0$．

[解法2]
慎重に図を見れば，次のことに気づくかも．

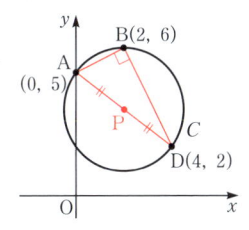

AB の傾き $=\dfrac{1}{2}$，

BD の傾き $=\dfrac{-4}{2}=-2$．

$\dfrac{1}{2}\times(-2)=-1$ より，$\angle ABD=90°$．

よって，C の中心 P は AD の中点
$\left(2, \dfrac{7}{2}\right)$．

半径は $\dfrac{1}{2}|\overrightarrow{AD}|=\dfrac{1}{2}\left|\begin{pmatrix}4\\-3\end{pmatrix}\right|=\dfrac{5}{2}$．

∴ $C: (x-2)^2+\left(y-\dfrac{7}{2}\right)^2=\dfrac{25}{4}$．

70B

[1] 中心 $(3, -1)$，半径 2 だから右図．

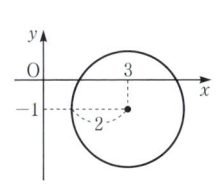

[2] [解法1]
与式を平方完成すると
$x^2+(y-1)^2=1^2$．
よって，中心 $(0, 1)$，半径 1 だから右図．

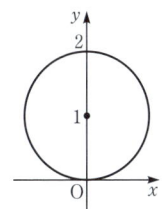

[解法2]
この円 C は，定数項が 0 なので原点 O を通る．
そこで，座標軸との共有点に注目して描いてみる．

与式と $y=0$ を連立すると，$x^2=0$．よって C は x 軸と原点 O のみを共有する（原点において x 軸と接する）．

与式と $x=0$ を連立すると，$y(y-2)=0$．
よって C と y 軸との交点の y 座標は，$y=0$，2．
以上より，C は右図．
（中心は，図から $(0, 1)$ とわかる）

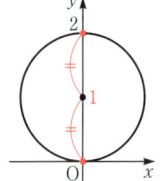

[補足]
[解法2]は，こんなにていねいに答案を書くわけではありません．頭の中で行う作業の流れを詳しく説明したまでです．

[3] 平方完成すると
$(x-1)^2+(y-2)^2=3^2$．
よって中心 $(1, 2)$，
半径 3 だから，
右図．

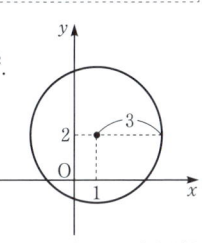

[4] 平方完成してもよいですが，座標軸との関係を調べてみます．
$y=0$ と連立$\cdots x(x+4)=0$ より
$x=0, -4$．
$x=0$ と連立$\cdots y(y-3)=0$ より $y=0, 3$．
よって右図．
（中心は，図から
$\left(-2, \dfrac{3}{2}\right)$ とわかる．）

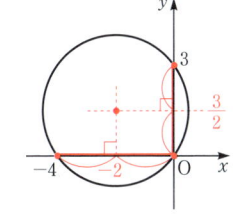

[5] 平方完成すると
$$\left(x-\frac{1}{2}\right)^2+\left(y+\frac{5}{2}\right)^2=\frac{1}{4}+\frac{25}{4}-2$$
$$=\frac{9}{2}.$$

よって,
中心 $\left(\frac{1}{2}, -\frac{5}{2}\right)$,
半径 $\frac{3}{\sqrt{2}}=\frac{3}{2}\sqrt{2}$.
約 2.1
だから, 右図.

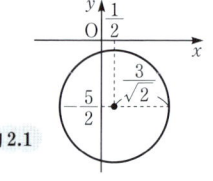

[6] 座標軸との交点を調べて描くと, 右図.

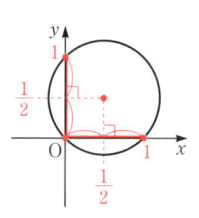

71

[1] 直線 $y=2x-1$ の上側.
(境界除く)

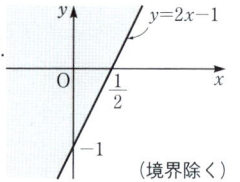

[2] $x-3y>3$
$\iff y<\wwww$
だから, 直線 $x-3y=3$ の下側.
(境界除く)

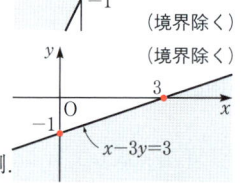

[3] x 座標が 2 より大きい点 (x, y) の集合だから, 直線 $x=2$ の右側.
(境界除く)

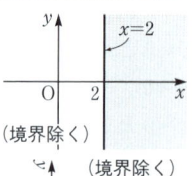

[4] 放物線 $x=y^2-1$ の右側.
(境界除く)

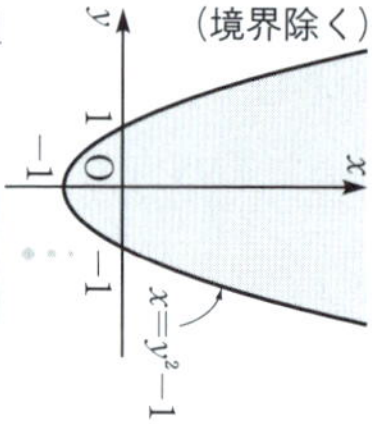

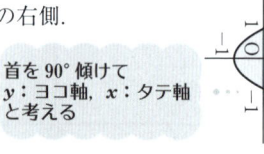

首を 90° 傾けて
y:ヨコ軸, x:タテ軸
と考える

[5] 円周 $x^2+y^2=1$ の外側.
(境界除く)

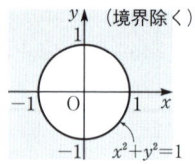

[6] 円周 $(x+3)^2+y^2=2^2$ の内側.
(境界含む)

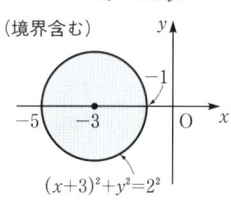

[7] 円周 $(x-1)^2+(y-1)^2=1^2$ の内側.
(境界除く)

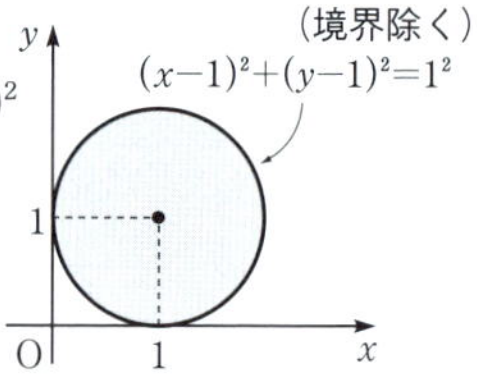

[8] $2x+y<1<2x-y$
$\iff \begin{cases} y<-2x+1 \\ y<2x-1 \end{cases}$
下側
下側
(境界除く)

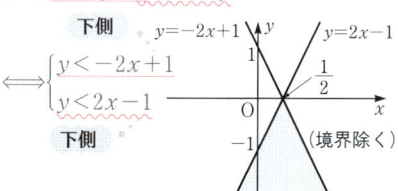

[9] $0\leq x\leq y\leq 1$
3つの不等式を分解して考える.
(境界含む)

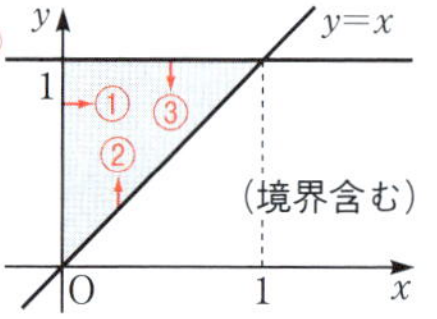

[10] $x-y+3\geq 0$
$\iff y\leq \wwww$
は直線 $x-y+3=0$ の下側.
(境界含む)

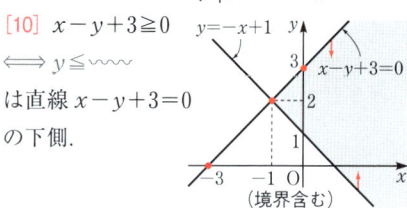

[11]
「○」は含まない
(太線部のみ境界を含む)

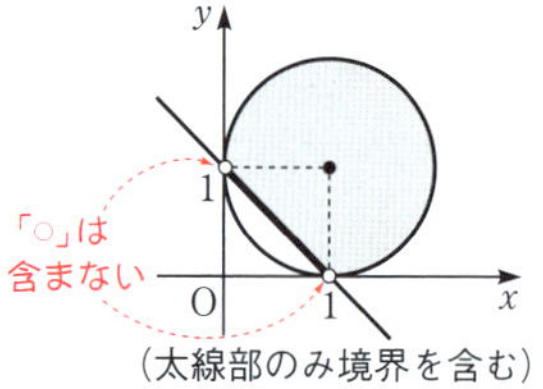

[12] 解法1

与式を変形すると

$\begin{cases} x-1>0 & (右) \\ x^2+y^2-2>0 & (外) \end{cases}$ or $\begin{cases} x-1<0 & (左) \\ x^2+y^2-2<0 & (内) \end{cases}$

となるから，右図の影または色の部分．(境界除く)

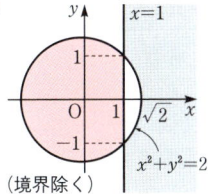

解法2

まず，境界線を引いてア，イ，ウ，エの4つの部分に分ける．ウの部分に含まれる原点 $(0, 0)$ について調べると

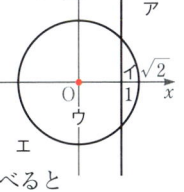

与式の左辺 $=(-1)(-2)=2>0$

だから与式を満たす．よって

ウ：○ → エ：× → ア：○ → イ：×

となるから，解法1と同じ結果を得る．

[13] まず，左辺を因数分解すると

$x^2(x-y)-y(x-y) \leqq 0$.

$(x-y)(x^2-y) \leqq 0$.

∴ $\begin{cases} x-y \geqq 0 & (下) \\ x^2-y \leqq 0 & (上) \end{cases}$ or $\begin{cases} x-y \leqq 0 & (上) \\ x^2-y \geqq 0 & (下) \end{cases}$

となるから，右図の影または色の部分．(境界含む)

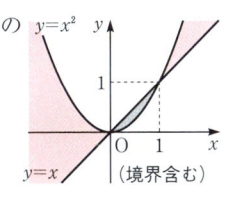

補足

前問の解法2のようにしてもできます．

[14] 「積(or商)vsゼロ」の形に持ち込みます．

$\dfrac{y}{x-1}-1>0$. $\dfrac{y-x+1}{x-1}>0$.

∴ $\begin{cases} y-x+1>0 & (上) \\ x-1>0 & (右) \end{cases}$ or $\begin{cases} y-x+1<0 & (下) \\ x-1<0 & (左) \end{cases}$

よって右図の影または色の部分．(境界除く)

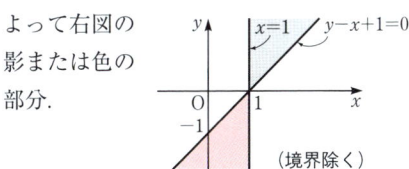

[15] $\begin{cases} -1<x+y<1 & \cdots ① \\ -1<x-y<1 & \cdots ② \end{cases}$

より右図．(境界除く)

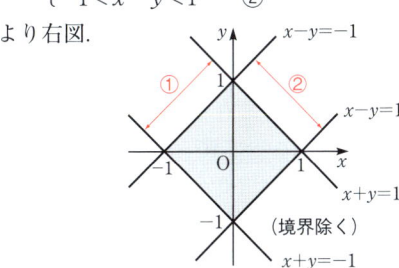

[16] 領域 $|x|+|y| \leqq 1$ は x 軸，y 軸に関して対称．

(a, b) がOKなら，$(a, -b)$，$(-a, b)$，$(-a, -b)$ もOK！

そこで $x, y \geqq 0$ のときを考えると

$x+y \leqq 1$.

以上より，右図．(境界含む)

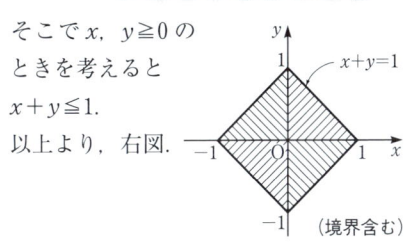

[17] 双曲線 $y=\dfrac{1}{x}$ の上側．(境界除く)

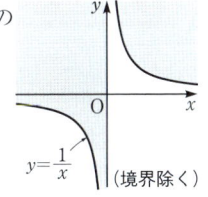

[18] 解法1

$\begin{cases} x>0 \text{ のとき，} y<\dfrac{1}{x}, \\ x=0 \text{ のとき，} y \text{ は任意,} \\ x<0 \text{ のとき，} y>\dfrac{1}{x}. \end{cases}$

よって右図.

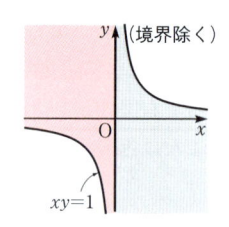

解法2

まず，境界線 $xy=1$（双曲線）を引いて，ア，イ，ウの3つの部分に分ける．

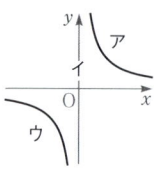

イの部分に含まれる原点 $(0, 0)$ について調べると，

　　与式の左辺 $=0\cdot 0=0<1$

だから与式を満たす．よって

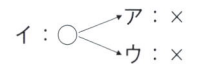

イ：○　ア：×　ウ：×

となるから，**解法1** と同じ結果を得る．

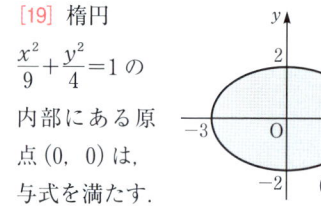

[19] 楕円 $\dfrac{x^2}{9}+\dfrac{y^2}{4}=1$ の内部にある原点 $(0, 0)$ は，与式を満たす．

よって求める領域は，この楕円の内部.

72A

[1] $\dfrac{f(a+h)-f(a)}{h}$

$=\dfrac{\{(a+h)^3+5(a+h)^2\}-(a^3+5a^2)}{h}$

$=\dfrac{(a+h)^3-a^3}{h}+5\cdot\dfrac{(a+h)^2-a^2}{h}$ …①

$=\dfrac{a^3+3a^2h+3ah^2+h^3-a^3}{h}+5\cdot\dfrac{(2a+h)h}{h}$

$=(3a^2+3ah+h^2)+5(2a+h).$

[2] $f'(a)$

$=\lim\limits_{h\to 0}\dfrac{f(a+h)-f(a)}{h}$

$=\lim\limits_{h\to 0}\{(3a^2+3ah+h^2)+5(2a+h)\}$

$=3a^2+5\cdot 2a = \boldsymbol{3a^2+10a}$

補足

①からわかるように，微分係数を求める計算では，「和」や「差」は分解して考えればよく，定数倍は前に出してやってかまいません．つまり

$(x^3+5x^2)'=(x^3)'+5(x^2)'$

のように計算できるわけです．

72B

[1] $y'=\dfrac{1}{3}(x^3)'+\dfrac{1}{2}(x^2)'+(x)'+(7)'$

$=\dfrac{1}{3}\cdot 3x^2+\dfrac{1}{2}\cdot 2x+1+0$

$=\boldsymbol{x^2+x+1}.$

[2] $y=x^3-6x^2+11x-6$ より

$y'=\boldsymbol{3x^2-12x+11}.$

[3] $y=x^3-6x^2+9x$ より

$y'=\boldsymbol{3x^2-12x+9}.$

参考 理系

数学Ⅲの微分法を学んだ人は，

$y'=(x)'(x-3)^2+x\{(x-3)^2\}'$

$=(x-3)^2+x\cdot 2(x-3)$

$=(x-3)(3x-3)=3(x-1)(x-3)$

とすれば，自然と因数分解された結果が得られます．

[4] $y=(1\cdot x+2)^3$ より $y'=\boldsymbol{3(x+2)^2}.$ （1次式／必ず確認！）

[5] $y=(3x+1)^3=3^3\left(1\cdot x+\dfrac{1}{3}\right)^3$ より

$y'=3^3\cdot 3\left(x+\dfrac{1}{3}\right)^2=\boldsymbol{9(3x+1)^2}.$

別解 理系

数学Ⅲでは，次のようにしますね．
$y'=3(3x+1)^2 \times 3 = \mathbf{9(3x+1)^2}$.
[6] $y' = 4(x-1)^3 - 4(x-1)$
$= 4(x-1)\{(x-1)^2-1\}$
$= \mathbf{4x(x-1)(x-2)}$.

73

[1] $y = -x^3 + 6x + 1$,
$y' = -3x^2 + 6$
$= 3(2-x^2)$.
よって右図のようになる．

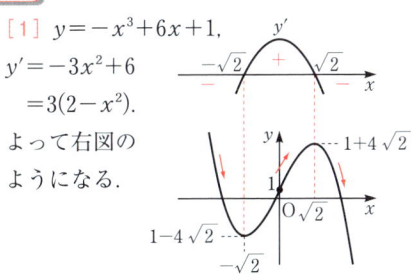

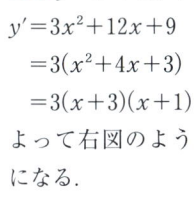

[2] $y = x^3 + 6x^2 + 9x + 1$,
$y' = 3x^2 + 12x + 9$
$= 3(x^2 + 4x + 3)$
$= 3(x+3)(x+1)$.
よって右図のようになる．

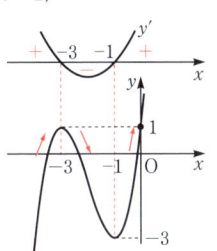

[3] $y = -2x^3 + 3x^2 - 2x + 1$,
$y' = -6x^2 + 6x - 2$
$= -6\left(x - \dfrac{1}{2}\right)^2 - \dfrac{1}{2} < 0$
より，右図．

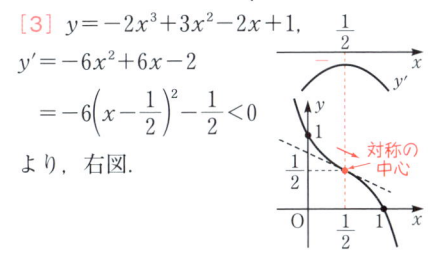

補足

このように単調に減少(or増加)する3次関数のグラフを描こうとすると，グラフの中で強調すべき点がなくて困ってしまいますね．そんなとき，例題(1)の 参考 で述べた「接線の傾きが最小(ここでは最大)となる点」を強調し，その点に関して点対称になることを意識してグラフを描くとよいでしょう．

[4] $y = -x^3 + 6x^2 - 12x$,
$y' = -3x^2 + 12x - 12$
$= -3(x^2 - 4x + 4)$
$= -3(x-2)^2$
より，右図．

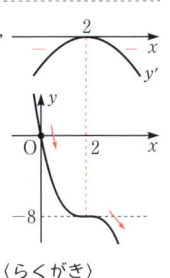

[5] $y = x(x-3)^2$ より，〈らくがき〉 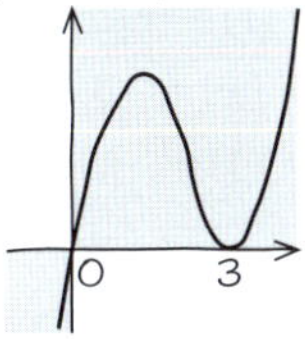
y と x はほぼ同符号．
よってグラフはおおよそ右のようになりそう．
$y = x^3 - 6x^2 + 9x$ より
$y' = 3x^2 - 12x + 9$
$= 3(x-1)(x-3)$.
よって右図のようになる．

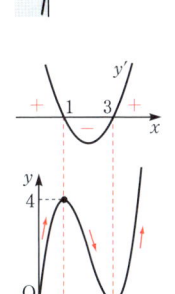

74

[1] $f(x) = x^3 - 2x$ とおくと，$f(1) = -1$.
$f'(x) = 3x^2 - 2$ より，
$f'(1) = 1$.
∴ $l : y - (-1) = 1 \cdot (x-1)$.
i.e. $\mathbf{y = x - 2}$. 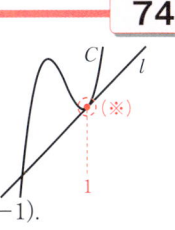
これと $y = f(x)$ を連立して
$x^3 - 2x = x - 2$.
$x^3 - 3x + 2 = 0$.

これが $x=1$ を重解
としてもつことを念
頭において因数分解
すると
$(x-1)^2(x+2)=0$.
(※)より既知！
∴ $x=1, -2$.
　　接点↑　↑交点

```
 1| 1  0  -3   2
  |    1   1  -2
 1| 1  1  -2 | 0
  |    1   2
    1  2  | 0
```

[2] $f(x)=-x^3-4x^2+3x-5$ とおくと，
$f(1)=-7$.
$f'(x)=-3x^2-8x+3$ より，
$f'(1)=-8$.
∴ $l: y-(-7)=-8(x-1)$.
i.e. $y=-8x+1$.
これと $y=f(x)$ を連立して
$-x^3-4x^2+3x-5=-8x+1$.
$x^3+4x^2-11x+6=0$.
$(x-1)^2(x+6)=0$.
初めからお見通し！
∴ $x=1, -6$.
　　接点↑　↑交点

```
 1| 1  4  -11   6
  |    1   5  -6
 1| 1  5  -6 | 0
  |    1   6
    1  6  | 0
```

[3] $f(x)=2x^3-x^2-4x+1$ とおくと，
$f\left(-\dfrac{2}{3}\right)=-\dfrac{16}{27}-\dfrac{4}{9}+\dfrac{8}{3}+1$
$=\dfrac{-16-12+72+27}{27}=\dfrac{71}{27}$.
$f'(x)=6x^2-2x-4$ より，
$f'\left(-\dfrac{2}{3}\right)=6\cdot\dfrac{4}{9}+2\cdot\dfrac{2}{3}-4=\dfrac{8+4-12}{3}=0$.
よって，$l: y=\dfrac{71}{27}$.
これと $y=f(x)$ を連立して
$2x^3-x^2-4x+1=\dfrac{71}{27}$
$2x^3-x^2-4x-\dfrac{44}{27}=0$. …①

```
 -2/3| 2  -1   -4   -44/27
     |     -4/3  14/9  44/27
 -2/3| 2  -7/3  -22/9 | 0
     |     -4/3  22/9
       2  -11/3 | 0
```

$\left(x+\dfrac{2}{3}\right)^2\left(2x-\dfrac{11}{3}\right)=0$.
お見通し！
∴ $x=-\dfrac{2}{3}, \dfrac{11}{6}$.
　　　接点↑　　↑交点

[別解]
係数がこのくらいヤヤコシクなったら，さすがに「解と係数の関係」を使った方がよいでしょう．

方程式①の3つの解は $-\dfrac{2}{3}, -\dfrac{2}{3}, \alpha$ とおけるから，

$\left(-\dfrac{2}{3}\right)+\left(-\dfrac{2}{3}\right)+\alpha=-\dfrac{-1}{2}$.

∴ $\alpha=\dfrac{1}{2}+\dfrac{4}{3}=\dfrac{11}{6}$. …(以下略)…

[4] $f(x)=x^3+3x^2-6x-2$ とおくと
$f(-1)=-1+3+6-2=6$.
$f'(x)=3x^2+6x-6$ より
$f'(-1)=3-6-6=-9$.
∴ $l: y-6=-9(x+1)$.
i.e. $y=-9x-3$.
これと $y=f(x)$ を連立して
$x^3+3x^2-6x-2=-9x-3$.
$x^3+3x^2+3x+1=0$.
$(x+1)^3=0$. ∴ $x=-1$. …「3重解」という
　　　　　　　　接点のみ↑

補足

[1]〜[3]と違い，Cとlは接点以外に共有点をもちません．…(＊)
$f'(x)=3(x+1)^2-9$
からわかるように，lは，Cの接線のうち傾きがもっとも小さなものです．
ITEM 73 例題(1) 参考 で述べたように，Cは，lとの接点$(-1, 6)$に関して対称であり，上図のようになります．
(＊)のようになることが直観的にも納得いきますね．

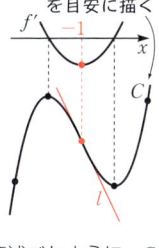

75

[1] $\int_{-2}^{1}(2x^2-3x-4)dx$
$=\left[\dfrac{2}{3}x^3-\dfrac{3}{2}x^2-4x\right]_{-2}^{1}$
$=\dfrac{2}{3}(1+8)-\dfrac{3}{2}(1-4)-4(1+2)$
$=6+\dfrac{9}{2}-12=-\dfrac{3}{2}.$

[2] $\int_{2}^{3}(x^2-2x+2)dx$
$=\left[\dfrac{x^3}{3}-x^2+2x\right]_{2}^{3}$
$=(9-9+6)-\left(\dfrac{8}{3}-4+4\right)=\dfrac{10}{3}.$

補足

上記のように，9と-9，および-4と4が消し合うので，本問は項毎に分けないで代入する方がトクです．

[3] $\int_{1}^{\frac{3}{2}}\left(\dfrac{1}{2}x^2-x+\dfrac{1}{3}\right)dx$
$=\left[\dfrac{x^3}{6}-\dfrac{x^2}{2}+\dfrac{1}{3}x\right]_{1}^{\frac{3}{2}}$

$=\left\{\dfrac{1}{6}\cdot\left(\dfrac{3}{2}\right)^3-\dfrac{1}{2}\left(\dfrac{3}{2}\right)^2+\dfrac{1}{3}\cdot\dfrac{3}{2}\right\}$
$\qquad-\left(\dfrac{1}{6}-\dfrac{1}{2}+\dfrac{1}{3}\right)$
$=\dfrac{9}{16}-\dfrac{9}{8}+\dfrac{1}{2}-\dfrac{1}{6}+\dfrac{1}{2}-\dfrac{1}{3}$
$=-\dfrac{9}{16}+\dfrac{1}{2}=-\dfrac{1}{16}.$

別解

平方完成して，xを集めて計算してみます．
$\int_{1}^{\frac{3}{2}}\left(\dfrac{1}{2}x^2-x+\dfrac{1}{3}\right)dx$
$=\int_{1}^{\frac{3}{2}}\left\{\dfrac{1}{2}(x-1)^2-\dfrac{1}{6}\right\}dx$
$=\left[\dfrac{1}{6}(x-1)^3-\dfrac{1}{6}x\right]_{1}^{\frac{3}{2}}$
$=\dfrac{1}{6}\left(\dfrac{1}{2}\right)^3-\dfrac{1}{6}\cdot\dfrac{1}{2}=\dfrac{1-4}{6\cdot 2^3}=-\dfrac{1}{16}.$

$\begin{pmatrix}\text{積分区間の下端：1を代入すると因数}\\\text{「}x-1\text{」が消えてくれるので，思いの外}\\\text{カンタンになりました．}\end{pmatrix}$

[4] $\int_{0}^{2}(x^2+2x-5)dx$
$=\left[\dfrac{x^3}{3}+x^2-5x\right]_{0}^{2}=\dfrac{8}{3}+4-10=-\dfrac{10}{3}.$
(積分区間の一方の端が0だとラクですね)

[5] $\int_{0}^{1}(-5x^2+x+3)dx$
$=\left[-\dfrac{5}{3}x^3+\dfrac{x^2}{2}+3x\right]_{0}^{1}$
$=-\dfrac{5}{3}+\dfrac{1}{2}+3=\dfrac{-10+3+18}{6}=\dfrac{11}{6}.$

補足

積分区間が$0\leqq x\leqq 1$のときは，結局原始関数の係数のみが残りますから，原始関数を紙に書かずに暗算してしまいます．

[6] $\int_{-\triangle}^{\triangle}$の形ですから，**例題(2)の手法**で．

$$\int_{-1}^{1}(2x^2-17x+3)dx = 2\int_{0}^{1}(2x^2+3)dx$$
$$= 2\left[\frac{2}{3}x^3+3x\right]_0^1$$
$$= 2\left(\frac{2}{3}+3\right) = \frac{22}{3}.$$

[7] $2, -8, 8$ という係数の並びを見て，何か気がつきましたか？

$$\int_{2}^{3}(2x^2-8x+8)dx = \int_{2}^{3}2(x^2-4x+4)dx$$
$$= \int_{2}^{3}2(1\cdot x-2)^2 dx$$
$$= \left[\frac{2}{3}(x-2)^3\right]_2^3 = \frac{2}{3}.$$

[8] 因数「$2x+3$」は，x に積分区間の下端：$-\frac{3}{2}$ を代入すると 0 になります．

$$\int_{-\frac{3}{2}}^{1}(2x+3)dx = \int_{-\frac{3}{2}}^{1}2\left(1\cdot x+\frac{3}{2}\right)dx$$
$$= \left[\left(x+\frac{3}{2}\right)^2\right]_{-\frac{3}{2}}^{1} = \left(\frac{5}{2}\right)^2 = \frac{25}{4}.$$

[9] 積分区間の下端：2 を代入すると 0 になる因数「$x-2$」が見えていますから…

$$\int_{2}^{3}(x-2)(x-1)dx$$
$$= \int_{2}^{3}(x-2)(x-2+1)dx$$
$$= \int_{2}^{3}\{(x-2)^2+(x-2)\}dx$$
$$= \left[\frac{(x-2)^3}{3}+\frac{(x-2)^2}{2}\right]_2^3 = \frac{1}{3}+\frac{1}{2} = \frac{5}{6}.$$

補足 俗称"6分の3乗公式"（公式❹）の証明過程とソックリですね．

76

[1] $S = \int_{0}^{2}\{(-x+4)-(-x^2+3x)\}dx$
$= \int_{0}^{2}(x^2-4x+4)dx$
$= \int_{0}^{2}1\cdot(x-2)^2 dx$

注意！「接する」↔「重解」の関係よりトーゼン！

$= \left[\frac{(x-2)^3}{3}\right]_0^2 = 0-\frac{(-2)^3}{3} = \frac{8}{3}.$

[2] 対称性から右図のようになり，$S_1 = S_2$ である．

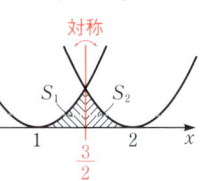

$S_1 = \int_{1}^{\frac{3}{2}}(x-1)^2 dx$
$= \left[\frac{(x-1)^3}{3}\right]_1^{\frac{3}{2}} = \frac{1}{3}\cdot\left(\frac{1}{2}\right)^3 = \frac{1}{24}.$

よって求める面積は，$S_1+S_2 = \dfrac{1}{12}$

[3] 2本の接線の交点の x 座標は
$-x-\dfrac{1}{2} = 2x-2$ より $x = \dfrac{1}{2}$.

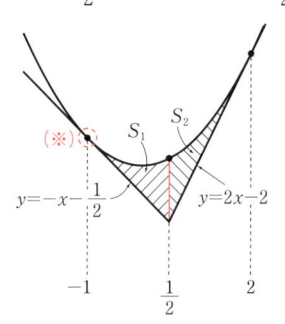

$S_1 = \int_{-1}^{\frac{1}{2}}\left\{\frac{1}{2}x^2-\left(-x-\frac{1}{2}\right)\right\}dx$

0 は -1 を重解とする

$= \int_{-1}^{\frac{1}{2}}\frac{1}{2}(x^2+2x+1)dx$
$= \int_{-1}^{\frac{1}{2}}\frac{1}{2}(x+1)^2 dx$

注意！（※）より既知

$= \left[\frac{1}{6}(x+1)^3\right]_{-1}^{\frac{1}{2}} = \frac{1}{6}\left(\frac{3}{2}\right)^3 = \frac{9}{16}.$

$S_2 = \int_{\frac{1}{2}}^{2}\left\{\frac{1}{2}x^2-(2x-2)\right\}dx$
$= \int_{\frac{1}{2}}^{2}\frac{1}{2}(x^2-4x+4)dx$

$$= \int_{\frac{1}{2}}^{2} \frac{1}{2}(x-2)^2 dx$$
$$= \left[\frac{1}{6}(x-2)^3\right]_{\frac{1}{2}}^{2} = 0 - \frac{1}{6}\left(-\frac{3}{2}\right)^3 = \frac{9}{16}.$$

以上より,求める面積は,$S_1 + S_2 = \dfrac{9}{8}$.

> **参考**
> 放物線とその2本の接線に関して,右のような性質があることが有名です.(本問でもたしかにそうなっていることを確認してください.)
> 面積が等しい
> 長さが等しい

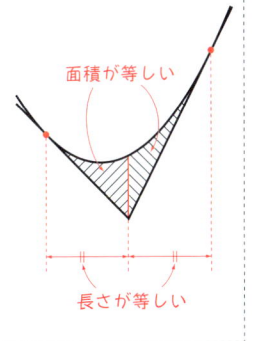

[4] $-x^2 + 3x - 1 = 0$ i.e. $x^2 - 3x + 1 = 0$ を解くと,$x = \dfrac{3 \pm \sqrt{5}}{2}$.

$\alpha = \dfrac{3-\sqrt{5}}{2}$,$\beta = \dfrac{3+\sqrt{5}}{2}$ とおくと

$$S = \int_{\alpha}^{\beta} (-x^2 + 3x - 1) dx$$
0 の 2 解:α, β
$$= \int_{\alpha}^{\beta} (-1)(x-\alpha)(x-\beta) dx$$
注意! "6 分の 3 乗" 公式
$$= (-1) \frac{-1}{6} (\beta - \alpha)^3$$
$$= \frac{1}{6} \left(\frac{3+\sqrt{5}}{2} - \frac{3-\sqrt{5}}{2}\right)^3$$
$$= \frac{1}{6} (\sqrt{5})^3 = \frac{5}{6}\sqrt{5}.$$

[5] $y = \dfrac{1}{2}x^2$ と $y = x+3$ を連立すると

$\dfrac{1}{2}x^2 = x+3$.

$x^2 - 2x - 6 = 0$.

$x = 1 \pm \sqrt{7}$.

$\alpha = 1 - \sqrt{7}$,$\beta = 1 + \sqrt{7}$ とおくと

$$S = \int_{\alpha}^{\beta} \left\{(x+3) - \frac{1}{2}x^2\right\} dx$$
0 の 2 解:α, β
$$= \int_{\alpha}^{\beta} \left(-\frac{1}{2}\right)(x-\alpha)(x-\beta) dx$$
$$= \left(-\frac{1}{2}\right) \frac{-1}{6} (\beta - \alpha)^3$$
$$= \frac{1}{12} \{(1+\sqrt{7}) - (1-\sqrt{7})\}^3$$
$$= \frac{1}{12} (2\sqrt{7})^3 = \frac{14}{3}\sqrt{7}.$$

[6] $y = x^2 + 2x - 3$ と $y = \dfrac{3}{2}x$ を連立すると

$x^2 + 2x - 3 = \dfrac{3}{2}x$. $2x^2 + x - 6 = 0$.

$(2x-3)(x+2) = 0$. $x = \dfrac{3}{2}, -2$.

$$S = \int_{-2}^{1} \left\{\frac{3}{2}x - (x^2 + 2x - 3)\right\} dx$$

$$S = \int_{-2}^{\frac{3}{2}} \left(-x^2 - \frac{1}{2}x + 3\right) dx$$
$$= \left[-\frac{x^3}{3} - \frac{x^2}{4} + 3x\right]_{-2}^{1}$$
$$= -\frac{1+8}{3} - \frac{1-4}{4} + 3(1+1)$$
$$= -3 + \frac{3}{4} + 9 = \frac{27}{4}.$$

別解

因数「$x+2$」について整理してやると,次のようになります.

$$S = \int_{-2}^{1} \left\{\frac{3}{2}x - (x^2 + 2x - 3)\right\} dx$$
0 の 2 解:$-2, \dfrac{3}{2}$
$$= \int_{-2}^{1} (-1)(x+2)\left(x - \frac{3}{2}\right) dx$$
$$= \int_{-2}^{1} (-1)(x+2)\left(x+2 - \frac{7}{2}\right) dx$$
$$= \int_{-2}^{1} \left\{\frac{7}{2}(x+2) - (x+2)^2\right\} dx$$

$$= \left[\frac{7}{4}(x+2)^2 - \frac{(x+2)^3}{3}\right]_{-2}^{1}$$
$$= \frac{7}{4}\cdot 3^2 - \frac{3^3}{3} = \left(\frac{7}{4}-1\right)3^2 = \frac{27}{4}.$$

77A

[1] $\dfrac{1}{8} = \dfrac{1}{2^3} = 2^{-3}.$

[2] $\dfrac{1}{81} = \dfrac{1}{3^4} = 3^{-4}.$

[3] $\dfrac{1}{25} = \dfrac{1}{5^2} = 5^{-2}.$

[4] $\sqrt{8} = (2^3)^{\frac{1}{2}} = 2^{\frac{3}{2}}.$

[5] $\sqrt[3]{16} = (2^4)^{\frac{1}{3}} = 2^{\frac{4}{3}}.$

[6] $\sqrt[5]{81} = (3^4)^{\frac{1}{5}} = 3^{\frac{4}{5}}.$

[7] $\sqrt[3]{10000} = (10^4)^{\frac{1}{3}} = 10^{\frac{4}{3}}.$

[8] $a^2\sqrt{a} = a^2 a^{\frac{1}{2}} = a^{2+\frac{1}{2}} = a^{\frac{5}{2}}.$

[9] $27\sqrt[3]{3} = 3^3 \cdot 3^{\frac{1}{3}} = 3^{3+\frac{1}{3}} = 3^{\frac{10}{3}}.$

[10] $5\sqrt[4]{25} = 5\cdot(5^2)^{\frac{1}{4}} = 5^{1+\frac{1}{2}} = 5^{\frac{3}{2}}.$

[11] $\dfrac{3}{\sqrt[3]{3}} = \dfrac{3}{3^{\frac{1}{3}}} = 3^{1-\frac{1}{3}} = 3^{\frac{2}{3}}.$

[12] $\dfrac{\sqrt[5]{8}}{4} = \dfrac{(2^3)^{\frac{1}{5}}}{2^2} = 2^{\frac{3}{5}-2} = 2^{-\frac{7}{5}}.$

[13] $\dfrac{a\sqrt[3]{a}}{\sqrt[4]{a^2}} = \dfrac{a\cdot a^{\frac{1}{3}}}{a^{\frac{2}{4}}} = a^{1+\frac{1}{3}-\frac{1}{2}} = a^{\frac{5}{6}}.$

[14] $\dfrac{3\sqrt[3]{2}}{6\sqrt{2}} = \dfrac{2^{\frac{1}{3}}}{2\cdot 2^{\frac{1}{2}}} = 2^{\frac{1}{3}-1-\frac{1}{2}} = 2^{-\frac{7}{6}}.$

77B

[1] $3^{\frac{3}{2}} = 3^{1+\frac{1}{2}} = 3\cdot 3^{\frac{1}{2}} = \mathbf{3\sqrt{3}}.$

[2] $10^{\frac{7}{3}} = 10^{2+\frac{1}{3}} = 10^2 \cdot 10^{\frac{1}{3}} = \mathbf{100\sqrt[3]{10}}.$

[3] $2^{\frac{11}{4}} = 2^{2+\frac{3}{4}} = 2^2\cdot 2^{\frac{3}{4}} = 4\cdot\sqrt[4]{2^3} = \mathbf{4\sqrt[4]{8}}.$

[4] $5^{-\frac{1}{2}} = \dfrac{1}{5^{\frac{1}{2}}} = \dfrac{1}{\sqrt{5}} = \dfrac{\mathbf{\sqrt{5}}}{\mathbf{5}}.$

[5] $2^{-\frac{8}{3}} = 2^{-3+\frac{1}{3}} = \dfrac{2^{\frac{1}{3}}}{2^3} = \dfrac{\mathbf{\sqrt[3]{2}}}{\mathbf{8}}.$

[6] $3^{-\frac{8}{5}} = 3^{-2+\frac{2}{5}} = \dfrac{\sqrt[5]{3^2}}{3^2} = \dfrac{\mathbf{\sqrt[5]{9}}}{\mathbf{9}}.$

[7] $9^{\frac{5}{4}} - \dfrac{18}{\sqrt{3}} = (3^2)^{\frac{5}{4}} - \dfrac{6\cdot 3}{\sqrt{3}}$
$= 3^{\frac{5}{2}} - 6\sqrt{3}$
$= 3^{2+\frac{1}{2}} - 6\sqrt{3}$
$= 9\sqrt{3} - 6\sqrt{3} = \mathbf{3\sqrt{3}}.$

77C

[1] $\left(\dfrac{2^x + 2^{-x}}{2}\right)^2 - \left(\dfrac{2^x - 2^{-x}}{2}\right)^2$
$= \underbrace{2^x}_{\bigcirc+\square} \cdot \underbrace{2^{-x}}_{\bigcirc-\square} = 2^x \cdot \dfrac{1}{2^x} = \mathbf{1}.$

[2] $9^x - 9^{-x} = (3^x)^2 - (3^{-x})^2$
$= (3^x + 3^{-x})(3^x - 3^{-x})$
$= \left(3^x + \dfrac{1}{3^x}\right)\left(3^x - \dfrac{1}{3^x}\right).$

> 補足
> $9^x = (3^x)^2$ は，次のように導かれます．
> $9^x = (3^2)^x = 3^{2x} = 3^{x\cdot 2} = (3^x)^2.$
> この変形が一瞬で見抜けるようにしましょう．
> $9^{-x} = (3^{-x})^2$ についても同様です．

[3] $\dfrac{a^x+2+a^{-x}}{a^x-a^{-x}}=\dfrac{(a^x)^2+2a^x+1}{(a^x)^2-1}$
$=\dfrac{(a^x+1)^2}{(a^x+1)(a^x-1)}$
$=\dfrac{a^x+1}{a^x-1}.$

[4] $6\left(\dfrac{2}{3}\right)^{2n-1}=6\left(\dfrac{2}{3}\right)^{-1}\left(\dfrac{2}{3}\right)^{2n}$
$=6\cdot\dfrac{3}{2}\left(\dfrac{4}{9}\right)^n=9\left(\dfrac{4}{9}\right)^n.$

[5] $a^{\frac{1}{4}}=b$ とおくと,$a^{\frac{1}{4}}+a^{-\frac{1}{4}}=b+\dfrac{1}{b}.$

また,$\sqrt{a}=a^{\frac{1}{2}}=b^2$ だから
$b^2+\dfrac{1}{b^2}=7.$ $\left(b+\dfrac{1}{b}\right)^2-2b\cdot\dfrac{1}{b}=7.$
$\left(b+\dfrac{1}{b}\right)^2=9.$

これと $b+\dfrac{1}{b}>0$ より
$a^{\frac{1}{4}}+a^{-\frac{1}{4}}=b+\dfrac{1}{b}=3.$

78A

[1] $\square=3.$
[2] $\square=-2.$
[3] $\square=\dfrac{1}{2}.$
[4] $\square=\log_3 7.$
[5] $3=\log_2 2^3=\log_2 8.$
[6] $31=\log_{10} 10^{31}.$
[7] $-2=\log_3 3^{-2}=\log_3\dfrac{1}{9}.$
[8] 対数の定義より
$\square=\log_5 2.$
(つまり, $2=5^{\log_5 2}.$)

78B

[1] $\log_3 27=3.$
[2] $\log_2 16=4.$
[3] $\log_8 1=0.$
[4] $\log_5 125=3.$
[5] $\log_a a^5=5.$

注意
$\log_a a^5=5\log_a a=5\cdot 1=5$
とやった人は(ここでは)ルール違反!

[6] $\log_{100} 10000=2.$
[7] $\log_3 \dfrac{1}{9}=-2.$

補足
類題 78A [2] とまったく同じことを問うているのがわかりますか?

[8] $\log_2 \dfrac{1}{32}=-5.$
[9] $\log_5 \sqrt{5}=\dfrac{1}{2}.$
[10] $\log_2 \sqrt[3]{4}=\log_2 2^{\frac{2}{3}}=\dfrac{2}{3}.$
[11] $\log_{\sqrt{2}} 4=4.$ $\cdots (\sqrt{2})^4=2^2=4$
[12] $\log_2 \dfrac{1}{2\sqrt{2}}=\log_2 2^{-\frac{3}{2}}=-\dfrac{3}{2}.$
[13] $\log_{\frac{1}{3}} 9=-2.$
[14] $\log_4 8=\dfrac{3}{2}.$ $\cdots 4^{\square}=8$ i.e. $2^{2\times\square}=2^3$
[15] $3^{\log_3 7}=7.$ $\cdots 3^{\square}=7$ ココに入るのが $\log_3 7$
[16] $6^{\log_6 3}=3.$
[17] $e^{\log 2}=2.$
[18] $4^{\log_2 5}=2^{2\times\log_2 5}=(2^{\log_2 5})^2=5^2=25.$
[19] $\left(\dfrac{1}{9}\right)^{\log_3 2}=3^{-2\times\log_3 2}=(3^{\log_3 2})^{-2}=2^{-2}$
$=\dfrac{1}{4}.$
[20] $(\sqrt{2})^{\log_2 5}=2^{\frac{1}{2}\times\log_2 5}=(2^{\log_2 5})^{\frac{1}{2}}=5^{\frac{1}{2}}=\sqrt{5}.$

79A

[1] $\log_2 6 = \log_2(2\cdot 3) = \log_2 2 + \log_2 3$
$= \mathbf{1 + \log_2 3}.$

[2] $\log_{10} 5 = \log_{10}\dfrac{10}{2} = \log_{10} 10 - \log_{10} 2$
$= \mathbf{1 - \log_{10} 2}.$

[3] $\log_3 8 = \log_3 2^3 = \mathbf{3\log_3 2}.$

[4] $\log_3 1000 = \log_3 10^3 = \mathbf{3\log_3 10}.$

[5] $\log_{10} 72 = \log_{10}(2^3\cdot 3^2)$
$= \log_{10} 2^3 + \log_{10} 3^2$
$= \mathbf{3\log_{10} 2 + 2\log_{10} 3}.$

[6] $\log_3 \sqrt{24} = \log_3(3\cdot 2^3)^{\frac{1}{2}}$
✏️ $= \dfrac{1}{2}(\log_3 3 + \log_3 2^3)$
$= \mathbf{\dfrac{1}{2} + \dfrac{3}{2}\log_3 2}.$

[7] $\log_3 48 = \log_3(3\cdot 2^4)$
$= \log_3 3 + \log_3 2^4 = \mathbf{1 + 4\log_3 2}.$

[8] $\log_5 200 = \log_5(5^2\cdot 2^3)$
$= \log_5 5^2 + \log_5 2^3 = \mathbf{2 + 3\log_5 2}.$

[9] $\log_{10} 24^{10} = 10\log_{10}(2^3\cdot 3)$
$= 10(\log_{10} 2^3 + \log_{10} 3)$
$= \mathbf{30\log_{10} 2 + 10\log_{10} 3}.$

[10] $\log_{10} 45^{20} = 20\log_{10}\dfrac{90}{2}$
$= 20\log_{10}\dfrac{3^2\cdot 10}{2}$
$= 20(\log_{10} 10 + \log_{10} 3^2 - \log_{10} 2)$
$= 20(1 + 2\log_{10} 3 - \log_{10} 2)$
$= \mathbf{20 - 20\log_{10} 2 + 40\log_{10} 3}.$

79B

[1] $\log_3 2 + \log_3 5 = \log_3(2\cdot 5) = \log_3 \mathbf{10}.$

[2] $\log_2 30 - \log_2 5 = \log_2\dfrac{30}{5} = \log_2 \mathbf{6}.$

[3] $\log_2(\sqrt{2}-1) = \log_2\dfrac{(\sqrt{2}-1)(\sqrt{2}+1)}{\sqrt{2}+1}$
$= \log_2\dfrac{1}{\sqrt{2}+1}$
$= \mathbf{-\log_2(\sqrt{2}+1)}.$

[4] $10\log_5 2 = \log_5 2^{10} = \log_5 \mathbf{1024}.$

[5] $2 + \log_5 4 = \log_5 5^2 + \log_5 4$
$= \log_5(5^2\cdot 4) = \log_5 \mathbf{100}.$

[6] $2\log_2 6 - 3 = \log_2 6^2 - \log_2 8$
$= \log_2\dfrac{6^2}{8} = \log_2\mathbf{\dfrac{9}{2}}.$

[7] $\dfrac{1}{2} - 2\log_3 8 = \log_3\sqrt{3} - \log_3 8^2$
$= \log_3\dfrac{\sqrt{3}}{8^2} = \log_3\mathbf{\dfrac{\sqrt{3}}{64}}.$

[8] $\log_8 5 = \dfrac{\log_2 5}{\log_2 8} = \mathbf{\dfrac{1}{3}\log_2 5}.$

[9] $\log_4 9 = \dfrac{\log_2 9}{\log_2 4} = \dfrac{1}{2}\log_2 9$
$= \log_2\sqrt{9} = \log_2\mathbf{3}.$

> **参考**
> 一般に $\log_{a^p} b^p = \dfrac{\log_a b^p}{\log_a a^p} = \dfrac{p\log_a b}{p} = \log_a b$
> となります．(暗記する必要はありませんが…)

[10] $\log_9 8 = \dfrac{\log_3 8}{\log_3 9} = \dfrac{1}{2}\log_3 2^3 = \mathbf{\dfrac{3}{2}\log_3 2}.$

[11] $\log_2 3 \cdot \log_3 2 = \log_2 3\cdot\dfrac{1}{\log_2 3} = \mathbf{1}.$

底と真数を入れ換えると逆数

[12] $\log_4 25 = \dfrac{\log_2 25}{\log_2 4} = \dfrac{1}{2}\log_2 25$
$= \log_2\sqrt{25} = \log_2 \mathbf{5}.$

$\dfrac{2}{\log_5 2} = 2\log_2 5.$

$2\log_3 9 = 2\cdot 2 = 4 = \log_2 2^4.$

以上より
与式 $= \log_2 5 + 2\log_2 5 - \log_2 2^4$
$= \log_2 5^3 - \log_2 2^4 = \log_2 \dfrac{125}{16}$.

[13] $\log_2 3 \cdot \log_3 5 \cdot \log_5 7$
$= \log_2 3 \cdot \dfrac{\log_2 5}{\log_2 3} \cdot \dfrac{\log_2 7}{\log_2 5} = \log_2 7$.

[14] $3^{\frac{1}{\log_5 3}} = 3^{\log_3 5} = \mathbf{5}$.

80

[1] $2^{3x} = 2^{-10}$ より，$3x = -10$.
∴ $x = -\dfrac{10}{3}$.

[2] $3^{2x-1} > 3^5$.
底：$3 > 1$ だから
右のグラフをイメージ 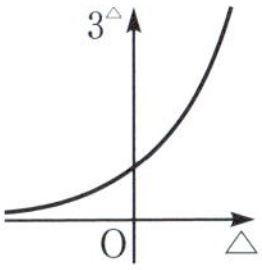
$2x - 1 > 5$. ∴ $\boldsymbol{x > 3}$.

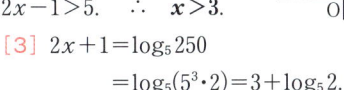

[3] $2x + 1 = \log_5 250$
$= \log_5 (5^3 \cdot 2) = 3 + \log_5 2$.
∴ $x = 1 + \dfrac{1}{2}\log_5 2$.

[4] $3^{2x} = 3^{x+2}$ より，$2x = x + 2$.
∴ $\boldsymbol{x = 2}$.

[5] $9^x = (3^2)^x = 3^{2x} = 3^{x \cdot 2} = (3^x)^2$,
$3^{x+1} = 3^x \cdot 3$.
そこで，$3^x = t$ とおくと，
$t > 0$ であり，
右図をイメージして 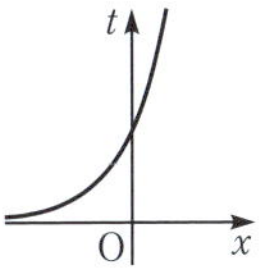
与式は
$t^2 + 3t = 4$. $t^2 + 3t - 4 = 0$.
$(t+4)(t-1) = 0$. これと $t > 0$ より
$t = 1$. すなわち $3^x = 1$. ∴ $\boldsymbol{x = 0}$.

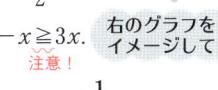

[6] $\left(\dfrac{1}{2}\right)^{1-x} \leqq \left(\dfrac{1}{2}\right)^{3x}$. 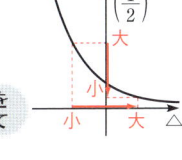
底：$\dfrac{1}{2} < 1$ だから
$1 - x \geqq 3x$.
右のグラフをイメージして
注意！
∴ $\boldsymbol{x \leqq \dfrac{1}{4}}$.

注意
グラフからわかるように，底 a が 1 より小さいときは，$a^x > a^y \iff x < y$ となります。

[7] $x = 10^4 = \mathbf{10000}$.
このとき 真数 >0 は自ずと成立

[8] $x - 1 = 3^{-\frac{1}{2}}$.
このとき 真数 >0 は自ずと成立
∴ $\boldsymbol{x = 1 + \dfrac{1}{\sqrt{3}}}$.

[9] まず，真数は正だから
$2x - \dfrac{1}{8} > 0$ i.e. $x > \dfrac{1}{16}$. …①

①のもとで，与式は
$\log_{\frac{1}{2}}\left(2x - \dfrac{1}{8}\right) > \log_{\frac{1}{2}}\dfrac{1}{8}$.

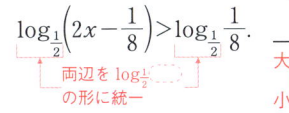

両辺を $\log_{\frac{1}{2}}$ の形に統一

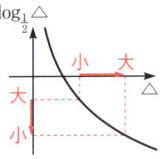

底：$\dfrac{1}{2} < 1$ だから
右図をイメージして
$2x - \dfrac{1}{8} < \dfrac{1}{8}$. $x < \dfrac{1}{8}$.

これと①より，$\boldsymbol{\dfrac{1}{16} < x < \dfrac{1}{8}}$.

補足
本問では，「真数 >0」となる条件①をおさえておかないと正解は得られません。

[10] まず，真数は正だから
$5 - x > 0$, $3x + 1 > 0$ より
$-\dfrac{1}{3} < x < 5$. …①

①のもとで，与式は
$\log_3(5 - x) = \log_3(3x + 1)$.

$5-x=3x+1$. $x=1$.
これは①を満たすから，求める解は，
$x=1$.

> **注意**
> $\log_3\dfrac{5-x}{3x+1}=0$ と，ワザワザ分数式を作るのは損です．

[11] まず，真数は正だから
$2x+5>0$, $2-x>0$ より $-\dfrac{5}{2}<x<2$. …①
①のもとで，与式は
$\log_2(2x+5) \geqq \log_2(2-x)+\log_2 4$
　　　　　統一　　$=\log_2 4(2-x)$.
底：$2>1$ だから
　　　　右図をイメージ
$2x+5 \geqq 4(2-x)$. $x \geqq \dfrac{1}{2}$.

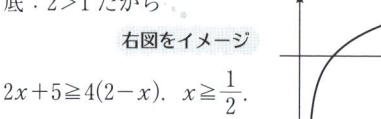

これと①より，求める解は $\dfrac{1}{2} \leqq x < 2$.

[12] まず，真数は正だから
$x+1>0$, $2-x>0$ より，
$-1<x<2$. …①
①のもとで，与式は
$\dfrac{\log_2(x+1)}{\log_2 4}+1=\log_2(2-x)$.　　両辺を2倍
$\log_2(x+1)+2=2\log_2(2-x)$.
　　　　　　　$\log_2 4$
$\log_2 4(x+1)=\log_2(2-x)^2$.
$4(x+1)=(2-x)^2$. $x(x-8)=0$.
これと①より，$x=0$.

> **注意**
> 定数項1を移項せず，両辺を2倍しないで変形すると
> $\log_2\sqrt{x+1}=\log_2\dfrac{2-x}{2}$
> と，$\sqrt{}$ や分数が現れます．なるべく避ける工夫をしましょう．

81A

[1] $4!=24$.
[2] $6!=6\cdot 5!=6\cdot 120=720$.
[3] $0!=1$. …約束です．覚えましょう
[4] $\dfrac{7!}{6!}=\dfrac{7\cdot 6!}{6!}=7$.
[5] $\dfrac{6!}{4!}=\dfrac{6\cdot 5\cdot 4!}{4!}=6\cdot 5=30$.
[6] $\dfrac{3!}{5!}=\dfrac{3!}{5\cdot 4\cdot 3!}=\dfrac{1}{20}$.
[7] $\dfrac{7!}{4!}=\dfrac{7\cdot 6\cdot 5\cdot 4!}{4!}=7\cdot 6\cdot 5=210$.
[8] $\dfrac{8!}{5!3!}=\dfrac{8\cdot 7\cdot 6\cdot 5!}{5!3!}=\dfrac{8\cdot 7\cdot 6}{3\cdot 2}=56$.
[9] $\dfrac{7!}{3\cdot 4!}=\dfrac{7\cdot 6\cdot 5\cdot 4!}{3\cdot 4!}=7\cdot 2\cdot 5=70$.
[10] $\dfrac{2\cdot 4\cdot 6}{7!}=\dfrac{2\cdot 4\cdot 6}{1\cdot 2\cdot 3\cdot 4\cdot 5\cdot 6\cdot 7}$
　　　$=\dfrac{1}{3\cdot 5\cdot 7}=\dfrac{1}{105}$.
[11] $\dfrac{9!}{3!3!3!}=\dfrac{9\cdot 8\cdot 7\cdot 6\cdot 5\cdot 4}{3\cdot 2\cdot 3\cdot 2}$
　　　$=40\cdot 42=1680$.

81B

[1] $(n+1)!-n!=(n+1)n!-n!$
　　　　　　　　$=(n+1-1)n!=\boldsymbol{n\cdot n!}$.
[2] $\dfrac{n}{n!}=\dfrac{n}{n(n-1)!}=\dfrac{1}{(n-1)!}$.
[3] $\dfrac{n(n-1)}{n!}=\dfrac{n(n-1)}{n(n-1)(n-2)!}$
　　　　　$=\dfrac{1}{(n-2)!}$.
[4] $\dfrac{n(n-1)(n-2)\cdots 5\cdot 4}{n!}$
　$=\dfrac{n(n-1)(n-2)\cdots 5\cdot 4}{n(n-1)(n-2)\cdots 5\cdot 4\cdot 3\cdot 2\cdot 1}=\dfrac{1}{6}$.

[5] $\dfrac{n(n-1)}{(n+1)!} = \dfrac{n(n-1)}{(n+1)n(n-1)(n-2)!}$
$= \dfrac{1}{(n+1)(n-2)!}.$

[6] $\dfrac{(n+1)!(99-n)!}{n!(100-n)!}$
$= \dfrac{(n+1)n!}{n!} \cdot \dfrac{(99-n)!}{(100-n)(99-n)!}$
$= \dfrac{n+1}{100-n}.$

[7] $\dfrac{(2n)(2n-2)(2n-4)\cdots 6 \cdot 4 \cdot 2}{n!}$
$= \dfrac{2 \cdot n \times 2(n-1) \times 2(n-2) \times \cdots \times 2 \cdot 3 \times 2 \cdot 2 \times 2 \cdot 1}{n!}$
$= \dfrac{2^n \times n!}{n!} = 2^n.$

[8] $\dfrac{n!}{(m+1)(m+2)\cdots(m+n-1)(m+n)} \cdot \dfrac{1}{m+n+1}$
$= \dfrac{m!n!}{1 \cdot 2 \cdot 3 \cdots m \times (m+1)(m+2)\cdots(m+n-1)(m+n)(m+n+1)}$
$= \dfrac{m!n!}{(m+n+1)!}.$

82A

[1] $_3C_2 = {}_3C_1 = 3.$

[2] $_5C_2 = \dfrac{5 \cdot 4}{2} = 10.$

[3] $_6C_3 = \dfrac{6 \cdot 5 \cdot 4}{3 \cdot 2} = 20.$

[4] $_8C_3 = \dfrac{8 \cdot 7 \cdot 6}{3 \cdot 2} = 56.$

[5] $_8C_4 = \dfrac{8 \cdot 7 \cdot \overset{2}{6} \cdot 5}{4 \cdot 3 \cdot 2} = 70.$

[6] $_{10}C_3 = \dfrac{10 \cdot 9 \cdot 8}{3 \cdot 2} = 10 \cdot 3 \cdot 4 = 120.$

[7] $_{10}C_1 = 10.$

[8] $_{10}C_{10} = 1.$

[9] $_{10}C_0 = 1.$ ……約束です. 覚えましょう.

[10] $\dfrac{_5C_2}{_7C_3} = \dfrac{\dfrac{5 \cdot 4}{2}}{\dfrac{7 \cdot 6 \cdot 5}{3 \cdot 2}} = \dfrac{5 \cdot 2}{7 \cdot 5} = \dfrac{2}{7}.$

[11] $\dfrac{_{10}C_5}{_{12}C_5} = \dfrac{\dfrac{10 \cdot 9 \cdot 8 \cdot 7 \cdot 6}{5!}}{\dfrac{12 \cdot 11 \cdot 10 \cdot 9 \cdot 8}{5!}}$
$= \dfrac{10 \cdot 9 \cdot 8 \cdot 7 \cdot 6}{12 \cdot 11 \cdot 10 \cdot 9 \cdot 8} = \dfrac{7}{22}.$

補足
このように, $\dfrac{_mC_\triangle}{_nC_\triangle}$ の形は, 初めから「△!」を消して書いてしまうことができますね.

[12] $\dfrac{_2C_1 \cdot _6C_4}{_8C_5} = \dfrac{2 \cdot _6C_2}{_8C_3}$
$= \dfrac{2 \cdot \dfrac{6 \cdot 5}{2}}{\dfrac{8 \cdot 7 \cdot 6}{3 \cdot 2}}$
$= \dfrac{2 \cdot 3 \cdot 5}{8 \cdot 7} = \dfrac{15}{28}.$

[13] $\dfrac{_4C_2 \cdot _6C_3}{_{10}C_5} = \dfrac{\dfrac{4 \cdot 3}{2} \cdot \dfrac{6 \cdot 5 \cdot 4}{3 \cdot 2}}{\dfrac{10 \cdot 9 \cdot 8 \cdot 7 \cdot 6}{5 \cdot 4 \cdot 3 \cdot 2}}$
$= \dfrac{2 \cdot 3 \times 5 \cdot 4 \times 5 \cdot 4 \cdot 3 \cdot 2}{10 \cdot 9 \cdot 8 \cdot 7 \cdot 6}$
$= \dfrac{5 \cdot 4}{3 \cdot 2 \cdot 7} = \dfrac{10}{21}.$

[14] $\dfrac{_nC_3}{_{n-1}C_3} = \dfrac{\dfrac{n(n-1)(n-2)}{3!}}{\dfrac{(n-1)(n-2)(n-3)}{3!}}$
$= \dfrac{n(n-1)(n-2)}{(n-1)(n-2)(n-3)} = \dfrac{n}{n-3}.$

[15] $\dfrac{_{38}C_{n-2}}{_{40}C_n}$
$= \dfrac{38!}{(n-2)!(40-n)!} \cdot \dfrac{n!(40-n)!}{40!}$
$= \dfrac{n(n-1)}{40 \cdot 39} = \dfrac{n(n-1)}{1560}.$

[16] $\dfrac{{}_{18}\mathrm{C}_{n-1}}{{}_{20}\mathrm{C}_n}$

$= \dfrac{18!}{(n-1)!(19-n)!} \cdot \dfrac{n!(20-n)!}{20!}$

$= \dfrac{n(20-n)}{20 \cdot 19} = \dfrac{\boldsymbol{n(20-n)}}{\boldsymbol{380}}.$

82B

[1] ${}_{n-1}\mathrm{C}_{k-1} = n \cdot \dfrac{(n-1)!}{(k-1)!(n-k)!}$

$\phantom{{}_{n-1}\mathrm{C}_{k-1}} = \dfrac{n!}{k!(n-k)!}k = {}_n\mathrm{C}_k \cdot k.$ □

[2] ${}_{n-1}\mathrm{C}_{r-1} + {}_{n-1}\mathrm{C}_r$

$= \dfrac{(n-1)!}{(r-1)!(n-r)!} + \dfrac{(n-1)!}{r!(n-1-r)!}$

$= (n-1)! \cdot \dfrac{r+n-r}{r!(n-r)!}$

$= \dfrac{n!}{r!(n-r)!} = {}_n\mathrm{C}_r.$ □

$a_n = a_1 + 2(n-1)$
$ = 3 + 2(n-1) = \boldsymbol{2n+1}.$

[4] 公差を d とおくと
$a_3 + a_5 + a_7$
$= (a_5 - 2d) + a_5 + (a_5 + 2d)$
$= 3a_5 = 21. \quad a_5 = 7.$
これと $a_6 = 9$ より,$d = 9 - 7 = 2.$
$\therefore \quad a_n = a_5 + 2(n-5)$
$ = 7 + 2(n-5) = \boldsymbol{2n-3}.$

[5] 公差を d とおくと
$a_1 + a_{10} = a_1 + (a_1 + 9d)$
$\phantom{a_1 + a_{10}} = 2a_1 + 9d = 36. \quad \cdots ①$
$a_4 + a_5 = (a_1 + 3d) + (a_1 + 4d)$
$ = 2a_1 + 7d = 20. \quad \cdots ②$
①−② より $2d = 16. \quad d = 8.$
これと ② より $a_1 = -18.$
$\therefore \quad a_n = a_1 + 8(n-1)$
$ = -18 + 8(n-1) = \boldsymbol{8n-26}.$

83A

[1] 公差 d は
$d = \dfrac{15-19}{5-3} = \dfrac{-4}{2} = -2.$
$\therefore \quad a_n = a_3 + (-2)(n-3)$
$ = 19 + (-2)(n-3) = \boldsymbol{-2n+25}.$

[2] 公差 d は
$d = \dfrac{1-(-3)}{7-1} = \dfrac{4}{6} = \dfrac{2}{3}.$
$\therefore \quad a_n = a_1 + \dfrac{2}{3}(n-1)$
$ = -3 + \dfrac{2}{3}(n-1) = \dfrac{\boldsymbol{2}}{\boldsymbol{3}}\boldsymbol{n} - \dfrac{\boldsymbol{11}}{\boldsymbol{3}}.$

[3] $a_1 + a_7 = 18$
$\underline{-)\ a_1 + a_4 = 12}$
$a_7 - a_4 = 6. \quad$ 公差 $= \dfrac{6}{7-4} = 2.$
$a_1 + a_4 = a_1 + (a_1 + 2 \cdot 3) = 2a_1 + 6$ だから
$2a_1 + 6 = 12 \quad \therefore \quad a_1 = 3.$ よって

83B

[1] 初め:12,終わり:28.
項数は $28 - 11 = 17.$
$\therefore \quad 12 + 13 + 14 + \cdots + 28 = \dfrac{12+28}{2} \cdot 17$
$ = 20 \cdot 17 = \boldsymbol{340}.$

[2] 初め:$a_6 = -3 \cdot 6 + 67 = 49,$
終わり:$a_{22} = -3 \cdot 22 + 67 = 1.$
項数は $22 - 5 = 17.$
$\therefore \quad a_6 + a_7 + a_8 + \cdots + a_{22}$
$ = \dfrac{49+1}{2} \cdot 17 = 25 \cdot 17 = \boldsymbol{425}.$

[3] 初め:$a_1 = 1,$ 終わり:$a_n = 2n-1.$
項数は $n.$
$\therefore \quad a_1 + a_2 + a_3 + \cdots + a_n$
$ = \dfrac{1+(2n-1)}{2} \cdot n = \boldsymbol{n^2}.$

[4] $a_2, a_4, a_6, \cdots, a_{40}$ は公差 -4 の等差数列である．
初め：$a_2 = 53 - 2 \cdot 2 = 49$，
終わり：$a_{40} = 53 - 2 \cdot 40 = -27$.
$a_1 \sim a_{40}$ のうち偶数のみだから，項数は
$\dfrac{40}{2} = 20$.
$\therefore \quad a_2 + a_4 + a_6 + \cdots + a_{40}$
$= \dfrac{49 + (-27)}{2} \cdot 20 = 11 \cdot 20 = \mathbf{220}$.

[5] 初め：100，終わり：199.
この数列 $(a_n)(n = 1, 2, 3, \cdots)$ の一般項は $a_n = 100 + 3(n-1) = 3n + 97$
だから，$a_n = 199$ となる番号 n は
$3n + 97 = 199$ より $n = 34$.
すなわち項数は 34．よって求める和は
$\dfrac{100 + 199}{2} \cdot 34 = 299 \cdot 17 = \mathbf{5083}$.
　　　　　　　　　　$300 \cdot 17 - 17$

84A

[1] $r^3 = \dfrac{24}{-3} = -8$.
r は実数だから $r = -2$.
$\therefore \quad a_n = a_1(-2)^{n-1} = -3(-2)^{n-1}$.

[2] $r^4 = \dfrac{\frac{5}{4}}{20} = \dfrac{1}{16}$.
これと $r > 0$ より $r = \dfrac{1}{2}$.
$\therefore \quad a_n = a_3 \left(\dfrac{1}{2}\right)^{n-3} = 20 \left(\dfrac{1}{2}\right)^{n-3}$.

[3] $\dfrac{a_5}{a_1} = r^4$ だから，$r^4 = 4$.
$r^2 = 2$. $r > 0$ より，$r = \sqrt{2}$.
$a_1 + a_5 = a_1 + 4a_1 = 5a_1 = 5\sqrt{2}$ より，
$a_1 = \sqrt{2}$.
$\therefore \quad a_n = a_1(\sqrt{2})^{n-1} = \sqrt{2}(\sqrt{2})^{n-1} = (\sqrt{2})^n$.

[4] $a_1 + a_3 = a_1 + a_1 r^2 = a_1(1 + r^2) = 10$. 　…①
$a_1 + a_5 = a_1 + a_1 r^4 = a_1(1 + r^4) = 34$. 　…②
②÷①より
$\dfrac{1 + r^4}{1 + r^2} = \dfrac{17}{5}$. $5r^4 - 17r^2 - 12 = 0$.
$(5r^2 + 3)(r^2 - 4) = 0$.
$r < 0$ だから，$r = -2$.
これと①より，$a_1 = 2$.
$\therefore \quad a_n = a_1(-2)^{n-1}$
$\qquad = 2(-2)^{n-1} = -(-2)^n$.

[5] $a_4 + a_6$
$= a_1 r^3 + a_3 r^3$
$= (a_1 + a_3) r^3$
$\therefore \quad -16 = 2 \cdot r^3$. $r^3 = -8$.
r は実数だから，$r = -2$.
よって，$a_1 + a_3 = a_1 + a_1(-2)^2 = 5a_1 = 2$.
$\therefore \quad a_1 = \dfrac{2}{5}$.
$\therefore \quad a_n = a_1(-2)^{n-1} = \dfrac{2}{5}(-2)^{n-1}$
$\qquad = -\dfrac{1}{5}(-2)^n$.

[6] $a_n = a_0 r^n$
$\qquad = 5 \cdot 3^n$.

84B

[1] 初め：$5 \cdot 3^2$，公比：-3.
項数は 2 から n までの自然数の個数で，$n - 1$.
$\therefore \quad 5 \cdot 3^2 - 5 \cdot 3^3 + 5 \cdot 3^4 - \cdots + 5(-3)^n$
$= 5 \cdot 3^2 \cdot \dfrac{1 - (-3)^{n-1}}{1 - (-3)} = \dfrac{45}{4}\{1 - (-3)^{n-1}\}$.
$\qquad\qquad\qquad \left(= \dfrac{15}{4}\{3 + (-3)^n\}\right)$

[2] 初め：$a_2 = 3 \cdot 2^2$，公比：2.

項数は $n-1$.

$\therefore \quad a_2+a_3+\cdots+a_n$
$= 3\cdot 2^2 \cdot \dfrac{2^{n-1}-1}{2-1} = 12(2^{n-1}-1)$.

$\qquad (=6(2^n-2))$

[3] 初め：$a_1=3$，公比：2．項数は n．

$\therefore \quad a_1+a_2+\cdots+a_n = 3\cdot\dfrac{2^n-1}{2-1}$
$\qquad\qquad\qquad\qquad = 3(2^n-1)$.

[4] $b_k = a_{2k-1}$ とおくと，

$a_1+a_3+a_5+\cdots+a_{2n+1}$
$= b_1+b_2+b_3+\cdots+b_{n+1}$． ← $2(n+1)-1=2n+1$

よってこの数列は

初項：$b_1 = a_1 = -\dfrac{1}{2}$. 項数は $n+1$．

また，公比 $\left(-\dfrac{1}{2}\right)^2 = \dfrac{1}{4}$ の等比数列．

以上より

$a_1+a_3+a_5+\cdots+a_{2n+1}$
$= -\dfrac{1}{2}\cdot\dfrac{1-\left(\dfrac{1}{4}\right)^{n+1}}{1-\dfrac{1}{4}} = -\dfrac{2}{3}\left\{1-\left(\dfrac{1}{4}\right)^{n+1}\right\}$.

$\qquad \left(=\dfrac{1}{6}\left\{\left(\dfrac{1}{4}\right)^n-4\right\}\right)$

[5] $a_k = \left(\dfrac{1}{3}\right)^{3k-2} - \left(\dfrac{1}{3}\right)^{3k-1}$ とおくと，この数列の和は

$a_1+a_2+\cdots+a_n$．

初め：$a_1 = \dfrac{1}{3} - \left(\dfrac{1}{3}\right)^2 = \dfrac{2}{9}$．

項数は n．

また，公比 $\left(\dfrac{1}{3}\right)^3 = \dfrac{1}{27}$．

以上より，求める和は

$\dfrac{2}{9}\cdot\dfrac{1-\left(\dfrac{1}{27}\right)^n}{1-\dfrac{1}{27}} = \dfrac{3}{13}\left\{1-\left(\dfrac{1}{27}\right)^n\right\}$.

[6] $\displaystyle\sum_{k=1}^{n} 4^k + \sum_{k=1}^{n} 2^{2k+1} = \sum_{k=1}^{n}(4^k+2\cdot 4^k)$
$\qquad\qquad\qquad\qquad = \displaystyle\sum_{k=1}^{n} 3\cdot 4^k$.

よって，この等比数列は

初め：$3\cdot 4$，公比：4．

項数は n．

$\therefore \quad$ 与式 $= 3\cdot 4 \cdot \dfrac{4^n-1}{4-1} = 4(4^n-1)$.

85A

以下に示すのは解答例です．答え方は何通りもあります！

[1] $3+6+9+\cdots+3n$
$= 3\cdot 1 + 3\cdot 2 + 3\cdot 3 + \cdots + 3\cdot n$
$= \displaystyle\sum_{k=1}^{n} 3k$.

[2] $r^2+r^3+r^4+\cdots+r^n = \displaystyle\sum_{k=2}^{n} r^k$.

別解

$\displaystyle\sum_{k=1}$ という形にこだわるなら…

$r^2+r^3+r^4+\cdots+r^n = \displaystyle\sum_{k=1}^{n-1} r^{k+1}$.

[3] $1\cdot 4 + 2\cdot 5 + 3\cdot 6 + \cdots + (n-1)(n+2)$
$= \displaystyle\sum_{k=1}^{n-1} k(k+3)$.

[4] $1\cdot 2 + 3\cdot 5 + 5\cdot 8 + \cdots + 21\cdot 32$
$= \displaystyle\sum_{k=1}^{11} (2k-1)(3k-1)$． ← $2k-1=21$ より

[5] $a_2+a_4+a_6+\cdots+a_{2n} = \displaystyle\sum_{k=1}^{n} a_{2k}$.

[6] $a_1 b_n + a_2 b_{n-1} + a_3 b_{n-2} + \cdots + a_n b_1$
$= \displaystyle\sum_{k=1}^{n} a_k b_{n+1-k}$.

85B

[1] $\sum_{k=2}^{n} a_k = a_2 + a_3 + \cdots + a_n$
$= (a_1 + a_2 + a_3 + \cdots + a_n) - a_1$
$= \sum_{k=1}^{n} a_k - \boldsymbol{a_1}.$

[2] $\sum_{k=1}^{2n} a_k - \sum_{k=1}^{n} a_{2k}$
$= (a_1 + a_2 + a_3 + a_4 + \cdots + a_{2n-1} + a_{2n})$
$\qquad - (a_2 + a_4 + \cdots + a_{2n})$
$= a_1 + a_3 + \cdots + a_{2n-1} = \sum_{k=1}^{n} \boldsymbol{a_{2k-1}}.$

86

[1] $\sum_{k=1}^{n}(3k-2) = \dfrac{1+(3n-2)}{2} n$ （初め／終わり／項数，1次式：等差数列）
$= \dfrac{1}{2} \boldsymbol{n(3n-1)}.$

[2] 係数に分数があるので，次のように"分解して"和を求めた方がスッキリするかも…

$\sum_{k=1}^{n}\left(2k + \dfrac{1}{3}\right) = 2\sum_{k=1}^{n} k + \sum_{k=1}^{n} \dfrac{1}{3}$
$= 2 \cdot \dfrac{n(n+1)}{2} + \dfrac{1}{3} n$
$= \boldsymbol{n\left(n + \dfrac{4}{3}\right)}.$

別解

もちろん，分解しないで求めることもできます．

$\sum_{k=1}^{n}\left(2k + \dfrac{1}{3}\right) = \dfrac{\dfrac{7}{3} + \left(2n + \dfrac{1}{3}\right)}{2} \cdot n$
$= \boldsymbol{n\left(n + \dfrac{4}{3}\right)}.$

[3] $\sum_{k=3}^{n}(2k-3) = \dfrac{3+(2n-3)}{2}(n-2)$ （初め／終わり／項数，等差）
$= \boldsymbol{n(n-2)}.$

> **注意** 本問を $2\sum_{k=3}^{n} k - \sum_{k=3}^{n} 3$ と分解してやると，公式 $\sum_{k=1}^{n} k = \dfrac{n(n+1)}{2}$ がそのままでは使えないので断然不利です．

[4] $\sum_{k=1}^{n}(2k^2 - k + 3)$
$= 2\sum_{k=1}^{n} k^2 + \sum_{k=1}^{n}(-k+3)$ （等差）
$= 2 \cdot \dfrac{1}{6} n(n+1)(2n+1) + \dfrac{2+(-n+3)}{2} n$
$= \dfrac{n}{6}\{2(n+1)(2n+1) + 3(5-n)\}$
$= \dfrac{1}{6} \boldsymbol{n(4n^2 + 3n + 17)}.$

[5] $\sum_{k=1}^{n+1}(2k^2 + 3k)$
$= 2\sum_{k=1}^{n+1} k^2 + 3\sum_{k=1}^{n+1} k$
$= 2 \cdot \dfrac{1}{6}(n+1)(n+2)(2n+3)$ ，$(n+1)+1$，$2(n+1)+1$
$\qquad + 3 \cdot \dfrac{1}{2}(n+1)(n+2)$ ，$(n+1)+1$
$= \dfrac{1}{6}(n+1)(n+2)\{2(2n+3) + 9\}$
$= \dfrac{1}{6}\boldsymbol{(n+1)(n+2)(4n+15)}.$

[6] $\sum_{k=0}^{n}(3k^2 + k + 1)$
$= 3\sum_{k=1}^{n} k^2 + \sum_{k=0}^{n}(k+1)$ （等差）
（$k=0$ のとき $k^2=0$　こっちは 0 のまま!!）
$= 3 \cdot \dfrac{1}{6} n(n+1)(2n+1)$
$\qquad + \dfrac{1+(n+1)}{2} \cdot (n+1)$
（0 から n までの個数）
$= \dfrac{1}{2}(n+1)\{n(2n+1) + (n+2)\}$

$= \dfrac{1}{2}(n+1)(2n^2+2n+2)$

$= (n+1)(n^2+n+1)$.

[7] $\sum_{k=3}^{n} k^2 = 3^2+4^2+\cdots+n^2$

$\qquad = (1^2+2^2+3^2+4^2+\cdots+n^2)$
$\qquad\qquad\qquad\qquad\qquad -1^2-2^2$

$\qquad = \sum_{k=1}^{n} k^2 - 1^2 - 2^2$

$\qquad = \dfrac{1}{6}n(n+1)(2n+1)-5$.

$\qquad \left(= \dfrac{1}{6}(2n^3+3n^2+n-30)\right)$

[8] $\sum_{k=1}^{n} k(n-k)$

$= n\sum_{k=1}^{n} k - \sum_{k=1}^{n} k^2$

$= n \cdot \dfrac{n(n+1)}{2} - \dfrac{1}{6}n(n+1)(2n+1)$

$= \dfrac{1}{6}n(n+1)\{3n-(2n+1)\}$

$= \dfrac{1}{6}(n-1)n(n+1)$.

[9] $\sum_{k=1}^{n} k^2(k+1)$

$= \sum_{k=1}^{n} k^3 + \sum_{k=1}^{n} k^2$

$= \dfrac{1}{4}n^2(n+1)^2 + \dfrac{1}{6}n(n+1)(2n+1)$

$= \dfrac{1}{12}n(n+1)\{3n(n+1)+2(2n+1)\}$

$= \dfrac{1}{12}n(n+1)(3n^2+7n+2)$

$= \dfrac{1}{12}n(n+1)(n+2)(3n+1)$.

[10] $\sum_{k=1}^{n} (k-1)^3$

$= 0^3+1^3+2^3+\cdots+(n-1)^3$

$= \sum_{l=1}^{n-1} l^3$ ・・・ $l=k-1$ と置換した

$= \dfrac{(n-1)^2 n^2}{4}$.

注意
$(k-1)^3$ を展開しちゃダメ！

[11] $\sum_{k=1}^{n} (n+1-k)^2$

$= n^2+(n-1)^2+(n-2)^2+\cdots+1^2$
　　　　　　　逆順に並べ直して

$= \sum_{l=1}^{n} l^2$ ・・・ $l=n+1-k$ と置換した

$= \dfrac{1}{6}n(n+1)(2n+1)$.

[12] $\sum_{k=0}^{n} (2n+1-2k)^2$

$= (2n+1)^2+(2n-1)^2+(2n-3)^2+\cdots+1^2$

$= \sum_{l=1}^{n+1} (2l-1)^2$

$= \sum_{l=1}^{n+1} (4l^2-4l+1)$

$= 4\sum_{l=1}^{n+1} l^2 + \sum_{l=1}^{n+1}(-4l+1)$

$= 4 \cdot \dfrac{1}{6}(n+1)(n+2)(2n+3)$

$\qquad + \underbrace{\dfrac{(-3)+(-4n-3)}{2}}_{-(2n+3)}(n+1)$

$= \dfrac{1}{3}(n+1)(2n+3)\{2(n+2)-3\}$

$= \dfrac{1}{3}(n+1)(2n+3)(2n+1)$.

[13] $\sum_{k=1}^{n}(2k-1)^2 + \sum_{k=1}^{n}(2k)^2$

$= \sum_{k=1}^{n}\{(2k-1)^2+(2k)^2\}$

$= \sum_{k=1}^{n}(8k^2-4k+1)$

$= 8\sum_{k=1}^{n} k^2 + \sum_{k=1}^{n}(-4k+1)$

$= 8 \cdot \dfrac{1}{6}n(n+1)(2n+1)$

$\qquad + \underbrace{\dfrac{(-3)+(-4n+1)}{2}}_{-(2n+1)}n$

$= \dfrac{1}{3}n(2n+1)\{4(n+1)-3\}$

$= \dfrac{1}{3}n(2n+1)(4n+1).$

[別解]

並べてみれば一瞬です．

$\displaystyle\sum_{k=1}^{n}(2k-1)^2 + \sum_{k=1}^{n}(2k)^2$

$= 1^2 + 3^2 + 5^2 + \cdots + (2n-1)^2$
$\quad + 2^2 + 4^2 + 6^2 + \cdots \quad + (2n)^2$

$= \displaystyle\sum_{l=1}^{2n} l^2$

$= \dfrac{1}{6} \cdot 2n(2n+1)(2 \cdot 2n+1)$

$= \dfrac{1}{3}\boldsymbol{n(2n+1)(4n+1)}.$

87

[1] $\displaystyle\sum_{k=1}^{n}\dfrac{1}{k(k+1)}$

$= \displaystyle\sum_{k=1}^{n}\left(\underbrace{\dfrac{1}{k}}_{b_k} - \underbrace{\dfrac{1}{k+1}}_{b_{k+1}}\right)$ … 階差の形

$= \quad 1 - \dfrac{1}{2}$
$\quad + \dfrac{1}{2} - \dfrac{1}{3}$
$\quad + \dfrac{1}{3} - \dfrac{1}{4}$
$\quad \vdots$
$\quad + \dfrac{1}{n} - \dfrac{1}{n+1}$

$= 1 - \dfrac{1}{n+1} = \dfrac{\boldsymbol{n}}{\boldsymbol{n+1}}.$

[2] $\displaystyle\sum_{k=1}^{n}\dfrac{1}{k(k+2)}$

1° こうだっけ？　2° 通分すると $\dfrac{k+2-k}{k(k+2)}$

$= \displaystyle\sum_{k=1}^{n} \dfrac{1}{2}\left(\underbrace{\dfrac{1}{k}}_{b_k} - \underbrace{\dfrac{1}{k+2}}_{b_{k+2}}\right)$ … 階差もどき

3° 微調整

$= \dfrac{1}{2}\Big(1 - \dfrac{1}{3}$
$\quad + \dfrac{1}{2} - \dfrac{1}{4}$
$\quad + \dfrac{1}{3} - \dfrac{1}{5}$
$\quad + \dfrac{1}{4} - \dfrac{1}{6}$
$\quad \vdots$
$\quad + \dfrac{1}{n-2} - \dfrac{1}{n}$
$\quad + \dfrac{1}{n-1} - \dfrac{1}{n+1}$
$\quad + \dfrac{1}{n} - \dfrac{1}{n+2}\Big)$

$= \dfrac{1}{2}\left(1 + \dfrac{1}{2} - \dfrac{1}{n+1} - \dfrac{1}{n+2}\right)$

$= \dfrac{1}{2} \cdot \dfrac{3(n+1)(n+2) - 2(n+2) - 2(n+1)}{2(n+1)(n+2)}$

$= \dfrac{\boldsymbol{n(3n+5)}}{\boldsymbol{4(n+1)(n+2)}}.$

[補足]

ウルサイことを言うと，上記作業は $n \geq 2$ を前提としていますが，結果は $n=1$ のときでも大丈夫です．

[3] $k(k+1)(k+2)$

2° 因数分解してみると
$k(k+1)(k+2)\{\underbrace{(k+3)-(k-1)}_{4}\}$

1° こうだっけ？

$= \dfrac{1}{4}\{\underbrace{k(k+1)(k+2)(k+3)}_{b_{k+1}} - \underbrace{(k-1)k(k+1)(k+2)}_{b_k}\}.$

階差の形

3° 微調整

$b_k=(k-1)k(k+1)(k+2)$ とおくと

$\sum\limits_{k=1}^{n} k(k+1)(k+2)$

$=\sum\limits_{k=1}^{n} \dfrac{1}{4}(b_{k+1}-b_k)$

$=\dfrac{1}{4}(b_2-b_1$
　　$+b_3-b_2$
　　$+b_4-b_3$
　　　$\vdots$
　　$+b_n-b_{n-1}$
　　$+b_{n+1}-b_n)$

$=\dfrac{1}{4}(-\underbrace{b_1}_{0}+b_{n+1})$

$=\dfrac{1}{4}n(n+1)(n+2)(n+3).$

> 補足
> このように各項を書き表すのがメンドウなときは，「b_k」などの数列の記号で書くとよいです．

[4] $\sum\limits_{k=1}^{n} \dfrac{1}{\sqrt{k+1}+\sqrt{k}}$

$=\sum\limits_{k=1}^{n} \dfrac{\sqrt{k+1}-\sqrt{k}}{(\sqrt{k+1}+\sqrt{k})(\sqrt{k+1}-\sqrt{k})}$

$=\sum\limits_{k=1}^{n} (\underset{b_{k+1}}{\sqrt{k+1}}-\underset{b_k}{\sqrt{k}})$ … 階差の形

$=\ \sqrt{2}-\sqrt{1}$
　$+\sqrt{3}-\sqrt{2}$
　$+\sqrt{4}-\sqrt{3}$
　　$\vdots$
　$+\ \sqrt{n}-\sqrt{n-1}$
　$+\sqrt{n+1}-\ \sqrt{n}$

$=\sqrt{n+1}-1$

右辺を通分すると，たしかに左辺と一致！

[5] $\dfrac{k}{(k+1)!}=\underset{b_k}{\dfrac{1}{k!}}-\underset{b_{k+1}}{\dfrac{1}{(k+1)!}}$

階差の形！

$b_k=\dfrac{1}{k!}$ とおくと

$\sum\limits_{k=1}^{n} \dfrac{k}{(k+1)!}=\sum\limits_{k=1}^{n}(b_k-b_{k+1})$

$=\ b_1-b_2$
　$+b_2-b_3$
　$+b_3-b_4$
　　$\vdots$
　$+b_{n-1}-b_n$
　$+b_n\ -b_{n+1}$

$=b_1-b_{n+1}=1-\dfrac{1}{(n+1)!}.$

[6] $\log_2\left(1+\dfrac{2}{k}\right)=\log_2\dfrac{k+2}{k}$

階差もどき

$\qquad =\log_2\underset{b_{k+2}}{(k+2)}-\log_2\underset{b_k}{k}$

$b_k=\log_2 k$ とおくと

$\sum\limits_{k=1}^{n} \log_2\left(1+\dfrac{2}{k}\right)$

$=\sum\limits_{k=1}^{n}(b_{k+2}-b_k)$

$=\ b_3-b_1$
　$+b_4-b_2$
　$+b_5-b_3$
　$+b_6-b_4$
　　$\vdots$
　$+b_n\ -b_{n-2}$
　$+b_{n+1}-b_{n-1}$
　$+b_{n+2}-b_n$

$=-b_1-b_2+b_{n+1}+b_{n+2}$

$=-0-1+\log_2(n+1)+\log_2(n+2)$

$=\log_2 \dfrac{(n+1)(n+2)}{2}.$

88A

[1] $a_{n+1} - a_n = \underbrace{2n+1}_{b_n}$　　$\begin{array}{l}a_{n+1}-a_n=b_n\\ a_2-a_1=b_1\\ a_3-a_2=b_2\end{array}$

$n \geqq 2$ のとき

$a_n = a_1 + \sum_{k=1}^{n-1}\underbrace{(2k+1)}_{\text{等差}}$　　$\begin{array}{l}+)\ a_n-a_{n-1}=b_{n-1}\\ \overline{a_n-a_1=b_1+b_2+\cdots+b_{n-1}}\end{array}$

$= 1 + \dfrac{3+(2n-1)}{2}(n-1)$

$= \boldsymbol{n^2}$.（これは $n=1$ でも成立）

[2] $a_n - a_{n-1} = \underbrace{n^2}_{b_n}$　　$\begin{array}{l}a_n-a_{n-1}=b_n\\ a_2-a_1=b_2\\ a_3-a_2=b_3\\ \vdots\\ +)\ a_n-a_{n-1}=b_n\end{array}$

$n \geqq 2$ のとき

$a_n = a_1 + \sum_{k=2}^{n} k^2$

$= 1 + \sum_{k=1}^{n} k^2 - 1^2$

$= \dfrac{1}{6}\boldsymbol{n(n+1)(2n+1)}$.　…例の公式の形

（これは $n=1$ でも成立）

> 補足
> 初項と漸化式のイミを考えればアタリマエでしたね。

[3] $a_{n+1} - a_n = \underbrace{-\left(\dfrac{1}{3}\right)^{n+1}}_{b_n}$　　$\begin{array}{l}a_{n+1}-a_n=b_n\\ a_1-a_0=b_0\\ a_2-a_1=b_1\\ \vdots\\ +)\ a_n-a_{n-1}=b_{n-1}\end{array}$

$n \geqq 1$ のとき

$a_n = a_0 + \sum_{k=0}^{n-1}\left\{-\left(\dfrac{1}{3}\right)^{k+1}\right\}$

$= 1 + \left(-\dfrac{1}{3}\right) \cdot \dfrac{1 - \left(\dfrac{1}{3}\right)^n}{1 - \dfrac{1}{3}}$　…項数

$= 1 - \dfrac{1}{2}\left\{1 - \left(\dfrac{1}{3}\right)^n\right\}$

$= \dfrac{1}{2}\left\{1 + \left(\dfrac{1}{3}\right)^n\right\}$.（これは $n=0$ でも成立）

[4] $a_{n+1} - a_n = \underbrace{n-1}_{b_n}$　　$\begin{array}{l}a_{n+1}-a_n=b_n\\ a_4-a_3=b_3\\ a_5-a_4=b_4\\ \vdots\\ +)\ a_n-a_{n-1}=b_{n-1}\end{array}$

$n \geqq 4$ のとき

$a_n = a_3 + \sum_{k=3}^{n-1}\underbrace{(k-1)}_{\text{等差}}$

$= 0 + \dfrac{2+(n-2)}{2}(n-3)$　…項数

$= \dfrac{1}{2}\boldsymbol{n(n-3)}$.（これは $n=3$ でも成立）

[5] $a_{n+1} - a_n = \dfrac{1}{n(n+1)}$

$= \dfrac{1}{n} - \dfrac{1}{n+1}$.

（[4] までと同様に，右辺の和を利用してもできますが…）

$\therefore\ \underbrace{a_{n+1} + \dfrac{1}{n+1}}_{c_{n+1}} = \underbrace{a_n + \dfrac{1}{n}}_{c_n}$.

よって，数列 $\left(a_n + \dfrac{1}{n}\right)$ は定数数列だから，

$a_n + \dfrac{1}{n} = a_1 + \dfrac{1}{1} = 2$

$\therefore\ \boldsymbol{a_n = 2 - \dfrac{1}{n}}$.　…テクニック！

[6] 漸化式の両辺を 3^{n+1} で割ると

$\dfrac{a_{n+1}}{3^{n+1}} = \dfrac{3a_n}{3^{n+1}} + \dfrac{2^n}{3^{n+1}}$　　$3^{n+1} = 3^n \cdot 3$ だから…

$\underbrace{\dfrac{a_{n+1}}{3^{n+1}}}_{A_{n+1}} - \underbrace{\dfrac{a_n}{3^n}}_{A_n} = \underbrace{\dfrac{1}{3}\left(\dfrac{2}{3}\right)^n}_{b_n}$　　$\begin{array}{l}A_{n+1}-A_n=b_n\\ A_2-A_1=b_1\\ A_3-A_2=b_2\\ \vdots\\ +)\ A_n-A_{n-1}=b_{n-1}\end{array}$

$n \geqq 2$ のとき

$\underbrace{\dfrac{a_n}{3^n}}_{A_n} = \underbrace{\dfrac{a_1}{3^1}}_{A_1} + \sum_{k=1}^{n-1}\dfrac{1}{3}\left(\dfrac{2}{3}\right)^k$

$= \dfrac{1}{3} + \dfrac{1}{3} \cdot \dfrac{2}{3} \cdot \dfrac{1 - \left(\dfrac{2}{3}\right)^{n-1}}{\underbrace{1 - \dfrac{2}{3}}_{=1}}$

$= 1 - \left(\dfrac{2}{3}\right)^n$.（これは $n=1$ でも成立）

$\therefore\ \boldsymbol{a_n = 3^n - 2^n}$.

88B

$$\begin{array}{r}a_{n+2}-a_n=n\\\hline 1\to a_3\ -a_1\ =1\\ 3\to a_5\ -a_3\ =3\\ 5\to a_7\ -a_5\ =5\\ \vdots\quad\vdots\\ 2n-5\to a_{2n-3}-a_{2n-5}=2n-5\\ 2n-3\to a_{2n-1}-a_{2n-3}=2n-3\ (+\\\hline a_{2n-1}-a_1=1+3+5+\cdots+(2n-3)\end{array}$$

よって $n\geqq 2$ のとき
$$a_{2n-1}=a_1+\frac{1+(2n-3)}{2}(n-1)$$
$$=1+(n-1)^2=\boldsymbol{n^2-2n+2}.$$

（これは $n=1$ でも成立）

89

[1]「12」を仮平均として，
$$m=12+\frac{-0.2+2.3+1.3+0.5-1.2+0.4-1.4+0.7}{8}$$
$$=12+\frac{2.4}{8}=\boldsymbol{12.3}.$$

∴ $s^2=\dfrac{1}{8}\{(11.8-12.3)^2+(14.3-12.3)^2$
（分散の定義）
$\qquad +(13.3-12.3)^2+(12.5-12.3)^2$
$\qquad +(10.8-12.3)^2+(12.4-12.3)^2$
$\qquad +(10.6-12.3)^2+(12.7-12.3)^2\}$
$\quad =\dfrac{1}{8}(0.25+4+1+0.04+2.25$
$\qquad\qquad +0.01+2.89+0.16)$
$\quad =\dfrac{1}{8}\cdot 10.6=\boldsymbol{1.325}.$

[2] データの値の総和は
$$\sum_{k=0}^{n}(3k+1)=\frac{1+(3n+1)}{2}\cdot(n+1)$$
（等差数列の和 → ITEM 83）
$$=\frac{1}{2}(3n+2)(n+1).$$

データの個数は $n+1$ だから（Σ における k は $0,1,2,\cdots,n$）
$$m=\frac{\frac{1}{2}(3n+2)(n+1)}{n+1}=\frac{3}{2}n+1.$$

分散の公式より
$$s^2=\frac{1}{n+1}\underbrace{\sum_{k=0}^{n}(3k+1)^2}_{S\text{とおく}}-\left(\frac{3}{2}n+1\right)^2.$$

ここで
$$S=\sum_{k=0}^{n}(9k^2+6k+1)$$
（等差数列）
$$=9\sum_{k=1}^{n}k^2+\sum_{k=0}^{n}(6k+1)$$
$$=9\cdot\frac{1}{6}n(n+1)(2n+1)$$
$$\qquad +\frac{1+(6n+1)}{2}(n+1).$$

∴ $s^2=\dfrac{1}{n+1}S-\left(\dfrac{3}{2}n+1\right)^2$
$\quad =\dfrac{3}{2}n(2n+1)+(3n+1)$
$\qquad -\left(\dfrac{3}{2}n+1\right)^2$
$\quad =\dfrac{3}{4}n^2+\dfrac{3}{2}n=\boldsymbol{\dfrac{3}{4}n(n+2)}.$

参考
データが等差数列をなしているので，その平均値 m は
$$m=\frac{総和}{個数}=\frac{\dfrac{初め+終わり}{2}\cdot個数}{個数}$$
$$=\frac{初め+終わり}{2}.$$

つまり，データの最小値と最大値の2つの平均がデータ全体の平均と一致します。

MEMO

MEMO

B